美丽中国之自然保护区与风景名胜

毛文永　李海生　姜　华　编著

中国环境出版集团·北京

图书在版编目（CIP）数据

美丽中国之自然保护区与风景名胜 / 毛文永，李海生，
姜华编著. —北京：中国环境出版集团，2022.8
ISBN 978-7-5111-5101-8

Ⅰ．①美…　Ⅱ．①毛…②李…③姜…　Ⅲ．①自然保护
区—介绍—中国②风景名胜区—介绍—中国　Ⅳ．①S759.992
②K928.7

中国版本图书馆 CIP 数据核字（2022）第 048938 号

出 版 人　武德凯
责任编辑　葛　莉
责任校对　任　丽
封面设计　宋　瑞

出版发行　中国环境出版集团
　　　　　（100062　北京市东城区广渠门内大街 16 号）
　　　　　网　　　址：http://www.cesp.com.cn
　　　　　电子邮箱：bjgl@cesp.com.cn
　　　　　联系电话：010-67112765（编辑管理部）
　　　　　发行热线：010-67125803，010-67113405（传真）
印　　刷　北京建宏印刷有限公司
经　　销　各地新华书店
版　　次　2022 年 8 月第 1 版
印　　次　2022 年 8 月第 1 次印刷
开　　本　787×1092　1/16
印　　张　18.25
字　　数　350 千字
定　　价　86.00 元

中国环境出版集团郑重承诺：
中国环境出版集团合作的印刷单位、材料单位均具有中国环境标志产品认证。

前言

　　美丽中国，是中华民族伟大复兴中国梦的憧憬，是中国生态文明建设事业的宏伟目标。保护生态环境就是保护生产力，改善生态环境就是发展生产力。建设美丽中国就是构筑中华民族永续生存与发展的物质基础。

　　人是天、地、自然的产物，在一定的自然环境中生存发展，身心健康和精神情志无不深受自然环境的影响。认识自然、审美自然是人类自古就有的天性，是共同的愿景和需求。美好的生态环境已成为当代社会进步和文明发展的目标，成为广大人民群众最公平享有的公共资源。"人与自然是一个命运共同体"。山清水秀，人杰地灵。美好的环境会造就优秀文明的人才。"晴空一鹤排云上，便引诗情到碧霄"，人的豪情胜意也系自然环境所促成。相反，空气污浊，污水横流，恶臭刺鼻，环境脏乱，则与愚昧和落后相联系。人对环境美的需求是除安全和饥寒之外的第三需求，一种以心理需求为主兼有生理的需求。因此，建设美丽中国，满足人民对优美生态环境的需求，是建设生态文明的重要任务和目标。

　　自然景观美的实质，主要取决于真善美的特征。真，即自然的真实性，真的比假的或人造的要好，因此自然保护区被公认为是美的代表，备受追捧；善，即有助于人们生产生活的功用，故综合性功用优越于单一功用，具有保护生物多样性的功用就优于仅仅可观赏的功用；美，就是视觉的美观，或色彩绚丽、优美和谐，或雄伟峻险、奇石陡崖，或鹤翔鸢飞、狐兔竞逐，或云霞幻化、飞瀑激流，具有生命或动态之美，辽阔悠远、奇特罕见、奥秘深邃、雅幽朦胧等，一切能激荡人心、引发感情共鸣的都为人所称道，都是美的。自然保护区因具有这些典型性和代表性特征，因而成为美的典型，美的代表，成为美丽中国的核心资产。

对于自然景观，很重要方面就是审美。面对同样的山水景观，人们的审美意趣和心理收获是不同的。这取决于每个人的审美观念、情趣志向、文化修养、胸襟识见，以及与所观景物的接近关系或在此地此时的境遇与心绪等。不过总体来说，审美机遇取决于外，即取决于客体的存在；收获美感得自于内，与个人的自我修养息息相关。审美是人内心世界中影像之美与客观外界景观之美的碰撞、交流、融合与赠答过程，二者相互作用、情感共振才可得到最大的美感。换言之，心中有美，眼中才有景；眼中见景，激发了心中之美才产生美感。审美是一个"目既往还，心亦吐纳，情往似赠，兴来如答"的往还赠答过程。人有真情付出，才有美感回报。因此，只有情怀家国，心系天下，心中有爱，方可尽见河山之美，尽得生活情趣。那些热爱祖国、热爱家乡的人们更能体会到美的享受，美景会带来精神境界的提升，会使胸怀变得更博大，会使生活更加光明灿烂。也是从这点出发，我国所特有的悠久历史文化、所创造和遗留下的遍布中华大地的风景名胜区就具有特别重要的意义，成为美丽中国最具特色、独家拥有的宝贵资产。

中华大地，是世界上最为壮丽富饶的土地，生活于斯的人民是世界上最幸运的族群。中华地理形势，独占亚洲大陆的金角银边，高山大海瀚漠广原四面围护，中间是一座安全独立、富饶美丽、静谧祥和的超大院落，养育着13.6亿人口；中华河山辽阔壮丽，生态系统多样，举凡世界自然地理类种优势，中华大地几近具备。独特的自然地理造就了举世无双的生态系统和特色多样的风景资源；中华大地物产富饶，人杰地灵，从古及今，五千多年，涌现了无数德高功大、奉献进取的先贤圣祖、英雄人杰，教化文化，筚路蓝缕，带领勤劳智慧的中国先民，创造了灿烂的东方文明，成就了独一无二的中华文明，人口众多，文明高远，文化博大精深，历史悠久灿烂，既缔造了辉煌的过去，也开拓了通向未来的光明之路，使中国成为令世人垂涎和嫉羡的地方。

当代中国，已进入中国特色社会主义新时代，中华民族迎来了从站起来、富起来到强起来的伟大跃升，中华民族伟大复兴已真正开启。在这个新时代，中国人民对美好生活的向往和需求日益增长，对安全和环境都有新的更高要求。美丽中国，已成为新时代人民向往的目标。本书所列举的国家级自然保护区和风景名胜区就是满足中国人民新发展要求的重要基础性资源，是建设美丽中国的核心资产和现实模板。

过去几十年，在我国政府和全国人民的共同努力下，我国的自然保护事业迅速发展。半个世纪以来，自然保护区名单不断加长，管理日益完善，范围不断扩展，功能持续提高。截至 2018 年年底，全国国家级自然保护区就达到 474 处，国家级风景名胜区 244 处（截至 2018 年 3 月），其中有 55 处被列入世界文化和自然遗产名录。其他各级各类自然保护地更为琳琅满目，将美丽写满了中华大地。书中所举仅是这个宏大体系的一小部分，真正的挂一漏万，而且描述简陋，笔不应心，不能尽兴。即使如此，读者仍可按图索骥，身临其境，感受其震撼心灵之美；也可通过阅读本书，神游祖国河山；更可拿起笔，著文作诗，笔耕祖国大地，创作自己心中的美好和图画。

面对中华民族复兴、建设生态文明和建设美丽中国的伟大事业，本书谨奉上笔者的真切心愿，愿在美丽中国建设中增添一颗小小的铺路石子。本书面对一项全新发展的一日千里的前进事业，数据资料基本是来源于互联网上各种报道或文章。笔者虽因工作关系接触过书中部分景区，但绝大部分所列对象依然无缘亲历亲恭，故数据收集之不全、资料选取之不当、表述不确切之处都在所难免，本书仅是投石问路，希望引出更多、更美、更完整、更深入细致的书文，共同装点这片美丽的土地，装点我们美好的家园。笔者，一个老环保工作者，衷心感谢工作和战斗在自然保护第一线的战友和为美丽中国建设做出不懈努力的同人，感谢各位尊敬的网络或非网络作者们付出的辛勤劳动，没有他们的贡献就绝没有本书的出现！也殷切希望读到本书的师友借更正有关谬误或补充本书不足之际，提供更多美景美文以飨人民，大力弘扬这份独特而珍贵的民族珍藏，提升我国整体生态环境保护的工作水平，呈现祖国更为生动活泼、绚丽多彩的画面。

本书在成书过程中，得到中国环境科学研究院和生态环境部环境工程评估中心的大力支持，得到有关领导和同行同志们的关照和鼓励，李世涛先生通读文稿并提出了宝贵意见。中国环境出版集团葛莉同志更是对书稿做了精细修改，贡献了自己多年积累的经验和才智。对于他们的无私帮助，谨致以衷心的感谢！

毛文永

2021 年 6 月 6 日

目录

01 美丽中国之自然保护 / 1

0101 自然保护地体系主体——国家公园 / 2

0102 中国首批国家公园建设试点 / 7

02 中华民族核心资产——自然保护区 / 15

0201 中国的自然保护区 / 15

0202 中国各省（区、市）的自然保护区 / 25

0203 中国的世界自然遗产地 / 109

03 美丽中国特有资产——风景名胜 / 121

0301 中国风景名胜概观 / 122

0302　美丽中国的风景名胜之最 / 128

0303　中国十大风景名胜古迹 / 143

0304　中国各省（区、市）著名风景名胜区 / 145

0305　中国的世界文化遗产 / 209

04　美丽中国之自然公园保护地 / 227

0401　国家森林公园 / 228

0402　国家湿地公园 / 254

0403　中国地质公园 / 261

0404　中国重要湿地 / 266

0405　中国海洋自然保护区 / 273

0406　水产种质资源保护区 / 276

0407　成长中的自然公园新成员 / 279

参考文献 / 284

01

美丽中国之自然保护

　　宇宙间最光辉灿烂的就是生命万物。生态系统由生物多样性构造，包括生态系统多样性、物种多样性和遗传/基因多样性 3 个层次。生物物种是构成生态系统的主要成员，成千上万，异彩纷呈。它们是地球最早的居民，是人类的衣食父母或朋友兄弟，不可或缺，生死与共。任何物种都依靠一定的生态系统生活，并在长期的进化过程中，形成各自独特的生态关系，与环境协调，与种群平衡。但是，人类的强大干扰和破坏，使世界上所有生物都受到严重影响，或生境遭破坏，或物种减少，或有大量物种濒危和灭绝。地球生态系统严重恶化，严重威胁人类的长远生存与发展。因此，世界各国为长远生存计议，纷纷划定自然保护区，摒除人类干扰，保护最为重要的、具有代表性的、生物多样性丰富的或有珍稀濒危生物生存的生态系统。自然保护区以生物多样性保护为核心。保持生境的自然性、保持充足的食物或养分，维系生物的繁殖条件，都是自然保护的要义。我国的自然保护事业起始于 20 世纪 50 年代，20 世纪 80 年代后获得巨大发展，现在已将 18% 的国土划作

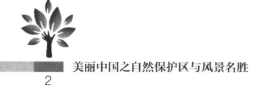

保护区，作为不可逾越的生态红线进行严格管理。我国是世界上生物多样性最丰富的国家，生态系统类型齐全多样，建立的自然保护区类型也比较多：以自然保护区为称谓的就有国家级、省级，执行同一法规，实施分级管理。另有地质公园、重要湿地、海洋特别保护区、水产种质资源保护区等，也分为国家和地方两级管理。我国还加入联合国环境保护事业，有 55 处保护区列入世界遗产名录。我国生物多样性保护不仅是中华民族的千秋伟业，而且对全人类都有特别重大的意义。为提高保护效率，我国正对各类重要保护区进行整合，并冠以国家公园的统一名称。自然保护，意义重大，是全民族的核心资产，是生态文明建设的物质基础。

0101 自然保护地体系主体——国家公园

人与自然是一个生命共同体，人类必须尊重自然、顺应自然、保护自然。人类只有遵循自然规律才能有效防止在开发利用自然上走弯路，人类对大自然的伤害最终会伤及人类自身，这是无法抗拒的规律①。

（1）中国自然保护的历史与现状

自然保护千秋业，子孙福泽万代长。

放眼浩瀚宇宙，只有地球可养育生命。回顾历史千年，唯有生态系统是生命唯一的依存。没有植物动物，没有生态系统，就没有地球生命，也就没有人类世界。地球空间有限，自然资源有限，而且不为人类所独有，是为所有地球生物共享。因此，保护自然，保护整个地球生态系统，实质就是保护人类，保护人类的生存与发展。

自然保护，保护的是什么？一要保护自然生态系统，或曰地球生命支持系统。核心任务是保护生物多样性，避免动植物物种的濒危或灭绝，尤其要保护珍稀的、特有的生物以及典型生态系统；二要保护地球的自然信息，包括非生命的地球自然历史、地质遗迹、生物化石、地壳沉积之类；三要保护所有人类创造的历史文明成果。了解过去，认

---

① 摘自习近平 2017 年 10 月 18 日在中国共产党第十九次全国代表大会上的报告。

识现在，保有未来。

中国有悠久的自然保护历史。中华民族的农耕文明很早就开启了，以农立国，春种秋收，吃苦耐劳，靠天吃饭，遵循自然规律是农业的根本，也是生存的关键。早在中古时代，华夏先民就意识到自然保护之必要性，舜设虞官，开启生态保护之先河，后世多有传承。商周之际，对山林川泽和草木鸟兽，设置官吏进行封禁管护。然而，在历史长河中，随着人口增加，垦殖扩展，自然生态渐被蚕食；更有自然灾害，兵戎战火，政权更迭，法治废弛，以及历代统治者伐林开山，大兴土木，先秦制度未能持续，自然生态屡遭破坏。在以往的历史时期，生态资源消耗不断加剧，自然环境日益衰弱。尤其到近代，国家赢弱，列强掠夺，军阀割据，豪强横行，自然破坏变本加厉，灾害频发，民不聊生，乱采滥伐，乱捕滥猎，恶性循环。中华人民共和国成立以来，人口剧增，需求扩大，农业开发加剧，破坏尤甚。总体而言，我国以农立国，长期以农业支撑国民经济，环境压力有增无减，自然资源被过度消耗，生态环境不断恶化，虽有努力保护，但只是局部有所改善，整体持续恶化，物种不断减少，生态形势严峻。

我国的自然保护行动，从禁伐森林开始，以建立自然保护区为主战场，由点到面，由局部到全国，由单纯物种保护到生态系统整体保护，渐成体系，形成网络。历经 40 年努力，全国辟建各级各类自然保护地超过 1 万处，占国土面积的 18%，基本覆盖了绝大多数重要自然生态系统和自然遗产资源[1]。其中，国家级自然保护区 474 处（2018 年），国家级风景名胜区 9 批 244 处，它们起着核心和示范作用。国土资源及农林等部门也建立了资源类保护区，共同着力自然保护工作，建有地质公园、森林公园、湿地公园、海洋自然保护区、水产种质资源保护区等多种类型保护区。

借鉴世界经验，中国自然保护走法制化道路。已建立比较完善的自然保护法律法规体系，管控经济社会活动，杜绝过垦、过牧、过捕行为，防止不当采掘开发活动造成破坏。颁布《中华人民共和国自然保护区条例》，建立自然保护区管理机构，开展科学研究、宣传教育，进行保护修复和可持续利用示范，开展控制外来物种入侵的研究，同时进行大规模的生态防护林建设，天然林保护，草原修复，防止水土流失，沙漠化土地治理、绿化工程等，改善整体生态状况。农林牧渔副，变放养为饲养，保护野生生物，减少对自然资源的开发压力，成效显著。

（2）美丽中国是中国人民共同的理想与目标

2012 年 11 月 8 日，中国共产党第十八次全国代表大会在北京召开。胡锦涛在党的十八大报告中明确指出："建设生态文明，是关系人民福祉、关乎民族未来的长远大计。面对资源约束趋紧、环境污染严重、生态系统退化的严峻形势，必须树立尊重自然、顺应自然、保护自然的生态文明理念，把生态文明建设放在突出地位，融入经济建设、政治建设、文化建设、社会建设各方面和全过程，努力建设美丽中国，实现中华民族永续发展。"同年 11 月 15 日，新当选的中国共产党总书记习近平在讲话中提到："我们的人民热爱生活，期盼有更好的教育、更稳定的工作、更满意的收入、更可靠的社会保障、更高水平的医疗卫生服务、更舒适的居住条件、更优美的环境，期盼着孩子们能成长得更好、工作得更好、生活得更好。人民对美好生活的向往，就是我们的奋斗目标。"[2]

党的十八大报告提出建设美丽中国，要让中华大地的山绿起来，人民富起来，这是 21 世纪中国人民的新理想和前进目标。追寻中华文明传承的自然地理、文化历史故事；展现中华文明的行进轨迹，表现中华文明的独特景观、风俗、娱乐、审美和道德。展示中国的、地区的，各民族的灿烂文化遗产，为世界展示一个最美丽的中国图景。

2015 年，在党的十八届五中全会上，建设美丽中国被纳入国民经济和社会发展"十三五"规划。在"加快改善生态环境"一篇中，提出以提高环境质量为核心，以解决生态环境领域突出问题为重点，加大生态环境保护力度，提高资源利用效率，为人民提供更多优质生态产品，协同推进人民富裕、国家富强、中国美丽。

2017 年，党的十九大报告中提出：加快生态文明体制改革，建设美丽中国。习近平总书记还说："我们要建设的现代化是人与自然和谐共生的现代化，既要创造更多物质财富和精神财富以满足人民日益增长的美好生活需要，也要提供更多优质生态产品以满足人民日益增长的优美生态环境需要。必须坚持节约优先、保护优先、自然恢复为主的方针，形成节约资源和保护环境的空间格局、产业结构、生产方式、生活方式，还自然以宁静、和谐、美丽。"[3]

美丽中国建设是党在决胜全面建成小康社会和开启全面建设社会主义现代化国家中的重大任务和战略安排，也是新时代党和中国人民共同的心愿、理想和奋斗目标，是党在新时期建设生态文明中经济建设、文化建设、政治建设、社会建设的总目标。

美丽中国建设最根本、最基础的是保护自然环境和自然资源，就是要加大生态系统保护力度，要实施重要生态系统保护和修复重大工程，优化生态安全屏障体系，构建生态廊道和生物多样性保护网络，提升生态系统质量和稳定性。完成生态保护红线、永久基本农田、城镇开发边界三条控制线划定工作。开展国土绿化行动，推进荒漠化、石漠化、水土流失综合治理，强化湿地保护和恢复，加强地质灾害防治。完善天然林保护制度，扩大退耕还林还草。严格保护耕地，扩大轮作休耕试点，健全耕地草原森林河流湖泊休养生息制度，建立市场化、多元化生态补偿制度。[3]

（3）国家公园是自然保护地体系建设的主体

中华民族的自然保护事业，自古开启，文明而灿烂；中道衰微，千年不兴；当代复兴，再创新辉煌。今日中国，自然保护已成全民共识，生态文明建设列为国家发展战略目标，中央与地方政府主导，保护与修复并举，尊重自然，顺应自然，保护生态，修复生态，转变老旧观念，树立生态意识，改善人地关系，保障生态安全。我国经过 60 多年的不懈努力，建立了数量众多、类型齐全、功能多样的各级各类自然保护地（区），在保护生物多样性、保存自然遗产、改善生态环境质量和维护国家生态安全方面发挥了重要作用。据统计，截至 2018 年，全国已建国家级自然保护区 474 处；已建风景名胜区 1 051 处（其中国家级 244 处）；国家森林公园累计达 897 处；国家地质公园 274 处；国家湿地公园达 899 处；海洋特别保护区（海洋公园）达 111 处。有 14 处自然保护区列入联合国世界自然遗产名录；有 4 处自然保护区列为世界自然与文化双遗产；还有 39 处列选世界地质公园。此外，国家沙漠（石漠）公园累计达 120 处[4]。迄今为止，中国已辟建各类自然保护地达 1.18 万处，占国土面积的 18%以上。中国特色自然保护地体系建设全面启动。这些自然保护地是对重要的自然生态系统、自然遗迹、自然景观及其所承载的自然资源、生态功能和文化价值实施长期保护的陆域或海域。在自然保护地体系中，国家级自然保护区的建设是中国自然保护地建设的主体。

在各级各类保护区迅速发展的同时，也出现了重叠设置、多头管理、边界不清、权责不明、保护与发展矛盾突出等问题。为解决这些问题，中央决定进行管理整合，加快建立以国家公园为主体的自然保护地体系，提供高质量生态产品，推进美丽中国建设，探索新的有效管理形式。中央出台《关于建立以国家公园为主体的自然保护地体系的指导意见》，借鉴世界经验，建立国家公园统一管理体制，提高保护效能，重在加强原真性、完整性保

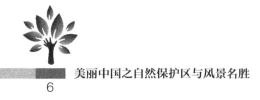

护，实现国家所有、全民共享、世代传承的伟大目标。

建立以国家公园为主体的自然保护地体系，是贯彻习近平生态文明思想的重大举措，是党的十九大提出的重大改革任务。自然保护地是生态建设的核心载体、中华民族的宝贵财富，更是美丽中国的重要象征，生命支持体系的典型代表，在维护国家生态安全中居于首要地位。

构建科学合理的自然保护地体系，首先须明确自然保护地功能定位。自然保护地是由各级政府依法划定或确认。建立自然保护地的目的是守护自然生态，保育自然资源，保护生物多样性与地质地貌景观多样性，维护自然生态系统健康稳定，提高生态系统服务功能。其次须明确自然保护地功能是服务人民、服务社会，为人民提供优质生态产品，为全社会提供科研、教育、体验、游憩等公共服务；维持人与自然和谐共生并永续发展。要将生态功能重要、生态环境敏感脆弱的区域以及其他有必要严格保护的各类自然保护地纳入生态保护红线管控范围。

须科学划定自然保护地类型。根据中共中央办公厅、国务院办公厅印发的《关于建立以国家公园为主体的自然保护地体系的指导意见》，按照自然生态系统原真性、整体性、系统性及其内在规律，依据其管理目标与效能，并借鉴国际经验，将自然保护地按生态价值和保护强度高低依次分为3类：

国家公园：是指以保护具有国家代表性的自然生态系统为主要目的，实现自然资源科学保护和合理利用的特定陆域或海域，是我国自然生态系统中最重要、自然景观最独特、自然遗产最精华、生物多样性最富集的部分，保护范围大，生态过程完整，国民认同度高。

自然保护区：是指保护典型的自然生态系统、珍稀濒危野生动植物物种的天然集中分布区、有特殊意义的自然遗迹的区域。具有较大面积，确保主要保护对象安全，维持和恢复珍稀濒危野生动植物种群数量及赖以生存的栖息环境。

自然公园：是指保护重要的自然生态系统、自然遗迹和自然景观，具有生态、观赏、文化和科学价值，可持续利用的区域。确保森林、海洋、湿地、水域、冰川、草原、生物等珍贵自然资源，以及所承载的景观、地质地貌和文化多样性得到有效保护。包括森林公园、地质公园、海洋公园、湿地公园等各类自然公园。

制定自然保护地分类划定标准，对现有的自然保护区、风景名胜区、地质公园、森林公园、海洋公园、湿地公园、冰川公园、草原公园、沙漠公园、草原风景区、水产种质资源保护区、野生植物原生境保护区（点）、自然保护小区、野生动物重要栖息地等各类自然保护地开展综合评价，按照保护区域的自然属性、生态价值和管理目标进行梳理调整和归类，逐步形成以国家公园为主体、自然保护区为基础、各类自然公园为补充的自然保护地分类系统。[5]

自然保护，千秋伟业，全民参与，任重道远。

0102　中国首批国家公园建设试点

国家公园建设试点，以问题为导向，将遗产地——自然保护区、风景名胜区、文保单位、地质公园、湿地公园、水利风景区、旅游区，进行归并、整合、规范，理顺管理体制机制，克服交叉重叠、碎片化及过度开发等问题，建立国家自然保护主体——中国国家公园体系，实行用途管制、红线管控。先行实践试点，而后全国推行。规划引导，实践检验。十大公园，试点树旗。

（1）长城国家公园

八达岭一段，北京长城，中华文化基因，民族精神图腾。自然与人文结合，历史与现代双馨。长城是世界奇迹，也是中华精神。前人罗哲文撰联，道尽历史沧桑人文壮观。上联曰：起春秋，历秦汉，及辽金，至元明，上下两千年；数不清将帅吏卒，黎庶百工，费尽移山心力，修筑此伟大工程；坚强毅力，聪明智慧，血汗辛勤，为中华留下巍峨丰碑。下联曰：跨峻岭，穿荒原，横瀚海，经绝壁，纵横十万里；望不断长龙烽垛，雄关隘口，犹如玉带明珠，点缀成江山锦绣；起伏奔腾，飞舞盘旋，给世界增添壮丽奇观。

（2）大熊猫国家公园

以大熊猫栖息地和繁殖地为主体，跨越四川、陕西、甘肃三省边界；以加强廊道建设为目标，连通秦岭、邛崃、岷山等山系。整合生境碎片，打通生物走廊，连通多个孤岛式自然保护区，合成森林地质风景自然生境。大熊猫为旗舰生物，动植物数千种受保护荫庇。

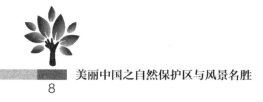

山水田林一体规划，保护利用统筹安排，体现自然生态系统完整性保护的生态意义，提高自然保护区保护效能。

秦岭及大熊猫保护：秦岭地处华北区、青藏区东西植物过渡带，古北界、东洋界两界动物交汇区。植物资源丰富，起源古老，区系复杂，典型多样，中国特有，堪称珍稀。有箭竹类生长，养育国宝大熊猫，建成国家级自然保护区，西缘桑园，东迄平河梁，太白山、长青、佛坪、青木川、观音山、天华山、周至、老县城、观音山、黄柏塬等保护区相连相望，星罗棋布；因生境的独特性，保护生物多样性，而成为珍稀特有生物的避难所，植物数千种、鸟兽数百种，独叶草、杜仲、红杉、水青树、连香树、扭角羚、朱鹮、金丝猴、林麝等动植物名角集中登台，物华天宝。最新增添摩天岭保护区，踞秦岭南坡，汉中地域，也是一个生态过渡带、物种丰富独特的生物基因库，加盟大熊猫保护事业。黄柏塬也在域内。大熊猫，享誉全世界，文明大中华。

四川大熊猫保护：四川西部，群山耸峙，生境多样，大熊猫生息胜地。大熊猫，中国国宝，世界珍兽，自然保护之象征。四川大熊猫保护区，面积最大，生境自然，地域相连，列入世界自然遗产名录，包括卧龙、蜂桶寨、四姑娘山、金汤孔玉和喇叭河、黑水河、草坡等，另有都江堰、天台山、鸡冠山、九龙沟、西岭雪山等风景名胜区，均为大熊猫保护重要区域。中国大熊猫分布带，温凉适宜，植物丰富，为全球生物保护关键区，建成王朗、白水河、龙溪虹口、马边美姑之大风顶、栗子坪、黑竹沟，以及瓦屋山、唐家河、千佛山、九寨沟、老君山、雪宝顶等保护区，使大熊猫保护网络成规模。

（3）祁连山国家公园

青藏、蒙新、黄土三大高原交会地带，面积广阔，达 260 万公顷。东起乌鞘岭，西至玉门关，长约 900 千米，宽达数千米至近百千米。山脉、宽谷、盆地系列地貌交叠组成，气候立体有 3 500 米高差。地势跌宕起伏，有雪山千仞，阻云截雨，冰川发育达 2 000 多条，储水百多亿立方米。生态整体性特征明显，以松杉为本，涵养雨洪，发源河流 56 条，北出石羊河、黑河、疏勒河三大内流河水系。

生态系统呈植被垂直带谱，1 800 米以上为荒漠、草原、牧场景观；2 700 米以上是山地、森林、草原带，有青海云杉、祁连圆柏分布；3 200 米以上为亚高山灌丛草甸带，更高处植被稀疏，雪山戴帽。自然奇观，有动物上下分层：2 500 米以下以牦牛、赤狐、兔犰为主；2 500米以上有猞猁、马麝、白唇鹿、斑尾榛鸡、雉鹑、血雉多种；3 800米以上是藏雪鸡、雪豹、岩羊类，再上有金雕、海雕，空天阔地。祁连山自然保护区具有极为重要科学价值，河西走廊流域资源特殊，生物多样性利用开创绿色经济发展新局面。有野生动物迁徙廊道，为珍稀物种分布特区，国家重要水源涵养功能区，绿洲人民生命之源；西北主要生态安全屏障带，走廊防风固沙，长城一线成障。公园管理试点，坚持保护第一，整合管理体系，坚持全民公益，严守生态红线，提升保护效能。

（4）东北虎豹国家公园

东北虎，丛林之王，百兽为膳，英武象征，一啸通天。世界濒危动物，中国一级国兽。东北虎生息范围广大，穿行中俄国界无须签证。拟建国家公园地跨吉林和黑龙江两省广大地区，目的在于恢复东北虎野生种群。现如今，伐木变护林，獐狍、野猪重新繁盛；猎手变身守卫，虎豹生存无忧，生态文明建设自此开启。

东北虎，又名西伯利亚虎、远东虎等，其名号多以栖息地得名。东北虎体型庞大，威风八面，毛色棕黄，雍容尊贵，为勇敢典范，力量象征，成文化物象，受精神化崇拜。东北虎行动敏捷，性情勇猛，一声啸吼，全山肃然，称百兽之王，森林卫士，恶狼天敌，处食物链顶端。以野猪、獐狍、野鹿、狐、兔类为主要食物，有珲春、汪清、丰林、老爷岭作专属家园。生态恶化曾造成食物链残缺，世界仅存500只，极度珍稀，濒临绝灭；森林恢复使栖息地范围扩展，中国残留20只左右，寄望于保护，使种群重新发展。

东北虎保护区：凤凰山、老爷岭、七星砬子，山峦起伏，林木葱茏，典型针阔叶混交林，红松、油松、色木槭为代表植物，是东北虎现在主要存在区域，也是未来东北虎种群恢复地区。濒危动物东北虎、极危动物东北豹都极其珍稀。

（5）钱江源国家公园

位于浙江开化县。合古田山国家级自然保护区、钱江源国家森林公园于一园。公园区域山高谷深，气候垂直变化，阴阳界割，雨雾频多，有泉流16条，溪涧24处，为新安江、钱塘江、青弋江三江源头。花岗岩山体，奇峰耸立，怪石嶙峋，72峰尽皆有名，松鼠石、猴石惟妙惟肖，景致天下无二。绝壁长奇松，破石生根，盘根错节，渡崖越壑，奇妙无双。冰川地貌为科学版本：苦竹溪逍遥溪冰川创蚀，眉毛峰鲫鱼背刨蚀残留，百丈泉人字瀑冰川悬谷，乌泥关黄狮垱搬运堆积。草木葱茏，物种珍稀，旨在保护白颈长尾雉、黑麂等濒危物种、一级水杉特有物种。也是天然动植物博物园。钱江源，原始森林，绝美景观，珍稀特有物种，为重要功能保护示范。

（6）湖南南山国家公园

邵阳市城步苗族自治县一隅。蓝天白云景象，青山碧草世界，世外珍藏美景。合并南山风景区、金童山自然保护区、两江峡谷森林公园、白云湖湿地公园，群星联袂。这里是华中、华东、华南植物交会区，有常绿阔叶林和落叶阔叶森林原生顶级群落呈现。植物起源古老，国家一级保护植物——资源冷杉的模式产地，大面积原生亮叶水青冈顶级群落，数十种珍稀植物呈现。罕见的山顶湿地，具完整湿地植被演替系列，为重要生物基因库。候鸟种群保护，重要迁徙通道，千多种类，年年驿站。动物物种繁多，佳丽珍藏，时时隐现。高海拔草甸生态，又一番自然景致。湖南南山，整合风景名胜区、自然保护区、森林公园、湿地公园，连片成区，成为典型性、代表性遗传基因天然博物馆。

（7）武夷山国家公园

福建武夷山：中国植物区过渡带，完整森林生态系统。世界生物圈保护区网络成员，世界自然与文化双遗产。九曲溪、八大景区甚美；植物种、孑遗物种尤多，珍稀特有秘藏。组建国家公园，整合自然保护区与风景名胜区于一体，扩充九曲溪上游地带入一园，建立统一管理机构，颁布专有公园条例，解决条块分割、多头管理之弊病，细化管制行为和经营许可规定。突出生态系统保护，协调保护与利用的矛盾；强化制度建设，履行世界遗产保护之职责。建制立法，科学发展，提高生态整体功能。

江西武夷山保护区：华东屋脊，南北屏障，峰峦重叠，断谷分割，降水丰沛，温凉适宜。武夷山自然保护区 700 万公顷，东南独大；原生常绿阔叶林 3 万多公顷，弥足珍贵。桂冠多顶，声名远播，中国生物多样性保护关键区，世界自然与文化双遗产，全球生物多样性保护 A 级区，全国旅游与文明示范区，世界生物圈保护区网络成员，国家级风景名胜。物种特别丰富，是闻名于世的生物模式标本产地，在此发现命名的新种标本上千种，是具有全球意义的生物科学研究基地。素称鸟类天堂，有各种鸟类数百种，挂墩鸦雀武夷独有。亦是昆虫世界，多达四五千种，金斑喙凤蝶称最。更有天然两栖爬行

动物馆、崇安髭蟾、崇安地蜥、斜鳞蛇，独存此家。高等植物达 3 000 种，重点保护植物有银杏、水松、南方红豆杉、钟萼木等，不胜枚举，誉为物种宝库。植被类型典型齐全，拥有南方铁杉片林 400 公顷，柳杉、红豆杉均属独特，呈垂直植被分异景观带。碧水丹山，深涧幽洞，铁杉王，均称奇绝。珍稀濒危动物如虎豹、黑麂、白颈长尾雉、中华秋沙鸭类，一并收藏。

（8）神农架国家公园

华中屋脊，受季风影响，温凉多雨，立体气候，山脚夏山岭春，山麓秋山顶冰，东边晴西边雨，一日四季。群山耸翠，峡谷纵横，云流雾漫，山水画廊，叶如染花似海，四时异景。亚热带山地森林，物种古老特有，称世界生物活化石，珍稀特有物种避难所。天然动物园，有金丝猴、华南虎、金钱豹、白鹳、白蛇、大鸨等多种珍稀动物。整合自然保护区、国家森林公园、国家地质公园，合并大金湖湿地公园为一体，组成国家公园，并含世界自然遗产地在内。依山脉，看水系，划区保护与利用。这里有无比的山珍奇货，中药材、有机茶、野蜂蜜、香菇、核桃，特产阜成生态旅游明星，四海闻名。自然保护价值尤高，亚热带森林，号称"地球之肺"；泥炭藓湿地，尊为"地球之肾"。这里是相传华夏始祖炎帝神农氏搭架采药处，伟大古祖亲尝百草、济世救民，因成神圣之地。此园纳入世界生物圈保护区网络成员，更着眼自然生态系统原真性保护的科学价值。

（9）三江源国家公园

整合三江源与可可西里两大自然保护区，建立统筹、统管的国家公园。

三江源，海拔 4 000 米以上，总面积 36.3 万平方千米，占青海省一半面积。雪山草原，江河湖泊，沼泽湿地，鸟翔碧空，兽逐绿原，原始自然，更有藏传佛教、唐蕃古道，民俗风情，文物遗存，理想的世界旅游目的地，一幅天人和谐美景图。生态系统，敏感脆弱，土壤瘠薄，热量不足，生长期短，生物量低，生态平衡维持十分微妙；曾经牧业压力大，导致草原退化，鼠害猖獗，土地沙化，压力超越承载力，生态保护特地特法。

可可西里，极寒、极干、极严酷气候，最高、最大、最苍凉荒原。植物极矮小，低草垫状，藏羚羊、藏原羚不远千里来此生儿育女，创造世界生命奇迹；动物最奇特，抗寒耐劳，野牦牛、藏野驴无畏苦寒到此谈情说爱，唱响物种进化赞歌。这里是最重要生态安全屏障，最敏感气候影响区。建立国家公园，实施生态修复，改善牧民生活，打造可持续绿色基础。

（10）云南普达措国家公园

三江并流中心地带，香格里拉天堂公园。由世界重要湿地碧塔海和蜀都湖组成，占地1 313平方千米，最高海拔4 159米。滇西北高山河谷高阔地貌，湖泊湿地与森林草甸景观。湖泊明镜纳天地，草甸如茵散牛羊。飞禽走兽时出没，鱼儿藏在水中央。天空翔飞黑颈鹤，水中游泳重唇鱼，珍稀鸟禽旗手，一方敬重神仙。阳坡阴坡，步移景换，清凉纯净世界，自在空阔山间。云南普达措，森林草甸、湖泊湿地、珍稀生物、原始生境，多样一体，体现自然原真代表性，完整森林生态系统，彰显自然保护原真之义。

根据中共中央办公厅、国务院办公厅印发的《建立国家公园体制总体方案》，我国国家公园建设迅速推进，2020年，完成了国家公园体制建设10个试点，并于2021年公布了第一批国家公园名单：三江源国家公园、大熊猫国家公园、东北虎豹国家公园、海南热带雨林国家公园、武夷山国家公园。2019年编制完成了《全国国家公园总体发展规划》，并发布国家公园设立标准，完成自然保护地分类分级管理体制。

在国家公园试点的基础上，提出了国家公园的遴选原则：第一，国家公园主要是对自然资源的保护，因此故宫、苏州园林等人文景观不在其列；第二，要达到一定的规模，或具有综合性的自然条件，因此壶口瀑布等较为单一的自然景观没有列入国家公园范畴；第三，也是最关键的，国家公园要代表一种独特的自然环境和生态系统，具有极其重要的保护价值。

国家公园主管部门在组织编制《全国国家公园总体发展规划》中，还提出首批建设48个国家公园名单：嵩山（河南登封）；普达措、梅里雪山、西双版纳（云南）；九寨沟-黄龙、峨眉山、大熊猫（包括卧龙、四姑娘山、青城山等区域）、贡嘎山、稻城亚丁（四川）；长江三峡（重庆/湖北）；梵净山、织金洞（贵州）；珠穆朗玛峰、雅鲁藏布大峡谷（西藏）；华山（陕西）；三江源、可可西里、青海湖、柴达木盆地（青海）；张掖丹霞、敦煌雅丹（甘肃）；天山、喀纳斯（新疆）；太湖（江苏）；雁荡山（浙江）；黄山（安徽）；泰山（山东）；庐山、三清山（江西）、武夷山（福建/江西）；北太行（包括白石山、野三坡、石花洞等区域）（河北/北京）；大兴安岭（内蒙古/黑龙江）；阿拉善、克什克腾（内蒙古）；

武陵源（湖南）；神农架、恩施大峡谷（湖北）；云台山（河南）；石林（云南）；五大连池（黑龙江）；长白山（吉林）；丹霞山（广东）；漓江、乐业-凤山（广西）；雷琼火山群、西沙群岛（海南）；香港地质国家公园（香港）；太鲁阁国家公园（台湾）。[6]

02

中华民族核心资产
——自然保护区

《中华人民共和国环境保护法》第二十九条：各级人民政府对具有代表性的各种类型的自然生态系统区域，珍稀、濒危的野生动植物自然分布区域，重要的水源涵养区域，具有重大科学文化价值的地质构造、著名溶洞和化石分布区、冰川、火山、温泉等自然遗迹，以及人文遗迹、古树名木，应当采取措施加以保护，严禁破坏。

0201 中国的自然保护区

《中华人民共和国自然保护区条例》（以下简称《自然保护区条例》）第二条：本条例所称自然保护区，是指对有代表性的自然生态系统、珍稀濒危野生动植物物种的天然集中分布区、有特殊意义的自然遗迹等保护对象所在的陆地、陆地水体或者海域，依法划出一定面积予以特殊保护和管理的区域。

（1）中国自然保护区概况

我国于 1956 年成立第一处自然保护区——鼎湖山自然保护区，迄今已建各级各类自然保护区达 2 750 处，其中国家级自然保护区有 474 处；各类陆域自然保护地面积达到了 170 多万平方千米。[7]一批自然保护区还被列入世界自然遗产名录，或纳入联合国人与生物圈计划，一些湿地也被列为世界重要湿地。自然保护区按主管部门分为国家级和地方级，保护区内划分为核心区、缓冲区和实验区，反映不同的功能要求，实行程度不同的管理。自然保护区因建立和管理部门不同，又有地质公园、森林公园、种质资源保护地（区）、湿地公园、海洋保护区等类型与称谓。国家公园建设将对这些名目不同、多头管理的保护区进行整合，建立国家公园、自然保护区、自然公园 3 种自然保护地类型，并纳入生态红线管控。

我国已建自然保护区分为国家级自然保护区和地方级自然保护区，地方级又包括省、市、县三级自然保护区。中国自然保护区分为 4 级。

生态系统类自然保护区是整个自然保护体系的主体，具体又可细分为 3 个大类和 9 个细类。3 个大类为自然生态系统类、野生动植物保护类、自然地质遗迹类。自然生态系统类有森林生态系统类型、草原与草甸生态系统类型、荒漠生态系统类型、内陆湿地和水域生态系统类型、海洋和海岸生态系统类型；野生动植物保护类有野生动物类型、野生植物类型；自然地质遗迹类包括自然遗迹类型、地质遗迹类型、古生物遗迹类型。

我国自然保护建设事业已取得很大成功。自然保护区范围内分布有 3 500 多万公顷天然林和约 2 000 万公顷天然湿地，保护着 90.5%的陆地生态系统类型、85%的野生动植物种类、65%的高等植物群落。[8]目前，我国已有 18 处世界自然遗产地和双遗产地，数量均居世界首位，总面积达 6.8 万平方千米。拥有世界地质公园 37 处，国家地质公园（含资格）274 处、国家矿山公园（含资格）88 处。海洋特别保护区 111 处，面积 7.15 万平方千米，其中国家级海洋特别保护区 71 处（含国家级海洋公园 48 处）。[8]

自然生态，天地化育，万物组成。人与生物，命运与共，同枯同荣。同在地球生态系统，共为系统有机组分。随着人口暴增，工业盛行，资源过度开发与消耗，环境遭受各种破坏，地球生态系统日益衰弱，人类命运亦危机重重。故从 20 世纪 70 年代开始，世界有识之士大声疾呼：爱护自然，保护环境，走可持续发展道路，既要满足当代人需求，又要不损害后代人的利益。于是，自然保护登上历史舞台，人类历史也开始了新的一页。自然保护，功在当代，利达千秋。保护动植物，保护生态系统，划区利用，划区保护，划建自然保护区，构建生物避难所，给自然留空间，给人类定规矩，已成为一种普遍采用而相对有效和可行的方法。保护珍稀特有生物，避免濒危，防止灭绝，保持生物多样性，成为保护行动的核心目标。自然保护，生态保护，为了人类，为了后代。

自然保护区的保护宗旨是保持自然性，保持自然生态过程，限制人类不当干预。生态系统所具有的物质循环、能量流动、生育繁殖、种群更新等生态过程，都是其长期形成的，天然合理，不需要人类去矫正或改善。事实上，从建立自然保护区以来，100多年的经验是人类的主动干预，如除虫、灌溉增水、防火等，最终都是失败的。因此得出，自然保护区的保护重点是保持生态系统完整性，对原始的、自然的、典型的、具有代表性的、区域特有的，包含地球特有信息的，有特别生境与自然景观的生态进行保护。

自然保护区，展示生态结构与运行规律，千姿百态，精微奥妙；展示生态系统对人类的服务功能：生产粮食蔬果和建材，养育地球各类生物，此为生产功能；保持地球碳氧平衡，涵养水源，调节气候，防止土壤侵蚀，防风固沙，消减灾害，净化空气，吸尘滞尘等，为其环境功能；提供种质资源，供农牧渔业改良品种，提供农林渔牧种质资源支持；构建多种多样自然景观，展示自然之道，启迪人类智慧，提升文化精神，愉悦人的心神，具有崇高的美学价值，为人类日益重要的精神家园。保护区是生态修复的科学样板，是生态文明建设的物质基础。

建立自然保护区的科学意义长远而重大。这里是天然实验室，保存着地球和生物进化信息，供给科学研究，为评价人类行为后果提供标准，为研究自然奥秘提供实物资源。这里储备着大量物种资源，植物的、动物的、水生的、陆生的、湿热带的、干旱区的、高寒区的、珍稀濒危的和土著特有的，都为生态修复和繁殖驯化研究准备基材，都为发展旅游经济奠定根基。自然保护的核心就是保护生物多样性，多样性是生态系统核心材料，是知识与智慧的源泉。有生态系统多样性，类型多样，资源多样，利用前景多样，未来价值无穷。有庞大的植物世界，森林、草原、荒漠、湿地等，各有奥妙的组织与生存之道；有多彩的动物世界，鱼类、鸟类、哺乳类、爬行类、两栖类等动物，可谓千差万别、超乎想象。有地质遗迹类，如火山、地震、熔岩、孢粉产地、化石等，各具历史厚涵，各具景观特色。有奇特的地貌景观，高及冰峰雪岭，深如天坑地河，有丹霞、雅丹、洞窟、峰林、花岗岩、喀斯特等，真正琳琅满目、无穷无尽。海洋世界，博大而奥妙。自然保护对象各异，科学意义各有所宗，自然样板，价值无穷，时日延续，意义提升。

中国自然保护区从无到有，从小到大，从陆地到海洋，不断发展，不断提高。中国自然保护事业，随中华人民共和国成长而成长，随中华民族伟大复兴而复兴。这是一个不断加长的名单，一个人类财富不断增值的领域，更是造福子孙万代福祉的伟大事业。意义重大，福泽远长。

中国自然保护区有自己鲜明的特点：类型最为齐全，资源特别丰富。具有完整的自然生态系统，如长白山、武夷山、西双版纳。温度带齐全，从热带雨林到高原寒漠，有大西北荒漠、东南湿热森林、东北林海雪原，西南峰丛层峦；有重要而具特色的自然生态系统，如红树林、珊瑚礁、河口海湾；青藏高寒生态系统中，藏羚羊、藏野驴、野牦牛，都是特有高原生物精灵。特色风景尤为丰富多彩，有面积广阔的喀斯特地貌、雄奇险秀的花岗岩地貌、灿若明霞的丹霞地貌、风雨雕刻的雅丹地貌、雄峻壮丽的冰峰雪岭、辽阔无比的草原林海、天地生成的大河深峡……复杂自然地理创生复杂生态，养育多样资源和生物。珍稀孑遗植物和特有植被，如银杉、红松林，美到让人窒息；珍贵特有动物（如麋鹿、大熊猫）栖息生境，让人神往流连。一些独特的自然景观，如九寨沟、缙云山、桂林山水，天然名胜闻名四海；特异的冰川遗迹、化石遗迹、火山遗迹，恐龙蛋化石之类，奇异得让人难以置信。

中国自然保护区，让国人骄傲，给世界添彩。

（2）自然保护区建设与管理应遵循自然性与生态整体性原则

自然保护之道，根本原理就是"道法自然"。就是尊重自然、顺应自然、保护自然和修复自然。换句话说，主要是保持自然性，杜绝人为干预。所以，《自然保护区条例》第二十七条第一款规定："禁止任何人进入自然保护区的核心区。因科学研究需要，必须进入核心区从事科学研究观测、调查活动的，应当事先向自然保护区管理机构提交申请和活动计划，并经自然保护区管理机构批准；其中，进入国家级自然保护区核心区的，应当经省、自治区、直辖市人民政府有关自然保护区行政主管部门批准。"

自然保护区的划建和管理首先是保持其比较完整的生态系统，要实施整体性保护与管理。自然保护区就是将具有代表性的自然生态系统、珍稀濒危动植物的天然集中分布区，有特殊意义的自然遗迹等保护对象所在的陆地、水体或海域，依法划出一定面积予以特殊保护和管理的区域。这就是说，自然保护区都是一个个具有代表性、特殊性、重要性和天然性的生态系统，并且是通过强化管理使之不受不良影响、能够持续存在的自然生态系统。

何为生态系统整体性？凡称作"系统"者都首先是个整体性的体系。生态整体性就是动植物的生命整体性。犹如人体一样，生命整体就是"牵一发而动全身"，是一个"一方有难八方响应"的整体。其结构具有整体性，自然形成的组分没有什么是多余的，自然形成的结构没有什么是不合理的。因此，维护生物多样性就是整体性保护的第一要义。

作为生态系统整体性，更精致和更微妙的是千丝万缕的"剪不断，理还乱"的生态过程关系。最重要的关系首先是繁殖关系、食物链关系、生物与其生存环境的适应性关系等。没有繁殖就没有生物，没有食物就没有生命。因此，从物种保护的角度着眼，保持繁殖地核心生境，保持必要的繁殖生物个体数量，保持不断改善和增长的繁殖数量，是自然保护的核心任务。同时，保持动物们的饵料和食物来源，是自然保护应尤其予以关注的重点。

自然保护区是自然保护的基本依托，而保障重点保护对象顺利完成其生命全过程，则是考虑生态系统完整性的主要出发点和归宿。例如，鱼在河湖中生活，不是只待在一小片固定的水域，而可能是在河段间洄游、全流域洄游，甚至是在河海洄游。所以保护措施必须涵盖其全部洄游通道的畅通，以及繁殖所要求的合适的水文条件、合适的温度、合乎要求的水质等。同时，鱼类所在的河段必须有饵料生物以维持生存。其生境中必须有适应其产卵繁殖、育幼以及越冬的适宜场所，这就是环境影响评价中经常强调的鱼类"三场"问题和通道问题。

河流、湖泊有比较明确的水陆界线，因而其生态整体性似乎容易判定。但实际上，水生生物众多，除鱼类外，还有虾蟹贝类、两栖类、爬行类动物等，这些动物各有不同的生态习性和生存要求，因而也是比较复杂的，一般选择合适的目标生物进行典型性与代表性研究和施策，在目标生物改换时，就要有相应不同的考虑。例如，河流之外的湿地，就常常是水生态整体性不可或缺的部分。

水生生态系统保护可以明确地体现生态整体性原则。水生生态，食物链网成整体，一水系统帅百族。系统敏感而脆弱，结构精细而复杂。河湖体系，干流支流，上游下游，一水相连，遂成整体生境体系；鱼虾蟹贝，底栖游泳，捕食被食，各种生物盛衰相互依存。鱼类是水族之代表，生命之精灵，生境限定，生存不易：水质须适宜，过清则无食，过浑则缺氧，污染一次数年难除；水文有要求，节律应自然，河流鱼类在静水不兴，湖泊鱼类在流水难存，激流产卵者遇洪峰方激励而产卵，黏性产卵者有附着才生产以成活；水温须

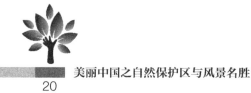

适宜，过冷过热皆影响产卵繁殖；更有洄游鱼类，迢迢千万里，不回到故乡不生殖。故有几种生境至关重要：产卵场、越冬场、索饵场，洄游通道，一样不可或缺。生境越是多样，生物种类就越多，保护效能亦较高。鱼类水族，真正的丛林世界，生存就是斗争，大鱼吃小鱼，小鱼吃虾米。一种生物，既是弱者的捕食者，也做强者的饵料物，从卵到成鱼，成功纯属侥幸。不同鱼类，要求生境不同；所有鱼类，都靠大量繁殖而求存续。生存空间大，饵料亦丰富，就是好光景。自然保护，须尊重自然原则，顺应生物习性。

陆地生态系统是范围更大、内容更为复杂的生态系统。以大熊猫、东北虎、野骆驼、藏羚羊等珍稀动物为纽带的生态系统整体性，是促进建立综合性更强的国家公园的思想理论基础和根本行动的动力。旨在保证这些旗舰生物种群能够顺利完成其全生命过程，达到可持续生存的目的。候鸟是另一类在更大范围活动，栖息地跨国跨洲、相距千里万里的生物，其生态整体性需要通过区域或国际合作来保障，因而需要有更高的文明意识和更长久的合作来完成。自然保护事业，是人类文明的高界、高端和高科技事业，其发展方兴未艾，有待后来之人。

（3）自然保护区建设与管理应遵循开放性与生态多样性的原则

自然保护区是开放的生态系统，须保持内外通连：自然保护区，区内区外非隔断，物质进出相关联。尤其须保证内外动物的生殖交流，保留或建设生物通道、生物走廊，使动物也能"访亲拜友，互通婚姻"。这是物种成功保护的关键之一。注意克服保护区的"孤岛效应"，方能提高保护效能。随着人类足迹踏遍地球的山山水水，自然保护区成为野生生物的最后避难场所，也成为当代人留给子孙后代根本的生存发展资源。但是，大多数自然保护区如同悬浮于人类汪洋大海之中的"孤岛"，四围被公路、铁路和城市村庄所切割包围，其生境很不安全，生活资源——食物饵料缺乏，生存艰难，生态十分脆弱，不堪忍受哪怕微小的影响。生活于其中的野生生物，似猎物被惊扰、猎捕、围困、剥夺，生存空间狭小，危机四伏，生存艰难。处于孤岛中的生物种群一般不大，或者个体分布稀薄，或很少具有繁殖能力，故生物繁殖往往不能顺利完成，区内生物种群因之难免衰退。当生物个体稀化到一定程度，繁殖就会终止，生物个体因之迅速减少，此时物种灭绝就不可避免。当物种一个一个灭绝时，生态系统也就轰然崩塌。实践证明，这类岛屿型生境最为脆弱，生物最易灭绝，因而扩展保护区地域范围，建立生物走廊，改善生境条件，让野生生物也有吃有宿，安全自在，方能够生息繁殖，重建种群，这是自然保护区建设的首要任务。而且，越是大型动物，如亚洲象，或位于食物链顶端的生物，如东北虎，越需要较大的栖息地空间支持其生存。这就是国家公园建设的目的之一。

保护生物多样性是自然保护区建设与管理的核心目标与任务。生物多样性包括物种多样性、生态系统多样性和遗传/基因多样性3个层次。物种多样性是自然保护的着眼点，其个体数容易计数、种群动态容易观察，生态习性也比较容易观察研究，保护措施也易于实施。因此，物种保护就成为注视的焦点。选择某些生物作为"旗舰"，就是选择一种代表性，通过旗舰生物的保护，达到保护大多数生物的目的。实际上，人类并不是很了解各种生物之间的复杂关系，因而也不知道什么生物是有用的或者无用的，短缺的或者是多余的，应该保护什么或不应该保护什么。不过，在自然界，任何现存的生物都是经历过九死一生的磨难、在风浪寒暑考验和饥寒困苦中幸存下来的，因而凡存在的就是合理的，凡留存下来的总有它留存下来的理由。因此，自然保护并不只是关注被确定为"主要保护对象"的生物，而是关注和保护生物多样性。或者说，要保护一切生物。

（4）自然保护区建设与管理应遵循的特殊性与动态性原则

生命世界是宇宙间最为绚丽多彩、变化万端、精微复杂、奥妙无穷的事物。生命的这种复杂性、多样性是生物在适应其千变万化的生存环境过程中逐步形成的。只有适应复杂多变的环境条件者才可以生存，才是我们看到的生物。因此，生物多样性或生物的地域性特征实际是自然环境条件复杂多样性的反映和表征。这同时也显示出，生物多样性的保护是要研究和保护其生存环境的多样性特征。这是有效的自然保护中必须注重的问题。

生态系统都具有地域分异特征，因而必须因地制宜地实施保护之策。中国是世界上自然地理最为多样复杂的国家，因而才有丰富多样的生物，才有千姿百态的动植物世界。与此同时，对于自然保护也提出更多的特异性难题。高下不同，干湿差异，不同土壤，特征气候迥异，再加上各种历史遭际，真正是一地一物，各有千秋，保护对策也须对症下药，讲求实事求是。总而言之，最为重要的是保障动物的食物供给。各种生物都有自己的口味，食草食肉的，食虫食腐的，各不相同，都需满足。食物就是生命，而人们却最易忽略这一点。

我国有很多地方具有生态特殊性，为自然保护增添了无穷的意义。如湖南省，著名的三湘四水之地，处亚热带中部，地貌复杂，受第四纪冰川影响较小，故保有丰富的动植物资源，维管束植物达 5 361 种，脊椎动物 895 种。又地处东西南北生物地理交会区，四方动植物汇聚，成为生物多样性保护的关键地区。其生态系统，拥有林灌草湿植被类型全优势，植物特有，动物珍稀，环境优越，也是中国农作物种质资源宝库。工业化过程中，受到人口增加的压力，干扰加剧，资源过度开发，外来物种威胁严重，生物濒危，自然保护任重道远。湖南省强化法制，施行生态补偿、生态功能区划管理，将九成以上生物多样性纳入自然保护区。

再如南岭，东西延宕，气候因之划界；四省（区）交际，南北两江分水；山不连脉，五岭自立；地不分域，瑶汉共居；西边喀斯特，东部丹霞貌；降水充沛，森林繁茂，原始完整，地带典型，垂直分带；生境优越，生物丰富，物种基因库，生物避难所。南岭地区自然保护区、森林公园、风景名胜，星罗棋布，形成体系；湘桂之界都庞岭、阳明山、莽山、猫儿山、大瑶山、花坪，赣粤之赣江源、九连山、南岭，均是国家级自然保护区，这里是极重要生态屏障。常绿阔叶林、针阔混交林，高山矮林，林下草本，纷繁茂密，争奇斗艳；动物之冠华南虎、金钱豹、林麝、梅花鹿、苏门羚、熊类、猴类，鸟类之黄腹角雉，爬行类、虫蝶，多有古遗存珍稀特有物种，成为生物物种高度汇集区，均属自然保护高度关注之地。

生态系统都是动态系统，须根据具体情况实施保护，促进生态改善：在自然状态下，植被不断随环境条件的改变而改变，环境适宜则做正向演替，环境恶化则会退化或衰减。因此，自然保护的原则是保护自然性，尊重自然性，顺应自然性。按照人类思想，适度改善环境条件，可促使植物生长和改善；但在自然保护地域，一般需要"任其自然"，尤其防止引入外来物种——外来动物、植物或微生物病虫害。自然保护要靠自然本身的发展。

生物保护中最需关注的是保护生物生殖力，这是生命保护的关键，而且越是短命的生物，生殖保护要求越高，不可中断。保护繁殖地、产卵场，是重中之重。保障食物来源，保护饵料生物，保护生物安全，都是关键。为提高管理效率，自然保护区分为核心区、缓冲区、实验区，实施 3 类不同强度的管理。

建立自然保护区，功在当代，利达千秋。莫道自然保护获利少，应祝子孙后代福泽长。语云：不谋全局者，不足以谋一域；不谋万世者，不足以谋一时。又云：明者因时而变，知者随时而制。建立自然保护区，正是谋千年之大计，兴当代之伟业也。

（5）自然保护区建设与管理须关注旗舰生物种与生态代表性问题

典型性、代表性、原始自然性、生态科学价值、经济社会价值都是提升自然保护效能的出彩之点。在以往工作中，我国已识别和划分了生物多样性关键区，进行了珍稀濒危动植物的保护分级与名录编制，探索了很多协调开发与保护、在保护中发展的管理对策措施，为我国自然保护区建设管理提供了有益的启示、经验和示范、样板，也为自然保护区的进一步发展奠定了基础。

保护生物多样性关键区：地球是个生态巨系统。自然地理条件不同，各地的生态系统千差万别。有一些生态系统地处特殊位置，又具有多样性条件，能够支持更多生物生存，因此成为生物多样性保护的关键区域。中国是自然地理最为复杂的国度，因而有不少这样的地域。为积极响应《全球植物保护战略》中"有效保护世界植物多样性关键地区的50%"这一目标，中国首批确定了14个具有全球意义的陆地生物多样性关键地区，包括"横断山南段""新疆、青海、西藏交界高原山地""长江下游湖区""岷山—横断山北段""秦岭山地""湘黔川鄂边境山区"等等，总面积达到23 043.4万公顷，地区内已建立自然保护区418处，保护面积达总面积的34.19%。[9]

重点保护珍贵稀有动植物资源：植物是生态系统的建造者、生产者、维护者，在自然保护中居于基础性地位。珍贵稀有植物，是有重要功能（如经济、观赏、药用、文化功能）的植物或特有植物，其保护意义重大，也最引人入胜，被列入国家重点保护名录中。它们大多是所在自然保护区的"旗舰"生物，是自然保护的标的。加强对这类植物的科学研究，认识这些植物，不仅是增强生态意识、增进生态感情、提高保护效能的重要途径，还是进行引种繁育，创造巨大经济社会价值的重要方面。我国这类资源甚多，也是美丽中国建设最为珍贵的资源禀赋。例如：

金钱松：著名古老孑遗植物，在长江中下游幸存，高大挺拔，雄姿似塔，特有用材观赏树种，浙江天目山积聚，喜雨快长，药食兼具，十分难得。

青檀：别名檀树，第三纪孑遗植物，落叶乔木，韧皮是宣纸原料；又称翼朴，石灰岩先锋树种，喜钙耐瘠，良木做高档家具。

珙桐：落叶乔木，花型如白鸽，奇美绝伦；孑遗单属，古老若化石，罕见珍品。世界著名观赏植物，中国特有自然遗存。

中国兰花：栽培历史悠久，有春兰、蕙兰、建兰、寒兰、墨兰五大类，品种繁多，珍贵易养，名花之魁首；文化观赏植物，呈黑、白、红、黄、绿全色彩，姿容美丽，芳香馥郁，高贵而平凡。体现中华特有的生态文化、标识文化，极具中华气质。

连香树：落叶乔木，古热带孑遗植物，雌雄异株，自然界分布稀少，濒危状态，人工繁育成功。

山白树：灌乔植物，古老孑遗，中国特有种，珍稀濒危，生存艰难，科学价值高。

香榧：别名中国榧，华夏原产常绿乔木，结坚果香榧子，口味、营养均好；同属红豆杉，世界稀有经济树种，提香料可药用，材用、观赏俱佳。

银杏：落叶大乔木，树高挺拔，冠大荫浓，扇叶婆娑，柄长摇曳，姿态优美，夏翠秋金，雌雄异株，高雅古朴，寿高绵长，千岁犹果；经济价值高，主干通直，材质光泽，纹理细密，香味四溢，耐腐抗蚀，防虫抗蛀，导音共鸣，乐器良材，工艺雕刻，厅堂大雅。做绿化树种，赏心悦目，滞尘抗毒，洁净无虫；其白果可食用，营养丰富，止滞降浊，润肌美容。第四纪冰川孑遗植物活化石，中国特产，风靡全球。传五千年高龄古木大树 12 株，贵州有九株，独占鳌头。盘州市妥乐村，号称"世界古银杏之乡"，存第四纪孑遗古树 1 450 株。贵州福泉，有世界最古老粗大银杏树，成一方胜景，独特遗产。

秃杉：国家级重点保护植物，常绿大乔木，主干通直、枝条修长、塔状造型、树形优美、生长快速，寿命绵长，庭院最佳观赏树；第四纪冰川孑遗物种，天然活化石，材质优良、纹理顺直、结构细密、花纹美观、香味醇厚、色泽悦目，中国特有，世界珍稀。一木驰名，满园生辉。

脆弱生态系统保护：脆弱生态区的生物物种保护，既是难点，也是亮点。例如，新疆荒漠草原保护区——准东荒漠草原带，因动物而兴：蒙古野驴、鹅喉羚、普氏野马，以及马鹿、盘羊、野山羊，有蹄类生物唱主角；饮水、采食、繁殖、育幼、越冬、避害、躲灾，生存之需，缺一不可，因而练就奔雷迅跑的本领。卡拉麦里保护区，因富饶而遭殃：煤炭、石油、天然气、金属矿产，石膏芒硝、金石材料，应有尽有、蕴藏丰富；引来占地夺水、分割阻隔、污染干扰伤害，天然生境千疮百孔，更有保护区核心区圈地开矿，掏心挖肺，造成不可恢复的影响，面积缩小三成以上。北塔山，风大旱极，少人无烟，有猛禽聚集，谈情说爱，生儿育女，由草原鼠兔类供养，生境缺东少西，维持脆弱平衡。准噶尔，因自然保护区建立而盛名天下，因栖息地萎缩而自然衰微。荒漠生态，稳定为要；自然保护，少扰即安。

湿地生态系统保护：湿地是生物多样性最高和生产力最高的生态系统，湿地自然保护有着巨大的科学意义、生态意义、社会经济意义。湿地生态，以水为魂。吉林省的湿地保护区，多是嫩江、松花江、霍林河的下游平原低洼滞水，成为湖泊泡沼，星罗棋布，为一方特景。湿地生长芦苇、苔草、碱蓬、杂灌草群落，生产鲤、鲫、鲢、鳙、草、鲇等鱼类，并有麻鲢鱼、鳖花鱼、武昌鱼、大白鱼等，因之成为国内国际重要湿地。区内之向海、查干湖、莫莫格，都是典型湿地，蓄滞洪水而成，可减灾防灾，可调节气候，可养育鸟禽，成为繁殖、育雏、栖息、候鸟停歇地，故天鹅、雁、鸭、鸥、鹭、猛禽等群仙毕集，更有丹顶鹤、白枕鹤、蓑羽鹤、黑鹳、白鹳生息，为吉林平原膏腴之地，也是不可或缺的生态屏障，珍禽候鸟的天堂乐园。

强化生态自然修复：建立自然保护区，隔绝人为干扰，受损生态会自然修复，主要是植被演替：贫瘠裸地先长草，谓之先锋植物，土壤有机质随之增加，持水能力提高；于是灌木可以侵入和生长，土壤环境进一步改善，为乔木生长创造条件；喜阳耐旱树木先行侵入，森林渐次长成，物种多样性增加，植被覆盖度提高，生物竞争亦加剧，优胜劣汰，适者生存，形成主要生物群落，逐渐发展，达到顶级，形成系统和相对稳定状态。这一过程，倘若从零开始，需得几百年完成。人类适度帮助，改良土壤，引入乡土草木种子，植入幼苗，可以缩短演化进程，尽早形成植被，发挥其生态环境服务功能。降水量或水分条件决定最终的生态类型。遵循自然之道，可以事半功倍。

0202 中国各省（区、市）的自然保护区

习近平强调："生态环境没有替代品，用之不觉，失之难存""在生态环境保护建设上，一定要树立大局观、长远观、整体观""我们要坚持节约资源和保护环境的基本国策，像保护眼睛一样保护生态环境，像对待生命一样对待生态环境，推动形成绿色发展方式和生活方式。""我们既要绿水青山，也要金山银山。宁要绿水青山，不要金山银山，而且绿水青山就是金山银山。我们绝不能以牺牲生态环境为代价换取经济的一时发展。我们提出了建设生态文明、建设美丽中国的战略任务，给子孙留下天蓝、地绿、水净的美好家园。""生态环境保护是功在当代、利在千秋的事业。"[10]以习近平生态文明思想为引领，中国人民一直在努力前进着。

（1）黑龙江省的自然保护区

黑龙江省有自然保护区 200 处以上，总面积达 660 万公顷，占全省面积的 15%。其中，国家级自然保护区 49 处：扎龙、黑龙江凤凰山、东方红湿地、珍宝岛湿地、兴凯湖、宝清七星河、伊春友好、新青白头鹤、黑龙江丰林、凉水、乌伊岭、红星湿地、三江平原、黑龙江洪河、八岔岛、黑龙江挠力河、牡丹峰、小北湖、穆棱东北红豆杉、胜山、五大连池、绰纳河、多布库尔、呼中、南瓮河、黑龙江双河、中央站黑嘴松鸡、茅兰沟、明水、三环泡、乌裕尔河、太平沟、老爷岭东北虎、大峡谷、北极村、公别拉河、碧水中华秋沙鸭、黑龙江翠北湿地、黑瞎子岛、盘中、平顶山、乌马河紫貂、黑龙江七星砬子东北虎、仙洞山梅花鹿、朗乡、黑龙江细鳞河、大沾河湿地、岭峰、饶河东北黑峰等。其中，扎龙、三江平原、黑龙江洪河、兴凯湖等 8 处湿地列入《国际重要湿地名录》，黑龙江丰林、五大连池、兴凯湖 3 个国家级自然保护区成为世界生物圈保护区网络成员。

黑龙江省自然保护区数量居全国第一，200 处保护区彰显自然保护业绩。森林、草原、湿地、野生动物、野生植物、地质遗迹、古代生物，七大类保护区完善网络体系。湿地被誉为"地球之肾"，黑龙江自然湿地，净化污染、储蓄水源、调节气候，其功能独特，养育水陆生灵，影响及于南北半球。已建立湿地类自然保护区 138 处，有 13 处为国家重要湿地，41 处国家湿地公园。黑龙江拥有中国最大湿地保护网络，扎龙、东方红湿地、珍宝岛、兴凯湖、宝清七星河、三江平原、黑龙江洪河、南瓮河等 8 处列入《国际重要湿地名录》；红星湿地、黑龙江挠力河、三环泡、八岔岛、乌裕尔河、明水、新青白头鹤、小北湖等均为国家级自然保护区。三江平原湿地最为著名，河湖沼泽纵横交织，景观丰富多彩，堪称北方湿地典型代表。鱼有三花五罗，走兽有马鹿狍獐。珍禽有雁鸭、鸳鸯、丹顶鹤、白黑鹳。淡水湿地原始面貌，生物保护关键地区。此方开启生态文明建设先行之路，独占中国自然保护之鳌头。

扎龙国家级自然保护区：地处松嫩平原西部、乌裕尔河下游。河道纵横，湖沼星罗，绿草野苔，世界重要湿地；芦苇风荡，雁鸭云起，草茂鱼丰，中国著名鹤乡。百种鸟禽云集此方：雁鸭类、鹤类、鸥鹭类、猛禽类、天鹅类、鹤类，称作"水禽天地"；六种鹤类在此繁殖生息：丹顶鹤、白鹤、白头鹤、白枕鹤、蓑羽鹤、灰鹤，誉为"世界鹤乡"。天地水土生，原始绿野幽境；鱼虫蚌鼠蛙，食物链条共生。此处是，观鸟胜地，情侣天堂，天空对对舞仙鹤，水中双双戏鸳鸯。

乌裕尔河国家级自然保护区：松嫩平原重要湿地。生态完整性代表，丘岗错落，河道纵横，泡沼密布，养育东方白鹳、黑鹳、丹顶鹤、白头鹤、白鹤、大鸨等珍禽，是涉水禽鸟栖息繁殖最佳地。原始自然为本底，水源涵养、水土保持、气候改善，生长鲤鲫鲶鱼、小鲵、两栖类、爬行类、芦苇、蕨类等动植物，为过往候鸟迁徙停歇给养站。水天云影浮白鹤，草木荒丛藏野鸭。

东方红湿地国家级自然保护区：地处虎林市境内，老爷岭与三江平原过渡地带，以河漫滩沼泽和阶地沼泽为主。重点保护天然湿地生态系统和国家级重点保护动物及其栖息地。有鱼类68种，鸟类216种。境内完达山最高之神顶峰，四季百景，有日出松涛云海"三绝"，月牙湖千亩荷花绝色，乌苏里江风光，共筑地区生态旅游名片。

珍宝岛湿地国家级自然保护区：地处虎林市，乌苏里江岛。三江平原沼泽湿地集中区，区内有脊椎动物289种，其中鸟类171种，国家级重点保护动物30种。国家一级保护动物丹顶鹤、东方白鹳、金雕、白尾海雕；兽类2种：东北虎、原麝。国家二级保护动物24种。湿地具典型性、多样性、景观结构的独特复杂性和稀有性，号为"森林氧吧"，是重要旅游胜地。

兴凯湖国家级自然保护区：为复杂森林草甸沼泽湖泊生态系统，代表性、独特性湿地。几乎容纳三江平原所有重要物种，有一级保护动物白鹤、丹顶鹤等5种，二级保护动物水獭、雪兔等36种。重点保护丹顶鹤等珍禽和湿地生态系统。为貉和麝鼠的野生种源地、著名旅游目的地。

宝清七星河国家级自然保护区：地处三江平原腹地，宝清县境内。为内陆湿地和水域生态系统，我国珍稀水禽的主要停栖地和繁殖地，东北亚鸟类迁徙的重要通道。具有"北大荒"的原始性、典型性和多样性。有高等植物386种，国家保护级有貉藻、莲、浮叶慈姑、野大豆和乌苏里狐尾藻等。野生动物264种，国家一级重点保护动物有丹顶鹤、白头鹤、东方白鹳等6种；二级重点保护动物有白琵鹭、白枕鹤、大天鹅、白额雁等17种。为白琵鹭繁殖区，被授予"中国白琵鹭之乡"称号。

明水国家级自然保护区：地处松嫩平原北部，明水县城西。保护原生性沼泽湿地及其珍稀濒危野生动植物，如丹顶鹤、白枕鹤、东方白鹳、大鸨等。有国家级保护动物37种，如白额雁、鸳鸯、大天鹅等。

红星湿地国家级自然保护区：地处伊春市境内。保护森林湿地生态系统、珍稀动植物和湿地生物多样性。保护区有7种湿地类型：河流、平原泛洪、沼泽化草甸、草本沼泽、藓类沼泽、灌丛沼泽、森林沼泽湿地，总面积 52 349 公顷。为北方森林湿地典型代表。国家级保护动物 42 种。

三江国家级自然保护区：地处佳木斯境内，沼泽湿地。为地区气候调节、水源涵养、洪涝灾害控制及生产生活安全提供重要保障。区内有兽类 38 种，鸟类 231 种，鱼类 77 种，昆虫 500 多种。列入《国际重要湿地名录》，加入国际鹤类保护网络。

八岔岛国家级自然保护区：地处三江平原腹地、同江市境内，是黑龙江冲击下的自然岛屿。总面积 32 014 公顷。原始风貌，无污染，环境优美，风景怡人，天然旅游资源。区内有野生动物 200 余种，国家保护动物有黑熊、鹿、黑琴鸡等。位于候鸟迁徙国际通道上，为鸟类迁徙停歇地和重要繁殖栖息地，东方白鹳、白尾海雕、苍鹭、丹顶鹤、大天鹅、白枕鹤、鸬鹚、野鸭等 20 多种国家一级保护动物、二级珍稀鸟类在这里栖息繁衍。

黑龙江洪河国家级自然保护区：地处三江平原腹地。保护原始沼泽生态系统及珍禽。植被为原始状态，以草本和水生植被为主，间有岛状林分布；水生、湿生和陆栖生物共同组成湿地生态系统，有东方白鹳、黑鹳、丹顶鹤、白枕鹤、大天鹅、鸳鸯、白尾海雕、虎头海雕和乌雕等珍稀濒危动物。

黑龙江挠力河国家级自然保护区：地处三江平原腹地，为内陆湿地与水域生态系统。保护水生和陆栖生物及其生境。

三环泡国家级自然保护区：地处富锦市境内、七星河中下游。保护野生动植物，其中，丹顶鹤、白头鹤等国家一级保护动物 6 种，白枕鹤、大天鹅等国家二级保护野生动物 28 种。

碧水中华秋沙鸭国家级自然保护区：在伊春市境内、小兴安岭东南段。国内最大的中华秋沙鸭集中繁殖栖息地。中华秋沙鸭珍贵、古老，是第三纪冰川期后孑遗物种，距今已有 1 000 多万年了。

黑龙江翠北湿地国家级自然保护区：在伊春市境内、小兴安岭北坡，属内陆温带湿地，保护珍稀濒危野生动植物。

黑龙江细鳞河国家级自然保护区：地处鹤岗市境内、小兴安岭东麓。保护森林、湿地及其珍稀动物。有东方白鹳、金雕、原麝、紫貂等国家一级保护动物 8 种；马鹿、棕熊、黑熊等二级保护动物 43 种。

黑瞎子岛国家级自然保护区：在抚远市境内，原始沼泽。区内有珍稀濒危植物水曲柳、黄檗和野大豆等 7 种，有脊椎动物 351 种，其中，国家一级保护动物 6 种，国家二级保护动物 38 种。

牡丹峰国家级自然保护区：在牡丹江市境内。濒危植物群落凸显，当数高山云杉、冷杉、红松混交林，原始而重要；名贵珍稀物种多存，尚有东北红豆杉、花楸、原麝、梅花鹿，都属于特优珍稀物种。

老爷岭东北虎国家级自然保护区：在东宁市境内，长白山支脉老爷岭南部，东与俄罗斯锡霍特山国家豹地公园毗邻，南与吉林省珲春、汪清东北虎国家级自然保护区连接，总面积 71 278 公顷。

黑龙江七星砬子东北虎国家级自然保护区：在佳木斯市桦南县境内，保护区面积为 3.3 万公顷。主峰七星峰海拔 852.7 米，山势险要，周围群山环抱，为森林生态系统。区内野生动物有 150 多种，保护动物有东北虎、东北豹、紫貂、马鹿等。

黑龙江丰林国家级自然保护区：在伊春市境内。属北温带针阔叶混交林生态，纳入世界生物圈保护区网络。以红松为主角，与云杉、枫桦、椴树、冷杉混生成林，14 种植被类型，孕育丰富资源。为林业示范区，以紫貂、驼鹿、马鹿、熊类为名片，有可持续经营项目，特色物种丰富。原始红松林为旗舰保护对象，森林旅游业做未来产业目标。

五大连池国家级自然保护区：地处小兴安岭向松嫩平原过渡地带。为世界地质公园、世界生物圈保护区网络成员、中国著名的年轻火山群，距今仅 200 年历史。区内分布有 14 座火山喷发形成的火山锥体、800 多平方千米的熔岩台地和 5 个串珠状火山堰塞湖，故称五大连池。其矿泉水是世界三大冷泉之一，天然含汽，可饮可浴，健身治病，享有"药泉""圣水"之誉。为著名风景旅游区。

大沾河湿地国家级自然保护区：在五大连池市境内，小兴安岭北麓，为内陆湿地与水域生态系统。有以浮叶慈姑为代表的珍稀野生动植物资源及丰富的森林湿地生物多样性；由岛状多年冻土层和季节性冻土层形成天然隔水，排水不畅，湖泡棋布。保护对象是小兴安岭典型的森林湿地、森林沼泽代表物种和世界珍稀鹤类；是国家一级保护鸟类——白头鹤的重要繁殖地；东北亚水禽迁徙通道、停歇和栖息地；沾河源头地，代表动物有马鹿、野猪、花尾榛鸡、太平鸟、中国林蛙等。

朗乡国家级自然保护区：在伊春铁力市境内、小兴安岭林区。森林生态，景观美丽，具有森林公园、水上漂流、石猴山滑雪场等旅游项目。其森林覆盖率达到 85%，生成负氧离子 2 万个/厘米^3，有"大气维生素"的美誉。拍摄发现区内有野生原麝生存。

茅兰沟国家级自然保护区：在嘉荫县境内，森林生态，为生物多样性保护、科研、宣教、生态旅游与森林可持续利用等综合性自然保护区，是丹顶鹤、白枕鹤、东方白鹳等珍稀濒危动物物种研究和保护的重要基地。保护对象是森林生态及中华秋沙鸭等珍稀濒危野生动物。

新青白头鹤国家级自然保护区：地处小兴安岭北坡，被联合国教科文组织认定为大面积群落清晰、保存完整的典型泥炭沼泽湿地。主要保护白头鹤及其他珍稀濒危野生动植物资源、北温带森林生态系统和湿地生态系统、水源涵养地。区内山清水秀、石奇林幽，自然景观独特。

乌伊岭国家级自然保护区：地处小兴安岭北部，是中国高纬度有代表性、典型性和稀有性的林间湿地自然保护区。七个相连的湖沼构成环状的水域。沼泽类型有森林、灌木、草塘和藓类，为北方特有。有众多苔藓类、蕨类、裸子及被子等高等植物，国内罕见。各种鸟类、鱼类及国家重点保护动物分布其中，形成了北方高纬度、多种类、复合型湿地自然生态系统。她也是小兴安岭母亲河——汤旺河的源头。是中华秋沙鸭的主要分布地。

太平沟国家级自然保护区：在鹤岗市萝北县境内、小兴安岭北坡。为森林生态系统，区内有高等野生植物 768 种，红松、水曲柳等 6 种国家重点保护野生植物；脊椎动物 329 种，有紫貂、原麝等 7 种国家一级保护野生动物，黑熊、棕熊等 42 种国家二级保护野生动物。

大峡谷国家级自然保护区：坐落于山河屯林业局施业区，总面积为 24 998 公顷。主要保护对象为典型东北山地森林生态系统及东北红豆杉、红松、紫貂、原麝、东北虎等珍稀濒危野生动植物。

穆棱东北红豆杉国家级自然保护区：地处长白山脉北端、小兴安岭南麓。主要保护东北红豆杉及其森林生态系统。区内集中生长着 18 万株东北红豆杉，保存良好，集中分布，同时保护东北虎、东北豹的活动栖息地。

凉水国家级自然保护区：在伊春境内。山清水秀，林海浩瀚，花鲜草绿，空气芬芳。入选世界生物圈保护区网络，列为国家重点生物定位站。红松原始林，有水曲柳、黄檗、钻天柳、紫椴、野大豆等保护植物；珍稀特有鸟兽，有紫貂、黑鹳、白鹳、中华秋沙鸭、白头鹤、金雕、熊、麝鹿诸多动物。生产蘑菇、木耳、蕨菜等知名特产，是避暑、观光、康体类旅游胜地。

伊春友好国家级自然保护区：伊春，祖国林都，红松故乡，河谷开阔，河曲发育，牛轭湖众多，有落叶松、油桦、苔草等沼泽植被类型，成为紫貂、原麝、东方白鹳、金雕等诸多珍禽异兽栖息地。友好森林湿地，沼泽生态，水源涵养、水土保持，生产力甚高，有鲤、鳅、鲑鱼、狗鱼等水产资源，融合资源保护、科学研究、生态旅游、现代新型产业为一家。

小北湖国家级自然保护区：地处张广才岭中段。为特殊火山岩地貌，特异复杂森林生态系统：森林、灌丛、草甸、沼泽、水塘镶嵌分布，形成高生物物种多样性，成为高种质资源的种源基地，重要物种"基因库"。主要保护红松林及原麝、紫貂、中华秋沙鸭等珍稀动植物。

乌马河紫貂国家级自然保护区：在伊春市境内、小兴安岭中段，属森林和野生动物类型保护区。主要保护对象为森林生态系统及紫貂小兴安岭亚种，是我国北方中温带针叶林生态系统典型代表。

饶河东北黑蜂国家级自然保护区：在饶河县境内，面积为 27 万公顷，保护纯种东北黑蜂和天然蜜源植物，其中椴树和毛水苏为重点保护植物。东北黑蜂为 20 世纪初引入种，适应了当地气候与生态环境，具有世界四大著名蜂种的主要优良性状。

平顶山国家级自然保护区：在哈尔滨市通河县境内。为典型小兴安岭森林生态及珍稀濒危野生动植物保护区。有国家重点保护植物 10 种：红松、胡桃楸、水曲柳、黄檗、紫椴、貉藻、刺五加、黄芪、野大豆、乌苏里狐尾藻。有国家一级保护动物 5 种：紫貂、原麝、东方白鹳、黑鹳、金雕；国家二级保护动物 33 种。区内风景秀美，有发育良好的天然阔叶红松林等，堪称"世外桃源"。

仙洞山梅花鹿国家级自然保护区：在齐齐哈尔市拜泉县境内。主要保护对象为野生梅花鹿及其栖息地。

胜山国家级自然保护区：在黑河市境内，小兴安岭北端，低山丘陵地貌。森林生态，红松擎旗，大型真菌 400 多种，浆果异常丰饶。云杉、冷杉、黄檗、白桦、柞树、水曲柳、暴马子、榛子之类，唯此山珍饮誉华夏。绿海风景，生物多样，河流山脊 32 对，纯粹珍稀动物世界，东方白鹳、白头鹤、金雕、紫貂、冷水鱼、黑嘴松鸡、原麝出没，更有世界级珍稀濒危动物驼鹿。

黑龙江凤凰山国家森林公园：在鸡东县境内，典型过渡带植被类型，长白山植物与华北植物兼具，珍稀物种多，有高等植物 900 多种。保护对象：温带针阔混交林生态系统和珍稀动植物物种天然兴凯松、松茸、东北红豆杉等以及栖息于此的珍稀野生动物。特有的山顶高山湿地，千年苔藓成"地毯"，有高山偃松、高山杜鹃、高山石海、高山稻田及高山红景天奇药等。山势突兀峥嵘，如凤凰展翅，故以"凤凰"命名。

公别拉河国家级自然保护区：在黑河市爱辉区、小兴安岭东麓北端。主要保护对象为河流湿地生态系统、原生沼泽植被及其珍稀野生动植物，集自然性、典型性、稀有性和多样性于一体。

多布库尔国家级自然保护区：在大兴安岭地区、嫩江上游。主要保护森林灌丛与草本泥炭苔藓植被，寒温带森林沼泽湿地系统完整、典型、特有。具丘陵沟谷与草甸河流泡沼地貌，嫩江水源涵养区域，原生生境，候鸟过境驿站。湿地生态以水为要，生物种群水陆兼具。水生生态，食物链成网，生物唯靠大量繁殖方争得一席生存之地。大鱼吃小鱼，小鱼吃虾米，唯种群大者获得生存。系统一体化，一荣俱荣，一损俱损。饵料生物若缺乏，生物种群必不兴。

绰纳河国家级自然保护区：在呼玛县境内、大兴安岭东缘。我国唯一的寒温带针叶林与温带针阔混交林过渡带原始森林、湿地为一体的生态系统，典型代表珍稀濒危野生动植物，有貂熊、驼鹿、黑嘴松鸡等。区内共有鸟类 234 种，国家重点保护鸟类 44 种，其中一级 8 种，二级 36 种。

中央站黑嘴松鸡国家级自然保护区：在黑河市嫩江县境内、大小兴安岭交接处、松嫩平原北部边缘。保护区总面积为 46 743 公顷。主要保护对象为黑嘴松鸡等珍稀野生动植物以及寒温带针叶林与温带针阔叶混交林过渡带森林生态系统。生物种类多，有鸟类 255 种，鱼类 57 种。

北极村国家级自然保护区：在大兴安岭地区漠河市境内、中国最北端，总面积为 137 553 公顷。主要保护我国北方高纬度以兴安落叶松林和樟子松林为代表的寒温带明亮针叶林生态系统和森林湿地生态系统，独特而典型的森林与灌丛、草甸、沼泽、草塘和水域生态复合体。

呼中国家级自然保护区：在大兴安岭呼中区境内。为我国保存最为典型且完整的寒温带针叶林生态系统之一，主要保护对象为寒温带针叶林及珍稀动植物。属高寒湿润区，鸟类 131 种，有黑嘴松鸡，已发现赤颈鸫；珍稀兽类有貂熊、原麝、紫貂及棕熊、马鹿、驼鹿等。

南瓮河国家级自然保护区：在大兴安岭东北坡、松岭区境内，总面积为 229 523 公顷。主要保护森林、沼泽、草甸和水域生态系统，珍稀野生动植物。嫩江源头呈现独特冰雪景观。东北最大森林湿地保护区完整原始，陆生、湿生、水生物种集聚，为生态系统多样性科学研究基地。

黑龙江双河国家级自然保护区：地处大兴安岭地区东北部，是中国最北的自然保护区，冬季漫长而严寒，年均气温为−4.3℃，极端最低气温为−45.8℃，极端最高气温为38℃。主要保护寒温带原始兴安落叶松林和樟子松林、森林沼泽系统及濒危物种。森林类型多样，物种丰富，野生动物繁多，生物多样性高，具典型性与代表性。鱼类有著名的鳇鱼、大马哈鱼、哲罗鱼、鲤、鲫鱼等60种。国家一级保护动物有紫貂、貂熊、原麝、东方白鹳、金雕、黑嘴松鸡6种。国家二级保护动物有棕熊、猞猁、雪兔、马鹿、驼鹿等34种，鸟类29种。

盘中国家级自然保护区：地处大兴安岭北坡低山丘陵区、塔河县境内。主要保护对象为寒温带针叶林生态系统及貂、貂熊等濒危野生动植物，属于森林生态系统类型自然保护区。

岭峰国家级自然保护区：属大兴安岭林业局管辖，在漠河市境内。属于森林生态系统自然保护区，主要保护对象为典型寒温带针叶林及紫貂、原麝、貂熊、黑嘴松鸡、驼鹿等珍稀濒危野生动物。区内植物847种，脊椎动物249种。具有较高生态科学研究价值。

（2）吉林省的自然保护区

吉林省自然保护区总面积占全省面积的10%以上。其中国家级自然保护区24处：长白山、向海、龙湾、松花江三湖、查干湖、雁鸣湖、靖宇、黄泥河、波罗湖、珲春东北虎、伊通火山群、莫莫格、哈泥、大布苏、天佛指山、鸭绿江上游、白山原麝、四平山门中生代火山、汪清、集安、通化石湖、园池湿地、头道松花江上游、甄峰岭国家级自然保护区等。长白山成为世界生物圈保护区网络成员。

长白山国家级自然保护区：十六座异景奇峰环伺碧湖天池，形成举世无双的瑶池仙境；几百种珍稀植物装点皓首仙翁，成就独一无二的生态景观。东北虎、金钱豹、梅花鹿、白肩雕、丹顶鹤、紫貂、黑鹳、白鹳、金雕、中华秋沙鸭等59种国家保护动物，需特有生境养育；长白参、刺人参、岩高兰、对开蕨、长白松、海棠、天麻、玫瑰、红松、狭叶瓶尔小草等25种重点保护植物，唯特定自然所形成。长白山，与五岳齐名，属中国名山。

鸭绿江上游国家级自然保护区：地处长白县中部、长白山南麓，总面积为2平方千米，气温为−36.3～33.2℃。主要保护对象为5种冷水鱼类：细鳞鱼、石川哲罗鱼、花羔红点鲑、野禄口茴鱼、东北七鳃鳗。另有东北小鲵、中国林蛙等珍稀动物。长白山植物区系自成一家。

白山原麝国家级自然保护区：地处白山市东南部、鸭绿江畔。主要保护国家一级野生动物原麝及其栖息地。原麝分布密度较大。完整森林生态，植物858种，有东北红豆杉、红松、黄檗、松口蘑等珍品。发现新物种吉林爪鲵。本区风光旖旎，若天然画卷。

靖宇国家级自然保护区：在白山市靖宇县境内，火山群地质遗址及火山形成的天然矿泉群。森林湿地，特色景观。

园池湿地国家级自然保护区：地处长白山腹地、延边州安图县。有国家重点保护植物10种。野生动物资源丰富，国家一级保护动物3种，国家二级保护动物31种，占吉林省国家重点保护动物物种的45%。

头道松花江上游国家级自然保护区：在白山市抚松县境内，有头道松花江上游湿地及两岸森林，总面积为13 350公顷。森林生态，具长白植物区系特征。主要保护北温带针阔混交林、中华秋沙鸭等珍稀濒危野生动植物、野生笃斯越橘与藓类沼泽湿地。

珲春东北虎国家级自然保护区：处中朝俄三国交界地带，地貌类型齐全。属图们江流域，河网密布。老爷岭山脉四季分明，动植物资源丰富，国家重点保护植物有红豆杉、红松、紫椴、黄檗、水曲柳、胡桃楸、钻天柳等，均具重要保护意义。是世界级生物宝库，珍稀保护动物有东北虎、紫貂、原麝、金雕、梅花鹿、东北豹、海雕类等，呈现一派生机。

汪清国家级自然保护区：在珲春市境内，森林生态。55万株红豆杉罕见集中分布，疑似有东北虎活动，以此引导保护。天然次生林，人工辅助自然修复；中朝俄虎豹，自由越境迁移繁衍。绥芬河、珲春河、密江，三河之源区，具重要生态功能。

天佛指山国家级自然保护区：居于延边州龙井、长白山东麓。山峰高拔，沟壑深切，高低悬殊，是北温带森林系统，特有赤松蒙古栎混交林；气势雄伟，景观独特，垂直分异，为松口蘑特殊生境，中国珍贵食用菌保护区。该地有松茸、红松、胡桃楸、人参、紫椴、野大豆、黄檗等国家重点保护植物，是生态系统典型代表。区内养紫貂、黑熊、梅花鹿、松鸡、啄木鸟、马哈鱼、林蛙类珍稀濒危生物，科学价值高。特产松茸，学名松口蘑，是珍稀名贵菌类之王，生长缓慢，条件苛刻，与松树共生，靠柏栎供养，为松栎外生菌根真菌，天然药用菌，亚洲特产，中国独大，延边本区主产，具高营养食用价值，保健抗癌，为独特浓郁香味奇菇。

黄泥河国家级自然保护区：在延边敦化境内、长白山南麓。属亚高山森林生态系统，典型代表为垂直植被带，东北虎历史分布区，确认现为栖息繁殖地。特有泥炭藓沼泽，有多种原始植被、珍稀植物种质资源等，均为重要保护对象；保护旗舰生物为东北虎，并保护多种珍稀物种。高山湿地冰缘地貌为独特的自然景观。

集安国家级自然保护区：被老爷岭山脉阻隔，形成吉林小江南。为独特的森林生态系统，层次分明，原始自然，红豆杉等珍贵稀有物种被列为重点保护对象。特殊温湿气候造就天然基因库，具有珍稀野生生物资源的典型代表——天女木兰和银杏等植物。

向海国家级自然保护区：在吉林省西部通榆县境内、科尔沁草原中部。南部霍林河贯穿东西，中部额穆泰河流进湿地，北部引洮儿河水注入水库。被列入《国际重要湿地名录》的鸟类有293种，其中国家一级保护鸟类10种：大鸨、东方白鹳、黑鹳、丹顶鹤、白鹤、白头鹤、白尾海雕、白肩雕、虎头海雕、金雕；二级保护鸟类42种。列入《中日政府保护候鸟及其栖息环境协定》的有173种。主要保护对象为丹顶鹤、白鹤等珍禽及其栖息生态环境。有鹤岛、博物馆、香海寺、蒙古黄榆林等景观。

黑鹳是一种体态优美、体色鲜明、活动敏捷、性情机警的大型涉禽。成鸟的体长为1～1.2米，体重2～3千克；嘴长而粗壮，头、颈、脚均甚长，嘴和脚红色，身上的羽毛除胸腹部为纯白色外，其余都是黑色。它以鱼为主食，栖息于河流沿岸、沼泽山区溪流附近，有沿用旧巢的习性。繁殖期4—7月，营巢于偏僻和人类干扰小的地方。

查干湖国家级自然保护区：居吉林西北部、霍林河末端与嫩江交汇处。半干旱地区湖泊水生生态系统、湿地生态系统和野生珍稀濒危鸟类为其主要保护对象。国家一级保护动物有鹳、鹤、雕类等8种，二级35种。世界濒危水鸟黑脸琵鹭全球仅存1 000余只，在查干湖云字泡发现。著名鱼湖，年产鱼5 000吨。查干湖冬捕为一大盛景，蒙古族风情旅游、冰雪渔猎文化旅游节年年狂欢。

莫莫格国家级自然保护区：地处白城市镇赉县境内，居嫩江与洮儿河交汇处。是科尔沁草原上的一颗璀璨明珠，人人向往、仙鹤迷恋、神秘古朴、天堂景致。区内河流纵横、湖泡洼地星罗棋布，生境多样，有河滩苔草湿地、湖滩洼地、芦苇湿地、碱蓬盐沼等。保护对象主要是鹤类、鹳类、天鹅等珍稀濒危物种以及它们赖以生存的栖息环境。是中国候鸟东部迁徙通道，白鹤驿站，鱼鸟世界。世界鹤类15种，此区独占6种，为白鹤、丹顶鹤、白头鹤、白枕鹤、灰鹤、蓑衣鹤。区内有鱼类52种，鸟类298种，其观赏鸟类有海鸥、银鸥、百灵、灰椋鸟、太平鸟、寿带、黄胸鹀等几十种。湿地禽鸟多样为本区特色。

波罗湖国家级自然保护区：地处长春市农安县西北部，属内陆湿地与水域生态系统类型自然保护区。地处松花江流域，位于我国东部候鸟迁徙通道上，是鹤、鹳类等东北亚珍稀濒危鸟类的迁徙地，区内鸟类代表了松辽平原典型的鸟类物种，有国家一级保护鸟类2种，二级保护鸟类29种。为吉林省第三泡沼，年蒸发水量约2 000万立方米，号为"天然之肺"，彰显本区湿地重要功能。

松花江三湖国家级自然保护区：地处吉林省东南部。松花江上修建水电站，形成松花湖、红石湖、白山湖三大人工湖，水域面积为72 838公顷，总库容为135.8亿立方米，形成多类型湿地和岸带森林。建立保护区，面积为1 152平方千米，为生态类型多样、气候复合的自然系统。主要保护对象为脊椎动物403种，其中国家一、二级保护动物53种。国家一级保护植物2种：东北红豆杉、人参；二级保护植物10种：红松、水曲柳、黄檗、紫椴等等。

哈泥国家级自然保护区：地处长白山麓、通化市柳河县东南。是以保护哈泥沼泽为主的湿地生态系统和哈泥河上游水源涵养区。保护区湿地是中国东北地区泥炭层最厚、储量最大的泥炭矿床，其特点是沉积速率快，植物残体类型多样，是世界上不可多得的高分辨率的泥炭层标。

大布苏国家级自然保护区：该保护区为闭流湖泊湿地，水量入不敷出，周边环境呈恶化态势，前景令人担忧。地质成因众说不一，生物化石留有千古谜团。

雁鸣湖国家级自然保护区：地处牡丹江上游、长白山南麓。湿地有两类8种：洪泛地、河流、湖泊、森林沼泽、灌丛沼泽、草本沼泽、水田、水库等。国家保护动物数十种：如丹顶鹤、黑鹳、金雕、东方白鹳、黑熊、棕熊、黄嘴白鹭、中华秋沙鸭等。此处是旅游度假胜地、珍稀鸟禽繁殖区。

龙湾国家级自然保护区：地处长白山北麓，有针阔混交森林，生物种群多样，特有第三纪孑遗之人参、水曲柳、黄檗、胡桃楸、红松等，经济和科学意义重大。火山口湖群，是火山地貌演变、生物进化过程的重要科考地，有罕见的玛珥湖景观，以及龙湾、火山锥、瀑布、猛禽类、异兽等，此处为湿地与生物完美集合。

伊通火山群国家级自然保护区：火山熔岩穹丘拔起为独特地貌，玄武岩挤压式浸出成科学珍奇。峰林不输桂林，有七星落地神话；奇幻独步世界，与美国"魔鬼之塔"媲美。地质遗迹，自然天成，登峰造极。

四平山门中生代火山国家级自然保护区：在四平市境内，属地质遗迹类型的自然保护区，为中生代白垩纪流纹岩特殊火山地质构造及典型火山地貌景观。

通化石湖国家级自然保护区：地处长白山南麓、老岭北侧。有垂直分布植被，珍稀动植物物种。生态原始，自然典型。东北红豆杉，为通化的重要名片。有国家重点保护野生动物——原麝、紫貂、金雕等。

甑峰岭国家级自然保护区：在和龙市与安图县境内、长白山森工和龙林业局辖区内。是国家一级重点保护野生植物——东北红豆杉的重要分布区，区内生长着 40 多万株东北红豆杉，其中树龄在千年以上者 20 多株，树龄最长的为 2 800 年，胸径为 185 厘米，堪称"树王"，列东北林区乔木树龄之首，具有重要的保护与研究价值。

（3）辽宁省的自然保护区

辽宁省的自然保护区有百多处。国家级自然保护区有 19 处：大连斑海豹、蛇岛老铁山、大连城山头海滨地貌、辽宁辽河口、仙人洞、桓仁老秃顶子、鸭绿江口滨海湿地、白石砬子、医巫闾山、海棠山、章古台、努鲁儿虎山、北票鸟化石、辽宁白狼山、葫芦岛虹螺山、辽宁大黑山、辽宁青龙河、辽宁楼子山、辽宁五花顶等。

大连城山头海滨地貌国家级自然保护区：在大连市境内。6 亿年化石地层留存至今，属海滨喀斯特地貌，岂止飞来峰稀有罕见？数十种鹭鸭海鸟群集于此，成飞翔竞技场。底栖生物，鱼类，虾蟹等百多种海洋生物组成温带海域基因库；皱纹盘鲍、刺参、扇贝，数种著名珍品被誉为"北方海底软黄金"。

北票鸟化石国家级自然保护区：解读地球鸟类起源及演化秘密，带来辽西丘陵生气和特有资源。化石价值与产地相连，聚而增值，散而减价，知源识流方使化石有价。市而散失，藏而埋没，他日易地焉识金石顽石？资源保护，必须杜绝商业，原地保护，方为正道。

大连斑海豹国家级自然保护区：地处大连市、渤海海域。顶风浪履海冰，斑海豹作为旗舰生物，开辟一方自然保护基地。开航道捕鱼虾，栖息地遭破坏，保护海洋生物也需划区保护生境。

辽宁辽河口国家级自然保护区：苇田沼泽草地滩涂，典型河口湿地，是候鸟少有的栖息地，是东亚至澳洲水禽迁徙通道、中转站、目的地。在保护区内 236 种鸟类中，水禽一百多种，上百万只候鸟在此聚集，丹顶鹤、白鹤、黑鹳、白鹳是年年常客。黑嘴鸥全世界数量稀少，此处独占 2 000 余只。多种鱼蟹争相洄游，河口为最佳繁殖区。芦苇如林隐仙鹤，碱蓬似火燎神鸥。著名红海滩，无尽芦苇荡。生境条件多样，养育生物种类繁多。

蛇岛老铁山国家级自然保护区：在大连境内。蛇岛蝮蛇 2 万多条，海岛为家，以鸟果腹；老铁山有鸟类 300 余种，为候鸟驿站。蛇捕鸟，专拣弱者猛下毒口；鸟食蛇，唯留强者远走高飞。蛇岛之蛇，鸟去蛰伏，鸟来苏醒；物竞天择，适者生存。大道至简，衍化至繁。

仙人洞国家级自然保护区：地处千山南麓、庄河市境内。山岳景观奇特，有亚热带植物十几种，如三桠钓樟之类；植被以赤松麻栎混交林为主；动物数百种，真正是野生物种基因库。地质构造古老，分布前震旦系假岩溶地貌，有大小溶洞多处，奇峰怪石成大观景致，人兽神怪物像俱全。景点几十处，堪称地质科学教科书。仙人洞，风光无限。

桓仁老秃顶子国家级自然保护区：地处长白山支脉，为辽宁第一峰，在大伙房水库上游，水源涵养区。属森林生态，长白山植物区系，红松阔叶混交林为顶极群落，完整的原生植被群落，有孑遗植物紫衫、天女木兰，被称为兰科活化石的双蕊兰。山川形胜，景象壮美，高山河谷瀑流相伴峭壁怪石，装点着春花秋月岩松，绝妙诗画山水，田园风光，旅游景点数十处。拥有国家保护物种人参、黄檗、刺楸、红松、紫椴、核桃楸、水曲柳、钻天柳、无喙兰、天麻、平贝母、野大豆、黄耆瓶尔小草等，誉为天然物种基因库；保护珍稀鸟兽有：紫貂、大鸨、金雕、野麝、水獭、领角鸮、红角鸮、灰麻鸮、长尾鸮、游隼、松雀鹰、红椒隼等。

白石砬子国家级自然保护区：地处长白山余脉、辽宁宽甸县境内。建立野生动物保护区，国家保护动物 40 种以上，鸟兽多样。保护原生红松阔叶混交林，高等植物 1 800 多种，真菌尤丰，高山云雾绕密林，四方顶子做主峰，当年抗日英雄留胜迹，如今涵养水源养生民。

鸭绿江口滨海湿地国家级自然保护区：生态系统复杂，包括内陆湿地、芦苇沼泽、沿海滩涂、浅海水域、红树林、珊瑚礁、海岛系统，具有蓄水调洪、调节气候、净化水质等服务功能。为东北亚候鸟迁徙通道、中转驿站，为涉水禽鸟提供栖息地，珍稀物种，如黑嘴鸥、丹顶鹤，鹤鹳鹭鹬雁鸭鸥鹅鸻，种类繁多，并具水产资源、是重要物种基因宝库，候鸟每年数以万计，是丹东著名观鸟胜地，鸟来如潮，遮天蔽日，摄影佳地。

医巫闾山国家级自然保护区：是北镇市名片。地处华北植物区系、长白山植物区系、蒙古植物区系交会地带，是天然种质资源库，代表性植物有油松、春榆、水曲柳、胡桃楸、细叶葱、细茎柴胡等。动植物具东北、华北、蒙新区系过渡区域特点，是真正的自然博物馆。保护动物有天鹅、鸳鸯、啄木鸟、狐、貉、环颈雉、林蛙等。山势宏大，遍体流翠，锦带花怒放；生态良好，功能多样。是北方旅游胜地、辽西自然绿洲。

海棠山国家级自然保护区：阜新名胜，佛教艺术名山，含秀藏奇。有松栎混交林顶极群落，属森林生态，野生动物多种。地处干湿过渡带，具有防风固沙、调节气候、涵养水源功能。修复的生态宝库，筑起的绿色长城。北方生态建设可借鉴，高原沙漠南侵有屏障。

章古台国家级自然保护区：沙荒圆绿梦，大漠现风流。科尔沁风沙带草畜平衡，养育多种食草家畜，尤有梅花鹿亮相；章古台人工林樟子松当家，建起绿色屏障，并集中各类旱生植物。借用唐诗赞曰：君不见拂云百丈青松柯，纵使秋风无奈何。四时常作青黛色，可怜杜花不相识。

辽宁白狼山国家级自然保护区：地处冀辽边界、燕山东端。落阔混交林成就动植物优越生境，林灌生态系统承担着水资源涵养功能。优良的种质资源库为人类发展保安全。生态良好，山清水秀，林茂粮丰，天人合一。泽惠子孙。

辽宁大黑山国家级自然保护区：地处北票市西北，属森林生态，与努鲁儿虎山为邻，与内蒙古大黑山自然保护区跨山脊相连，北对内蒙古高原、科尔沁沙地，是生态极敏感区、重要生态屏障、辽西重要水源涵养区，号为"辽西绿岛"。有大面积黄檗林、蒙古栎林、花曲柳林，以及国家保护植物野大豆、紫椴等。有脊椎动物380余种，生物多样性丰富。

葫芦岛虹螺山国家级自然保护区：地处辽西走廊、女儿河畔。残存天然次生林，典型原生生境，呈孤岛状分布，亟待保护；尚有珍稀濒危生物，水源地生态，修复在即。水清石出直可数，林深无人鸟相呼。生境自然天地大，人去靖远物自华。

辽宁青龙河国家级自然保护区：地处凌源市西南部、滦河上游。完整原生次生林兼河源区，植物丰富，药用之甘草、黄芩、黄芪、远志、地榆等180余种，绿化观赏之卷柏、侧柏、杜鹃、绣线菊等100余种；丰富的饲料、野菜类、水果、干果等，具有极高的经济价值。具有丰富野生动植物，脊椎动物395种，若黑鹳、东方白鹳、大鸨、石鸡林蛙等。

努鲁儿虎山国家级自然保护区：群峰环围，辽蒙分界，主峰大黑山，西辽河水源涵养地。是科尔沁草原生态系统，蒙古栎阔叶混交林。是重要野生动物栖息地、沙地生态恢复区。有大鸨与金雕等各种鸟类，托起多彩世界；还有樱桃、杜鹃、丁香卫矛等。燕秦长城、辽代古城，红山文化发祥地；森林草原，绿色屏障，特色休闲避暑区。

辽宁楼子山国家级自然保护区：在朝阳市境内，为辽西生态敏感带，属森林灌丛生态系统。保护植物有紫椴、黄檗、野大豆等；保护动物有中华秋沙鸭、黑鹳等几十种。是大凌河水源涵养地。有今人诗赞曰：天成楼台高千丈，一山苍松隐狐狼，飞禽走兽遍山有，鸽子古洞名远扬。遍地山花远有香，八种珍木入大堂，山珍树果迭代长，自然人文两相商。

辽宁五花顶国家级自然保护区：地处葫芦岛绥中县境内、辽西走廊西端。有"巍巍燕山、奇美五花"之称，誉为"关外第一自然保护区"。区内平顶山，孤峰高耸，奇石林立，纵横百里，登高望远，南观沧海，北观莽原，东迎日出，西送日落。植物交会区，物种交流咽喉之地。有华北植物区系植被，珍稀濒危动植物荟萃。有维管束植物831种，鸟类157种，还有黑鹳、花尾榛鸡、勺鸡、隼形目、鸮形目等。

（4）河北省的自然保护区

河北省已建自然保护区40多处，其中国家级自然保护区有13处：昌黎黄金海岸、小五台山、泥河湾、大海坨、围场红松洼、河北柳江盆地地质遗迹、河北塞罕坝、滦河上游、驼梁、青崖寨、河北雾灵山、茅荆坝、衡水湖等。河北省倚太行拥燕赵沃野千里，抱京津面渤海胸怀天下。山高气候多变，物异种类繁多。展长城内外风光景致，拥京津大城名山胜水。做生态安全屏障，为首都绿色卫士。自然保护，功德天下。

昌黎黄金海岸国家级自然保护区：地处渤海海岸带，长达30千米，纵深2 000～4 000米，海陆兼具。因风浪作用，贝壳化石堆积，水磨沙粒圆，浪淘沙堤起。保护区设陆域、潟湖、海域3个核心区，保护对象有沙丘、沙堤、林带、海洋生物等。域内有鸥鸭鹬类168种，并有世界珍禽黑嘴鸥等国家保护生物68种。水域有"活化石"文昌鱼，为底栖动物优势种。七里海潟湖典型、封闭。此自然保护区科研价值高、滨海旅游资源丰富。

小五台山国家级自然保护区：在张家口市蔚县境内，燕山褶皱带剧烈抬升、剧烈断裂，形成东西南北中五峰并起、群峰拱卫之势。季风气候，四季分明，昼夜温差大，雨水高峰多。有暖温带针阔叶混交林、亚高山灌丛、草地生态系统。有昆虫2 776种，以鳞翅目、鞘翅目、膜翅目、双翅目4目为主，占82.4%；养育的珍禽褐马鸡，被誉为"东方宝石"，与大熊猫齐名，红脸褐羽，熠熠生光，白尾高翘，健步如飞。有两大旅游景区，佛教名山，古迹多处，是休闲度假佳选。

泥河湾国家级自然保护区：在张家口市蔚县、阳原县境内，泥河湾内发现全球仅有的石器时代更新世遗迹,是 200 万～300 万年前第四纪地层,发现丰富的哺乳动物化石和大量旧石器时代遗迹,剖面最多、保存最完好,列为中国 20 世纪 100 项考古重大发现之一。出土化石有桑氏鬣狗、三趾马、三门马、鸵鸟、披毛犀牛、羚羊等。出土石器有"粗糙的手斧"等。主要遗址有:小长梁遗址和虎头梁遗址。

大海坨国家级自然保护区:在张家口赤城县境内,区位特别,是幽燕生态安全的绿色屏障。为典型山地森林生态,中国特有动植类群集中呈现,有动植物 2 000 多种。此处是,蝉噪林愈静,鸟鸣山更幽,海阔凭鱼跃,天高任鸟飞。

河北塞罕坝国家级自然保护区:属山区丘陵高原地貌,华北、东北、内蒙古植物区系生物汇聚。构成森林草原多样化生态系统,造就围场赛罕坝多样生物种。可谓"离离原上草,一岁一枯荣,野火烧不尽,春风吹又生"。昔日风沙地,今成绿海洋。

河北柳江盆地地质遗迹国家级自然保护区:在秦皇岛市抚宁县境内,柳河盆地拥有世界公认"天然地质博物馆"美称。保护标准地质剖面,典型地质构造遗址。此地荟萃中国北方 20 多亿年各个地质历史期形成的 24 个组级地层单位,有"弹丸之地五代同堂"的称誉。地层发育良好,化石丰富多样。特有资源需特别保护。

围场红松洼国家级自然保护区:地处大兴安岭燕山山脉衔接部、内蒙古高原东南缘。华北、东北、内蒙古三大植物区系交会,属亚高山草甸,莎草科为建群种,植被类型多样,成科学实验田。白头鹤、黑鹳、大鸨诸多珍稀鸟禽聚集,为物种基因库,花海、牦牛、大风车,风景线独特,动植物物种丰富。地处农牧交错带,辽河、滦河源头区。皇家猎苑风景独好,木兰围场天地无垠。曾因一棵松傲立,引领百万亩落叶松人工林建设,铸造千百年观赏者精气神砥柱。毛主席诗曰:春风杨柳万千条,六亿神州尽舜尧。此处见证。唯大英雄能本色,是真名士自风流。此处彰显。

滦河上游国家级自然保护区:地处内蒙古高原和冀北山地交错区域,木兰秋狝与避暑山庄文化融合,世界最大皇家猎苑扬名中外,京津重要安全屏障流芳千古。保护目标为珍稀物种与野生动植物及水源涵养区,有多样类型植被,丰富物种资源。无坝之水库,绿色之长城。

驼梁国家级自然保护区:地处石家庄平山县西北、太行山中段。气候多变,四季分明,冬长夏短,雨水不均。地层古老,岩性复杂,风化强烈,驼峰等景色雄壮优美。山高谷深,森林茂密。区内有原始林 3 万多亩,动植物物种多样,有国家一级保护植物野核桃、羊乳、杓兰等,国家二级保护植物野大豆、草麻黄等。脊椎动物近 300 种,其中鸟类二百多种,黑鹳、白鹳、金雕、大鸨等在列。

青崖寨国家级自然保护区：地处冀西北山地、太行山中段。千山披翠，苍苍莽莽原始林三万多亩，植物千种，动物百类，为典型暖温带森林生态系统，植被垂直分带，有野大豆、黄檗、核桃楸、刺五加、大花杓兰、穿龙薯蓣等。万瀑流银，泠泠淙淙跌水景千姿百态，链瀑百处，冰凉一谷，拥半数河北省脊椎动物种类，国家重点保护动物数十种，若黑鹳、白鹳、鸳鸯、大天鹅、小天鹅、白鹤、大鸨、金雕、苍鹰等。云顶草原有金莲花海景观，马趵奇泉为自然造化奇功。华北平原的重要水源地，西北高原的风沙阻挡屏。

茅荆坝国家级自然保护区：为平原高原过渡带、滦河上游毗邻区。区内森林生态系统中，华北典型落叶林，如松林、油松林、云杉林、核桃楸林，杨柳槐椿枫桦杉类，均具物种基因价值；多珍稀物种，哺乳类、爬行类、两栖类，华北鸟类，如鹳鹊鸡雀鸽鹑鹰等，多数列入重点保护名录。自然生态保护，发挥水源涵养功能。

河北雾灵山国家级自然保护区：居燕山群峰主位、京津唐承之间。属森林生态系统，具有植被垂直地带性。农田果园、松栎森林、落叶灌丛、亚高山草甸，为华北物种基因库，特有种几十，有雾灵景天、雾灵丁香、黄芪沙参等，以雾灵冠名的特产有多种。清代东陵封禁区，自然景观完整，拥万里长城、佛道寺庙、清凉界碑、龙潭瀑布等，景点多处。草木丛生，古树参天，多现涌泉，野生动物时见，猕猴生存北限界。

衡水湖国家级自然保护区：在桃城、冀州两区境内，完整的沼泽水域滩涂草甸森林湿地生态系统，典型的淡水湖泊，丰富的鱼鸟之乡。华北湿地生态。鸟类有48科310种；国家一级保护动物7种，有黑鹳、东方白鹳、丹顶鹤、白鹤、金雕、白肩雕、大鸨；二级动物46种，天鹅、鸳鸯，鹤鹭鹰鹃隼类等等。鱼类14科34种，爬行类20余种。这里亦是旅游胜地，汉代冀州古城、竹林古寺、碑刻石雕古墓葬丰富，碧水港湾，著名景点。

（5）北京市的自然保护区

北京市拥有松山、百花山2处国家级自然保护区，有市级自然保护区8处。北京房山集中了闻名世界的地质公园，包括周口店遗址、石花洞、十渡、上方山、圣莲山及野三坡、白石山等，另有延庆硅化木国家级地质公园等。

松山国家级自然保护区：军都山雄伟挺拔，油松林千姿百态，保护区清泉长流，动植物休养生息。此处风景独好，生态改善复原，动植物纷繁渐增，金钱豹回归有痕。

百花山国家级自然保护区：接踵晋冀，横跨房宛。景色独特，逢崖成瀑，遇壑为潭，奇山秀峰绵延，文物古迹连缀。属森林生态系统，有十大森林群落，奇花异草无以胜数，药用植物 400 余种。号为"华北动植物园"，云集鸟兽 170 余种，红隼、勺鸡、斑羚，狍獾狸鼬诸类。恢复中的华北生态系统，发展中的自然保护区。

（6）天津市的自然保护区

天津市国家级自然保护区有 3 处：古海岸与湿地、八仙山、中上元古界。市级自然保护区有 5 处，多为湿地保护类型。天津，临河口傍大海，倚燕山抱平原，海陆交汇八方通达，洼淀河湖四面分布。此处是沧海桑田千古记录，有更多海鲜珍品四季无穷。是拱卫京畿的要津门户，科技经济之领首。天津，乘风破浪会有时，直挂云帆济沧海。

古海岸与湿地国家级自然保护区：四道贝壳堤，记录五千多年海岸变迁史。7 个核心区，辟建十万公顷自然保护区。世界少有，中国唯一。牡蛎滩珍稀古海岸遗迹，海洋类不同地质体共存。物尽其华依本性，遵循自然为大道。

八仙山国家级自然保护区：东临金碧皇陵，西接巍峨雄关，南翠湖，北灵山，仰观聚仙高峰，俯瞰蓟津平原，津门风景旅游胜地。先行封山育林，再待自然演替，上飞鸟，下走兽，变秃岭荒山，成万类峥嵘，森林恢复示范成功。天地自然，人在其中。海滨湿地生态功能独特。湿地蓄洪储水，供应水源，保持地下水位压力，抵御海水入侵陆地。湖泊引鸟集禽，生长鱼虾，提供苗床生境，养育渤海渔业资源。海滨湿地，生态功能海陆兼具，独特重要。自然资源须合理利用，养育自然应遵道而行。

中上元古界国家级自然保护区：在天津市蓟州区境内。主要保护对象为中上元古界标准剖面，是中国第一个国家级地质剖面自然保护区，记录着距今 18.5 亿年至 8 亿年的地质演化史，贮存着反映当时的古地理、古生物、古气候、古构造、古地磁等大量自然信息和各种矿产资源，被誉为"世之瑰宝"。已在距今 14 亿～12 亿年的岩层中发现了世界罕见的微生物群，大大提前了此种微生物的出现年代，具有重要的科学价值。蓟州剖面以地层齐全、出露连续、保存完好、顶底清楚、构造简单、变质轻微和古生物化石丰富等得天独厚的七大特点居世界三处剖面之首，被海内外地质学家推为世界同一地质时期的标准剖面，誉为罕见的"地质瑰宝"和"大地的史书"。

（7）内蒙古自治区的自然保护区

内蒙古自然保护区有 184 处，其中国家级自然保护区 29 处，分别是内蒙古大青山、红花尔基樟子松林、辉河、呼伦湖、额尔古纳、大兴安岭汗马、哈腾套海、乌拉特梭梭林—蒙古野驴、科尔沁、阿鲁科尔沁、图牧吉、锡林郭勒草原、古日格斯台、内蒙古贺兰山、额济纳胡杨林、高格斯台罕乌拉、特金罕山、白音敖包、达里诺尔、大黑山、塞罕乌拉、黑里河、大青沟、西鄂尔多斯、鄂托克恐龙遗迹化石、鄂尔多斯遗鸥、青山、毕拉河、乌兰坝等。

内蒙古大青山国家级自然保护区：肩扛蒙古高原，脚踏土默平川，黄河金带为饰，呼包明珠点缀；山做朔风挡屏，雨化洪流水源，高峰森林戴帽，草甸牛羊如云。山南山北不同季，北坡次生林，南坡旱灌木；山上山下两天地，蓝天翔鹰隼，深山潜狐狼。元人耶律楚材有诗曰："山角摩天不盈尺""旦暮云烟浮气象""万顷松风落松子，郁郁苍苍映流水"。

呼伦湖国家级自然保护区：几大核心区域保护最紧要；仙鹤、金雕、遗鸥、黑鹳，诸多珍稀鸟禽生存亦艰难。夏季候鸟云集，秋来草壮鱼肥，冬至冰天雪地，春日风大积冰，四时风景四时色；湿地调节气候，水源多家竞争，草原生态脆弱，城乡发展急迫。天苍苍野茫茫，风吹草低见牛羊。人与自然相互依傍。

大兴安岭汗马国家级自然保护区：在根河市金河镇境内、大兴安岭西北坡原始林腹地。寒温带针叶林为代表的生态系统，有野生植物 800 余种。拥有国际重要湿地，牛耳湖展演大兴安岭的美丽。这里是全球气候变化对生态影响的观察点，誉为生态系统"样板图"。具有科研意义，声名远播。有野生动物 294 种，国家重点保护动物有紫貂、貂熊、原麝、白头鹤、金雕、中华秋沙鸭、白尾海雕、黑嘴松鸡等 8 种。

红花尔基樟子松林国家级自然保护区：西临呼伦贝尔草原，东枕大兴安岭山坡，保护沙地樟子松林生态系统，兼顾珍稀动植物自然资源。大松挺且直，不惧风和雪。生为草原人，自是广胸怀。此地，惊沙猎猎风成阵，白雁一声霜有信；更有，无边翠绿凭羊牧，一马飞歌醉碧霄。

额尔古纳国家级自然保护区：保护区西北边界是额尔古纳河、地处大兴安岭北坡，湿地湿润寒冷，生态复合多样。属寒温带针叶林生态系统，兴安落叶松为建群种，原始典型；有欧亚区动植物种质资源，植物种属繁多，国家重点保护植物有钻天柳、浮叶慈姑、东北岩高兰等，省级保护植物 11 种；国家保护珍稀鸟类如白鹳、黑鹳、金雕、海雕、松鸡与鹤类，珍稀濒危兽类有 9 种。此处是，高纬度自然地理生态科学研究基地，寒冷区特殊体验旅游观光理想目标。

乌兰坝国家级自然保护区：地处大兴安岭南麓，辽河源头湿地，有风沙屏障功能。为北方高原气候。主要保护对象为过渡带森林草原植被，动植物珍稀物种。植物有黄檗、紫椴等，动物有黑鹳、金雕等。

辉河国家级自然保护区：是东北亚重要生态系统，世界典型湿地类型。森林草原湿地，河流湖泊沼泽，生境类型多样。丘陵平原沙地河谷，樟子松林连成一体。区域生态屏障，基因宝库，候鸟过境驿站，迁徙通道。是诸多珍禽繁栖之地，鸟类有大鸨、天鹅、鸿雁等等。观候鸟来往，思屈子哀郢。刻骨铭心家国情，千年精魂到如今。

图牧吉国家级自然保护区：地处大兴安岭东侧，冰水洪积扇。森林、灌丛、草甸、草原、湖泡、沼泽共同构成湿地生态系统；是珍稀鸟禽鹤、鹳、大鸨的繁栖地，鹰隼、猛禽、大小天鹅、雁鸭的集聚乡。观鸟休闲游览美食极乐界，科研教育驯养示范大课堂。

毕拉河国家级自然保护区：位居大兴安岭林区，毗邻呼伦贝尔草原，沼泽湿地，鸟类天堂。昔日抗日英雄血沃地，今天生态环境五星区。

锡林郭勒草原国家级自然保护区：草甸草原，河谷湿地，河流湖泊，沙地疏林，鹰隼仙鹤，骏马肥羊。属内蒙古高原典型草原生态系统，浑善达克沙地扩张绿色挡墙，加入世界生物圈保护区网络成员，称誉"中国最美的大草原"。成吉思汗龙兴地，蒙元上都留遗迹。空旷无际，蓝天白云，繁花似锦，绿草如茵。

古日格斯台国家级自然保护区：地处锡林郭勒东部、兴安南山北麓。属森林草原生态系统，针阔过渡演替序列典型、完整，植物多样性丰富，有大麦草等 4 种国家保护植物，特产大型真菌木耳、蒙古口蘑、金针菇、毛木耳、野蘑菇等 100 多种，誉为物种基因库。湿地类型多样，为水源涵养区，有珍稀动物多种，丹顶鹤、黑鹳、大鸨、金雕为国家一级保护物种，鸿雁、大雁、黑琴鸡、大天鹅、草原雕等，均为国家保护珍稀鸟类，故称动物乐园。

科尔沁国家级自然保护区：地处兴安盟科右中旗东部，南北 46 千米，东西 44 千米，三河无尾汇湿地，婀娜多姿是河流。重点保护科尔沁草原、蒙古黄榆、西伯利亚山杏树林景观、鹤类等珍稀禽鸟。为珍禽重要繁殖地，聚集鹤、鹅、鹳、鸨等珍禽。曾经百年农垦毁林木，成沙质土地，干裸脆弱，经不住大风使力，草衰沙扬，塑造成大草原坨甸相间的独特景观。如今，重新还生态自然，黄榆做屏障，成为沙驻草长，虫鸣风唱，云走鸟飞，一派原始风味，绿野风光。

阿鲁科尔沁国家级自然保护区：地处赤峰市、阿鲁科尔沁旗东部、科尔沁沙地北缘。典型沙地草原生态景观：北部为波状起伏的丘陵山地灌丛草原，北部与东南部为众多湖泊群组成的湿地生态，区内为连绵起伏的沙地草原。此地为东亚候鸟南北迁徙的重要通道和驿站，有鸟类 172 种，34 种为珍稀鸟类。丹顶鹤、白枕鹤、大鸨、黑嘴鸥、遗鸥等均为世界易危鸟类；青头潜鸭为世界极危鸟类；国家一级保护鸟类有丹顶鹤、大鸨、遗鸥、黑鹳4 种，二级保护鸟类有大天鹅、小天鹅、白琵鹭、燕隼、红隼等 28 种。

大青沟国家级自然保护区：在西辽河流域内，与科尔沁沙地相接壤。沟里的阔叶混交林天然珍贵，缘上沙地原生林为典型、完整代表。6 个植被类型，数百种植物、动物。四星级风景大区，亿万年自然遗存。

高格斯台罕乌拉国家级自然保护区：地处大兴安岭南麓，高原平原带。大陆季风气候。属东北、华北过渡植被区系，森林、草原、沙地、湿地多样生态系统。野生食用植物丰富，有制作粮食、蔬菜、饮料、水果、油料、调味品的植物 200 多种，鹿与蕨菜、黄花、木耳誉为罕山四宝，闻名遐迩。珍稀动物有黑鹳、金雕、大鸨、天鹅、鹤、黑琴鸡，共 38 种。主要生态功能为涵养水源、防风固土、生物多样性保护。区域特色鲜明，景色尤佳，前景看好。

特金罕山国家级自然保护区：地处通辽扎鲁特旗境内、大兴安岭南麓，左连科尔沁沙地，右接锡林郭勒草原。典型夏绿阔叶林、灌丛、草地、湿地生态系统，林茂灌密，水草丰美，西辽河和嫩江为水源涵养地，天然生态屏障。虫鸟世界，有鸟 120 余种，昆虫 280 余种。鹰隼、鸥鸦等鸟禽，马鹿、棕熊、黄羊类走兽，竞逐草原，生机勃勃。100 多种中草药材，为一方特产。保护区峰峦叠嶂，巍峨壮观，通辽第一高峰踞此。

白音敖包国家级自然保护区：是赤峰名片，有生物"活化石"。保护世界仅存的沙地云杉林生态系统，尊享林草过渡区生物多样性特有资源。四季美景四时色，一代保护百世福。治理沙漠，植被先行。改善生态，泽被子孙。前人栽树，后人乘凉。

黑里河国家级自然保护区：在赤峰宁城境内，以森林生态为主。属暖温带针阔混交林生态系统，以大面积天然油松林为代表。保护珍稀濒危动植物及其生境，兼顾保护西辽河水源涵养地。春夏百花争艳，绿野流翠；秋冬鸟兽出没，苍茫林间，被称为塞外西双版纳。

达里诺尔国家级自然保护区：赤峰明珠，鸟类天堂。保护四河五湖湿地雅罗鱼种质资源，集合草地、沙地、森林、半咸水湖泊生态系统。有独特的高原气候，有榆树疏林特色景观，火山群地貌，金、元历史遗迹，构成综合自然保护体系。保护鸟类，一级 10 种，二级 44 种。为候鸟迁徙通道，聚集了雀、鹳、鹤、鸽、鸥、鹭、雁、鸭和大天鹅等禽类。冰雪冬捕吸引无数观游者。

大黑山国家级自然保护区：在赤峰敖汉旗境内，是西辽河水源涵养区，阻挡科尔沁沙地南侵的生态屏障。具有多样性、代表性、典型性、特有性、脆弱性等生态特征。维管束植物 592 种，药用植物 374 种，观赏植物 117 种，为园林绿化种天然分布地。鸟类 142 种，包括金雕、鸢、雀鹰、隼等珍稀鸟类。

赛罕乌拉国家级自然保护区：在赤峰巴林右旗境内，为冰川残留侵蚀地貌、水源涵养功能区。林灌草湿地综合生态系统，存有北方最大的野生斑羚种群。鸟类 237 种，国家重点保护动物 37 种，列为世界重要鸟区。此处有辽代庆云山，有荣山景区、释迦舍利塔、辽庆州城遗址，还有金长城、古岩画等丰富遗存。

哈腾套海国家级自然保护区：地处北狼山南黄河、西邻大漠，唯此屏障阻沙漠东进；冬长寒夏短热，风多雨少，这里属沙线前沿荒漠生态。以红柳、河柳、胡杨林为主要建群植物，有沙冬青、绵刺、柠条、梭梭、山榆、沙蒿、白刺、蒙古扁桃等，均是固沙英雄。珍稀动物有黑鹳、大鸨、北山羊等，国家级保护物种有波斑鸨、天鹅、灰鹤、岩羊、鹰隼，以及啮齿、爬行、两栖动物等。

西鄂尔多斯国家级自然保护区：地处草原荒漠过渡带、亚洲中部荒漠区。是第三纪古老孑遗植物避难所，有四合木、半日花、沙冬青、绵刺、革苞菊、蒙古扁桃、胡杨等珍稀植物。是七千年气候地理生物珍藏本，有古地层、古化石、古植物，是研究气候、物种起源演变、生态利用的指南。荒漠植物，枝叶稀少，根须深长。叶面小可减少水分蒸腾，根系大可增加吸收土壤微量水汽，抱紧身下土壤，保土固沙。

鄂尔多斯遗鸥国家级自然保护区：地处泊江海子镇，在洪水径流湖泊发现遗鸥种群，辟建自然保护区，声名大起。遗鸥曾达 1 万多羽，连天接地，喧嚣热闹。引得旅游开发麇集，但人鸟争水，湖泊迅速萎缩，终致完全干涸。自然保护教训须记取。

鄂托克恐龙遗迹化石国家级自然保护区：在鄂尔多斯鄂托克旗境内。发现恐龙足迹化石 10 余种，近万个，世界罕见。发现鸟类骨骼化石、足迹化石，鱼类化石、龟鳖类化石和无脊椎动物化石等。其数量之大、分布之广国内外罕有，且具典型、稀有、代表性等突出特点。化石遗址，保护为要。

乌拉特梭梭林—蒙古野驴国家级自然保护区：地处乌拉特中、后旗，阴山以北，至中蒙国界，东西 140 余千米，南北 22 千米。居干旱内陆荒漠区，干旱少雨，风大沙多，梭梭林分布于季节性山洪沟道两侧，为蒙古野驴主要残存的栖息地。区内珍稀植物有裸果木、绵刺、革苞菊、蒙古扁桃、沙冬青、肉苁蓉等，鸟类 37 种，兽类 31 种。典型自然景观提供生态旅游、科教活动等。

内蒙古贺兰山国家级自然保护区：地处阿拉善左旗境内、山脊线以西。为典型干旱、半干旱区山地森林生态，是重要生态屏障，防风固沙，保持水土。气候垂直变化显著，植被垂直带谱由下而上为草原、疏林、针叶林、灌草地。有国家重点保护植物四合木、沙冬青、野大豆、羽叶丁香、蒙古扁桃。分布特有植物贺兰山棘豆等。动物类型多，森林草原型动物与荒漠动物各半，有马麝、鼠、马鹿、岩羊、金雕、猞猁等多种。

额济纳胡杨林国家级自然保护区：为额济纳荒漠绿洲，胡杨为典型、稀有、代表性物种，在涵养水源、保持水土、调节气候、维持生态良性循环方面具有重要价值。保护胡杨林群落、珍稀动植物物种、荒漠绿洲生态、生物多样性。主要保护植物为胡杨、梭梭、肉苁蓉、沙冬青、裸果木、瓣鳞花。此地有汉代居延遗址、西夏黑城遗址。冬天极寒，夏天酷热，极端气候，呈现极致景观。

（8）山西省的自然保护区

山西省省级以上自然保护区 46 处，其中国家级自然保护区有 8 处：历山、芦芽山、五鹿山、庞泉沟、阳城莽河猕猴、黑茶山、灵空山、太宽河等。并有国家地质公园 6 处。

黑茶山国家级自然保护区：东盆地、西峡谷、吕梁山是南北生物重要通道；有落叶阔叶混交森林，保护珍稀生物。褐马鸡、金钱豹等为珍稀动物特有避难所。为兰科植物保护区、生物多样性资源宝库。

芦芽山国家级自然保护区：忻州仙葩，人仙胜地。天成芦芽利剑，直上云霄，重峦叠嶂，有太子殿落座群山之极。黄土高原云雾顶，林木茂盛，700 多种植物，100 多种名贵药草，为华北落叶松故乡，云杉之家，世界珍禽褐马鸡的栖身地。主峰锦绣，更有万年冰洞奇异景观，自然人文，嘉汇一地。毗卢佛道场，崖洞寺名胜古迹，神仙居所，游旅佳选。

历山国家级自然保护区：南临黄河谷地，北倚汾渭地堑，中条山峰险谷深，舜王坪树木茂盛。落叶、阔叶植被兼具，以松栎为主，有温带植物，也有红豆杉、领春木、四照花、连香树、野茉莉等亚热带物种，素有"山西植物基因库"之誉。温带热带的动物兼有，兽鸟占优，猕猴最多，并有猛禽类、鸡雉类、雀鸟类、爬行类珍稀特有生物。南北生物过渡带，历山药材最名贵，灵芝猴头、冬虫夏草、野人参、五灵脂、菖蒲等成为产业。旅游资源甚为丰富，奇峰怪石、清涧冰帘、白云洞、皇姑幔、迎客松均称胜绝。

五鹿山国家级自然保护区：地处吕梁山脉南段、临汾盆地西缘。是世界珍禽褐马鸡的保护地，白皮松生长乡。草木藏原麝，崖隙过青羊。生物多样性丰富珍贵，四围古建筑画龙点睛。山势巍峨峭拔，千峰竞秀，景象原始清幽，毓秀钟灵。

庞泉沟国家级自然保护区：地处吕梁山脉中段、交城方山县界。属华北落叶松及油松混交林生态系统，兼生山杨、白桦、红桦、辽东栎等，林木葱郁，四时百色，药用植物尤其丰富，如党参、黄芪、甘草、连翘、菖蒲、桔梗、柴胡等类，是保存完整的生态宝库。是世界珍禽褐马鸡及其栖息地的保护区，并有古树、飞瀑、石碑等山水风景，飞禽展翅，走兽潜踪，有黑鹳、金雕、鸳鸯、原麝、青鼬等保护动物，为黄土高原之绿色明珠。

灵空山国家级自然保护区：地处太岳深处，三座孤峰突起，两条深谷交会，景观奇特。林木葱茏，属暖温带落叶阔叶混交林生态，以油松为主，兼有杨树、桦树、辽东栎等植物。生物多样，有九顶山、九杆旗，巨松百株，野猪、金钱豹等时有出没。古寺洞桥，游览避暑地，出神入化乡。

阳城莽河猕猴国家级自然保护区：地处晋豫交界、太行山脉。奇峰环峙，峡谷幽长，自然条件得天独厚，猕猴分布的最北边界，设为保护区，同时保护金钱豹、金猫、金雕、麝和大鲵等珍稀动植物。原始植被为落阔叶混交林，称作"山西植物资源库"，有古老红豆杉、名贵红山萸，更是著名风景区，山奇水秀，誉为"黄土高原小桂林"。

太宽河国家级自然保护区：地处运城市夏县东南部、中条山中西端。属华北地区典型暖温带落叶阔叶林生态系统，森林覆盖率 88.7%，有类型多样、保存完好的栎类林，是重要种质资源和基因库，对于整个华北地区森林经营和森林重建具有重要价值。区内已查明的种子植物 120 科 530 属 1 153 种，分布有水杉、银杏、杜仲、山白树、领春木、猬实、青檀、野大豆、黄耆、黄檗等国家珍稀濒危保护植物。脊椎动物 289 种，陆栖脊椎动物 27 目 70 科 279 种，国家一级重点保护动物有东方白鹳、黑鹳、金雕、大鸨、金钱豹、原麝6种。

（9）山东省的自然保护区

山东省已建自然保护区 86 处，其中，国家级自然保护区有马山、黄河三角洲、昆嵛山、长岛、山旺古生物化石、荣成大天鹅、滨州贝壳堤岛与湿地等。

黄河三角洲国家级自然保护区：黄河河口三角洲，咸淡水交汇，新生湿地生态多奥秘；水文独特，动植物繁茂，珍稀濒危鸟类好家园。巨龙奔腾万里，猛投向碧蓝大海；黄河古老身躯，再创辉煌奇观。金涛搏击碧浪，黄沙塑造沧桑。柽柳、刺槐播散花香熏染大地，天鹅、仙鹤舞动水墨动画蓝天。国际重要湿地，中国鸟类乐园。鸟类百多种，数量上万只。科考度假观鸟胜地，赶海看潮赏景优选。

长岛国家级自然保护区：有南北大小几十个岛屿，明珠点缀，海涂生境多样；候鸟驿站，有雕、隼、鹤、鹳等百多种鸟类，珍奇云集，春秋往来迁徙。中国候鸟大通道，猛禽保护重要区。

马山国家级自然保护区：地处青岛即墨，五丘团成。号"袖珍式地质博物馆"，有柱状节理石群、硅化木、沉积构造、接触变质带等珍稀独特遗迹，科学意义巨大。丰富的人文遗迹点，如道教龙门派玉皇庙、白云庵、即墨大夫雕像、丹泉井、狐仙居及战场遗址，观光、休闲、科考俱佳。

昆嵛山国家级自然保护区：地处胶东半岛东部，与崂山一脉。气候四季分明，水热同期，地势群峰耸立，沟壑纵横。是中国赤松原生地和天然分布中心，保护植物有胡桃楸、野大豆、银杏、中华结缕草、黄檗、紫椴、水曲柳等；山东特有物种，如胶东桦、胶东栎、景天、红果山胡椒、麻栎、槲栎、剪股颖等。此处是生态资源宝地，亦是旅游科教中心。

荣成大天鹅国家级自然保护区：地处海陆过渡带、湿润气候区。属典型沙坝潟湖、芦苇沼泽、滩涂浅海生态系统，为候鸟南迁北移中转站和越冬栖息地。是鹳、鹤、鸭、鹬、鹭珍禽迁徙与休歇交友处。万只天鹅来朝，盛况无匹，是荣成亮丽风景线。

山旺古生物化石国家级自然保护区：地处临朐县山旺村，发现 1 800 万年前各种动植物化石，种类繁多，已研究定名的有 400 多种，包括藻类、苔藓、蕨类、裸子、被子植物，昆虫、鱼类、两栖、爬行、鸟类、哺乳动物等。化石精美完好，印痕清晰，栩栩如生，世界罕见，被誉为"化石宝库"。此地为硅藻土质，地层由薄如纸张硅藻土质岩组成，动植物化石印痕其中，又名"万卷书"。藏品丰厚，竟可组成山旺化石动物群。保护区对生物发展演化史研究有重要意义。

滨州贝壳堤岛与湿地国家级自然保护区：地处滨州境内、渤海西南岸，缓平低地，两条贝壳堤，岛状存在，海洋遗迹，保护区总面积为435平方千米。在东北亚内陆和环西太平洋鸟类迁徙通道上，故成为候鸟过境中转站。可研究海洋、观测海滨岸带湿地消长规律、观测鸟类生态。

（10）安徽省的自然保护区

安徽省共有自然保护区104处。其中，国家级自然保护区有8处：鹞落坪、牯牛降、金寨天马、升金湖、清凉峰、铜陵淡水豚、古井园、安徽扬子鳄。

牯牛降国家级自然保护区：地处石台祁门交界，与黄山九华山毗邻。山形如神牛天降，自古人迹罕至。古称西黄山，皖南高峰，花岗岩地质景观，雄奇秀险。典型植物为常绿阔叶林，物种多样，天然原始植被，完整典型。有国家地质公园，洞泉滩瀑各具特色，峰石崖谷无不新奇。有五大风景区：牯牛峰、龙门峡、灵山、双龙谷、观音堂。虹霓云海佛光彩晕神奇奥妙，日出晚霞、山色水景美不胜收。200多种动植物被列为保护对象，号称"绿色自然博物馆"，又称"珍稀物种基因库"。

鹞落坪国家级自然保护区：地处北亚热带向暖温带过渡地带，大别山区。植被过渡带特征明显，区系复杂，种类繁多，保存一批珍贵特有植物，如金钱松、杜仲、鹅掌楸、香果树、领春木、天女花、银杏、青檀、厚朴、天目木姜子、黄山木兰、黄连、天麻、野大豆，还有很多地方特有物种，如大别山五针松、多枝杜鹃、安徽槭、安徽碎米荠、安徽贝母、独花兰等，是孑遗生物避难所，百草药园，绿色宝库，动物乐园，彰显自然保护伟大价值。属季风气候区，温凉湿润，生境多样，珍藏多种稀有濒危动物，有秦岭雨蛙、金钱豹、小灵猫、赤腹鹰、领角鸮、红角鸮、雀鹰、红隼、勺鸡、白冠长尾雉、斑头鸺鹠、水獭、大鲵、原麝等，更有独特自然人文景观：天仙河第一漂、十里画廊、寸密河、石佛寺区、红色景点、天龙谷等为著名风景旅游区。江河源头，水源涵养，水土保持等具有生态屏障重要功能。香果树：落叶大乔木，身高十丈，胸围九尺，源起白垩纪，中国特产；树王年龄四百，花繁满冠，美丽动人。领春木：别名云叶树，落叶小乔木，珍贵稀有，濒危树种，带来远古的信息；又名正心木，优良观赏树，花果成簇，红艳夺目。

安徽扬子鳄国家级自然保护区：两亿多年"活化石"，是记录地球演变与生物进化之天书，极度濒危，靠人工繁殖成功拯救；四十余载保护，恢复栖息生境和野外生存之种群，鳄鱼新湖，成新兴旅游风景热区。

升金湖国家级自然保护区：国际重要湿地，中国美丽鹤湖。白头鹤、白鹤、白枕鹤、灰鹤4种鹤类越冬地；东方白鹳、黑鹳、小天鹅、雁鸭等10万候鸟闹冬春。

铜陵淡水豚国家级自然保护区：长江江豚，俗名江猪，以鱼虾为食，喜随浪追逐，受捕杀、缺食和栖息地破坏等的影响，全流域仅剩千头，世界濒危。长江黄金水道，开拓航道，舟船增加，闸坝构筑，通道阻断，渔业捕捞，港口占地，工业污染，风险日增，珍稀水生生物生境艰险；国家保护自然力度大，维护滩涂，恢复湿地，建造森林，改善生境，鱼饵投放，种群复壮，病体治疗，救护强化，鱼豚水族类得生存。开发保护矛盾常在，江豚存亡系于一丝。

金寨天马国家级自然保护区：有保护完整的生物群落，珍稀濒危保护物种。珍贵和特有保护植物，如银缕梅、五针松、香果树、连香树、鹅掌楸、榧、莲、榉、野大豆等数十种；国家重点保护动物，如金钱豹、长尾雉、娃娃鱼、赤腹鹰、小灵猫、勺鸡、蛙蛇、花面狸等数十种，不少为本地特有。

清凉峰国家级自然保护区：位于皖浙交界处，山地丘陵。有典型完整的亚热带常绿阔叶林及标志性物种：如连香树、青钱柳、南方铁杉、安徽杜鹃、银鹊树、天目木姜子、鹅掌楸、华东黄杉、小叶青冈，以及银杏、红豆杉、南方红豆杉、喜树、枫杨、台楠、樟榉、香榧、银缕梅、金钱松、领春木、香果树、花榈木类等。具有代表性的动植物种质资源库，国家重点保护动物：如金钱豹、梅花鹿、云豹、黑熊、大小灵猫、小鸦鹃、白颈长尾雉、小天鹅、仙八色鸫、白鹇、勺鸡，还有猕猴、短尾猴、中华秋沙鸭、斑羚、鬣羚、黑麂、青鼬、金猫、穿山甲、虎纹蛙、鸺鹠、虎凤蝶等。

古井园国家级自然保护区：地处大别山腹地，毛尖峰核心。气候植被垂直分布，动植物种丰富多样。分布有典型亚热带常绿落阔混交林，维管束植物近2 000种，这里是"中华仙草"霍山石斛、天麻、铁皮石斛的原产地，兰科植物集中展现，珍稀濒危兰花荟萃，古老孑遗物种丰富，成华东代表性基因库。有诸多国家保护动物，珍稀濒危特有动物20多种，还有原产安徽麝等。此处为水源涵养核心带、综合性生态保护区。保护核心资产，追求民族永续。

（11）江苏省的自然保护区

江苏省共有32处自然保护区，其中国家级自然保护区3处：盐城湿地珍禽、泗洪洪泽湖湿地、大丰麋鹿。

盐城湿地珍禽国家级自然保护区：盐城是世界生物圈保护区网络成员，射阳为中国丹顶鹤家乡。年年 200 万只旅鸟过境，岁岁 50 万只候鸟越冬，有 62 种世界红皮书濒危鸟类，79 种中国国家级保护珍禽。仙鹤翱翔生瑞气，候鸟越冬闹早春。可喜，沿海湿地不断扩展；堪忧，生境持续破碎窄缩。

大丰麋鹿国家级自然保护区：麋鹿俗称"四不像"，头似马、角似鹿、尾似驴、蹄似牛，又称"财鹿""中华神兽"，寓意富贵吉祥，象征生命向往。白居易有诗云：龙蛇隐大泽，麋鹿游丰草。栖凤安于梧，潜鱼乐于藻。苏东坡则说：我本麋鹿性，谅非伏辕姿。大丰麋鹿苑，滩涂宽阔，风景美丽，已成为珍稀生物的乐园，被列为世界生物圈保护区网络成员，人工豢养放归自然获成功，今为生态旅游胜地。中国"四不像"，命运多舛，几度浮沉，可怜千年园囿圈闭，成为列强战利品掠往异国。麋鹿遭际连着国家命运，保护也成文明发展之象征。

泗洪洪泽湖湿地国家级自然保护区：完整的湿地生态系统，自我供给，物质循环，立体食物链网，有田螺、秀丽白虾、绒螯蟹诸多珍贵水产，更有丹顶鹤、黑鹳、白鹳，异鸟珍禽。一方水乡泽国景观，波光水影，芦苇摇曳，美丽自然风景，增建博物馆、千荷园、水族馆，践行生态科普，建观鸟台、科教区，产学游结合。有鱼类产卵场，为种质资源地。中国湿地生态科学样板：水产养殖生态示范、无公害稻蟹立体养殖示范等。

（12）上海市的自然保护区

上海市有国家级自然保护区 2 处：崇明东滩鸟类和九段沙湿地。另有 5 处重要湿地和 12 处野生动植物重要栖息地，都已实施自然保护区式管理。

崇明东滩鸟类国家级自然保护区：属长江河口湿地生态系统，海陆交界沼泽滩涂生境。拥有潮间带、芦苇荡、鱼塘、蟹塘、农田等多样性环境条件，常见鸻鹬类、雁鸭类、鹭类、鸥类、鹤类为代表的迁徙性鸟类。每年二三百万只候鸟来此越冬栖息停歇过境，具有重要国际保护意义。记录到多种多样的浮游底栖鱼类、鸟类等动物，组成真正的世界鸟禽乐园。东滩观鸟，天下胜景。

九段沙湿地国家级自然保护区：长江口拦门沙洲，上海市生态新园。芦苇草滩水域，提供候鸟越冬地，也是迁徙驿站；浮游底栖饵料，支持鱼类食物链，也是洄游通道。鸟类以鸻形目、雀形目为主，水域兼容淡水鱼、咸水鱼。沙滩淤涨，陆地不断扩大，发展前景看好；有鲟鲈鳗鲡等，珍贵稀有鱼类。

（13）浙江省的自然保护区

浙江省有自然保护区 32 处。其中，国家级自然保护区 11 处：天目山、临安清凉峰、象山韭山列岛海洋生态、乌岩岭、大盘山、古田山、凤阳山-百山祖、九龙山、南麂列岛、长兴地质遗迹、安吉小鲵。

天目山国家级自然保护区：山体古老，江南古陆，地层岩石多样；季风强盛，四季分明，气候温和宜人。典型亚热带森林，大树王国：野生银杏原产地，藏有世界银杏之祖，1.2 万岁高寿，生物之最；还有三人才能合抱的大树 400 余棵，柳树王材积 40 多立方米，金钱松树高 60 多米，大树遮天蔽日，雄奇独特。多样动植物资源，生物天堂：国家保护植物数十种，种子植物近 2 000 种，温热带兼具，珍稀濒危鸟兽数十种，红嘴相思鸟绝而复现，白颈长尾雉雍容高贵，鸡、鹊、鸟百多种，生机勃发。真正的物种基因库，特有物种多，仅以天目命名的动植物就有 85 种，天目铁木，世界仅存 5 株，为地球独子；此地为罕有的自然博物馆，有温带侵入动植物多种，如水青冈属、鹅耳枥属和槭属，北美檫木、鹅掌楸、香果树、领春木、银鹊树均属稀有珍贵物种；经济种、药物园、生态游、科教地都是天目山名片。

临安清凉峰国家级自然保护区：有典型亚热带常绿混交林，植被垂直分带，高等植物 2 000 余种，世界单少品种 77 种，如鹅掌楸、华东黄杉树。罕有的地域性物种基因库，生物古老多样，脊椎动物近 300 种，国家保护动物 32 种，如梅花鹿、白颈长尾雉。

乌岩岭国家级自然保护区：是温州市第一高峰，高耸白云间，莽林绝壁，飞瀑深潭，气象万千，人间仙境，中国特有黄腹角雉的故乡，蜚声海内外。乌岩岭，飞云江正宗源头，生态旅游、避暑胜地，保护示范、道德教育基地，东海岸带原始"森林氧吧"，名景数十家。胜景天成，自然大美。

南麂列岛国家级自然保护区：为国家海洋自然保护区，是世界生物圈保护区网络成员。温热气候过渡带。海岛如明珠串缀，景观若仙境优美。金沙碧海，奇峰异石，天然巨型壁画，生态科学胜地。水仙花后，贝藻王国。贝类 403 种，藻类 174 种。鸟蛇各踞一岛，鲍鱼独占鳌头。山形石相，步移景换；海景岛色，美轮美奂。物种基因库，独特旅游区。景点有猴拜观音、仙人指印、狮象合卧、熊猫听潮、风动岩、试剑石、空心屿、笔架山、观日峰、听潮峡，无不引人入胜。

大盘山国家级自然保护区：金华大盘连九州，世外桃源隐仙居。山高五百丈，周遭百多里。是濒危生物野生种群栖息地、药用植物种质资源保护区。石斛为此地特有，元胡在他处绝无。天上织女铺锦，幻化此群山之祖；地上林木茂盛，造就诸水之源。千年老松拥古庙，高山湖泊荡碧波。有清秀奇险野幽特之美，多溪瀑洞石峰谷峡名景。

九龙山国家级自然保护区：地处浙闽赣毗邻地带。有丰富的地带性植被类型。特有的黑麂，珍稀的黄腹角雉，都在此集中分布，为数十种野生珍稀濒危动物栖息地。伯乐树、南方红豆杉，为主要保护对象。森林资源丰富。自然景观秀美难匹，生态意义极为重要。

凤阳山-百山祖国家级自然保护区：凤阳山在龙泉市境内，是浙江省第一峰；百山祖在浙西南庆元境内、浙闽界交会处。一体规划，统一管理。凤阳山，从草甸到阔叶林，4 种植被类型，多样化生境养育多种生物。由瓯江至黄茅尖，一派雄秀风光，有花草香，十里笼翠，瀑泉溪等，山野风味四时景致；高山杜鹃，绝壁奇松，奇花异木，原始生态举世无双。动植物摇篮呈现别样风采。区内有国家一级保护植物伯乐树、红豆杉、南方红豆杉；珍稀植物有白豆杉、华东黄杉、双花木等 20 余种。更有第四纪冰川期孑遗植物百山祖冷杉，有"活化石"的称誉，仅存 3 株，珍贵异常。这里有国家级保护动物 53 种，其中，华南虎、金钱豹、云豹、黄腹角雉等 8 种为国家一级保护动物，珍稀动物有苏门羚，鹰隼猛禽之类。

古田山国家级自然保护区：地处浙西山地。亚热带阔叶林为典型代表，珍稀特动植物集中分布。物种古老特有，原始天然林，植物过渡带、万亩天然林，白颈长尾雉、黑麂，均为自然保护名片。奇花异草与古木融为一体，香果树、含笑和紫茎扎堆呈现。群峰飞瀑崖石，树木斑斓多姿，十里猴头杜鹃长廊起伏蜿蜒。这里是东南名胜，道家洞天。

象山韭山列岛海洋生态国家级自然保护区：地处舟山群岛最南端，是海洋生态保护区。是大黄鱼类产卵场、鸥鹭鸟禽生繁所、乌贼种苗保护区、江豚繁殖栖息地，现在，面临海域开发强大压力，环境保护协调艰难。生态保护道路漫长。

长兴地质遗迹国家级自然保护区：长兴县槐坎乡发现"长兴灰岩"含大量生物化石，并在长兴灰岩剖面采得"牙形刺化石"，被国际确认为是界定二叠系、三叠系之生物标准，作为二叠系与三叠系之分界，同时是古生界与中生界之分界，以此见证地史上 6 次生物大绝灭中最大的一次，发生于 2.5 亿年前，因而建有世界唯一的同一剖面拥有两个金钉子的地层剖面。长兴因之登上世界科学舞台。

安吉小鲵国家级自然保护区：地处安吉县西南端、黄浦江源头区。雨水丰沛，气候温和，植物茂盛，成为生物多样性最丰富地区。在龙王山顶高山泥炭沼泽中发现新物种——安吉小鲵，被列入世界极危物种，此地为其唯一生境，珍稀异常，建森林生态和野生动物自然保护区，同时保护银缕梅、鹅掌楸等珍稀濒危物种 108 种，保护梅花鹿、黑麂、猕猴等野生动物。

（14）福建省的自然保护区

福建省有自然保护区 93 处之多，其中国家级自然保护区 17 处：厦门珍稀海洋物种、雄江黄楮林、龙栖山、天宝岩、深沪湾海底古森林遗迹、漳江口红树林、福建武夷山（被列为国家公园试点）、虎伯寮、梅花山、戴云山、闽江源、君子峰、梁野山、福建闽江河口湿地、南平芒砀山、福建汀江源、峨嵋峰。

厦门珍稀海洋物种国家级自然保护区：中华白海豚，比国宝熊猫还珍稀；文昌鱼，较脊椎动物更原始；厦门市鸟——白鹭，有大、中、小白鹭，岩鹭，黄嘴白鹭共 5 种，共同成就厦门"鹭岛"生态名片；鱼虾蟹贝螺蛙虫藻，海洋物类纷繁，组成丰富食物链网。海陆嘉汇，天地非常。文昌鱼，一身细长两头尖，是 5 亿年前脊椎动物始祖，为珍贵的动物进化科研对象，是营养丰富、价值很高的珍品。一方特产，八方闻名。

深沪湾海底古森林遗迹国家级自然保护区：晋江海底，珍奇独藏。有海底古森林，钙化牡蛎礁。为研究古地理与古生态状况的科学基地、教学古气候和海平面变迁之示范实材。世界少有，中国唯一。

虎伯寮国家级自然保护区：地处漳州南靖、九龙江西源，海洋性季风气候，地貌复杂多样，植被属亚热带雨林，4 个独特群落，野生兰花苑，天然药物资源库。号称"珍稀植物园""濒危动物庇护所"。有珍稀植物 130 多种，珍稀动物 264 种。展示自然原始生态面貌，具有雄奇秀美的自然景观。

梁野山国家级自然保护区：地处闽赣粤三省交界。天然绿色基因库，是野生动物避难所。南方红豆杉为旗舰物种，有罕见的观光林木、国宝栲林、稀有原生森林系统，药用植物、原生花卉、菌类资源十分丰富。六大风景区做生态旅游，古老白云禅寺，古田巨石，生态景观完美组合，绝壁深谷，崇山密林，激流深涧，相得益彰。

君子峰国家级自然保护区：是闽地天然博物馆，三明高山花园。特有低海拔常绿阔叶林，高等植物 2 000 多种，有南方红豆杉、银杏、钟萼木、粗齿秒椤、闽楠、香榧、短萼黄连、天竺桂、金荞麦、樟、槠、喜树、花榈木、伞花木等，还有花叶开唇兰、铁皮石斛等珍稀兰科植物。脊椎动物近 400 种，珍稀动物如白颈长尾雉、蟒蛇、豹与豺、黄腹角雉、鸳鸯、白鹇、褐翅鸦鹃、大灵猫、小灵猫、黑熊、鬣羚、金猫、穿山甲、虎纹蛙等，新发现乌桕大蚕蛾、蓝喉蜂虎等珍特动物。为药用植物种质资源库、候鸟迁徙通道。

龙栖山国家级自然保护区：地处将乐县西南部、武夷山支脉。有亚热带森林典型代表，高等植物近千种，珍稀物种数以百计。植物，如南方红豆杉、金钱松、香榧、金毛狗、樟、闽楠、齿叶黑秒椤，均属珍贵；苔藓类，蕨类，应有尽有；用材、香料、食用、蜜源、药材，丰富多样；大型真菌如红菇、泥菇、竹荪等闻名遐迩。珍稀动物，如白颈长尾雉、华南虎、黑麂、金钱豹、黄腹角雉、白鹇、猕猴等，以及猛禽类、蟒类、羚类、爬行类、两栖类尽属重点保护。生态景观独特，古、大、名木众多，如檵木王、红豆杉王、青钱柳、香榧、柳杉王，明星荟萃，蔚为大观。此处是动物基因库、亚热带天然植物园。

天宝岩国家级自然保护区：地处闽地中部山区，有过渡带植物系，是天然物种基因库，重要水源涵养区。保有中国特有古老原始长苞铁杉林、猴头杜鹃林。养育的国家珍稀植物南方红豆杉，黄腹角雉等为重点保护生物。发现我国东南部罕有的泥炭藓沼泽，生境特殊。存有历史少见林木禁伐碑，传承文明。

漳江口红树林国家级自然保护区：属红树林湿地生态系统，是水生生物栖息繁育场所、多样化动植物稀有生境、沿海水产种质资源保护地。国际性候鸟驿站，科教生态经济价值高。

梅花山国家级自然保护区：地处龙岩上杭古田镇境内，梅花一枝探未来。武夷山脉南延端，回归线上绿翡翠。全球北回归线多为荒漠带，唯中国是森林生态大绿洲。重峦叠嶂，古木参天，是珍禽异兽基因库，古老孑遗物种多。华南虎极度濒危；三河源是生态要津。

戴云山国家级自然保护区：泉州名山，闽中屋脊。地貌复杂，雄奇险峻；海洋气候，水丰物茂；森林系统，物种多样。是物种宝库，高等植物逾 2 000 种，南方红豆杉、长苞铁杉林为旗舰植物。脊椎动物 400 多种，是昆虫标本地、濒危生物之家，野生兰科植物为重点保护。

南平芒砀山国家级自然保护区：又称"福建小庐山"、南平风景区。属亚热带沟谷森林生态系统，原生完整，有南岭栲林、硬壳桂林、黄枝润楠、小叶青冈林等；有原生杉木种群种质资源，若红豆杉林；珍稀物种，植物如四川苏铁等，动物如黄腹角雉、金斑喙凤蝶。

　　福建汀江源国家级自然保护区：地处闽西山区，被誉为长汀明珠。有亚热带常绿阔叶林，以红豆杉、福建柏天然群落为特点。属典型溪流生态系统，以真菌类、动植物保护恢复为目标。

　　雄江黄楮林国家级自然保护区：地处闽清西部、峰岭交集，为特殊溪流类型湿地、闽江水源涵养地、福州城市后花园。保护亚热带常绿阔叶林福建青冈林，保护珍稀动植物及其栖息地。国家重点保护植物 19 种，国家重点保护动物 35 种。另有国际重点保护候鸟，本地特有物种等。

　　闽江源国家级自然保护区：在建宁县境内，是闽江发源地。属森林生态类型，气候复杂，林竹流翠，景色优美。大面积钟萼木集中分布，有南方红豆杉原生种群。雷公鹅耳枥、山樱花、深山含笑、香果树、红山茶群落成林，另有食药用菌、园林绿化、油料蜜源，经济植物数以百计，大型真菌集中呈现。哺乳动物类、鸟禽类、两栖爬行类、昆虫类等珍稀特有生物汇集，更兼白石顶、千姿石蛋、高山草场、杜鹃花海，多样景观集中呈现，自然人文完美组合。

　　峨嵋峰国家级自然保护区：地处三明市泰宁县。群峰参差，山地气候。有典型亚热带常绿阔叶林，是珍稀动植物资源库。原生亮叶水青冈落叶阔叶森林，不同演替阶段的中山沼泽湿地群，多种野生兰花植物，还有丰富大型真菌，构成多彩生态系统。珍稀动物聚会，如白颈长尾雉、黄腹角雉、勺鸡，全球濒危的海南虎斑鸦。这里为生物多样性保护关键区域、自然生态系统东南区域典型代表、水源涵养地、动物迁徙廊道。

　　福建闽江河口湿地国家级自然保护区：河口咸淡水交汇、潮间带、滩涂湿地和红树林沼泽，组成特殊优越生境，使水陆生物富集，生长植物千种、鱼类百多种，鸟类数万只，成为候鸟重要越冬地、中转驿站。中华凤头燕鸥、勺嘴鹬、黑脸琵鹭被称闽江口三宝，提升此地生态价值；有东方白鹳和遗鸥、卷尾鹈鹕等珍稀物种数十种，鱼虾蟹贝，两栖爬行类聚集，水陆得兼。是中国十大最美湿地之一。

（15）江西省的自然保护区

　　江西省已建立各级各类自然保护区 220 处，其中，国家级自然保护区 16 处：鄱阳湖南矶湿地、庐山、井冈山、官山、江西九岭山、马头山、江西武夷山（列入国家公园）、桃红岭梅花鹿、鄱阳湖候鸟、阳际峰、齐云山、九连山、赣江源、铜钹山、婺源森林鸟类、南风面等。

鄱阳湖南矶湿地国家级自然保护区：珍禽王国，百鸟乐园，鄱阳名片，江西省品牌。此处是亚洲最大候鸟越冬场，观鸟胜地，生物基因库；这里是湿地类自然保护区，万类聚集，麋鹿安新家。湖洲草滩，食料丰富，白鹳家乡，白鹤天堂。

庐山国家级自然保护区：险峰悬崖，茂林深谷，岩坝壶穴，飞瀑流泉，高下不同天，四时不同色；森林生态，绿色明珠，有濒危物种，特有植物，昆虫约 2 500 种，草药约 500 种。多样生境养育特异生物，秀美环境多生奇异鸟兽。这里是，鸟语花香世界，珍稀动物乐园。诗情画意，亘古亘今。李白诗曰：登高壮观天地间，大江茫茫去不还。黄云万里动风色，白波九道流雪山。毛泽东诗曰：一山飞峙大江边，跃上葱茏四百旋。云横九派浮黄鹤，浪下三吴起白烟。又曰：暮色苍茫看劲松，乱云飞渡仍从容，天生一个仙人洞，无限风光在险峰。

江西九岭山国家级自然保护区：地处九岭山脉和幕阜山脉腹地、鄱阳湖平原和洞庭湖平原之间。群峰耸立，高差千米，河流湿地。以亚热带原生常绿阔叶林为植被典型代表，国家重点保护植物有红豆杉、南方红豆杉、银杏、伯乐树、闽楠、樟、榉、鹅掌楸等，永瓣藤集中分布也甚奇异。动物多样，珍贵稀有，重点保护动物有豹、云豹、中华秋沙鸭、白颈长尾雉，鸳鸯、大鲵、海南虎斑鳽等。

齐云山国家级自然保护区：地处赣边陲崇义县、南岭山脉和罗霄山脉交汇区。丹霞地貌，九峰耸翠，候鸟通道，赣南高峰。亚热带湿润季风气候，属气候过渡带常绿阔叶林系统，原生自然，物种富集。查明高等植物 2 000 余种，脊椎动物近 400 种，保护鱼类 20 余种，鸟类 200 余种，蜘蛛 100 余种，昆虫 1 000 余种，大型真菌 100 余种。是中国生物多样性保护关键区、濒危和孑遗植物避难所。

九连山国家级自然保护区：南岭东部核心区域，赣粤交界九九连峰。地貌复杂，岩石多种，山峦起伏，丹霞灿然，峡谷深涧，气势雄浑。亚热带常绿阔叶林，植被类型多样，垂直分异。葱茏青翠山，绿浪涌涛林。保护区已为世界生物圈保护区网络成员，建成国家级森林公园。南方红豆杉，抗癌神物，国宝树木；粗齿桫椤，与恐龙同代；古老银杏，与化石齐寿；伞花木群落，中国特有；古木高树，蔽日遮天。原始林区，物种丰富：金斑喙凤蝶，蝶类熊猫；海南虎斑鳽，世界濒危；黄腹角雉，中国珍鸟；虾公塘风景，优美壮观。

阳际峰国家级自然保护区：地处武夷山中段、与马头山相邻。属典型常绿阔叶林生态系统、生物多样性保护关键地区。植被多种，重点保护有南方红豆杉、南方铁杉、伯乐树、榉、闽楠等 16 种。脊椎动物多样，为世界关注的两栖类动物集中分布区。国家保护珍稀动物有中华秋沙鸭、黄腹角雉、白颈长尾雉、黑麂等 34 种。保护区生境好生物才丰富，物种多价值就更高。

马头山国家级自然保护区：地处武夷山一脉、赣闽交界，盆岭相间，森林茂盛。物种极为丰富，高等植物约为 2 500 种，珍稀植物如美毛含笑、蛛网萼、长叶榉等，均是此处原生特有；攀缘植物种多、古老、特有；重点保护植物名单长，鹅掌楸、乳源木莲、东方古柯、青牛胆、扯根菜、半蒴苣苔、短梗大参、花叶开唇兰、石斛等均在其列；香料植物，种多量大；真菌多种。经济物种尤为优势，药用植物 1 500 余种，特有药用植物多种，如青钱柳、亮叶腊梅、广东紫珠、华紫珠、老鸦糊、银杏、腊梅、喜树、杜仲、枸杞等；蜜源丰饶，四季有花，兰花尤盛。该区具有生物保护国际意义，真正的中国药典天然板书。

铜钹山国家级自然保护区：武夷山一脉，千年封禁地。内有八千株红豆杉，树王高大，腰围达一丈；三万亩原始林养育珍稀动植物，柳杉雄伟，合抱需 4 人。

官山国家级自然保护区：位于宜丰、铜鼓两县交界处，麻姑尖顶览群峰。峰峦耸峙绵亘，茂林修竹蔽天。复杂地貌，多样生境，雨水丰沛，森林原始。崖石深潭流瀑碧池，养一方原生常绿阔叶林，成为猕猴、方竹、杜鹃观赏园。生态景观万千气象，风景名胜美妙传奇。

井冈山国家级自然保护区：红色根据地恩惠当代，生物多样性泽被后人。昆虫约 3 000 种，脊椎动物约 400 种，特有物种 200 多种，珍稀濒危保护动植物百种，号为"天然动植物园"，自然保护意义重大。峰峦重叠，峭壁悬崖，深潭流瀑，茂竹密林，是全国自然保护区示范、世界生物圈保护区网络成员。

婺源森林鸟类国家级自然保护区：此处有两千鸳鸯云集生息，是全国观鸟十佳胜地，森林鸟类家园。山清水秀，林丰草茂，自然保护区明珠散布，珍鸟蓝冠噪鹛久绝复现。

赣江源国家级自然保护区：赣州石城石寮泉，鸡公岽下龙瀑源。属亚热带常绿阔叶森林生态，武夷山南端，古木参天，林海连绵，千峰竞秀，万壑流碧。国家保护植物有伯乐树、红豆杉、珙桐、玉叶金花等十几种，两栖爬行动物多种。尤双避暑地，一绿盖百景。

桃红岭梅花鹿国家级自然保护区：长江南岸，彭泽仙境，低山丘陵地势，温和湿润气候。县志称："山有文禽奇兽，美鹿争鸣。"此地林木常绿，灌草葱茏。桔梗沙参土茯苓，百合前胡紫地丁。乌饭羊乳胡枝子，茅栗玉竹参黄精。苔藓蕨类受青睐，遍山柴胡伴葛藤。桃红岭长好远足，溪畔斑茅藏精灵。梅花鹿，秀逸潇洒精灵物，福禄美满吉祥神。梅花万点真名色，一山草树亦奇珍。

鄱阳湖候鸟国家级自然保护区：地跨新建、永修和星子3县，辖9个湖泊，属内陆型湿地，包括湖泊、永久性河流、时令湖和永久性淡水草本沼泽、泡沼。主要保护对象是白鹤等珍稀候鸟及其越冬地。鄱阳湖鱼类资源丰富，共有鱼类120余种，种类多产量大；有软体动物42种，饵料资源丰富。保护区现有鸟类约310种，其中，国家一级保护动物10种，二级保护动物40种，属于中日保护候鸟及其栖息环境协定的鸟类有153种，属于中澳保护候鸟及其栖息环境协定的鸟类有47种。鄱阳湖是世界上最重要的白鹤、东方白鹳、鸿雁越冬地，每年到此越冬的白鹤最少1 000只，最多达3 100只；来此越冬的东方白鹳也在1 000只以上，最高达1 873只；鸿雁上万只，最高达4万多只。这里还是大鸨、黑鹳、小天鹅、白额雁、白琵鹭的重要越冬地。

南风面国家级自然保护区：地处罗霄山脉西南、遂川境内，海拔为2 120.4米，素有"江南之巅第一脊，湘赣两省最高峰"之称。境内有野生植物2 512种，其中，属国家重点保护的资源冷杉、银杉、红豆杉等23种。有野生动物258种，属国家重点保护的黄腹角雉、白颈长尾雉、穿山甲、水鹿等37种。资源冷杉属温带树种，客居南方中亚热带原生次生阔叶林中，是我国天然植被中的特殊现象，对研究松科树种的系统发育、古植物系、古地理及第四纪冰川期气候均有重要的科学价值。遂川鸟类迁徙通道为全国三大候鸟迁徙通道之一，填补了科学研究的空白。对深入研究鸟类迁徙、禽类疫情传播分布、鸟类繁育栖息规律具有重要的科研价值。

（16）广东省的自然保护区

广东省有自然保护区300多处，面积为108万公顷，国家级自然保护区有15处：鼎湖山、南岭、内伶仃岛-福田、始兴车八岭、湛江红树林、惠东港口海龟、丹霞山、珠江口中华白海豚、南澎列岛海洋生态、徐闻珊瑚礁、雷州珍稀海洋生物、象头山、罗坑鳄蜥、石门台、云开山。

鼎湖山国家级自然保护区：鼎立云端，湖山风景。是我国第一个自然保护区，绿色孤岛，森林生态。大树高好材货，吸引贪婪盗贼，半个世纪周折磨难，三度面临灭顶大灾，存废之争几落几起，自然保护道路坎坷。战斗英雄黄吉祥，雄风虎胆，凛然正气，以命相搏，舍身护林，曾喝退伐林刀斧手数百，方保得此绿色翡翠长存。前人栽树后人乘凉。华南物种宝库，回归线上明珠。千秋伟业，唯此为大。

南岭国家级自然保护区：大山重峦叠嶂，深谷急瀑险潭，生境多样，生物异种。常绿阔叶森林，有孑遗植物，古树名木，有树两千株，鸟三百种，是珍稀濒危野生动植物之核心栖息地，称物种基因库。林木葱茏，原始自然，重要生态屏障，北江集水源头。空中云霓，地上森林，蓝松银妆，云海杜鹃，美丽的自然风景区，时代的文明新宠儿。

湛江红树林国家级自然保护区：属滨海湿地生态系统，自然神奇，潮涨万顷波，潮落一片绿。泥下藏蟹贝，天空鸣海鸥，长滩促淤净化，岸带鱼虾繁殖。保护海岸防侵蚀，养育生灵数第一。

雷州珍稀海洋生物国家级自然保护区：属热带海洋生态系统，典型、原始，并有珊瑚礁，海藻床，沙质海底，潮间带，生境多样，生物多种。白蝶贝南海特有，是世界最大型；伴生多种珠母贝类，如黑蝶贝、马氏贝、企鹅贝，儒艮、江豚、中华白海豚等大型水生动物，以及文昌鱼、绿海龟、宽吻海豚、斑海豹，珍贵稀有，亟待保护。

珠江口中华白海豚国家级自然保护区：地处珠江口水域内伶仃岛至牛头岛之间，面积约为460平方千米。在挽救濒危的中华白海豚种群的同时，也保护了珠江口水域的生物多样性，修复了海洋生态系统，增殖了渔业资源，为经济可持续发展提供了保障。中华白海豚，身材修长，体白如玉，眼亮如星，喙长似剑，泳姿矫健，性情活泼，母子相亲，属鲸目，是鲨鱼天敌。美人鱼称誉无愧，与大熊猫珍稀比肩。珠江口划区保护，粤港澳共尊一法。

内伶仃岛-福田国家级自然保护区：地处深圳城角、岸带湾区，有红树林湿地，设为野生动物保护区。海洋生物天堂，万鸟朝会胜景，国际候鸟中转站。鹏城专有生态文明名片，闻名天下。

徐闻珊瑚礁国家级自然保护区：造礁珊瑚虫，集团生存，绚丽如花，以体成石，千万年聚成海底山岭洞穴，遂成海洋生物乐园。鱼虾蟹贝，礁石安家，岩盘觅食，沙底潜形，日月间形成繁茂生态系统，保古存新，提供科学研究实材。

惠东港口海龟国家级自然保护区：大亚湾口沙滩地，绿海龟的产卵场，亚洲唯一保护区。海龟濒临灭绝，沙滩延续种群。这里是国际重要湿地，科普教育园区。

南澎列岛海洋生态国家级自然保护区：独特的海底自然地貌，典型的近海生态系统。海域生态过渡区域，国际生物保护示范。这里是重要经济水产种质资源地，珍稀濒危海洋生物之集中的产卵场、索饵场、生息地、洄游通道。也是鲷鱼种苗地，鸟类繁殖区。海洋生态保护，此处为要地。

丹霞山国家级自然保护区：地处韶关仁化境内，山石风光特有。色如渥丹，灿若明霞，此处是丹霞地层地貌命名之地。号称"丹霞地质博物馆"，以"世界地质公园"盛名，世界自然遗产地，风景名胜，五星景区。峰墙柱桥天成地造，顶平身陡麓缓岩红。是科研教学基地，山水探奇，岭南第一奇山。兼具珍稀动植物保护任务，传闻舜帝奏韶乐雅音犹存。

始兴车八岭国家级自然保护区：横亘在韶关始兴县和江西全南县之间。地势西北高、东南低，山高谷深坡陡。主要保护中亚热带常绿阔叶林及珍稀动植物。国家保护珍稀动物有华南虎、黄腹角雉、穿山甲等36种；有鸟类223种，国家保护级33种。动植物资源丰富，素有"物种宝库，南岭明珠"之称。区内国家重点保护植物有伯乐树、伞花木、红椿、花榈木、樟、任豆、闽楠、金毛狗、黑桫椤9种；珍稀濒危植物有白桂木、观光木、舌柱麻、青檀、巴戟、伯乐树、伞花木、红椿、野茶树、任豆、闽楠11种；以"史前遗者"著称的观光木、以"活化石"闻名的三尖杉，均有大量保存。还保存有1株广东省内最大最老的"广东杉树王"。

象头山国家级自然保护区：在惠州市博罗县境内，北回归线上一片难得的绿洲。保护对象为南亚热带常绿阔叶林和野生动植物。华南特有物种集中分布区，360余种植物为华南特有，如广东润楠、广州槌果藤、广东刺柊、两广梭罗、小果石笔木、红花荷、半枫荷、华南栲、华南青皮木、光叶红豆、乌饭树、广东山龙眼、毛茶等。区内有34种国家重点保护动物，210种野生动物属国家保护的有益的或者有重要经济、科学研究价值的陆生野生动物。有保护植物50多种，如黑桫椤、金毛狗、苏铁蕨、格木、白木香、粘木、巴戟天、长叶竹柏、华南栲、观光木、樟、红椿，以及兰科植物等。

罗坑鳄蜥国家级自然保护区：在韶关曲江区境内，总面积为18 813.6公顷。鳄蜥是第四纪冰川末期遗留下来的古老爬行类，有"活化石"之称，是爬行界的"熊猫"，保护区有500～600只，约占中国野生鳄蜥种群数量的50%。

石门台国家级自然保护区：地处北回归线北缘，属南亚热带与中亚热带过渡地区，主要保护对象为南亚热带季风常绿阔叶林与中亚热带典型常绿阔叶林过渡特征的森林生态系统。植被类型多种多样，种类繁多，已知高等植物2 471种。有国家保护植物伯乐树、桫椤、白豆杉、伞花木、华南五针松等22种。国家重点保护动物47种。丰富独特。

云开山国家级自然保护区：位于粤西信宜和高州两市交界处，以中山山地地貌为主，主峰大田顶海拔 1 703.8 米，为粤西第一高峰。属南亚热带常绿阔叶林生态系统，主要保护对象为以鳄蜥、穿山甲为代表的珍稀濒危物种及其栖息地和水源涵养林。

（17）海南省的自然保护区

海南省有自然保护区68处，其中国家级自然保护区10处：大田坡鹿、东寨港、霸王岭长臂猿、大洲岛金丝燕、尖峰岭、三亚珊瑚礁、铜鼓岭、鹦哥岭、吊罗山、五指山。

铜鼓岭国家级自然保护区：岛礁生态，山海双馨。铜鼓岭，琼东第一峰。群峰竞秀，获"生态植物园""百草园""野生动物园""石景园"四园称誉。植物千种，特有物种数十种，猕猴精灵，彰显海南热带生态特色。有海洋鱼类、贝类、珊瑚礁、海底世界等水下瑰宝。海湾如新月，银滩碧水，波涌浪卷，七洲列岛时隐时现，尽是南海蓬莱仙境奇观。

三亚珊瑚礁国家级自然保护区：大海碧浪银涛不舍昼夜。天光云影山水组合，天涯海角难觅第二。珊瑚礁石栖息鱼虾贝藻，海清见底彻观生物乐园。岭上传奇爱情诗，海下合奏生命曲。

大洲岛金丝燕国家级自然保护区：由两岛三峰组成，一道银滩相连。唯一金丝燕栖息地，海洋生态系保护区。海南特色植物，产名贵中草药金不换、金银花；海陆兼具动物，蛇鸟互补昌盛。岛上怪石嶙峋，断壁险崖，植被茂密，生长数十种特有珍奇植物；金丝燕窝，均在悬崖簌隙之内，世人推为东方珍品。海底珊瑚发育，多姿多彩，绚丽无比，生产几百种南海名贵海产品；更有水石相搏，轰然作响银链抛空，旅游佳境，还可海底潜游。周边渔场，墨鱼金枪，黑带旗鲳，丰富而具特色。观山赏石，眺海览秀，摄影采捕，胜观佳游。

霸王岭长臂猿国家级自然保护区：充沛降水量，完整生态系统。热带雨林，养种类繁多的动植物，绿色瑰宝，拥丰富多样性。奇藤异树，坡垒坚硬如钢，花梨珍贵香木，热带兰花多种，粗榧抗癌特药。一山奇珍异宝，到处鸟语花香。更有黑冠长臂猿，天帝之遗，极危动物，是现存唯一类人猿。观此尤物，感悟良多：恐龙大灭绝，哺乳动物出，劳动造就人，人猿相揖别。一个立着走，一个爬着行；一个会说话，一个只啸吼；一个造工具，一个掰双手；一个会思维，一个做旁观；一个创造历史，一个历史创造；一个改造自然，给自然打上自己的烙印，一个被自然改造，让自然给自己烙上印痕。

大田坡鹿国家级自然保护区：大田坡鹿为国家一级珍兽，与大熊猫、金丝猴齐名。坡鹿视听敏锐，嗅觉灵敏，性格机警；好嬉戏，喜红色，迎朝日送夕阳，赏景怡情；能跑善跳，凌空腾跃，身姿矫健优美。远古神奇传说：一坡鹿由东方奔跑至三亚，至海边回头，变成美女，是珍贵稀有国宝，曾从 26 头发展到 2 000 多头，彰显自然保护好成绩。慕名而来者不绝于途，倾心护佑者代代相传。环保事业，千秋万代。

东寨港国家级自然保护区：沿海滩涂红树林，绵延海岸线总长 28 千米，最大最美，誉为"海上森林公园"，且具有世界地质奇观的"海底村庄"之称。有红树 19 种，鸟类 204 种、软体动物 110 多种、鱼类 110 多种、蟹类 70 多种、虾类 40 多种，是物种基因库和资源宝库。红树林具有独特生态功能，防浪护堤，防灾减灾，净化水、大气、土壤环境，被誉为"绿色氧吧"。

尖峰岭国家级自然保护区：地跨乐东和东方两县（市），属热带原始林生态系统。浓缩了世界热带地区绝大多数的植被类型，物种资源非常丰富，其生物多样性指数与南美、非洲、亚洲的热带雨林相似。有维管束植物 2 800 多种，陆生脊椎动物 530 多种，昆虫 2 200 多种。具各种垂直带景观，典型热带雨林生态景象：空中花园、独木成林、绞杀藤、大板根、活化石、老茎生花、夫妻树、九龙攀凤、丛林叠翠、通天树等。珍稀特有物种丰富，国家保护植物有 19 种，抗癌名角海南粗榧，其药每克价钱比黄金贵几十倍；"植物活化石"树蕨，是 2 亿年前的植物；还有山铜材、坡垒、荔枝，以及见血封喉、土沉香、陆均松、龙眼、海南龙血树、海南石梓、粘木、海南紫荆木、巴戟天、光叶木兰、鸡毛松、青皮等。蝴蝶资源特别丰富，种数多达 449 种，比具有"蝴蝶王国"美称的中国台湾（388 种）还多 61 种，居中国之冠。这里是著名生态旅游胜地。

鹦哥岭国家级自然保护区：地处海南中南部，是海南第一大河——南渡江和第二大河——昌化江的主要发源地。属热带气候，典型热带雨林。重点保护热带—亚热带过渡带生态系统、生物多样性、珍稀野生动植物等。脊椎动物 481 种，淡水鱼类 42 种，昆虫 1 508 种，维管束植物 2 017 种。已记录到中国特有植物 464 种，海南特有植物 178 种，海南特有动物 62 种。

吊罗山国家级自然保护区：地处海南东南部、热带雨林保护区。共有种子植物 1 955 种，其中，国家一级保护植物有海南粗榧、海南紫荆木、坡垒，有号称"植物活化石"与恐龙同时代的桫椤；属二级保护的植物有蝴蝶树、青皮、野荔枝、罗汉松和被称作"中央材"的陆均松等。有脊椎动物 337 种，重点保护的有 79 种，属国家级保护动物的有云豹、海南大灵猫、穿山甲、孔雀雉、白鹇、猕猴、原鸡、水鹿、蟒等 20 余种。昆虫种多量大，仅蝴蝶就有近 400 种。药材丰富，槟榔、益智、沉香、粗榧、巴戟、灵芝、金银花、鸡血藤等尤为著名。

五指山国家级自然保护区：主要保护对象是热带雨林生物多样性。区内植物种类繁多，维管束植物中国家一级保护植物有 3 种：台湾苏铁、海南粗榧、坡垒，国家二级保护植物36 种；省级保护植物 14 种。已发现珍稀动物 73 种，国家一级保护动物有圆鼻巨蜥、海南山鹧鸪、海南灰孔雀雉、云豹、蟒蛇；国家二级保护动物 38 种。有 39 种列入濒危野生动植物物种国际贸易公约（CITES）；9 种列入国际自然及自然资源保护联盟（IUCN）世界濒危动物红皮书；43 种列入中国濒危动物红皮书。本区气候冬无严寒，夏无酷暑，素有"翡翠城""天然空调""天然氧吧"等美称，是享誉海内外的旅游胜地。

（18）香港、澳门和台湾的自然保护区

香港的自然保护区以国际重要湿地米浦最负盛名。另有郊野公园为自然保护区域，如大帽山、金山、桥咀、南大屿山、高岛、香港仔、薄扶林、狮子山等，其生态空间占全岛的 3/4。香港米浦自然保护区：列入《国际重要湿地名录》，具有特别重要科学价值。海岸带滩涂，为候鸟驿站，支持南来北往百万候鸟迁徙；红树林生态，雀鸟天堂，养育香港春去秋来数万翠鸟越冬，鸥鹭鸭雁成胜景。

澳门自然保护：澳门主要残存的自然地域是氹仔岛南的滩涂，黑脸琵鹭的光临催生了自然保护区的建设。赞曰：路氹湿地，大潭山林，因海陆匹配成绝佳生境；黑脸琵鹭，世界珍鸟，到澳门越冬，乃仙子临凡。

台湾自然保护：台湾岛，雨量充沛，气候温暖，山峦绵亘，沟谷纵横，地势高差 4 千米，海洋、岛屿、河口、沼泽、湖泊、溪流、农田，各种生境无不具备，多样化生境养育多样化生物。生态系统类型多样，海陆兼具，物种丰富，珍贵稀有，特有植物千多种，所有哺乳、鸟类、鱼类、底栖、两栖、爬行、昆虫，特有动物各领风骚，特异性生物成就特异性基因。自然保护意义重大，科学研究价值非凡。

台湾的自然保护区有 4 种类型：①自然保留区，20 处，占全岛面积的 1.8%；②野生动物保护区与野生动物重要栖息环境，前者 17 处，后者 34 处，共占全岛面积的 8.6%；③国家公园，8 处，占全岛面积的 8.6%；④自然保护区，6 处。4 种类型自然保护区占全

岛面积的 19.5%。

（19）广西壮族自治区的自然保护区

广西是国家自然保护区较多的省级行政区。其国家级自然保护区 23 处：防城金花茶、花坪、弄岗、木论、山口红树林、合浦营盘港-英罗港儒艮、大瑶山、猫儿山、大明山、十万大山、北仑河口、岑王老山、金钟山黑颈长尾雉、崇左白头叶猴、雅长兰科植物、九万山、邦亮长臂猿、恩城、元宝山、大桂山鳄蜥、七冲、千家洞、银竹老山资源冷杉等。广西为喀斯特地貌，特殊而复杂，多样化生态系统，动植物物种丰富，为中国最具全球影响力的自然保护重点区域之一。

花坪国家级自然保护区：在桂林境内，有珍稀孑遗植物银杉，裸子植物，单属单种，中国特有，分布 6 处，树木千株。典型常绿阔叶林，峰丛地貌，瀑布之乡，独特生境，物种丰富，花卉世界，带动区域观光旅游业兴隆。银杉：第四纪冰川古老记忆，科学意义重大；亚热带优良用材树种，生态价值很高；生物"活化石"，植物"大熊猫"。

弄岗国家级自然保护区：地处崇左之龙州宁明交界，属喀斯特热带季雨林生态系统，国际生物多样性关键区。原始面貌，物种丰富，植物 1 725 种，特化嗜钙。高树巨木多见：人面果、大叶山棟、肥牛树、金丝李，更有千年枧木王，胸径 3 米，树龄两千年，深山隐居，自然馈赠。有一级保护植物石山苏铁、叉叶苏铁。峰峦叠嶂，洼槽相间，生态独特，药草 800 多种，丰富特效。珍稀濒危动物多，白头叶猴广西独有；黑叶猴、倭蜂猴、熊猴、蟒、林麝、云豹等 7 种国家一级保护动物。发现弄岗穗鹛，世界新种，易危，科学珍奇，疑似神来之灵。

木论国家级自然保护区：地处河池环江毛南族自治县、云贵高原阶梯间。中亚热带常绿落叶阔叶混交林，是具有全球意义的喀斯特森林。有珍稀动植物，植物 2 500 多种，掌叶木属孑遗植物；兰科植物 108 种，兜兰属尤其珍贵；有大型真菌 68 种，食药用菌，灵芝在列，地下菌块昂贵，号为"厨房里的钻石""森林里的黄金"。树茂洞多石奇，演化千姿百态。

大瑶山国家级自然保护区：广西大瑶山山势嵯峨，地貌复杂，森林生物多样性丰富，垂直带谱，生境独特，原始自然。高等植物 2 300 多种，药材 1 300 多种。珍稀植物银杉、南方红豆杉、瑶山苣苔、合柱金莲木、玉叶金花、伯乐树、猪血木均为广西代表植物；亦有闻名中外的灵香草，孑遗植物青桉，数不尽的奇花异木，最大的天然植物园非大瑶山莫属。脊椎动物 370 多种，昆虫 800 多种。有珍稀动物鳄蜥、金斑喙凤蝶、黄腹角雉，珍稀昆虫类，还特有白鹇、毛冠鹿、豹与蟒等。更有朱崖碧水丹霞貌，冬来雪鸟景观奇，道不完的瑶乡风情，真正的人间神仙居。

猫儿山国家级自然保护区：桂林神猫，五岭极顶，华南之巅，雄秀峻拔，林竹如海，垂直气候带，雨雾湿重，土肥水清，生态原始。典型原生亚热带常绿阔叶落叶森林植被，高等植物近 2 500 种，红豆杉、银杏、钟萼木、香果树等珍稀植物保存完好，被誉为"南岭山脉绿色宝库"，为江河源头涵养林区。陆地生物多样性丰富，是具有国际意义的关键热点地区，脊椎动物近 350 种，保护雉鸡类、豹类、灵猫类、灵长类等珍稀动物。景色雄奇秀险皆具，鸟兽虫鱼齐全。伯乐树：别名钟萼木，雄伟高耸，绿荫如盖，总状花序，花大如悬钟，珍贵；亦称山桃花，古老残遗，堪称植物中的龙凤，可观赏、药用，中国之特有，好材。

大明山国家级自然保护区：在南宁市境内，北回归线上具有特色的多样山地森林，具有世界意义的生物物种保存地区。黑桫椤为重要植物代表，蕨类植物当家，特征显著；原始林做依托，为当地生态名片。白豆杉成峭壁优势种，独特！黑叶猴喜栖息高海拔，罕见！山体高大，阻云聚雨，河涧密布水多流急，成为水源中心；层峦叠嶂，气候独特，春岚夏瀑秋云冬雪，看四季异景。为物种基因库，南宁生态好屏障，铁杉不老松。广西特产有盛名。桫椤：别名树蕨，木本，蕨类植物王，无花无果，孢子繁殖，历经 3 亿多年，恐龙时代标志；又称蛇木，国宝植物，称誉"活化石"，凤仪华盖，庭院观赏，遗存千株，世界古老，罕见树神。

防城金花茶国家级自然保护区：世界名贵山茶科灌木，金花亮丽，美艳怡人，珍贵稀有，古老罕见。称东方魔茶，茶香药效兼具，极高营养价值；誉为"茶族皇后"，国宝妙颜初开。亟待加强保护，更须科学研发。

山口红树林国家级自然保护区：合浦海域，岸线长约 50 千米，红树植物 15 种，有连片红海榄纯林、高大通直木榄。保护区有大型底栖动物 170 种，鸟类 132 种，贝 90 种，鱼类 82 种，虾蟹类 61 种，昆虫 258 种，藻类 158 种，浮游植物 96 种。

合浦营盘港-英罗港儒艮国家级自然保护区：儒艮俗称美人鱼，哺乳如妇，国家一级保护珍兽，海底深槽栖息，海草床上觅食，世界最古老海洋动物，科教意义重大。保护有成效，个体数量升至 120 头。

北仑河口国家级自然保护区：红树林生态系统，有红树植物 15 种，有连片木榄纯林、老鼠簕纯林，有鱼类 27 种，大型底栖生物 155 种。鸟类 187 种，候鸟繁殖地，迁徙通道。海洋世界，阔大无垠，奥妙珍奇，生态保护，海陆并行。

十万大山国家级自然保护区：防城气象，壮乡壮观。山绿峰秀，石奇泉飞。热带山地常绿阔叶林，垂直带谱，绿野奇秀，高等植物 2 000 多种，蕨类桫椤擎旗，坡垒名优，苏铁万年，山茶独步，尽聚于这块人间净土。珍稀生物独特栖息地，多样系统，典型代表，保护物种数以百计，蟒蜥惊魂，花蝶乱目，新特传奇，都生在此方世间仙园。

九万山国家级自然保护区：地跨河池、柳州两市。峰峦起伏，地层古老，河多谷深，森林茂密。生物多样性丰富，号称"中国第二物种基因库"。有高等植物 3 300 多种，维管束植物 2 700 多种，并有伯乐树、红豆杉、合柱金莲木等国家保护植物多种，大型真菌 210 多种，灵芝族群 50 多种，潜力独具。有脊椎动物 400 多种，如熊猴、大鲵、小天鹅等珍稀动物。广西冷杉为孑遗植物。

七冲国家级自然保护区：地处贺州昭平，连接南岭大瑶山，完整的森林生态，原始植被，物种丰富，起源古老，珍稀濒危多类。有维管束植物 1 570 多种，国家重点保护植物 10 多种。有陆地脊椎动物 330 多种，国家一级保护动物 4 种，国家二级保护动物 33 种。

千家洞国家级自然保护区：位于灌阳县境内，与都庞岭毗邻，自然保护区连成一体；自然原生林，山水相亲，生物多样性冠盖南岭。珍稀生物命运与共，水源涵养泽被四方。

崇左白头叶猴国家级自然保护区：由 4 片石山区组成，典型喀斯特地貌，峰丛谷地洼地溶洞，典型喀斯特石山生态系统。白头叶猴为中国特有珍稀濒危动物，价值比肩大熊猫。区内有脊椎动物 381 种，国家重点保护动物 31 种。保护区为重要科教基地。

恩城国家级自然保护区：在崇左市境内，喀斯特森林生态，峰峦重叠，溶洞遍布，黑叶猴、林麝、蟒蛇等 28 种动物均为重点保护对象。

邦亮长臂猿国家级自然保护区：在广西靖西市境内、中越交界处。是东黑冠长臂猿唯一存在区，有 4 群 30 只。同区保护黑叶猴、熊猴、林麝、蟒蛇等，包括变色树蜥在内重点保护动物 64 种。

大桂山鳄蜥国家级自然保护区：位于贺州市八步区境内，连接广东。区内动植物丰富，维管束植物 1 384 种，动物 269 种，国家一级保护动物有鳄蜥、林麝，二级有蟒蛇、白鹇、红腹锦鸡等 74 种。

金钟山黑颈长尾雉国家级自然保护区：地处桂西北，保护丰富野生动植物。有动物 389 种，国家重点保护野生动物 52 种。黑颈长尾雉为国家一级保护动物，全球近危，栎林松

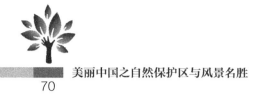

果供食物，复杂地形好生境。区内有珍稀兰科植物 53 种，大型真菌 347 种。

岑王老山国家级自然保护区：百色明珠，南亚热带常绿阔叶混交林，物种典型，垂直带谱，珍稀物种荟萃，黑颈长尾雉、叉孢苏铁、伯乐树为最珍稀。区内有植物 2 319 种，其中药用 180 多种；国家保护动物，一级 4 种，二级 49 种。

雅长兰科植物国家级自然保护区：地处百色乐业县境内，地理气候过渡带，红水河谷焚风效应明显，降雨较少。有兰科植物 44 属 115 种，兜兰多种，重点保护对象有西藏虎头兰、流苏贝母兰、黄花鹤顶兰等，滇黔桂特有的滇金石斛、红头金石斛、云南石仙桃、邱北冬蕙兰等。

元宝山国家级自然保护区：地处桂北融水苗乡。森林生态，木本植物 300 多种，珍稀特有元宝山冷杉为主要保护目标，福建柏、鹅掌楸、伯乐树、马尾树、观光木、马蹄参一同涌现。国家一级保护动物黑颈长尾雉偶露真容，猴鹿麝羚等喜见乐游。

银竹老山资源冷杉国家级自然保护区：地处桂林市资源县境内、越城岭支脉，保护目标为资源冷杉，中国特有，濒危植物。同时保护红豆杉、南方红豆杉、伯乐树及半枫荷、香果树等。

（20）湖南省的自然保护区

湖南省已建自然保护区 190 处，其中国家级自然保护区 23 处：炎陵桃源洞、南岳衡山、高望界、黄桑、舜皇山、东洞庭湖、乌云界、壶瓶山、张家界大鲵、雪峰山、八大公山、六步溪、莽山、九嶷山、八面山、阳明山、湖南都庞岭、借母溪、鹰嘴界、白云山、西洞庭湖、金童山、小溪等。

炎陵桃源洞国家级自然保护区：炎帝陵名满华夏，神农峰雄视潇湘。境内云起翠岗，瀑下深潭，鸟鸣幽谷，原始常绿阔叶林，养育银杉、资源冷杉、伯乐树、松柏诸多国家保护植物，古老孑遗，群系荟萃，保护意义重大。地理位置东接井冈，北抵武功，南连八面山，连片自然保护区，深藏云豹、黄腹角雉、金钱豹、林麝等珍稀动物，科学追踪，诗画探源，游旅生机勃发。

八面山国家级自然保护区：地处桂东县西部、罗霄山脉中南段。地形独特，有南北两凹槽，受第四季冰川影响小，古老孑遗物种多，石松、卷柏、铁角蕨，银杉、银杏、南方铁杉、福建柏、穗花杉、榧树、银鹊树、青檀等。保存约 4 000 公顷原始森林，藤蔓植物发达，乡土树种、特有种、少型属、单型属均丰富。具有特别保护意义。桂东八面山：

当年红色根据地，英雄擎起红旗不倒；如今自然保护区，平凡人再创事业辉煌。

　　莽山国家级自然保护区：在郴州宜章境内，南岭北麓，猛坑石号称"天南第一峰"，长乐河珠江一源头。华南虎、梅花鹿、云豹、金钱豹，诸多珍稀动物基因库，保护价值高；伯乐树、马蹄参、莼菜、五针松，有若干珍稀特有植物，资源意义大。烙铁头蛇，特有大型毒蛇，莽山因之著名。

　　九嶷山国家级自然保护区：地处永州宁远县南部，历史捕蛇乡。南接罗浮山，北连衡山，东观丹崖，西看秀峰。留存原始常绿阔叶林典型代表，号"天然植物园"，斑竹凄美称绝，极具保护价值；富集珍稀特有动植物，宝贵罕有，被称为"生物博物馆"，其中有"华夏第一陵"。

　　阳明山国家级自然保护区：地处永州市郊、相邻九嶷山-舜帝陵，景观绝秀，群山连绵，古木参天，茂林修竹，飞瀑流泉，拥万亩杜鹃花海奇观、十万亩竹林胜景，此处是环境文化示范基地。成片黄杉、铁杉，为生态宝库，原始森林，物种多样，百草药园，天然氧吧，有丰富作物种质资源，驯养成竹猪锦鸡，这里的人文历史底蕴深厚。永州双牌，瑰丽画廊。

　　湖南都庞岭国家级自然保护区：地处湘桂交界、永州一隅。花岗岩地貌，群峰耸立，岭谷大起大落，沟坡陡降陡升。森林生态系统完整，野生稻原生境；珍稀特有物种多样，动植物交会区。有维管束植物2 000多种，国家重点保护植物19种，如福建柏、长苞铁杉等。水源涵养地，瑶乡文化源。

　　南岳衡山国家级自然保护区：五岳名山，湘水环绕，森林生态，孤山若飞。独特典型森林生态，脆弱稀有生物。植物以银杏、南方红豆杉、钟萼木为旗，有数十种珍稀濒危植物及其群落；动物以黄腹角雉做领，有数十种珍稀濒危动物。古树名木胜景，旅游观光热点。珍贵佳木受观瞻，飞鸟走兽成精灵。一山木竹滴翠，四时花草飘香。一地名胜，八方朝觐。

　　借母溪国家级自然保护区：在沅陵县境内，是具国际意义的生物多样性关键区。沟谷原始次生林。枫槭美树，珍稀物种荟萃，大面积桂花群落为招牌，古木参天，生态王国，旅游胜地；海拔最低处为常绿阔叶林生态系统，遍生草木兰花。民族风情宝典，多样化岩溶沟壑做观光，层峦叠翠，自然画板，休闲天堂。

　　金童山国家级自然保护区：在邵阳城步苗族自治县境内、越城岭与雪峰山交会地带，南岭北缘。查明原生态物种2 500多种，珍稀特有植物如长苞铁杉、资源冷杉、亮叶水青冈等，以及国家重点保护植物南方红豆杉、伯乐树、华南五针松、闽楠、水青树、篦子三尖

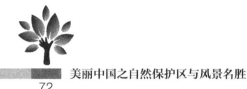

杉、半枫荷、黄连、天麻等。是"鸟类天堂",成南亚和澳洲鸟类重要迁徙通道,湖南省鸟——红嘴相思鸟集中分布地,声名远播。

舜皇山国家级自然保护区:在邵阳市新宁县境内、越城岭与雪峰山余脉间,和明竹老山联袂,同处南北动物迁徙走廊、东西植物交会地带;与金童山、黄桑保护区毗邻,保护原生古老生态系统、木兰八角群聚。银杉、资源冷杉、红豆杉等特有动植物及其栖息地为主要保护对象。

黄桑国家级自然保护区:在邵阳绥宁县境内,大山深处,暖湿环境,百万公顷林海茫茫,数百种类生物芸芸。珍稀孑遗特有观赏树种集中呈现,长苞铁杉树最著名。鸟禽昆虫走兽爬行动物奇特生存,生态旅游意远情浓。黄桑树高百多尺,全球罕见;松树王五百龄,华夏冠绝。长苞铁杉:冰川纪"活化石",群落根系相连,团结共荣,特异保护;模式产地梵净山,中国特有珍木,材质优良,坚硬耐腐。

高望界国家级自然保护区:在湘西土家族苗族自治州古丈县境内,为森林生态保护区。有维管束植物1 883种,国家一级保护植物银杏、红豆杉、南方红豆杉3种,国家二级保护植物34种。有兰科植物36种,省级保护植物罗汉松等25种。有大型真菌61种。动物种类多样。旅游景点20多处。

白云山国家级自然保护区:地处湘西北保靖县境内、武陵山区、酉水源头。特别保护森林生态、动植物物种。本区有2 000多公顷原始森林,维管束植物2 494种,国家重点保护植物28种,国家一、二级保护动物57种;为白颈长尾雉集中分布区,连同黄腹角雉、白冠长尾雉、红腹锦鸡、灰胸竹鸡均为中国特有,勺鸡、雉鸡、鹌鹑等亦集中呈现。

鹰嘴界国家级自然保护区:在怀化南部会同县境内。重点保护森林生态及动植物物种,号为"中国南方生物基因库"。森林建群种丰富,植物过渡带特征明显,有维管束植物1 798种,大型真菌186种,可食用55种。脊椎动物226种,国家一、二级保护动物25种,白鹳、白鹤、白颈长尾雉赫然在列。此地峰崖怪石、古树参天、依种聚生,千姿百态,色彩斑斓,飞泉流瀑,不胜美景。

八大公山国家级自然保护区:地处张家界市桑植县北部,为地理过渡带。亚热带阔叶落叶混交林保存完整,高等植物2 408种,拥有最大黄杉种群。稀有特有植物集中地,药用植物千余种,并有大批名贵药材,誉为"天然中华药库"。动物种多,昆虫达4 175种,多种珍稀保护生物,特有12种,为世界罕见的物种基因库。

壶瓶山国家级自然保护区：地处石门县境内，被称为"湖南屋脊"。是高原向低山丘陵地理过渡带、东亚植被区系交会区。多分布有常绿阔叶林，植物成分复杂古老，为珙桐群落集中分布地；动物物种丰富珍贵，为华南虎拯救希望区，号"地球自然迷宫""东方诺亚方舟"。李白留诗：壶瓶飞瀑布，洞口落桃花。清乾隆感慨：壶瓶好景看不足，来生有幸再重游。

雪峰山国家森林公园：携乌云界、六步溪诸多自然保护区，勾连鹰嘴界和黄桑自然保护区，形成动植物保护网络；拥亚热带原始林，生物多样性丰富。珍稀生物百多种赖此生境，金钱松、青檀都是骄子。"湘西屋脊"苏宝顶览胜万物，溶洞群、兰花海均称神奇。

乌云界国家级自然保护区：地处常德桃源县南部，重要水源涵养和生态屏障。保护中亚热带常绿阔叶原始次生林及大型猫科动物。有种子植物 1 860 种，国家一、二级保护植物23 种；中国特有属多达 28 个，如银杏、杜仲、伯乐树、大血藤等。菌类丰富，大型食用真菌木耳、香菇、红汁乳菇等 30 余种，药用菌灵芝、云芝等 10 余种。鸟类 91 种，列入保护的 58 种。物种丰富、典型、特色兼具。

张家界大鲵国家级自然保护区：地处武陵山脉东段、湘、资、沅、澧四大水系源头。重点保护对象为大鲵及其栖息地。

六步溪国家级自然保护区：在安化县境内。有远古遗留森林，号为"鹿的乐园"。精心保护森林及野生动植物。

洞庭湖：一水相连六大自然保护区，为中华鲟、白鲟、江豚、麋鹿的天然生境，珍稀鸟禽的乐园，国际重要湿地。5 个河湖水产种质资源地，为中华鳖、青虾、银鱼、鲤、鲫的原产地，河湖水族洞府，以鱼米水乡盛名。有湘子深情赞曰：洞庭波涌连天雪，长岛人歌动地诗。我欲因之梦寥廓，芙蓉国里尽朝晖。

湘西的自然保护区：湘西天地，千峰万壑，气势恢宏，层峦叠翠，林木葱茏，人迹罕至，鸟兽兴隆，成为生物物种保护胜地，在鹰嘴界、借母溪、索溪峪、舜皇山、黄桑、张家界大鲵、壶瓶山、八大公山、白云山、乌云界、六步溪等国家级自然保护区集中呈现，构成华中重要生态屏障。湘西生态，绿水青山，植物繁茂，稀有特有，动物多样，珍贵稀少，为动植物基因宝库，如红豆杉、钟萼木、连香树、苣苔类、珙桐、银杏、银杉，以及茶药果种质资源，长尾雉、虎豹猛兽、爬行类、两栖类，鹿麝麂之类保护动物多样，展示自然保护的美好前程。

（21）湖北省的自然保护区

千湖之国已建自然保护区65处，其国家级自然保护区有22处：赛武当、青龙山恐龙蛋化石群、湖北五峰后河、石首麋鹿、长江天鹅洲白鳍豚、长江新螺段白鳍豚、龙感湖、九宫山、七姊妹山、长阳崩尖子、大老岭、星斗山、忠建河大鲵、木林子、神农架、十八里长峡、堵河源、洪湖湿地、南河、五道峡、湖北大别山、巴东金丝猴等。

赛武当国家级自然保护区：东与道教圣地武当山翘首相望，南与野人迷踪神农架遥相呼应。具有南北过渡气候特征，地貌峰岭纵横。珍稀动植物种类独特，领春木、白皮松一地呈现，植被垂直分布，上针叶、下阔叶，原生混交，这里的森林生态功能多样；代表性常绿阔叶林群落多样，天空雕鹰鹭、地面鸡兽虫生命竞逐，珍稀物种荟萃，有特产、濒危待救，此处之自然保护意义非常。

堵河源国家级自然保护区：连神农架倚秦岭，雨热丰足；以自然化人文，资源独特。珍稀保护植物46种，包括珙桐、红豆杉、香果树等；国家重点保护兽类、鸟类39种，如豹、林麝、金雕等，另有两栖类、鱼类、昆虫类。地貌特殊待保护，一河碧水到丹江。

星斗山国家级自然保护区：地处武陵山、巫山交接带，高山沟谷双壁双馨区。星斗山峰壑纵横，高山荫庇，为第三纪植物避难所，物种古老孑遗，珍稀特有植物集中，是巨大种质资源库。小河片沟谷，群峰环抱，有"活化石"水杉原生群，模式标本产地，水杉王天下第一，鸟兽虫蝶种类数千，为珍稀特有生物保护区。水杉：落叶乔木，高大雄壮，产材树种，美冠丰姿，中国特有；孑遗植物，同龄化石，栽培成熟，羽叶淡妆，世界传播。

七姊妹山国家级自然保护区：保存完好的山地原生森林生态，特有大面积珙桐群落，是"川东-鄂西特有现象中心"的核心地带，含国家保护植物数十种。相连八大公山保护核心区，有罕见泥炭藓高山沼泽，为全球意义物种多样关键区域，珍稀濒危动物51种，有中国一级保护动物。恩施特有物种丰富，鄂西生态保护优先。

长阳崩尖子国家级自然保护区：地处宜昌市长阳土家族自治县中部、鄂西南山地。地势陡峭奇特，生境复杂多样。中亚热带森林，野生动植物特种基因库，有植物群系42个，维管束植物1 955种，国家重点保护植物22种，如珙桐、水青树、南方红豆杉。国家保护野生动物54种，如林麝、金钱豹、小鲵等。景观独特，群峰叠翠，溪流鸣琴。特色药材资源丰富。生物多样性富集，著名生态名片。

大老岭国家级自然保护区：地处宜昌西陵峡、三峡坝头库首北岸。中亚热带原始森林、原始次生林，珍稀濒危动植物及其栖息地。有高等植物 2 469 种，珍稀植物如珙桐、红豆杉等；脊椎动物 418 种，国家保护动物有林麝、猕猴、白肩雕、红腹锦鸡等多种。地质构造复杂，生态景观优美，珍稀植物群落多样，为生物多样性基因库，中国中部候鸟迁徙的千年古道，自然保护意义重大，并成为高校产学研基地，建成 10 千米生态科普长廊。宜昌生态文明标牌。

湖北五峰后河国家级自然保护区：地处鄂湘交界，南接壶瓶山。具有垂直气候特征，一山四季，雨量充沛，清爽怡人，绿野林海，古木参天，藤缠蔓绕，苔草铺地。保有原始阔叶林，特有珍贵典型树种，拥有珍稀动植物，集钟萼木、穗花杉、银杏、珙桐等珍稀名木于一地，为具有国际意义的保护区。生物多样性丰富，有原始古老珍稀动物，如华南虎、金钱豹、黑麂、林麝等。大面积珙桐世界罕见，水丝梨纯林此地仅有。珍稀树种群落集中分布最引人注目，彰显长江中游生态保护屏障功能。

九宫山国家级自然保护区：南邻衡山，北接匡庐，广袤数百里；上及老崖，下达瀑潭，高差千多米。中亚热带森林生态，蕨类植物尤丰，药用植物有五百多种，有黄连、明党参、八角莲、天麻、七叶一枝花等，号称"物种基因库"；第四纪古冰川遗存，名贵树种千种，珍稀动物达百种，如云豹、华南虎、穿山甲、白鹇、白颈长尾雉等，誉为"生物避难所"。此处为四星旅游区、"天然氧吧"、风景名胜区、地质公园、道教名山。

湖北大别山国家级自然保护区：连接安徽鹞落坪和天马自然保护区，居其南，倍增自然保护价值；保护森林生态系统与珍稀动植物，扩其域，提升生态服务功能。区内有珍稀濒危植物27种，特有大别山五针松。自然保护形势严峻，生态文明任重道远。

南河国家级自然保护区：地处鄂西北、在襄阳境内，亚热带气候，山野地地貌。属原始阔叶林生态，有古老孑遗物种，为中国生物多样性关键区域，区域重点自然保护区。国家重点保护植物10余种，红豆杉、银杏古树群落在列，榉、喜、樟、楠、香果树、鹅掌楸等共同组成绿色基因库、天然植物园；有国家一级保护动物5种：林麝、云豹、豹、金雕、黑鹳；国家二级保护动物鸟兽达 47 种。喜树：又名千张树，高大落叶乔木，中国特有，速生丰产优良树种；也叫野芭蕉，为庭荫行道树种，可做造纸用材，抗癌、杀虫、观赏俱佳。

五道峡国家级自然保护区：在襄阳保康县境内。主要保护对象是北亚热带森林生态系统及其生物多样性。有维管束植物 2 060 种，国家重点保护植物24 种，国家珍贵树种19

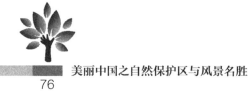

种，国家珍稀濒危保护植物 32 种。保护区内有国家一级保护植物银杏、红豆杉、南方红豆杉、珙桐、光叶珙桐 5 种；国家二级保护植物大果青杆、篦子三尖杉、巴山榧、鹅掌楸、厚朴、香果树、崖白菜等 19 种；国家三级保护植物 20 种。有野生脊椎动物 330 多种，珍稀濒危物种集中分布，自然保护意义重大。

龙感湖国家级自然保护区：在黄梅县东南部，古称雷池。长江中下游典型代表性湿地生态系统，动植物丰富，鱼鸟世界。秤锤树、粗梗水蕨，被列为保护目标；莲、荷、野菱构成特有美景。是国家一级保护珍鸟白头鹤之乡，黑鹳、白鹳、东方白鹳共享宝地，中日、中澳重要候鸟越冬地、中转站。

洪湖湿地国家级自然保护区：江汉平原明珠，中南之肾湿地，水族荟萃，珍禽云集，莲蓬特产，鱼米丰饶。有东方白鹳、黑鹳、中华秋沙鸭、大鸨、白尾海雕、白肩雕等珍稀保护鸟类数十种。两栖类、爬行类众多，水生植物繁茂，风景美丽。

十八里长峡国家级自然保护区：地处鄂、豫、皖交界带，喀斯特地貌。偶然发现，惊艳四方。古木葱茏，层林苍翠，绝壁神峰，仙洞挂瀑，鸟鸣婉转，空谷幽深，云雾曼妙，娃娃鱼声声。

恩施的国家级自然保护区：恩施，居湘、鄂、渝三省交会处。高低悬殊，地貌错综复杂；高山阻挡，气候湿润多雨。生物多样奇特，古老孑遗，拥有木林子、星斗山、七姊妹山、忠建河大鲵四大自然保护区，土特产蜚声海内外；景观雄秀险幽，美丽称绝，独具神州漂、冷杉王、第一石林、世界级溶洞等诸多旅游地。木林子国家级自然保护区：典型中亚热带常绿落阔混交林，维管束植物 2 700 多种，国家重点保护植物 30 种，如伯乐树、珙桐、水青树等，动物 50 余种。为全球意义的生物多样性关键区，基因宝库。忠建河大鲵，中国特产，水陆脊椎动物过渡类，科研宠儿。

（22）河南省的自然保护区

河南省已建自然保护区 34 处，国家级自然保护区有 13 处：新乡黄河湿地鸟类保护区、河南黄河湿地保护区、小秦岭、南阳恐龙蛋化石群、伏牛山、宝天曼、丹江湿地、鸡公山、董寨、连康山、太行山猕猴、河南大别山、高乐山等。

太行山猕猴国家级自然保护区：地处豫、晋交界，太行山尾，跨济源、焦作、新乡三地市。悬崖壁立，人踪难至，沟谷深切，瀑泉众多。降水量适宜，动植物丰富。有维管束植物 1 836 种，重点树种，如连香、山白树、太行花、领春木多种。属森林生态，植被呈垂直带分布，蕨类、裸子、被子植物种类多样，为中原生物保护优先区。珍稀动物，特有猕猴领衔，金雕、黑鹳、白鹳等鸟兽均得保护，是世界猕猴分布最北界。此为生态旅游热区，殷商文化源头、自然保护意义重大，生态功能泽惠四方。

小秦岭国家级自然保护区：地处豫陕交界，植物以此为南北分界。高峰迭起，地势陡峻，高低悬殊，物种荟萃，特产丰富，保存有古老子遗植物。重点保护植物13种，如红豆杉、银杏、冷杉等；珍稀动物27种，如金雕、黑鹳、林麝等。此区为中原之巅，生态独特，植物标本产地，地质景观名区。

伏牛山国家级自然保护区：东接桐柏，西连秦岭，黄河、淮河、长江的分水岭。中国著名暴雨区，地处地理气候过渡带，属森林生态，保护珍稀动植物及其栖息地。是秦岭造山带重要构造部位，山势雄峻，冰川遗迹，有"地质档案馆"称誉，花岗岩地貌、喀斯特地貌集萃，记录了25亿年构造演化。避暑胜地，观光美景。有恐龙蛋化石群。生物多样性丰富，汇集金钱豹、林麝等国家保护动物40多种。亦是昆虫宝库。

南阳恐龙蛋化石群国家级自然保护区：在伏牛山南麓的西峡，内乡、淅川、镇平县境内。保护区内恐龙蛋化石有8科12属25种，数量达10万～40万枚，实属罕见，震惊世界，号为"世界第九大奇迹"。保护区也具有很丰富的生物多样性及物种和生境的稀有性、典型性与代表性，在保持水土、调节气候、维持生态系统良性循环方面具有重要价值。

宝天曼国家级自然保护区：地处南阳市内乡县，伏牛山南坡。坐落在古地质运动山系，与恐龙蛋化石群相邻。属过渡带森林生态系统，原始次生林是多样性的典型代表，东西植物汇集，落阔松栎混交，杨树、桦树、楸、槭树广布，松、杉、灌木、果、花、菜、药等2 911种，被誉为"天然物种储库"。珍稀特有生物群聚，大果青杆、银鹊树为本区独有，南北鸟禽荟萃，鹰、隼、雕、鸮等猛禽，鹳、鹭、雁、鸭等水鸟，雉、鸠、雀等百多种类，昆虫千种，真正中州绿色明珠。为中国保护区明星、世界生物圈保护区网络成员。

高乐山国家级自然保护区：地处南阳市域、大别山与桐柏山接合部。完整天然次生林，动植物丰富，景观美好，植物有榉、香果树、金荞麦、水杉、银杏、天麻等800多种，动物有豹猫、林麝、穿山甲等珍稀物种，鸟类有鹳、鹤、雕、雉等200多种，昆虫2 000多种。保护意义重大。

河南大别山国家级自然保护区：地处大别山北麓、豫皖交界。过渡带植被，生物珍稀。

金刚台，鲇鱼山，山水整合，峰峦突兀，奇石陈列，深涧大瀑，森林生态，湿地系统，养育中州珍稀动植物；灌河源，水库区，生物云集，香果、银杏、杜仲、鹅掌枫香、山珍水鲜，飞禽走兽。

连康山国家级自然保护区：地处大别山北麓、鄂豫交界；过渡带森林，温热共生。集古迹观光、佛学经传、水源涵养、生态屏障多种功能，保护意义极大。此地容典型群落、地带性植被、珍稀特有植物、珍稀濒危动物诸多门类，科研价值尤高。主要保护对象：白冠长尾雉，世界珍稀，森林公主，顶银冠披金衣，尾羽高翘，身姿优雅，斑斓艳丽；中国特有珍禽，河南省鸟，穿茂林渡崖谷，食杂虫谷，生活祥和，雅静尤人。

鸡公山国家级自然保护区：东大别山西桐柏山，青分楚豫，气敌嵩岳；南亚热带北暖温带，水赠江淮，云中公园。地处中国南北区界，著名避暑名山，八大自然景观：佛光、云海、雾凇、雨凇、霞光、异国花草、奇峰怪石、瀑布流泉，更有丰富人文景观，为中国重要旅游胜地。中州春秋分明，阔叶落叶森林，孕育丰富生物资源：如松、栎、檀、竹、灌木、草本、观花植物、木质藤本、山珍药材，并具多种珍稀生物，成为中州自然保护名区。

董寨国家级自然保护区：地处豫鄂交界，信阳名片。以鸟类为主的保护区，具有全球保护意义；森林生态栖息地，保护多种生灵。鸟类292种，列入《中日候鸟保护协定名录》的有105种。植物1 879种，区内兽类、两栖、爬行和昆虫千种。白乐天有护鸟诗曰："谁道群生性命微，一般骨肉一般皮。劝君莫打枝头鸟，子在巢中望母归"。本区集自然保护、生态旅游、鸟类观赏、科研教育、休闲娱乐于一体，汇秀山翠岭、灵山古寺、奇石幽洞、水美物华、红色遗迹于一处。

河南黄河湿地国家级自然保护区：黄河过中州，故道新道，形成黄河湿地生态系统，沿途8个县（区、市），践行自然保护。沿黄河湿地为候鸟迁徙停歇地、中转站，也是很多鸟禽越冬场，以鹳、鹤类为主，有黑鹳光临。自然保护带动沿黄河生态廊道大建设，将生态屏障建设与文化弘扬、休闲观光、美丽田园建设融为一体，创建新产业、新家园。

丹江湿地国家级自然保护区：南水北调水源区，黑鹳白鹳为代表，珍稀水禽栖息地。

（23）陕西省的自然保护区

陕西省已建自然保护区57处，国家级自然保护区26处。其中，太白山、长青、青木川、桑园、天华山、佛坪、老县城、平河梁等自然保护区都有大熊猫生存；另有周至、陇县秦岭细鳞鲑；陕西子午岭、紫柏山、延安黄龙山褐马鸡、韩城黄龙山褐马鸡、汉中朱鹮、米仓山、化龙山、牛背梁、观音山、黄柏塬、略阳珍稀水生动物、丹凤武关河珍稀水生动物、黑河珍稀水生动物、摩天岭、太白湑水河珍稀水生生物、红碱淖国家级自然保护区。

太白山国家级自然保护区：太白山为秦岭主峰，秦岭山脉为地理气候南北分界线；动物植物东西交会区。第四纪冰川遗迹，是科研天然实验室；珍稀物种多样，为华中生物基因库。属森林生态，植被呈垂直带谱，中国特有植物起源地和分布中心区，多有古老物种，植物区系典型代表，且具独特性，有红豆杉、庙台槭、秦岭冷杉、紫斑牡丹等20多种国家保护植物荟萃，亦是药草油料名都。种子植物丰富，古老被子植物独叶草与国宝大熊猫，最是响亮名片；动物种群珍稀，如金丝猴、金钱豹、羚牛、林麝、雕、鸮、鹰、隼、熊、貂、蛇、蛙，全省一半保护动物在此，成就天然生物乐园。

秦岭国家级自然保护区：秦岭五子登科，享誉世界，名满中华。大熊猫：国宝桂冠名声好，竹林隐士雅兴高。憨态可掬天然意，黑白分明性自陶。秦岭牛羚：别名扭角羚，俗称白羊子，秦岭特产，体型粗壮，听觉灵敏，生性警觉，喜群栖，团结守序，形似马头、羊角、牛蹄、驴尾，真正的"四不像"神物；腿型前长后短、前粗后弯，最是攀高山冠军。金丝猴：地球稀有珍贵物种，川陕特产金色疣猴，按属地分川滇黔越南4种，为珍稀特有一级保护物种。在针阔叶林中生活，耐寒怕热，草虫杂食，堪称森林公主，优雅高贵；家族性结群居栖，精怪灵巧，蓝面黄裳，宛若羞涩少女，美丽可人。金钱豹：世界高端兽类，速度标兵；中国珍稀神物，胆气象征。身披金衣，钱斑点缀，居峭壁，隐树杈，喜独居，昼伏夜出，奔若迅雷，静如处子，曾经广布欧亚大陆，如今易危珍稀；头圆耳短，长尾扬威，性勇猛，善攀爬，多警惧，潜行逆袭，身姿矫健，行动敏捷，偶尔闪现，经常藏踪隐形。林麝：林下珍兽，生存于针阔叶林地带，橘红若染，视听灵敏，行动轻捷，善于攀登悬崖峭壁，最可惜常受猎杀残害，物种濒危稀少；其浑身是宝，药中珍物，香料极品，黄金比肩，今欣慰已经人工繁殖成功，种群恢复可期。

桑园国家级自然保护区：地处汉中市留坝县东北角、秦岭中段大熊猫自然保护区的西缘，处于几个保护区的中心地带，是秦岭中段大熊猫种群向西扩散的必经之地。以大熊猫及其栖息地为主要保护对象。区内有高等维管束植物1 099种，野生脊椎动物249种，大型真菌68种，昆虫1 353种。有红豆杉、秦岭冷杉、连香树、水青树、水曲柳等国家珍稀保护植物9种。在保护区的主峰摩天岭分布有面积近2 000公顷的秦岭冷杉群,规模罕见。有国家一级保护野生动物6种,如大熊猫、金丝猴、羚牛、林麝等;国家二级保护野生动物24种,如黑熊、大鲵、大鸨、鬣羚等。

周至国家级自然保护区:山势巍峨,地形复杂,气候湿润,植被垂直分布明显,景观独特,生物多样。烂泥湖沼泽,生物聚集;秦岭冷杉林,旅游佳境。森林生态,金丝猴做主演,分布集中,种群最大,约有1 500只;光头山草甸,扭角羚为名角。大熊猫名号高,金钱豹带崽生。

佛坪国家级自然保护区:秦岭大熊猫分布中心地带,生物多样性保护为世界示范。立体气候,落叶阔叶原始森林,水青树、秦岭冷杉、独叶草等珍稀植物集中亮相,高等植物2 000多种;动物乐园,珍稀濒危特有物种,金丝猴、羚牛、红腹角雉等珍藏于此。

长青国家级自然保护区:地处中国气候南北分界线、动植物区系交会地带,森林生态,竹林镶嵌,大熊猫天然庇护所。

青木川国家级自然保护区:地处汉中市宁强县境内。森林生态系统,生物多样性丰富。主要保护大熊猫、金丝猴、羚牛等珍稀野生动植物及其栖息环境。自然文化特色旅游地。

天华山国家级自然保护区:地处秦岭南坡中段,北周至、西佛坪,秦岭四大名角嘉汇:大熊猫、金丝猴、牛羚、林麝。

老县城国家级自然保护区:北接太白,南邻佛坪,大熊猫、金丝猴、羚牛、豹均有出现。

紫柏山国家级自然保护区:为陕西三大名山,明珠独秀。群峰巍峨,层峦叠翠,森林似海,绵亘数百里;岭大顶阔,锅形天坑,草坦如茵。名胜古迹、珍奇生物、瀑布温泉、原始森林,集中一地,古树多紫柏,动物多珍稀。林麝家园,千古珍兽,特产麝香,名贵无比,生存多风险,保护多艰辛。此地有诸葛抚琴,玄女洞府,紫柏云海景观。

观音山国家级自然保护区:地处秦岭山脉中段、佛坪县境内。主要保护对象为大熊猫、金丝猴、羚牛、华南虎、黑熊、金猫、大灵猫、银杏、红豆杉、独叶草、秦岭冷杉等。有国家一级保护植物3种:银杏、红豆杉、独叶草;国家二级保护植物11种:连香树、水青树、香果树、秦岭冷杉、水曲柳、榉等。是中国大熊猫、金丝猴、羚牛的主要分布区之一,并分布有其他珍稀濒危动物,其中国家一级保护动物6种,国家二级保护动物33种。观音山景观独特,林木茂盛,群峰参差,色彩多样,主峰亚婆髻海拔达1 219米,云烟笼罩，充满神秘色彩。

黄柏塬国家级自然保护区：秦岭中段南坡，太白县境。是以大熊猫及其栖息地为主要保护对象的野生动物类型自然保护区。周边多与自然保护区接壤：东连周至老县城，东南接佛坪，南与长青相接，西与牛尾河毗邻，北与太白山相连。大熊猫种群复壮地与连接走廊。

牛背梁国家级自然保护区：地处柞水县境，因中国一级珍兽羚牛栖息而成名。

米仓山国家级自然保护区：地处汉中西乡，动植物丰富，有珍兽羚牛分布，猕猴最集中。

化龙山国家级自然保护区：巴山野生动物资源宝库，珙桐、杜仲、冷杉、铁杉、蕨类等植物丰富多彩，林麝、豹、金雕等珍稀动物隐现。

摩天岭国家级自然保护区：在汉中市留坝县境内。独特地理位置，森林生态系统，孕育种类丰富且独特的"生物资源库"，植被具有南北过渡、新老兼备之特点。连接太白山大熊猫群居栖息地，发挥秦岭南坡西部边缘地带的重要作用。

汉中朱鹮保护区国家级自然保护区：气候温暖湿润，植被良好，文化悠久，景色秀丽，更有朱鹮凌空仙子，增添无限风光。朱鹮，中国吉祥之鸟，几近绝灭；世界东方宝石，偶获拯救。白羽仙子，美丽非凡；赤颊长喙，柳叶羽冠；神态优雅，形体端庄；生性孤静，古老鸟圣；雌雄配偶，情态缠绵；疏林湿地，觅食休闲；翔羽生辉，当代精灵。具无上科学价值，巨大美学功能。

陕西子午岭国家级自然保护区：陕甘交界，泾洛分水，黄土高原腹地，湿润温凉气候。中国落叶阔叶林西端，生长松、柏、桦、杨经济林木，为稀有天然次生林，有紫斑牡丹、核桃楸、杜仲、刺五加、鹅耳枥、文冠果等保护植物。森林草原过渡带区域，养育鸟兽虫鱼野生动物，是高原物种基因库，如黑鹳、金雕、大天鹅、鸳鸯、红脚隼、长耳鸮、水獭类等珍稀濒危动物。高山和森林构成关中天然生态屏障，历史与文化成就陇上最佳旅游景区。

延安黄龙山褐马鸡国家级自然保护区：地处关中盆地与黄土高原过渡带，森林生态系统，重要生态屏障区。有国家保护鸟类一级4种，二级18种。褐马鸡，羽衣光艳华美，姿态雄俊优雅，尾羽高翘，形似竖琴，美丽观赏鸟，善奔走，勇斗战，为人所重；世界珍禽，誉为"东方宝石"，濒危物种，国家一级保护动物。

韩城黄龙山褐马鸡国家级自然保护区：山地森林系统，有野大豆、紫斑牡丹、核桃楸、刺五加等保护植物，区内有褐马鸡 2 000 只左右，易见可观赏，观游佳选。

陇县秦岭细鳞鲑国家级自然保护区：秦岭南北，山溪性河流，生长特有水生生物细鳞鲑、大鲵、水獭及秦巴北鲵等，为一方自然圣灵，成立略阳、武关河、黑河及秦岭细鳞鲑国家级自然保护区。同时也使多鳞白甲鱼、细鳞铲颌鱼、高原鳅、裸唇鱼、中华鳖、林蛙等许多土著鱼种得到保护，并保护了相应流域的陆地生态系统，成为一方绿色名片。

丹凤武关河珍稀水生动物国家级自然保护区：丹江一支，保护动物种类繁多，主要有大鲵、水獭、秦巴北鲵、多鳞铲颌鱼等。

略阳珍稀水生动物国家级自然保护区：位于汉中，重点保护动物为大鲵。大鲵，俗称娃娃鱼，为世界最珍贵大型两栖动物，形体扁长，最长可达 1.8 米，头尾扁平，四肢短，水中用鳃呼吸，出水用肺和皮肤呼吸，捕食鱼、蛙、蟹、虾及蚯蚓、蛇、鼠、水生昆虫，冬眠半年，耐饥 2～3 年。大鲵起源于 3.5 亿年前的泥盆纪，有"活化石"之称，为生命由水到陆之过渡形态，科学价值极高。

黑河珍稀水生野生动物国家级自然保护区：亚高山山涧溪流生态，祥和幽雅，有秦岭细鳞鲑、大鲵、多鳞铲颌鱼、渭河裸重唇鱼、山溪鲵、秦巴北鲵、水獭等多种保护动物。

太白湑水河水生野生动物国家级自然保护区：宝鸡市湑水河，亚高山溪流中。保护秦岭细鳞鲑、川陕哲罗鲑、大鲵及多鳞铲颌鱼等。

红碱淖国家级自然保护区：蒙陕边界，塞上明珠。干旱高原地带，洪水径流湖泊。集水区为煤矿开采区，水源保障艰难，水量持续减少，亟待加强保护。鱼鸟乐园，国家一级保护珍鸟遗鸥繁殖栖息地，最大种群保护区。中国最大沙漠淡水湖，为珍稀生境，保护意义重大。

（24）宁夏回族自治区的自然保护区

宁夏有省级以上自然保护区 14 处，其中，国家级自然保护区 9 处：宁夏贺兰山、灵武白芨滩、盐池哈巴湖、宁夏罗山、六盘山、沙坡头、火石寨丹霞地貌、云雾山、南华山等。宁夏贺兰山、宁夏罗山、六盘山、南华山，由北向南，组成宁夏自然保护区链网，也是水源涵养基地与生态屏障；其山地林、荒原、农灌区、滨河带，从高到低，构建本区生物多样性圈层，均为社会经济链条和文明根基。保护区都是一方绿洲，生态模板，承载着希望和未来。

火石寨丹霞地貌国家级自然保护区：固原天然石城，丹霞地貌，佛寺石窟文化，绿树花草生态。有陡崖深谷、方山丹峰、赤壁丹崖、洞穴石柱等奇特景观。生态自然，为黄土高原区域代表。

云雾山国家级自然保护区：固原绿芯。黄土高原半干旱区典型草原生态系统，誉为"动植物基因库"，有种子植物 182 种，特有种文冠果、虎榛子，药用植物百多种，观赏植物50 余种。本氏针茅草原生态系统，完整典型；草原植被自然修复典范，成功样板。气候变化研究基地，植被演替科学模板。

南华山国家级自然保护区：中卫海原。山地森林和草原草甸生态系统，资源植物丰富，药用黄芪、党参，特产发菜，典型草原生态。

盐池哈巴湖国家级自然保护区：荒漠湿地生态，沙生植被，"中国滩羊之乡""中国甘草之乡"驰名中外。在干旱、半干旱地带。

灵武白芨滩国家级自然保护区：在灵武境内、黄河南岸，毛乌素沙地边缘，大陆气候，干旱少雨，荒漠生态，植被稀疏。特有最大柠条灌木群落和猫头刺群落荒漠草原，有旱生、沙生植物 300 种，防风固沙。滨河绿带，独特河流河岸湿地景观与绿洲相连自然生境，引涉水珍稀鸟禽数十种，繁衍生息。沙冬青为孑遗植物，发菜为特产。荒漠猫捕猎，兔狲喜夜游。

宁夏贺兰山国家级自然保护区：地处宁蒙区界，南北山系，势如奔马，气候水分一山分异，东西坡面植被不同，阻腾格里沙漠南侵，挡湿润季风西进，山前塞外江南景象，山后沙漠瀚海连绵。上下草灌，中山林木，垂直带谱，为干旱、半干旱山地，为特殊植被景观。青藏、华北、蒙古三大植物区系交会于此，西北自然历史本底，天然种质资源宝库。特殊自然，特殊生物：鸟禽如黑鹳、蓝马鸡、胡兀鹫、鹰雕类等；走兽若金钱豹、马鹿、麝、石貂、兔狲、猞猁、羊獐等，稀有珍贵。丰富生境，丰富物种：树木如云杉、黄柏树、杨榆桦、油松等，灌草若沙冬青、甘草、黄芪、海棠、丁香、麻黄、荆豆类，特产多多。

六盘山国家级自然保护区：地处气候过渡区，水源涵养林，高原绿岛，天然氧吧。西北地区森林生态系统，杨、柳、桦、栎、椴、槭、松、柏混交林，灌木层、草本、特有种、苔藓类、药用类，均为丰富；重要野生动物保护区域，有豹、雕、麝、貂、兔狲、勺鸡珍稀濒危类，金福蛾、丝粉蝶、黑凤蝶，特有珍稀。名山高峰，领袖豪情。天高云淡，望断南飞燕；长缨在手，缚住老苍龙。

沙坡头：典型沙漠景观、沙漠植被和野生动物，展示沙漠治理、沙漠利用与天人和谐。黄河峡谷特异景，沙漠风情旅游区。

宁夏罗山：位于同心县。主峰称"好汉圪塔"，海拔 2 624.5 米，为宁夏中部最高峰。罗山保护区，是宁夏中部绿色生态屏障，阻滞毛乌素沙漠南侵。亦是宁夏中部重要水源涵养区，素有"荒漠翡翠"之誉。主要保护目标是：以青海云杉、油松为建群种的森林生态系统，金雕等珍稀野生动物，特有的自然景观。

（25）甘肃省的自然保护区

甘肃省已建自然保护区 59 处，国家级自然保护区 22 处，有太子山、连城、兴隆山、民勤连古城、张掖黑河湿地、太统-崆峒山、祁连山、安西极干旱荒漠、盐池湾、安南坝野骆驼、敦煌西湖、敦煌阳关、白水江、小陇山、莲花山、洮河、尕海-则岔、黄河首曲、漳县珍稀水生动物、秦州珍稀水生野生动物、多儿、裕河等。

甘肃省地处黄土、青藏和内蒙古三大高原交会地带，境内地形复杂，山脉纵横交错，海拔相差悬殊，高山、盆地、平川、沙漠和戈壁等兼而有之。从东南到西北包括了北亚热带湿润区到高寒区、干旱区的各种气候类型。在复杂多样的气候、地质地貌、水文等自然地理因素的共同作用下，形成了甘肃境内多样而典型的生态系统类型。具有丰富的生物多样性及地质遗迹资源，自然保护区保护对象多、价值高。

白水江国家级自然保护区：地处甘肃最南端，在陇南市境内，岷山摩天岭北坡，川甘大熊猫生境。高差 3 000 米，森林生态，垂直带谱，为常绿林、落阔林、针阔林、灌草带，不同高度生息着不同植物、动物，还有珙桐、红豆杉构成珍稀植物好景象。生物多样性丰富，珍稀濒危食竹 4 种，即华橘竹、大箭竹、紫箭竹、冷箭竹，混交林养育金丝猴、大熊猫、羚牛。

多儿国家级自然保护区：地处甘南迭部县，大熊猫分布最北缘，生境良好，有成片华西箭竹、缺苞箭竹分布。

裕河国家级自然保护区：地处秦岭、岷山交会处，为亚热带向暖温带过渡类型山地森林生态系统，自然保护对象为川金丝猴、大熊猫、林麝、羚牛及珙桐、红豆杉等珍稀濒危动植物。

小陇山国家级自然保护区：地处陇南市境，气候南北划线，亚热带与暖温带过渡区域；

动物东西分界，东洋界和古北界生物交会。岩溶地貌独特景观，喀斯特漏斗呈现罕见锅坑群，植被倒置分布，成锅底草、锅帮灌、锅顶林景象，为羚牛独特栖息地。大山围绕环境闭合，动植物生存保持罕有原始态，物种古老孑遗，构建特有物种中心区。生物多样性保护之重点区域，监测动植物变化有重要价值。为长江上游保护绿色屏障，山水景观促成生态旅游。

莲花山国家级自然保护区：地处甘肃东南，临潭县北部，青藏高原与黄土高原过渡带，洮河和黄河水源涵养区。为干旱区典型森林系统，垂直带谱，优势种为松、杉、杨、桦，有垂枝云杉、胡桃、桃儿七、星叶草、野大豆、紫斑牡丹、兰科珍物、天目琼花等珍稀植物，具有很高的科学价值；寒温带珍稀鸟兽生境，侵蚀地貌，国家保护级的飞禽走兽，如斑尾榛鸡、雉鹑、胡兀鹫、蓝马鸡、苏门羚、林麝、马麝、斑羚、岩羊、血雉鸟类等珍稀濒危物种，都是特有珍奇物产。

太子山国家级自然保护区：地处临夏一隅，林场转型。沟岭相间，流溪其中。地貌奇特，莽原森林。森林物种丰富珍稀，有桃儿七、红花绿绒蒿、星叶草等 51 种保护植物。动物珍贵稀有，有鹰鹫、蓝马鸡等 130 种鸟类，11 种兽类，一并保护。保护野生动植物，须着眼林草植被。维持水源涵养，防止水土流失。

太统-崆峒山国家级自然保护区：平凉胜景，道教名山，褶皱山地，侵蚀地貌，保护森林生态、稀有野生动植物，以华山松林和油松林为主，区内有国家一级保护动物金雕、大鸨、黑鹳、豹、林麝等，国家二级保护动物 28 种。"三有"动物 149 种。同时保护古文化遗迹和地质遗迹。

洮河国家级自然保护区：地跨甘南州卓尼、临潭、迭部、合作 4 县之境，高原地带，寒温气候。针叶林生态系统，发挥水源林重要功能。生态自然原始，有国家保护野生动物61 种，重要动物 100 多种，自然保护责任重大。区域面积广大，重点保护植物 28 种，松科乔木成片分布，抗蚀减灾效益多多。

甘肃荒漠自然保护区：敦煌西湖、敦煌阳关、安西极干旱荒漠自然保护区地处河西走廊西端，降雨稀少，气候干燥，风沙肆虐，环境条件严酷；地域辽阔，生态多样，有戈壁、沙漠，亦有山地、河流、湿地、草甸、绿洲；生长耐旱植物，养育蒙古野驴、普氏野马、岩羊、盘羊、鹅喉羚、北山羊、草原斑猫等珍稀草原动物，亦有雪豹、猞猁，更多黑鹳、胡兀鹫、鹰隼雕鸮、燕鸭候鸟为空中来客，此地为动植物多样性保护地和珍稀物种栖息地，自然保护十分重要。高山雪岭、绿洲、荒漠之内河流域，生态呈系统整体性，一个流域一个系统，构成天然安全屏障，锁定沙漠，阻截风蚀，保持土壤，调节气候，供养生物，维持绿洲。经划区保护，更能改善环境，研究生态演化，植被重建与演替，荒漠化与恢复性等特殊科学命题，有效保护胡杨、梭梭、珍稀霸王、裸果木、膜果麻黄、泡泡刺等孑遗物种。这里是世界性可持续发展与典型代表保护区，生物多样性保护尤为期待。特殊景观待来客，特别资源等后人。大漠孤烟直，长河落日圆。欲穷千里目，更上一层楼。

安南坝野骆驼国家级自然保护区：在酒泉阿克塞县境内，库姆塔格沙漠与阿尔金山之间，西邻罗布泊，北接敦煌西湖。野骆驼，在戈壁沙漠地带生存，能耐饥渴抗寒热、抗风沙，曾是人类助手，最能吃苦耐劳，号为"沙漠之舟"；曾经广布世界，如今濒危近绝；野外种群，西北独存，个体总数不足 800 峰。安南坝是中国野骆驼保护区之一，另有中蒙边境、罗布泊保护区，均为极干旱气候，荒漠生态，残存野骆驼生境。3 个孤岛区域，保护一级濒危生物，生境恶劣，缺水少草，狼群危害，人类压迫，生态危机胜过大熊猫，亟待保护支持。

兴隆山国家级自然保护区：地处兰州榆中县、祁连山余脉。为天然原始云杉林森林生态，动物马麝为珍稀保护动物。

连城国家级自然保护区：湟水之大通河中下游，祁连山与黄土高原过渡带，半干旱少雨区。高山森林生态，垂直带谱，上草甸下森林。主要保护对象：天然青杆、祁连圆柏，均是中国特有，北方绿化树种，常绿针叶乔木，姿色美好。其他动植物，一并惠及。更可喜，梅花鹿、蓝马鸡，人工繁育成功，号为"天然实验室"。

盐池湾国家级自然保护区：地处肃北蒙古族自治县东南，青藏高原北缘，区位独特，地貌复杂，海拔 3 000 米以上。冰川冻土和高原寒漠、高山草原、河流兼而有之。候鸟迁徙与停息驿站，河源地区，水土涵养不可或缺。特有种药材新种集中地，超大型野生动物保护区。白唇鹿、野牦牛、藏原羚作为旗舰保护生物；有蹄类、食肉类、鸟禽类组成罕见生态景观。

民勤连古城国家级自然保护区：东临腾格里、西靠巴丹吉林，沙漠包围，处境险恶；防治沙漠化，重建退化植被，生态修复，功在千秋。为中国最大荒漠生态类型保护区，极端脆弱荒漠生态系统，拥有白刺、猫头刺、盐爪爪、柠条等荒漠植被群落，生息鹰、隼、猫、羚及裸果木、发菜、绵刺类珍稀濒危动植物。调查自然本底，试验修复技术，保护特殊稀有动植物物种，为典型、重要荒漠生态科学价值链，建设旱生、超旱生、半灌木、灌木类耐寒抗风植被，遏制大漠合龙和沙尘暴源头地域的生态恶化危害性。生态安全第一，拱卫民勤绿洲。

漳县珍稀水生动物国家级自然保护区：地处秦岭西段北坡，寒冷阴湿之地。保护秦岭细鳞鲑珍贵物种，又名花鱼、梅花鱼、五色鱼、闾鱼等，为冰期由北方南移等残留种。山涧溪流生境，条件苛刻，繁育不易。

泰州珍稀水生野生动物国家级自然保护区：属山地森林溪流型生态，高寒气候，演示冷水性鱼类发生迁移分布过程，珍稀水生动物丰富，珍稀特有，有秦岭细鳞鲑、大鲵领衔。

张掖黑河湿地国家级自然保护区：荒漠地区内流型河流，候鸟驿站，具有典型的生态蓄水和生物生息功能，如黑鹳、白琵鹭诸多涉禽，为中国候鸟三大迁徙路线之一的西线，是重要生态屏障。

黄河首曲国家级自然保护区：在玛曲县境内，高寒沼泽，面积广大，为原始代表，世界保存最完好的湿地，有"高原水塔"之称。有冬虫夏草、川贝母、雪莲等多种特产，为生物多样性关键地区、黑颈鹤等珍稀候鸟栖息地。

尕海-则岔国家级自然保护区：在碌曲县境内，高原湿地—森林草原—野生动物三大功能罕见融为一体，中国特有国际重要湿地。黑鹳、天鹅、黑颈鹤、雁鸭类栖息繁殖，是候鸟迁徙中停歇之处。高寒湿地有特殊重要意义。黑鹳，大型涉禽，为国家一级保护动物，世界总数不足2 000羽，极度濒危，主要栖息中国，尕海出现最大种群。

（26）新疆维吾尔自治区的自然保护区

新疆已建自然保护区27处，其中国家级自然保护区15处：艾比湖湿地、罗布泊野骆驼、塔里木胡杨、阿尔金山、巴音布鲁克、托木尔峰、西天山、甘家湖梭梭林、哈纳斯、布尔根河狸、巴尔鲁克山、霍城四爪陆龟、伊犁小叶白蜡、阿勒泰科克苏湿地、温泉新疆北鲵等。

阿尔金山国家级自然保护区：毗邻青海、西藏，昆仑中段的山间凹地；总面积44 940平方千米，海拔4 500米以上；高山环绕，冰川裂泉，岩溶地貌，盆地封闭，湖泊星罗，人迹罕至，高寒缺氧，气候多变，生态原始，景观奇特，日照长，寒风烈，保留了中国特有珍稀寒原生物，国际评为"世界少有生物地理省，不可多得物种基因库"。保护目标，高寒脆弱生态，高原深藏的野生动物，有蹄类15万只以上，鸟类数量10万羽以上，野牦牛、野驴、藏羚领衔，雪豹、马熊、石貂、猞猁、棕熊、兔狲、岩羊、盘羊、北山羊、藏原羚，生死竞逐，更有鹰、隼、雕、鹫、鸡、虫、鼠、兔诸类，组成一幅沙海百兽王国喧闹图，无双野生动物大观园。

巴音布鲁克国家级自然保护区：天山深处，最美草原。四围冰山雪岭，垂云缭雾，杉海林涛，此地长冬无夏，春秋相连，若天宫夏都，居山地高位盆地，建天鹅特别保护区，名满天下。满眼碧草绿原，清流野花，骏马肥羊，这里多雨丰雪，河湖密布，为开都河源，有高山鱼类水族，为珍稀水禽栖息地，誉盖全球。

托木尔峰国家级自然保护区：天山最高极，群峰拱卫，现代冰川发育，玉龙飞起，周天寒彻；冰川之缘下，山麓河谷，森林植被茂盛，云杉遍野，塔松漫山。汗腾格里冰川，世界驰名，位列八大；冰川遗迹保存完整，角峰刃脊冰斗槽谷、侧碛漂砾碛堤，特征鲜明；冰川景观，壮观惊险：冰面湖水深莫测，冰裂缝深不见底，冰溶洞、冰钟乳、冰晶墙、冰塔、冰椎、冰蘑菇、冰桌等，奇妙无比；真正的天然大水库，储冰近 5 000 亿立方米，年融水 48 亿立方米，为天山南北生命之源。塔格拉克草原，原生状态，清纯圣洁，优质牧草基因宝库：针茅羊茅芒草野麦，早熟禾草木樨，紫花苜蓿；森林草甸，物种丰富：金莲花迎风招展，雪莲花散放清香；山黄芪、天仙子、益母草、紫草、黄精、贝母、大黄诸种，药用珍贵；完全的生物避难所，鸟兽有百十种，昆虫类千种以上，使高山荒原生机勃发。

西天山国家级自然保护区：坐倚中天山，面向伊犁河谷，三面封闭，西向开口，专纳大西洋暖湿气流，形成独特气候，雨雪丰饶，为荒漠中湿岛，发育雪岭云杉山地森林，垂直带谱，伴生新疆野苹果、野杏林、阿魏、紫草、雪莲、黄芪、牡丹等，乃中国十大最美森林之首，还有世界唯一野核桃林，誉为"天然基因库"。怀抱大峡谷，堪称"云杉王国"，高山雪封，沟坡绿盖，拥有完整性原始森林，成为天然水库，涵养水源，为众山溪源头，混生白桦、山杨、柽柳、树莓，林果灌草，养育黑鹳、白肩雕、北山羊、金雕、雪豹、棕熊、盘羊、雪鸡之类，使伊犁景观秀丽美若江南，携手赛里木湖蓝色宝镜，真正生态旅游区。

雪岭云杉，天山深处独有树种，树形苍劲挺拔，森林连峰续岭，抱石攀崖，固坡蔓生，材质优异；青藏高原迁徙物种，树干粗壮笔直，冠盖葱郁层叠，常绿乔木，针叶球果，姿容绮丽。具有重要的自然保护科学价值，有巨大的涵养水源生态功能。

伊犁小叶白蜡国家级自然保护区：第三纪温带落叶阔叶林子遗树种，有"活化石"之称，全国唯一，科学意义重大。保护区分两个片区，有 500 年以上树龄的老者。保存自然遗传基因与人工种植扩繁结合。

塔里木胡杨国家级自然保护区：塔里木胡杨，原始林集中分布，保存完整，古老孑遗，抗旱御风，耐寒耐碱，世界神木。塔河湿地，区位特殊，鸟类迁徙停歇之所，越冬之地，瀚海绿岛，弥足珍贵。塔河胡杨，树大果微，雌雄异株，叶形五变，可根蘖萌芽繁殖，数代同堂，翼果风播，洪泛带新生，堪称生命奇迹。额济纳胡杨，弱水河畔绵延，居延海边生长，沙漠边缘傲立，以夏翠秋金美丽而著名，誉为"沙漠英雄树"；胡杨树被誉为"活着千年不死，死后千年不倒，倒下千年不朽"，化为精神偶像。

甘家湖梭梭林国家级自然保护区：荒漠生态，艾比湖区，有白梭梭、胡杨、柽柳、铃铛刺、沙拐枣等集中生长，形成万亩天然荒漠林，锁风沙，抗侵蚀，为北疆生命保护线。梭梭林中，生物名贵，如肉苁蓉、锁阳、甘草、罗布麻等特地特产，生长几十种珍稀动植物，养走兽，息鸟禽，为瀚海绿色生命洲。梭梭：治沙先锋，荒漠保护神，耐高热，抗严寒，枝如发，形若墩，瀚海绿色惹人爱；滴水成苗，种子化神奇，顶风沙，御干旱，阿拉善、准噶尔，绝地生存称神奇。

哈纳斯国家级自然保护区：寒温带针阔叶混交林生态系统，森林草原草甸交错，7 个垂直带谱，资源丰富，松杉林海、杨桦山地、灌木丛林、草甸草原，层次分明，生机盎然；生息雪豹、盘羊、紫貂、猞猁、雪兔、草兔、天鹅、松鸡、黑琴鸡、海狸、湖鱼诸多珍稀动物。列入国家级自然文化双遗产保护区，云海佛光气象多彩，生态景象异彩纷呈，原始森林，草原风光，白桦纯林，宛若清纯少女；顶峰冰川，保存完整，冰湖冰谷，冰溜面，冰川擦痕，冰斗刃脊，角峰碛堤，羊背石等，记录自然历程。此处是，中国唯一西伯利亚生物区系，最美湖泊村落特殊景观，生态科学意义重大，旅游观光不二选择。

巴尔鲁克山国家级自然保护区：阿尔泰和天山过渡带，雪岭云杉森林生态，89 种国家保护动物避难所，有黑鹳、白鹳、鹅喉羚、金雕、雪豹、棕熊、大鸨之类，保护重要！野苹果等种质保护区，65 种珍稀植物野生地，如天山樱桃、野蔷薇、贝母、块根芍药、阿魏等，生境难得。特殊生境养育珍贵生物，脆弱生态更须加倍保护。

艾比湖湿地国家级自然保护区：面积 400 万亩，准噶尔盆地，有丰富生物多样性，野生动物 167 种，野生植物 385 种，鸟类 111 种，鱼类 10 种。位于著名西风气流风道上，可谓存在就是价值，干涸就是灾难。其湖盆有钠盐储量 1.25 亿吨，芒硝 9 700 万吨，硫酸镁 1 亿吨。倘若干涸，如此巨量的盐分随风扬向东方千百里，乃巨大生态灾难！

阿勒泰科克苏湿地国家级自然保护区：为北疆荒漠中最大沼泽。生息着动物 254 种，鱼类 22 种，鸟类 183 种。生命之洲！干旱荒漠地区，有水就有生命，湿地就是生命岛。新疆湿地类自然保护区，无论大小皆重要。

温泉新疆北鲵国家级自然保护区：天山珍奇，相见不易，温泉县城建馆观赏，科学小宠物。蛙头扁尾占半身，前四后五指如婴。蛙声群起婴孩哭，亦兽亦蛇难分清。极危待救。

布尔根河狸国家级自然保护区：额尔齐斯河与乌伦古河源头区，唯一蒙新河狸生息地。河谷林与水生生态系统，区内有大天鹅、黑鹳、蓑衣鹤及隼形目猛禽等 222 种，并是诸多鸟类繁殖地。陆地有北山羊等一级保护动物 9 种，二级保护动物 26 种。河狸亦称海狸，身长 60～70 厘米，国家一级保护动物，寿命 12～20 年，号为"动物世界建筑师""古脊椎动物活化石"。

霍城四爪陆龟国家级自然保护区：国家一级保护动物。小型陆地龟，生长缓慢，10～12 年性成熟，繁殖率低，种群濒危。为草原龟，以野葱、蒲公英、早熟禾、顶冰花等多种植物为食，偶食蜥蜴、甲虫等。保护区临近县城，处荒漠草原边缘，区内鸟类百种，兽类10 余种。

（27）青海省的自然保护区

青海省已建自然保护区 11 处，其中，国家级自然保护区有 7 处：循化孟达、青海湖、三江源及可可西里、隆宝、大通北川河源区、柴达木梭梭林等。青海省是"中华水塔"，地球高寒极，其自然保护具有特殊重大意义，世界关注。

循化孟达国家级自然保护区：过渡带植被，垂直分布，森林生态，四方物种交会，属多种少，对研究植物进化群落演替有重要科学意义。孟达天池湖，高原明珠，高山四围，冰川碛堤为坝，大河水源，是含蕴珍稀动植物的寒旱荒原绿洲。号"高原西双版纳"，中华避暑胜地。

隆宝国家级自然保护区：通天河畔，益曲穿行，湿寒宽谷，绿茵草甸，湿地生态，鸟禽天堂。有涌泉、溢流、沼泽、滩地、串珠型湖泊、沙洲、小岛，人兽难进，为鸟中仙子黑颈鹤主要繁殖地。是黑鹳、天鹅、雁鸭、鹤类等候鸟保护区，海雕、隼鹫、胡兀鹫，也是每年春夏守信来朝的座上宾。凸显高寒湿地生态特点功能，彰显特别自然保护科学意义。

可可西里国家级自然保护区：玉树州西部，昆仑山之南，唐古拉之北，羌塘高原区，总面积为 450 万公顷。海拔最高，干旱寒冷，冻土深厚，最厚达 400 米；现代冰川发育，面积为 750 平方千米，冰储量 816 亿立方米；河湖遍布，植物稀疏矮小，且特有种多，占比为 40%。人迹罕至，野生动物最为丰富多样，藏羚羊、野牦牛、藏野驴、藏原羚等珍稀特有野生生物领衔自然保护，白唇鹿、棕熊等参与其中。为中国和世界少有的原始生境高寒独特自然保护区。

三江源国家级自然保护区：青藏高原，高山莽原，冰天雪地，冰雪融化河流密布，排水不畅沼泽遍布，这里为世界海拔最高、面积最大、湿地类型最丰富的地区。三江源国家级自然保护区面积达 15.23 万平方千米，全国仰望。高寒气候，冬夏两季，干冷多风，冬季绵长降雨稀少，夏季短促生产力低，干湿分明、日照时长、强辐射之特征。黄河、长江、澜沧江三江源闻名遐迩，湖泊湿地连天接地，雪山冰川水源丰足。长江源头格拉丹东，冰塔林绵亘数十里，犹如水晶峰峦，千姿百态，绮丽非凡。黄河源区，湖群万顷，扎陵、鄂陵、玛多湖壮阔美丽，列为重要湿地，草原丰美壮观。高原高寒高海拔，高寒草原生态系统，特色鲜明，植被多样，典型代表。特有动物藏羚、原羚，生殖性迁徙，千里转战，浩浩荡荡，英雄史诗般激荡心魄；黑颈仙鹤，珍稀无比；岩羊、盘羊、雪豹、棕熊，金雕、雪鸡、野牦牛，喜寒恶热，皆为特异，尽是极宝贵种质资源。

柴达木梭梭林国家级自然保护区：荒漠地带，唯梭梭蓬勃，连同怪柳、沙拐枣、盐爪爪、白刺、藜类、沙蓬、盐生草，组成绿色大军，发挥减低风速、阻截流沙、改善气候的作用，筑起不可或缺的生态屏障。这里是天然沙生植物园，生长枸杞、肉苁蓉、黄芪、麻黄、锁阳、茵陈、水麦冬，均是珍贵药物；也养育蒙古野驴、岩羊、野兔、鹅喉羚等生物，彰显荒漠超然天外之生态功能。因有特殊自然生境，养育特别生物资源意义重大。

青海湖国家级自然保护区：四面高山环峙，湖大若海，东沙西滩，阶梯岸带，有万顷碧波，湖滨平原、沼泽草甸、山地草原、荒滩沙丘和鸟禽聚集之岛屿、滩涂、湖岸、湿地等丰富多彩生态环境。一湖碧水连天，美如画图，夏绿冬银，天成胜景，看碧空若洗，水天一色，草原绿茵，羊群若云，万鸟翔翔及雪山倒影的亮丽，夕照、帐篷、农田和银装素裹冰湖美景。青海湖，海拔为 3 193 米，面积为 4 952 平方千米，容水 739 亿立方米，评为"中国最大最美湖泊"。其生态系统，有鸟 189 种，候鸟数十万只，湟鱼充盈河道，称誉"戈壁荒漠绿色屏障"。几大供水河流，如布哈、沙柳、乌恰阿兰、哈尔盖、泉吉河；保护区有 4 个小湖泊，尕海咸水，洱海淡水；有鸟岛著名，鸬鹚领地海西山，鱼鸥之家沙岛，景观旖旎海心山；这里已列入《国际重要湿地名录》，具有研究鸟类迁徙规律、高原动物食物链、生态环境和生物保护的科学意义。诸多珍稀生物，如鸥鹤、雁鸭、黑颈仙鹤、大天鹅、鸬鹚之类；青海湖有五大名产鱼，裸鲤湟鱼、条鳅类等，号"高原鱼库"；普氏原羚仅此有存，候鸟迁徙驿站，水禽繁殖越冬地；此地被称为"高原生物基因宝库"，更是维护荒漠生态平衡、防风固沙保安全、观鸟爱鸟与生态旅游的绝佳选择。

大通北川河源区国家级自然保护区：湟水北川源头地，寒温针叶森林区。天空白肩雕猎隼翱翔，地上白唇鹿马麝徜徉。山峦起伏，沟壑纵横，自然保护，关键地区。保护与恢复森林生态系统，建筑自然保护安全屏障。维护和增强水源涵养功能，保障西宁百万居民供水。

（28）西藏自治区的自然保护区

西藏已建自然保护区47处，拥有中国最大的自然保护区——羌塘国家级自然保护区，面积达29.8万平方千米。西藏的国家级自然保护区还有：拉鲁湿地、雅鲁藏布江中游河谷黑颈鹤、类乌齐马鹿、芒康滇金丝猴、珠穆朗玛峰、色林错、雅鲁藏布大峡谷、察隅慈巴沟、麦地卡湿地、玛旁雍错湿地等。

珠穆朗玛峰国家级自然保护区：神女峰，世界第一；高寒极，地球无二。山体巍峨宏大，气势磅礴，群峰拱卫，争高斗雄，洛子、马卡鲁、卓奥友、希夏邦马、章子、努子、普莫里峰等，7 000米以上高峰40座，摩云接天连成片，成世界奇观。气候变化莫测，夏季暴雨，云雾弥漫，冬季寒流，气温低，忽冰雪，忽大风，空气稀薄，上寒下温，十里不同天，大风速可达每秒90米，气温零下50℃，为高原至极。地貌复杂，山脊险峻，陡壁峭拔，冰瀑垂天，冰裂遍布，险象万端，冰川500多条，绒布冰川最著名，悬冰河、冰斗、冰塔林，千姿百态，瑰丽非凡；集云雨，融冰雪，为河溪源头，大小湖泊星罗棋布，更有卡玛山谷列入世界十大景观，此方净土，绝无仅有。生态类型，奇特多样，自然原貌，物种珍稀，新种特有，丰富多彩，高等植物2 000多种，药材尤多，桃儿七、天麻、延龄草诸多药草，特质特效；黑颈鹤、胡兀鹫，为珍鸟主角，雪豹、熊猴、叶猴、豹、藏野驴与塔尔羊均为国家一级保护动物，猫熊羚麝，珍奇毕集。珠峰地处西藏与喜马拉雅高地交接，为最独特生物地理区域，在研究高原地质、地理、历史运动、环境与生态方面有不可估量的价值；这里富集作物和牛羊家畜种质资源，农作物有小麦、青稞、荞麦、马铃薯、玉米、豌豆、油菜、鸡爪谷类，家畜有牦牛、黄牛、犏牛、山羊、绵羊、驴马。这是海拔最高的自然保护区，核心区7个：江村、贡当、绒辖、珠峰、脱隆沟、雪布岗、希夏邦马；5个科学实验区，堪称中国之最；珠峰也是世界旅游的理想目的地，资源富集区：

光能、水能、风能、景观，遗迹类、绒布寺、民族文化，世界登山向往地，呈现中华形象，世人仰崇。

羌塘国家级自然保护区：雪山环绕，世界屋脊腹地，平均海拔约 5 000 米，寒冷干燥，空气稀薄；荒原广阔，现代冰川广布，湖泊湿地面积大，植被稀少，人迹罕至。完整独特高原荒漠生态系统，纳木错、色林错、扎日南木错世界知名；固体降水频繁，雪霰冰雹不期而至，冬春大风，风强、风频变化无常。多种大型有蹄动物聚集区，藏野驴、藏羚羊、野牦牛三大家族占优，哺乳动物繁盛，熊狐羊羚无不独特；鸟类雁鸭、鹤鸽、鸡雀，都属珍稀。生态系统极度脆弱，破坏容易，恢复困难，特点鲜明。红景天集中分布，霜后火红，装点荒凉，成雪域奇观。最大面积保护区，最特有高寒生态系统，最奇高原生物群。

色林错国家级自然保护区：地处那曲申扎县，藏北高原家。高寒草原生态系统，珍稀生物多样集中。黑颈鹤，飞天仙子态，立地美人姿，大型涉禽，头眼红、颈尾黑、身羽白，色彩艳丽，国家一级保护动物，国际濒危，唯一生长繁殖均在高原的鹤类，世界最大种群在此，该区主要保护目标，保护成效显著，由 1 000 多只增至 6 000 多只。藏羚羊，国家一级保护动物，由 2 000 多只增至 30 000 多只。另有藏野驴、藏原羚、棕熊等珍兽，集中呈现，种群均有增长；斑头雁、棕头鸥、赤麻鸭、风头䴙䴘等，群仙毕集，呼朋唤友，热闹非凡。

麦地卡湿地国家级自然保护区：藏北那曲嘉黎县，高原沼泽草甸湿地，拉萨河源敏感区。此处为黑颈鹤、赤麻鸭、斑头雁等珍稀水禽迁徙繁殖重要意义区，每年达 20 000 只以上。区内有国家一级保护动物 7 种，二级 22 种，有藏原羚、岩羊、盘羊及棕熊、狼、猞猁等，生态系统完整。科学意义重大，入《国际重要湿地名录》。

芒康滇金丝猴国家级自然保护区：川滇藏公路交会处，茶马古道第一站。植被垂直带谱，低纬度高海拔，山地生物多样性高，真正物种基因库；生境多样特异，小尺度大变化，典型自然代表性强，珍稀生物博物园。保护区域，有三江并流奇观，山高坡陡，谷狭流急，裸岩突出，原始森林镶嵌，云南红豆杉和红松领衔千百植物，药用植物最为丰富多彩，如冬虫夏草、知母、贝母、当归、党参、胡黄连、红景天、三七等，并有闻名藏药。生态系统，呈百兽珍藏特献，滇金丝猴、云豹、雪豹、岩羊、林麝、马来熊等珍稀聚集；芒康朋波拉与美德承当保护核心，珍稀濒危鸟类更是异彩纷呈，若白腹锦鸡、斑尾榛鸡、绿尾虹雉、藏马鸡、鹦鹉之类，真正珍禽异兽王国。

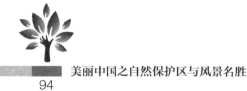

察隅慈巴沟国家级自然保护区：西藏东南角，山脉交会处。特殊地形，温暖湿润气候，完整的森林生态系统有重要保护价值；垂直植被，高山冰川发育，羚牛及云南高产松林定主要保护目标。在生物地质冰川气候水文科研中均具有重要意义，有维管束植物 1 392 种，一、二级保护动物 51 种，鸟类 100 种，哺乳动物 57 种，野生食用菌 238 种。丰富而独特。

类乌齐马鹿：地处昌都北部，马鹿专场。马鹿又名赤鹿、红鹿，大型珍兽，形似骏马，肢高颈长，大角雄伟，珍稀至极。野鹿饲养场，自然驯化地，观游价值高。森林草原生态系统，典型自然，过渡地带，物丰种多，特产药材，如虫草、大黄、知母、贝母、三颗针、红景天等。野生动物奇特，白唇鹿、岩羊、斑尾榛鸡、藏雪鸡出没。山中世界，自然精彩。

雅鲁藏布江中游河谷黑颈鹤国家级自然保护区：唯一高原鹤，齐名丹顶；鸟类大熊猫，长寿吉祥。红顶黑颈，雌雄比翼，飘逸若仙，仪态雍容。夏栖青藏川甘高山湖泊湿地，生儿育女，夫妇尽心；冬到云贵高原山地避寒，养精蓄锐，待机而动。云南曲靖会泽、昭通大山包、贵州草海等，皆是重要越冬场。中国特有大型珍禽，世界极度珍稀濒危鸟类。简单生活，无拒荤素，真爱结侣，和谐组群。生息的自然保护区有 15 处，千里迁徙，秩序井然。西藏冬夏生境兼具，神江圣湖尊养尤物，国家一级重点保护生灵。

拉鲁湿地国家级自然保护区：高寒湿地，芦苇泥炭沼泽，阳光充足，空气干燥，雨少风多，植物多样丰富，高原特有物种多。动物多样，黑颈鹤光顾，胡兀鹫翱翔，雁鸭们群起群落，裂腹鱼潜游匿踪，百灵唱歌，雀噪鸥鸣，天地上下繁忙热闹。临近历史名城拉萨，名号"世界屋脊上的明珠"；发挥特殊生态功能，誉为"拉萨之肺""天然氧吧"，为国家湿地旅游示范基地。

玛旁雍错湿地国家级自然保护区：在西藏阿里普兰县境内，海拔 4 500 米以上，世界最高海拔淡水湖，最大水深 70 米。高寒草原荒漠区，原始生态，为高原特有物种黑颈鹤、藏羚羊的重要栖息地，迁徙走廊，有国家重点保护动物 28 种。生态意义独特，入《国际重要湿地名录》。

雅鲁藏布大峡谷国家级自然保护区：世界第一峡谷，地球最后秘境。有南迦巴瓦峰与加拉白垒峰南北对峙，群峰兀立，气势磅礴，直上九天，且海洋性冰川发育下垂亚热带林，成独特自然景观；因喜马拉雅山和雅鲁藏布江山水相搏，天门中断，石破山开，奔涌洪流，开辟印度洋水汽穿越高大山脉绿色通道，为特殊气候，高山深谷巧相配，天造神奇大拐弯；峰顶谷底相对高差 6 009 米，峡谷全长 505 千米，水面跌落 2 800 米，河流比降 10‰ 以上，四大瀑布群汹涌浩大，撼天动地，使大峡谷集世界之最：最长峡谷、最深深度，平均深度、河水流量、河谷形态、河道狭窄、河流汹涌、河山壮美，无不独占鳌头。为世界降水第一带，热带气候向北推进5个纬度，降水达4 500～10 070毫米，河流流量4 425立方米/秒；高山上下气温差异大，盛热极寒，让生态系统呈垂直分带：河谷雨林、常绿阔叶、半常绿林、山地常绿林、针阔叶林、山地针叶林、高山灌草地、冰雪天地，呈完整植被带谱。居于独特的高原快速抬升运动中，地质遗存并在，成为打开地球历史之门的锁钥。这里特殊的地理气候条件，多样性生物高度聚集，古老物种遗存，已发现维管束植物3 768种，苔藓512种，大型真菌686种，哺乳动物63种，新物种不断发现，不断丰富的自然遗产大宝库。雅鲁藏布大峡谷是20世纪最重大的地理发现，是当代人类最宝贵的自然遗存，保护区面积为96.2万公顷，山雄水滔，景色独特，物产丰富，墨脱珍藏。

（29）四川省的自然保护区

四川省已建自然保护区167处，其国家级自然保护区有32处：长江上游珍稀特有鱼类、龙溪-虹口、白水河、攀枝花苏铁、画稿溪、王朗、雪宝顶、米仓山、唐家河、黑竹沟、马边大风顶、长宁竹海、老君山、花萼山、蜂桶寨、卧龙、诺水河珍稀水生动物、九寨沟、小金四姑娘山、若尔盖湿地、贡嘎山、格西沟、察青松多白唇鹿、长沙贡玛、海子山、亚丁、美姑大风顶、栗子坪、小寨子沟、千佛山、白河、南莫且湿地等。

卧龙国家级自然保护区：位于阿坝州汶川县，平原高原过渡带，邛崃东南坡面，地形复杂，高峰百座，河谷多形，古冰川遗迹分布。典型亚热带山地气候区，冬寒燥夏雨湿。一山四季：河谷亚热带、坡面温带、寒温带、寒带、高寒带、高峰冰雪带；呈植被垂直带谱：常绿阔叶、常绿落叶阔叶混交、针阔混交、针叶林、灌丛与草甸、高山流石滩渐次展布。自然保护区建区早、面积大，珍稀动植物多，纳入世界生物圈保护区网络成员。大熊猫保护研究中心，人工繁殖，病险救助，驯养野化放归自然，科普教育，成就斐然。高山代表性生态系统，生境优越，物种多样，大熊猫领航，汇聚中国特产生物：金丝猴、牛羚、白唇鹿，国家一级保护珍稀动物；猕猴、兔狲、林麝、毛冠鹿、金猫、猞猁、小熊猫、白臀鹿、马麝，均获特别保护。特种鸟类占半：绿尾虹雉、斑尾榛鸡，西南特有；雪鹑、雪鸡、林岭雀、雉鹑和岩鹨、朱雀、高山雀，高原特产。并有药用种、食用种、工业原料种等；天然生物基因库，动植物博物园，爱国教育基地，生态观光，动物繁育开发利用，自然保护示范，可持续发展举旗。

马边大风顶国家级自然保护区：峰峦重叠，岭谷相间，地势高差3 000多米；植被垂

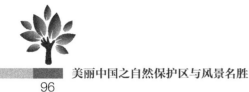

直分带，从山地常绿阔叶林到高山草甸，原始完整，典型代表；药用、食用、工业、观赏植物，齐全丰富，均称宝库；特有289种，万亩珙桐举世罕见，南方红豆杉、桫椤、红豆杉等，诸多国家重点保护植物，有树上生树奇观；林下灌木竹类竞秀，如刚竹、水竹、大节竹、方竹、玉竹、大箭竹、冷箭竹、箬竹、箸竹等，丰富竹类为大熊猫提供充足食料。雨水豪富，华西雨屏，降水量达2 000毫米；动物珍稀多样，含起源古老大熊猫和南北物种，特有种多，水陆兼具，兽类、鸟类、两栖、爬行诸类，稀特珍稀濒危，亟待保护；国家保护45种动物，川金丝猴天下名角，四川山鹧鸪、金雕、绿尾虹雉，尽是一方特有保护生物，兼保护蛇、蜥、蛙、螈等类；川西山地珍物荟萃，如猕猴、鬣羚、小熊猫、血雉、勺鸡、藏酋猴、黄喉貂、锦鸡角雉等，珍稀鸟兽使本地区赢得时代殊荣。雉鹑：披褐衣，唱太平，警惕常备，朴实无华；针叶林下栖息，灌草丛中觅食；中国特产珍鸟，一级保护重点；生存环境严酷，保护工作艰难。

雪宝顶国家级自然保护区：地处绵阳市平武县，岷山主峰雪宝顶脚下，恰处黄龙、白羊、片口、小河沟等自然保护区中间，动物走廊关键连接带。大熊猫代表性生境，栖息牛羚、云豹、雉鹑、金丝猴等珍奇生物，具有全球意义物种保护区。本区自然、地理、地质、气候异彩纷呈，有色尔、虎牙大峡谷绵延，高山草甸绮丽，海子瀑布迷人，森林垂直分带，呈常绿阔叶、针阔混交、针叶林、高山灌草、流石滩植被分布，产雪莲、贝母珍贵名药，连香树、珙桐、楠木、红豆杉珍稀树木，更有春花、夏草、秋色、冬雪，景象缤纷，有不可估量的生态、科学、观游价值。这里珍稀、濒危、特有、新种集体亮相，上有金雕、胡兀鹫猛禽遨游，下有林麝、斑羚徜徉，黑熊、灵猫游弋，岩羊崖巅远眺，并有绿尾虹雉、红腹角雉、藏雪鸡、大小熊猫、苏门羚出没无常，万亩熊猫竹林集中生长，冷箭竹、黄竹、团竹、红竹等遍布山塬，生态自然原始、完整、多样，物种丰富，是绝无仅有的动物、植物、景观资源。

王朗国家级自然保护区：在绵阳平武境内，中国最早的大熊猫保护区之一。特别生态系统，久藏深闺，伐木发现，与九寨黄龙雪宝顶相连，具特异风景。拥有脊椎动物200种，国家一级保护动物7种，川金丝猴、牛羚、豹、斑尾榛鸡在列；国家二级保护动物28种。特有植物小南星凸现，惊喜非常。

蜂桶寨国家级自然保护区：雅安市宝兴县境，邛崃山西坡，青衣江源头区。盆地高原过渡带，山高坡陡谷狭沟深，植物高低分带，动物多样珍奇，脊椎动物有390种。世界第一只大熊猫发现地和模式标本产地，著名自然保护区。与金丝猴同为"旗舰"生物。熊猴共擎自然保护大旗。

九寨沟国家级自然保护区：拥多顶桂冠——世界自然遗产地、国家重点风景名胜区、国家 5A 级旅游景区、国家地质公园、世界生物圈保护区网络成员，中国第一个以保护自然风景为主要目的的国家级自然保护区。有泉、瀑、河、滩和 108 个海子，构成五彩斑斓的瑶池玉盆。长海、剑岩、诺日朗、树正、扎如、黑海六大景观，呈"Y"字形分布。翠海、叠瀑、彩林、雪峰、藏情、蓝冰，被称为"六绝"。被世人誉为"童话世界""水景之王"。九寨沟国家级自然保护区主要保护对象是大熊猫、金丝猴等珍稀动物及其自然生态环境。有 74 种国家保护珍稀植物，18 种国家保护动物，还有丰富的古生物化石、古冰川地貌。家底丰厚，述之无尽。

白河国家级自然保护区：地处阿坝九寨沟县。保护森林生态及野生动物，主要是大熊猫和金丝猴。区内有川金丝猴最大种群，达 1 600 多只，典型代表，密度最高。并有羚牛和豹等珍稀动物。

小金四姑娘山国家级自然保护区：地处阿坝州小金县，邛崃山脉，誉为"中国的阿尔卑斯山"，实则远胜之。毗连卧龙，处横断山岷山生物多样性保护关键区，原始针叶林生态系统，具特有珍稀动植物种群进化分类与繁殖生态学意义。真正大渡河水源涵养地，属川西高山峡谷针叶林分布典型带，保护大熊猫、金丝猴、牛羚等珍稀动物，展现冰川瀑布原始林优美自然景观和独特地质地貌风光。

米仓山国家级自然保护区：在广元旺苍县境内，盆地北边缘，峰丛地貌，独特景观，四季分明，温暖湿润。中国优越气候带生态系统，川北重要动植物保护区。森林旅游胜地，巴蜀天然氧吧。

唐家河国家级自然保护区：在青川县境内，西邻平武，天然基因宝库，大熊猫领衔，牛羚、金丝猴成群结队，珍奇鸟类千姿百态，类似野生动物园，物种集中呈现。川北绿色明珠，红豆杉举旗，珙桐、水青树生机盎然，紫荆花开美艳壮观，真正原始生态。自然观赏，森林多样。世界 A 级自然保护区，中国著名风景名胜地，历史文化彩绘山水，民族风情神意旅游。

千佛山国家级自然保护区：绵阳市安县境，盆地西北缘，冰川造物，川北奇葩。古地层断裂带，峻岭巍峨，绝壁高耸，幽谷深邃，瀑布喧涌，绿色浓郁，景象万端：春看珙桐，夏观竹海，秋赏枫红，冬望冰雪，四时百色观不尽。古生物避难所，气候湿润，生物珍稀，物类繁多：红豆妩媚，银杏献果，香樟雄拔，楠木葱茏，熊猫徜徉，金猴嬉戏，牛羚巡游，动植生物乐逍遥。

小寨子沟国家级自然保护区：绵阳北川，独具特色，誉为"九寨沟第二""城市招牌"。气候立体，植被垂直分带，奇峰异谷、溪流瀑布、花海层林，构成迷人景色；国宝熊猫、羚牛、金丝猴，国家保护动物 51 种，珙桐珍木，共同搭建自然保护大舞台，号为"物种基因库"。

龙溪-虹口国家级自然保护区：都江堰市北部，西接汶川，东邻彭州。大熊猫、川金丝猴、扭角羚保护区，全国 35 处大熊猫保护区成员。珙桐、连香树等珍稀植物同生共舞。

白水河国家级自然保护区：在彭州境内，成都市旁，盆地高原过渡带，植被完整，景色美好，生物多样性丰富，为大熊猫和其他珍稀野生动植物保护区。区内多原始古老植物，有我国特有属 22 属，珙桐、连香树、水青树、香果树等"骄子"在列。有四川珍特脊椎动物 100 多种，马麝、藏酋猴、毛冠鹿、岩羊及绿尾虹雉、藏马鸡、橙翅噪鹛等珍兽珍鸟集中登台。

黑竹沟国家级自然保护区：在乐山市峨边县境内。巨厚石膏地层遭侵蚀而成峰丛、陡壁、堡寨、蘑菇石等奇特景观，岭谷交叉，立体气候，生物多样，大熊猫保护关键区，种群在增长。四川山鹧鸪保护区，兼有珙桐、红豆杉等珍稀动植物，有多种国家保护濒危物种：蛇类、鱼类等。

老君山国家级自然保护区：在宜宾市屏山县境内，凉山山系，垂直气候，分带植被。中国特有四川山鹧鸪之乡，并有白腹锦鸡、白鹇、红腹角雉等珍禽，兼生林麝、猕猴、斑羚、青鼬等珍兽。雄山碧溪，峰高谷深，世界第一立佛在目，高 37 米，造型淳朴完美，令人叹为观止。有十里细沙溪，2.4 万株植物活化石——桫椤群落，川南亚热带原始林，罕有天地，引人入胜。

亚丁国家级自然保护区：青藏高原东南端，香格里拉旅游圈。高山湖泊，冰川宽谷，莽原曲流、峡谷溪瀑，此是蓝色星球最后一片净土；原始自然，森林草甸，物种丰富多样、珍稀特有，罕有生物区系如此壮丽异奇。

贡嘎山国家级自然保护区：位在甘孜州，蜀山之王，地球高峰。五大冰川完整自然，闻名世界；7 个气候区带明显，缩微五洲。有中国最大冰瀑奇观，十多个高原湖泊竞秀云天，生物多样性及高山多元生态系统，全球热点保护地区之一，横断山区典型代表，生态系类型展览馆。植被呈垂直带谱形色，5 000 种植物争奇斗艳，丰富动植物和多样性生境条件，称誉"生物基因宝库""动植物世界大观园"。第三纪孑遗生物，号"活化石"；特有种动物 101 种，称基因库。自然风景独特美观，长江上游生态屏障，科学价值重要，观游资源热点。

美姑大风顶国家级自然保护区：在凉山州美姑县—马边县境内，北倚峨眉，南面金沙。大熊猫领衔，牛羚、小熊猫、豹、猴等相继登场；红腹角雉、白腹锦鸡、白鹤等 30 余种珍稀动物集中呈现。此地盛产天麻、贝母、牛膝等名贵药草，珙桐、银杏、红豆杉等国家保护植物。

栗子坪国家级自然保护区：在雅安市石棉县境内。大熊猫生境连接走廊地带，人工繁育放归自然基地。天然原始林区，枫槭红叶装点秋色，景观美好。特有物种丰富，珍稀濒危物种多样。

攀枝花苏铁国家级自然保护区：古生代孑遗物种，号称"活化石"，形态古雅，主干粗壮，坚硬如铁，25 万株集中生长，绝无仅有，对研究古生物、地质、地理、种子植物起源有重大科学意义；攀枝花绿色名牌，又名凤尾蕉，羽叶优美，铁树开花，坚贞不移，千姿百态为世界一绝，亘古无双，大自然艺术品、食用、药源、园艺美化观赏之植物翘楚仙葩。

长宁竹海国家级自然保护区：世界罕见竹海，竹类生态唯此为大；天下独有青翠，绿色景观无可比拟。有诗赞曰："咬定青山不放松，立根原在破岩中，千磨万击还坚劲，任尔东南西北风。"又曰："虚怀千秋功过，笑傲严冬霜雪。"

花萼山国家级自然保护区：在川东达州万源市境内，秦巴山腹心。一山如芙蓉，五山环萼片。川鄂渝陕地理交界，东西南北生物交会。山地立体气候，北亚热带常绿阔叶林典型代表，大山屏障成就古生物避难所，多存古老孑遗特有珍稀濒危动植物，特有种模式种多，如巴山冷杉、巴山榧、巴山木竹、台湾水青冈、城口樟之类，科学意义重大；优越独特生境，中国生物多样性优先重点区域，尊为"生态安全屏障"，具有原始自然多样、稀有、独特价值，资源特有性强，如萼山尖贝、野蜡梅、多种兰花、城口猕猴桃、野大豆等，保护需求高。

画稿溪国家级自然保护区：地处云贵高原与四川盆地边缘，历史名城叙永境内。同纬度带上少有阔叶森林生态系统，有银杉、金花茶、红豆杉和金钱松、福建柏、鹅掌楸等珍稀植物，红椿、厚朴、润楠等名贵中药材，对研究物种起源有重要科学价值。北半球物种难得基因宝库，桫椤群落植株高、面积大、数量多，均称为最；伴生珍稀野生动植物，红山茶、野兰花集中成片，猕猴、云豹、大鲵等珍稀呈现。瀑布之乡，天然画稿，绿色世界，原始古朴，杜鹃花海，生意盎然，山峦展厅，自然风光。

长江上游珍稀特有鱼类国家级自然保护区：青藏高原特殊地理气候造就冷水激流性特有鱼类，孕育的遗传基因非同凡响。长江上游珍稀特有鱼类具有特别重要的意义，保护区重要作用无可替代。达氏鲟、胭脂鱼、白鲟为旗舰物种；圆口铜鱼、南方鲇、长鳍吻、铜鱼等为当前主要经济鱼类；中华倒刺鲃、黄颡鱼、白甲鱼、华鲮、鲑鱼、乌鳢、长薄鳅、岩原鲤、长吻鮠等十几种，已可人工繁殖；更多特有、珍稀、濒危鱼类正面临巨大压力：水坝建筑，电站运行，航道开拓，航行、挖沙、捕捞以及环境污染、水质恶化，任何一项，都可导致生态破坏，资源减少，种群衰退，物种濒危或灭绝，情势危急，亟待保护。众多鱼类需求各异，产卵场、越冬场、索饵场，缺一不可；洄游通道、水文情势、水温、水质等，皆是决定意义要素；水体溶解氧、总氮磷、流量、流速、水位、水深、涨落节律、底质、营养盐诸多因素，均需保持自然；生态组成、结构、食物链网完整性尤为重要，浮游植物、浮游动物、底栖生物，产卵、洄游、育幼无不各具特点，生境任何改变，必然引发连锁反应；压力减负，科学保护，方可遏制生境恶化趋势。重建生境、改善水质，保护区建设任重道远。

察青松多白唇鹿国家级自然保护区：地处甘孜州白玉县，森林生态，原始完整，高原气候，雪山草地，动物诸多：鸡雉雕鹫，鹿羊麝羚，珍稀濒危稀特奇皆具。白唇鹿，高寒动物，形体高大，毛被浓密，集群活动，中国特有，古老珍贵，红色濒危，川滇甘青藏分布。动植物多特产，保护区集中分布。

海子山国家级自然保护区：甘孜州境，理塘县与稻城县境内。青藏高原最大古冰川遗迹，恐龙时代集中化石群呈现，天然石雕，场景壮观，景象庄严，撼人心魄，稻城古冰帽闻名于世。高寒湿地原生态密集，千多寒湖鸟兽类闹喧，冰山雪岭，清寒映衬，宗教寺庙，人兽祥和。

格西沟国家级自然保护区：地处甘孜州雅江县，青藏高原横断山脉。雅砻江流域，山体高大，地势险峻，河谷深切，高低悬殊，皱褶断裂带地质地貌，冰川遗迹，自然分异，都具科学意义。生态系特征，原生自然，四川雉鹑、绿尾虹雉、斑尾榛鸡、大紫胸鹦鹉珍稀鸟类，中国特产，分带植被，甘孜珍禽乐园。

诺水河珍稀水生动物国家级自然保护区：在通江县境内，嘉陵江上游支流。山水风光，风景名胜区，秀水、奇峰、溶洞、瀑布、水帘、碧潭兼具。保护珍稀水生动物：集中分布特有岩原鲤及珍稀动物大鲵、重口裂腹鱼、青石爬鮡等，保护名贵经济鱼类：中华倒刺鲃、白甲鱼、华鲮、鳜、黄颡鱼等。

若尔盖湿地国家级自然保护区：鱼鸟天地，沼泽生态系统，苍山、绿原、繁花、红叶、碧水、蓝天共生。水中产大鲵、水獭、中华鳖、裂腹鱼及鲶鳜鲤鲫鳙鲶诸种鱼类；湿地养白鹳、黑鹳、黑颈鹤、胡兀鹫和鹅、鸭、雕、鸮、鸳鸯各色鸟禽。川陕革命根据地，伟业持续；红军长征走过路，精神长存。

长沙贡玛国家级自然保护区：甘孜大型高寒沼泽湿地，三江源核心地带，通连通天河和扎陵湖、鄂陵湖核心区，与若尔盖同源于第四纪冰碛湖，黄河、长江重要水源地，有国家保护动物48种，典型稀有代表性生态系统，藏野驴种群集中分布地。

南莫且湿地国家级自然保护区：在阿坝州壤塘县境内，赞为独一无二高原湿地。分布黑颈鹤、白唇鹿、川陕哲罗鲑等珍稀生物。

（30）重庆市的自然保护区

重庆已建自然保护区58处，其中，国家级自然保护区6处：缙云山、金佛山、大巴山、重庆雪宝山、阴条岭、五里坡。并与四川省、云南省共有长江上游珍稀特有鱼类国家级自然保护区。

缙云山国家级自然保护区：重庆市北碚区，嘉陵江小三峡之畔。林海苍茫，高树参天，深藏古树大木；自然优美，历史厚重，建成植物名园。荷叶铁线蕨、珍稀杉类、苏铁类等51种国家保护植物撑起自然保护大厦，再加千虫百兽花海洋，珍贵特有濒危物种，铸就科研教育圣洁地。缙云四照花、缙云槭、北碚榕等38种模式植物彰显植物园之价值，更有九峰七寺主景观，雄奇险秀幽旷特色，遂成风景名胜精华园。

五里坡国家级自然保护区：地处渝鄂交界，巫山县境。交接神农架，地属亚热带。原始森林，生态典型代表，资源宝贵；坐落秦巴山区，动物珍稀，有金丝猴、金钱豹坐镇，经济价值连城。

阴条岭国家级自然保护区：在巫溪县境内，神农架余脉。重庆第一峰，巴国药物山。倚秦望楚，连山接水，唯一原始林海，多有参天古木。垂直景观，奇花异草。养育珙桐、蜡梅、崖柏、红豆杉、银杏等，誉为"物种基因宝库"；珍藏白熊、白狐、金雕、小熊猫、金钱豹，堪称生物逍遥天堂。

金佛山国家级自然保护区：重庆南川区，黔渝边界，金佛临凡。喀斯特地貌，华容美态，山势险峻峡谷深切，溪泉飞瀑，汇山水胜景作名片，是有待发现的深闺美人；自然景观千姿百态，金佛菁坝柏枝诸峰108多座，有大宝、烟云、古旨洞、黎香湖、神龙峡，景区多个。亚热带气候，湿润温暖，森林生态茂盛多木，垂直分异，集天下绿神于一地，乃神秘未知之基因宝库；发现植物5 000多种，特有古老孑遗物种250多种，若银杉、水杉、福建柏、鹅掌楸、珙桐等，特色显著。特有、珍稀、濒危物种百多种类，如银杏、青檀、杜仲、金钱槭、伯乐树、银鹊树、明党参、独花兰、金佛山兰、猕实等，并有模式标本产地植物300多种；珍奇特有鸟兽200多种，如朱雀、锦鸡、雉类、金画眉，金钱豹、黑叶猴、毛冠鹿、猕猴、林麝、黑熊等。银杉方竹杜鹃花王、银杏古茶林中称绝，金山三宝三精五绝，珍贵特有奇货可居。国家级自然保护区，科研基地；著名的风景名胜区，森林公园。

重庆雪宝山国家级自然保护区：誉为"巴山明珠""伊甸天国"；又称秦巴走廊，文化客栈。气候湿润温和，森林广阔壮美，独有的植被类型，原始完好罕见，孕育丰富的动植物资源，维管束植物3 800多种，保护生物百多种，兰花荟萃百多种。山岳雄浑陡峻，峡谷幽长奇险，亚高山草甸原野，广大优美自然，形成百里峡天水瀑景区、雪宝顶景点108处之多，千年崖柏8 000株，三峡旅游一核心。一派空山石，几多幽谷兰，无人亦自芳，只随清风远。

大巴山国家级自然保护区：在城口县境内，大巴山南麓，亚热带森林生态系统，喀斯特地貌景观。植物群落完整自然典型代表，东西南北植物交会所，奇花珙桐，异草独叶，珍木崖柏，特有巴榧，本区为世界冰川第四纪生物避难所，孑遗物种栖息地。动植物物种古老独特稀有珍稀濒危，上下左右奇观汇集一地，鸡鸣贡茶，大木名漆，珍药麝香，巴山美食，这里是中国生物多样性保护关键区，优先重点特别区。巴山榧：中国特有，红豆杉科，材质优良，生长缓慢，资源极少；黔北桐梓，狮溪柏箐，发现偶然，仅存7棵，绝境逢生。崖柏：常绿小乔木，木质坚韧耐腐，形态优美，产生香味四溢；植物"活化石"，鳞叶对生美观，雌雄同株，仅存巴山长白。

（31）贵州省的自然保护区

贵州省已建自然保护区129处，居全国前列，其中，国家级自然保护区10处：威宁草海、宽阔水、佛顶山、习水中亚热带常绿阔叶林、赤水桫椤、梵净山、麻阳河、雷公山、茂兰、大沙河。

威宁草海国家级自然保护区：高原大湖，鸟类王国，誉为"蓝宝石"，称作"基因库"。代表性湿地生态系统，鸟类越冬地、繁殖区，候鸟中转驿站；世界级观鸟胜地，旗舰种黑颈鹤、白肩雕，每年万鸟聚集。草海水域、浅水沼泽、莎草湿地、草甸，均是重要生境。植物群落如荆三梭、水葱、水毛花、水芹、菖蒲、水藻、两栖蓼、四角菱，水生鱼虾类、底栖生物，均属保护对象。黑白琵鹭、越冬雁鸭、鹬类骨顶、鸥鹤，都是保护对象。猛禽如草原雕、雀鹰、松雀鹰、游隼、红隼、雕鸮、灰背隼、白尾鹞，高翔低飞，十分抢眼，候鸟过境一派生机。中国一级重要湿地，国家四星旅游大区。胜景春秋，闻名中华。

宽阔水国家级自然保护区：植物群落多样，顶极演替并存，原生亮叶青冈林此处独好。特有白冠长尾雉、黑叶猴、红腹锦鸡，观鸟胜地，灵兽猎奇，猴麂共存，有大鲵和细痣疣螈类水底藏身。水青冈：落叶乔木，上层树种，生长快速，世界十种，中国有五：名为钱氏、米心、台湾、光叶、水青冈；材质坚重，结构均匀，色泽红鲜，树干通直，分布川东、鄂西、两广、云贵等。

习水中亚热带常绿阔叶林国家级自然保护区：水热土条件优越，生长代表性亚热带常绿阔叶林，原生自然，功能重要；物种三千，特有占半，药用、观赏、野生蔬菜、经济植物等，应有尽有；国家级保护物种如珙桐、银杏、鹅掌楸、杜仲、红花木莲、红豆杉、华南五针松、闽楠、厚朴、香果树等，有独特桫椤单优群落，甚为罕见。动植物区系复杂，为多样性生物资源博物馆，珍稀濒危、土著特有、水生陆生飞禽走兽，爬行两栖，昆虫诸类，鱼类水族，品类繁多；并有国家级保护物种云豹、猕猴、藏酋猴、黑熊、大小灵猫、苏门羚、白冠长尾雉、林麝、大鲵、锦鸡等；长江特有鲌类，颇具特征。

赤水桫椤国家级自然保护区：别名蛇木，又称树蕨，世界珍稀濒危物种，中国稀有国宝。蕨类唯一木本，恐龙时代残遗，叶如凤尾，青翠曼妙，超级活化石观赏植物；赤水万株集中，地区独家名片，旗舰生物，保护领航，已建侏罗纪国家公园。

梵净山国家级自然保护区：武陵正源，黔岳第一，佛家第五道场，避暑十佳名山，世界自然遗产，黔东生态王国。地势高耸，山体宏大，峰高千丈，高低悬殊，沟谷密布，溪多百条。亚热带森林生态系统，自然原始，植物2 000多种，特产丰富多样，珙桐、冷杉孑遗特有。季风区气候垂直分异，湿润多雨，动物3 000多种，珍稀濒危种多，黔金丝猴独树一帜，区域名片，世界瑰宝。净土圣地，梵天灵山，敕封名岳之宗、世界生物圈保护区网络成员。

佛顶山国家级自然保护区：黔东石阡县境，佛教圣地，梵净山姊妹。断裂构造带，山体地垒式，雄浑高旷，甘溪包溪清流萦绕，田园村寨依山傍水，悬崖绝壁连绵不断，峰岭名薄刀，洞府称犀牛。中亚热带常绿阔叶林生态，群落结构完整，景观丰富多彩。国家一级保护植物珙桐集中分布区，伯乐树、红豆杉及硬叶兜兰等珍稀植物多种；山上一株千年"杉

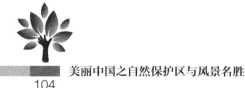

木王"雄视四方。生长林麝、白颈长尾雉等数十种珍稀动物，多样而脆弱，保护意义重大。

麻阳河国家级自然保护区：铜仁麻阳河，专属黑叶猴。幽深峡谷，清凉险秀，蚀余景观，气候温和。典型喀斯特地貌类，野生动植物基因库。恢复中的森林生态系统，有红豆杉等珍稀濒危植物，具有山水洞石泉溪和森林高档旅游景致；绿色下的仙山神洞水府，为黑叶猴之专属家园，共处豹、熊、麝、羚、鸡、雉与猕猴珍稀濒危生灵。

雷公山国家级自然保护区：保护秃杉及亚热带山地森林生态系统，维护景观和动植物珍稀孑遗特有物种。属常绿阔叶林、落叶阔叶混交林、水青冈林、苔藓矮林、箭竹杜鹃灌丛，多种植被类型，原始面貌得以保存；南方红豆杉、马尾水青白辛树、钟萼木等，鸟类兽类、爬行两栖新种，大山潜踪隐形，自然生境亟待恢复。山地气候多样，雨水充沛，野花装点，多产山珍：核桃、杨梅、樱桃、猕猴桃，顺手可摘，更有云雾银球贡茶，名满天下；该处山势雄伟，河溪众多，瀑布梯叠，生境传神，佛光、天书、密洞、苗皇城诸多风景，还有苗寨民俗风情，文旅丰盈。

茂兰国家级自然保护区：云贵高原南缘，广西木伦毗邻。亚热带季风湿润气候区，喀斯特森林原始集中典型特别，世界罕有，生态系统达到完美和谐、理想平衡状态，誉为"山水贵族"；喀斯特峰丛漏斗洼地貌，动植物物种古老孑遗珍稀多样，人间仅存，自然景观集山水、田林、鸟兽、人文于一体，称作基因宝库。比作地球腰带上的绿宝石，列入世界生物圈保护区网络成员。石灰岩水土，特有种尤多，如短叶穗花杉、荔波大节竹、鹅耳枥、秋兰等；小生境特殊，新特种几十种，有鱼类、爬行类、软体动物类、昆虫类、蜘蛛类。区内保护植物 200 多种，红豆杉、南方红豆杉、掌叶木，均为一级；建群种多喜钙耐旱，此地森林对石漠化地区植被恢复重建有重要参照意义。本地景点古迹百里内集中，洞瀑泉、多民族文化、野梅林，独具特色；世界自然文化遗产，优越物种是遗传学育种、引种、驯化、繁殖的材料科学殿堂。

大沙河国家级自然保护区：遵义道真县境。北亚热带湿润季风气候区，植物资源丰富，有植物 3 799 种。其中大型真菌 208 种，高等植物 3 556 种，国家一级保护植物有银杉、银杏、红豆杉、南方红豆杉、珙桐、光叶珙桐 6 种。银杉为我国特有，是第三纪"活化石"，号为"植物熊猫"。区内现有银杉面积 8 810 平方米，株数 1 056 株，最大一株树龄 200 年以上，是全国银杉的重要物种基因库；保护区有中国特有属 15 属，中国特有种 1 469 种。动物资源丰富，共有动物 2 002 种。有脊椎动物 337 种，国家保护珍稀动物 36 种，有黑叶猴、云豹、林麝、金钱豹等。区内现有黑叶猴 19 群 152 只，其种群数量居贵州第二位。

（32）云南省的自然保护区

云南省已建自然保护区 159 处，居于全国前列，其中国家级自然保护区 20 处：轿子山、会泽黑颈鹤、哀牢山、元江、大山包黑颈鹤、药山、无量山、永德大雪山、南滚河、云南大围山、金平分水岭、黄连山、文山、西双版纳、西双版纳纳板河流域、苍山洱海、云龙天池、高黎贡山、白马雪山、乌蒙山。

高黎贡山国家级自然保护区：怒江西岸，横断南端。山势陡峻，气候立体，呈中山高山森林垂直生态景观；河谷深险，山高雨多，有干热河谷寒冷高山丰富资源。植被类型多样，种子植物达 4 300 多种，特有种 400 多种，如云南红豆杉、长蕊木兰、珙桐及秃杉、董棕、三尖杉、十齿花、红花木莲等；此处是具有国际重要意义的顶级保护区，世界物种基因宝库。珍稀濒危物种众多，脊椎动物有 500 多种，国家保护级数十种，有白眉长臂猿、戴帽叶猴、羚牛和鬣羚、血雉、小熊猫、穿山甲、黑颈鸬鹚等；这里是全球野生生物保护的关键区域带，南北生物迁徙通道。三江并流，气象恢弘，入驻世界自然遗产名录；山河壮丽，盖世无双，为生态保护理想王国。

云龙天池国家级自然保护区：滇西北，高山地貌；雪盘山，峰高谷深。偎在三江并流世界自然遗产地内，气候垂直分异；藏身中国生物保护关键地带之中，水热同期出现。云南松林峥嵘，十万亩原始林蓬勃，杉、榧、楠、樟、竹、草、木同造天地；滇金丝猴举旗，数千种动植物保护，鹿、羚、猴、麝、熊、鸟、兽共享太平。

白马雪山国家级自然保护区：滇西北，横断山。深切割极高山，低纬度高海拔。峰谷高差 3 500 米，上下寒热差异；气候高下达 16 带谱，坡向阴阳景异。河谷干热，疏林灌丛，滇金丝猴生息，为主要保护对象；山地严寒，冷杉森林，暗针叶林发育，为自然保护精华。珍稀生物丰富，有哺乳动物百种，豹熊貂麝羚荣枯相连，珍稀濒危特有黑颈鹤、斑尾榛鸡、白马鸡类，一山贵族皆收。植物区系复杂，含温带木本全属，杉、松、槭、桦、栎应有尽有，特有种星叶草、澜沧黄杉、金铁锁等，观赏植物尤丰。垂直景观最是难忘，杜鹃花海令人痴迷。

轿子山国家级自然保护区：乌蒙山滇中森林，长苞冷杉、高山松柏、黄背栎林，植被多类，原始典型；第四纪冰川遗迹，冰蚀地貌，天池景致、雪山冰瀑、花溪缤纷，一方胜景。植物如苏铁、红豆杉、西康玉兰、乌蒙绿绒蒿，珍贵特有；动物如林麝、大灵猫、红瘰疣螈、云南闭壳龟，珍稀濒危。植被修复种源地，长江水源涵养区。春城生态屏障，科学研究殿堂。

乌蒙山国家级自然保护区：保护亚热带山地湿润常绿阔叶林，有孑遗珍稀树种形成的水青树森林、十齿花森林、珙桐、扇叶槭优势种群；唯一天然毛竹林，亦是天麻原产地。养育国家级重点保护珍稀濒危动植物，因生物区系交会造就了四川山鹧鸪、白鹇峨眉种、黑鹳、藏酋猴特殊生境；高山湿地沼泽化，为禽鸟游乐园。完整原生植被提供生态恢复与生态文明建设重要参照，水源涵养功能保障区域供水和长江流域生态安全屏障。

会泽黑颈鹤国家级自然保护区：滇东北，曲靖会泽县境。主要保护黑颈鹤及其越冬栖息地的湿地生境，此处还有国家一级保护动物黑鹳、中华秋沙鸭及其他鸟类 102 种。保护区的其他水禽有 5 000 余只，有属于游禽的小䴙䴘、凤头䴙䴘、红嘴鸥等 17 种和属于涉禽的苍鹭、池鹭、小白鹭，另有蓝胸秧鸡、红胸田鸡、凤头麦鸡、金斑鸻等 21 种。数量较大的有绿翅鸭、斑嘴鸭等，分别都有近千只。

大山包黑颈鹤国家级自然保护区：昭通市境，海拔在 3 000～3 200 米，总面积为 3 150 公顷，是中国黑颈鹤单位面积数量分布最多的保护区。本区是亚高山、沼泽化、高原、草甸湿性生态系统，黑颈鹤越冬栖息地，列入《国际重要湿地名录》。黑颈鹤在青藏高原繁殖，云贵高原过冬，是世界上 15 种鹤类中唯一在高原上繁殖和越冬的鹤类，数量十分稀少。

药山国家级自然保护区：巧家县境，金沙江畔。垂直带谱景观带，森林生态保护区。重点保护巧家五针松、红豆杉、攀枝花苏铁、急尖长苞冷杉、珙桐、天麻等药用植物、高山植物等。保护动物有黑颈鹤、红腹角雉、白腹锦鸡、绿尾虹雉等珍鸟，雕鹰类猛禽，金钱豹、岩羊、林麝等珍稀兽类。生态环境功能多样，水源涵养，水土保持。

无量山国家级自然保护区：澜沧江畔，思茅境内。山地森林，气候植被垂直分带；植被多型，生态科技研究基地。重点保护动物有黑冠长臂猿及其栖息地，长尾雉、蜂猴、熊猴、灰叶猴及爬行蟒蛇等同时受益。重点保护植物有云南红豆杉及伯乐树、长蕊木兰、白菊木、红花木莲、中华桫椤、水青树、云南榧等 20 多种。云南著名大山，风景旅游胜地。

哀牢山国家级自然保护区：云贵青藏横断三大地理区接合部，森林山溪梯田独特生态系展示区。亚热带中山湿性常绿阔叶林生态系统，复杂地貌，植被垂直分带，拥有种类多样的植物资源，野荔枝、云南七叶树、旱地油松、翠柏等，云南特有种形成优势林，为重要特色。山顶为原生森林，自然保护绿色水库，坡面梯田，山溪自流灌溉；保护区生存黑冠长臂猿、绿孔雀、黑颈长尾雉、凤头蜂鹰、白鹇类，珍稀濒危特有鸟兽。躬行自然保护，彰显生态文明。

永德大雪山国家级自然保护区：怒江澜沧分水岭，大小雪山主脊线。山大谷深，高低悬殊，雨多林茂，河溪流急。保护宗旨：南亚热带常绿阔叶林垂直景观，层次分明，典型代表，山地带谱，并有多样性国家重点保护植物，如云南红豆杉、金毛狗、桫椤、水青树、千果榄仁、云南铁杉等。生态价值：世界意义关键动植物保护区域，植被复杂，景观独特，生物珍稀濒危，尤有代表性珍稀濒危特有动物，如黑冠长臂猿、绿孔雀、豚鹿、长尾雉、蟒蛇、巨蜥、虎豹、熊猴类。特有物种优势突出，反映地质历史和生物地理区系的古老特征，山河壮丽生灵蓬勃，展现自然环境与特殊生命系统之融洽合一，科学意义大，生态价值高。

元江国家级自然保护区：山川相间，高低悬殊；焚风效应，长夏无冬；干热河谷，干湿分季。典型河谷萨王纳植被，常绿阔叶林生态系统，多种植被类型，热带植物2 303种，丰富野生动植物资源，生物多样性极丰富地区，两大片区组成，兽类97种、鸟类58种、两栖爬行124种、鱼类34种，许多为珍稀濒危类。生物保护须保护生境，水源功能须建设森林。

苍山洱海国家级自然保护区：大理州境，属自然生态兼自然遗迹类保护区，包含森林生态系统、内陆湿地和水域生态系统，多层次、多功能、大容量。以保护古冰川遗迹、高原湖泊自然景观、弓鱼等特有鱼类，名胜古迹及苍山冷山林——杜鹃林为特色的高山垂直带植被及生态景观。苍山山体高大，气候垂直分布明显，主峰终年积雪，有亚热带、暖温带及寒温带3个垂直气候带，植物垂直分布带谱。从洱海湖区至苍山顶峰，植被和植物种类从南亚热带过渡到高山冰漠带。苍山是云南植物王国中资源富集的宝库之一，山地野生动植物丰富，国家保护级的有水青树、云南梧桐、蓝果杜鹃、延龄草等14种，还有苍山特有的植物，如龙女花、苍山杜鹃、大理独花报春、高河菜、美报春等数十种。国家保护动物猕猴、水獭、血雉、红腹角雉等14种。

南滚河国家级自然保护区：横断山南端，临沧市境内。热带雨林保护区，植被垂直分布，生物得天独厚，国家重点保护植物数十种，有番龙眼、千果榄仁、云南石梓、红椿、桢楠、董棕、八宝树、铁力木、见血封喉等，堪称植物宝库；珍稀生物栖息地，自然条件优越，物种保护关键地区，珍稀濒危特有动物百十种，如长臂猿、孟加拉虎、叶猴、蜂猴、野牛、鬣羚、豚鹿、亚洲象、绿孔雀、白鹇、原鸡诸类，誉为"动物王国"。

金平分水岭国家级自然保护区：北回归线上，滇南多雨区。中国最大、原始、完整山

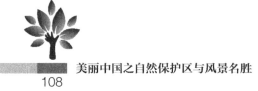

地苔藓常绿阔叶林，有第三纪植物残遗种和特有种存在，如原始莲座蕨、树蕨、马尾树等；相对高差大，气候立体，生态类型多样，物种特别丰富，国家重点保护植物达105种。主要保护珍稀动物和森林生态系统，多中热带亚热带灵长类和珍稀特有鸟类，如黑长臂猿、蜂猴、孔雀雉类；湿润温热，蟒蛇、巨蜥乐游。国家保护鸟兽、两栖、爬行类近百种。

云南大围山国家级自然保护区：滇东南，边境区。热带雨林季雨林，龙脑香为标志；丰富热带植物资源：苏铁、毛坡垒、伯乐树、望天树、云南穗花杉、桫椤、三尖杉、金花茶、长蕊木兰、蚬木、水松等类，尤多经济林木物种，可持续利用意义重大。动物保护，长臂猿做领衔；珍稀濒危特有，如蜂猴、太阳鸟、啄花鸟、八色鸫、银胸丝冠鸟、鹦鹉、孔雀雉、绿孔雀、地区特有蛙类、乌鳢、土著鱼等，荟萃水陆稀特物种，多样性保护功德绵长。长蕊木兰：原始被子植物，称"活化石"，常绿乔木，高过百尺，珍稀濒危状态；庭院绿化树种，开洁白花，花期两月，观赏绝佳，芳香袭人。

黄连山国家级自然保护区：世界生物多样性保护热望区，生态功能区建设优选目标。中越老绿色三角地，滇东南国际性生物保护区。森林生态系统：热带季雨林、山地雨林、湿性季风常绿阔叶林、山地苔藓常绿阔叶林，多样化植被孕育丰富资源；四周沟谷深切，中部山体隆起，独立地域，封闭生境，养特异化物种，提升保护价值。谭清苏铁、东京龙脑香、长蕊木兰、多毛坡垒、桫椤、木瓜红、千果榄仁，均为特有珍贵国家保护植物；黑长臂猿、白颊长臂猿、灵长目类、珍稀鸟兽、两栖类、爬行类、特有鱼类，都是珍稀濒危特有国宝资源。灵长类：动物界高等类群，包括猿与猴类，世界珍稀濒危，中国有22种；社会性类人生物，群内分等级，黄连山8种之多。

文山国家级自然保护区：滇东南山区，回归线附近。热带森林生态系统，以季风常绿阔叶林与山地苔藓常绿阔叶林为主，古老特有，资源极其丰富，种子植物达3 000多种，蕨类丰盛，大型菌类尤多，三七之乡。复杂地史条件，成孑遗生物保存地，以长蕊木兰及华盖木做标；湿热多雨气候，物种特别繁多，脊椎动物有600多种，鸟类奇异，两栖爬行盛行，鱼类颇丰。此地为华夏植物区系核心部分，视为植物演化博物馆，物种基因宝库，生命绿洲，区域名片；也是中国木兰植物分布中心，模式植物集中地，绿色天然水库，森林原始，人民安居。三七：云南文山砚山原产地，中国特有名贵中药材。药食同源植物，以根茎入药，具有活血化瘀、消肿止痛之功效，云南白药主成分，有南国神草美誉；菊科直立草本，花叶可茶饮，活血物质有效性高于人参，珍贵名药金不换，获"参中之王"头衔。

西双版纳国家级自然保护区：神州无二遗产，中国唯一雨林。生物茂密，层次结构复杂，高等种子植物 5 000 多种；热带生境，动物种多奇特，陆生脊椎动物 620 种。雨林景观绚丽多彩：望天树参天蔽日，荫庇一地；亚洲象天下无敌，统领四方。老茎开花，绞杀植物，独木成林，神奇自然天地；香料植物、药用植物、食料饮料，随手可及资源。附生寄生藤蔓生，随处可见；板根气根支柱根，水土相连。国家重点保护植物 58 种：毛坡垒、龙血树、版纳青梅、风吹楠、罗芙木、龙血树、黄黑檀、大叶木莲、千果榄仁等，都是名优特产；鸡毛松、天科木、苏铁、桫椤，均为古老遗存。保护区内陆生脊椎动物 620 种，列入国家重点保护的动物有 70 多种。绿孔雀、黑长臂猿、亚洲象，个个如雷贯耳；绣眼鸟、鹛类雀类、石鸥等，种种特化珍奇。真正物种宝库，无双科学殿堂。

西双版纳纳板河流域国家级自然保护区：保护区由互不连接的勐养、勐仑、勐腊、尚勇、曼稿 5 个子保护区组成，总面积为 24.17 万公顷。大陆性气候和海洋性气候兼优的热带雨林，主要保护对象是以热带雨林为主体的森林生态系统及珍稀野生动植物。已知维管束植物 2 345 种，其中国家重点保护植物 20 种。已知脊椎动物有 437 种，昆虫 327 种，其中国家重点保护动物有 68 种；已知大型真菌 156 种。为中国第一个按小流域生物圈思想建设的多功能、综合型保护区，将保护、科研和社区发展相结合，为国际区域生态环境保护提供了示范。

0203　中国的世界自然遗产地

联合国教科文组织于 1972 年通过了《保护世界文化和自然遗产公约》。1976 年建立《世界遗产名录》。中国于 1985 年 12 月 12 日加入该公约，1986 年，中国开始向联合国教科文组织申报世界遗产项目，1999 年中国当选为世界遗产委员会成员。该公约规定，属于下列内容之一者，可列为世界自然遗产：①从美学或科学角度看，具有突出、普遍价值的由地质和生物结构或这类结构群组成的自然面貌；②从科学或保护角度看，具有突出、普遍价值的地质和自然地理结构以及明确划定的濒危动植物物种生态区；③从科学、保护或自然美学角度看，具有突出、普遍价值的天然名胜或明确划定的自然地带。至 2019 年，中国列入《世界遗产名录》的共有 55 项，跃居世界第一，其中列入世界自然遗产地名录的有 14 项：九寨沟、黄龙、武陵源、三江并流、大熊猫山（卧龙、四姑娘山、夹金山）、中国南方喀斯特、三清山、中国丹霞地貌、澄江化石地、天山、湖北神农架、青海可可西里、梵净山、黄（渤）海候鸟栖息地。泰山、黄山、武夷山和峨眉—乐山 4 项列为世界文化和自然双遗产。另外，列入世界文化遗产 32 项、世界文化景观遗产 5 项。

中国是世界上拥有世界遗产类别最齐全的国家之一，也是世界文化与自然双重遗产数量最多的国家之一（另一个国家是澳大利亚），世界自然遗产地 14 项亦位居世界第一。

（1）中国入列世界自然和文化双遗产名录的四大名爵

泰山：两千年帝王朝拜，尊为五岳之首；十亿载岩石古老，铸成地质史书。古文化发祥地，君主封禅，孔子登临，儒道传承，宫观鼎盛，留王母池、碧霞祠、斗母宫、老君堂、天尊庙，经石峪诸多古迹供观瞻，且刻石众多，闻名久远，帝王御书，名家手笔，文辞优美，书体高雅，制作精良，历史画龙，文墨点睛，一山胜迹展现中华文化精深博大。大自然画图集，三檀叠瀑，旭日东升，黄河金带，石坞松涛，又壶天阁、小洞天、黑龙潭、桃花峪、天烛峰、对松山无数胜景可观游；更古树名木，数以万计，汉柏凌寒，挂印封侯，唐槐抱子，青檀千年，六朝遗相，大夫五松，华贵雍容，泰山巍峨体现中华民族敦厚精神。这是千年人文赋精魂，山书历史；万象风景点春秋，水润心田。

泰山自然与文化双遗产包括泰山、岱庙和灵岩寺。泰山，古名岱山，又称岱宗。杜甫《望岳》诗云："岱宗夫如何，齐鲁青未了。造化钟神秀，阴阳割昏晓。荡胸生层云，决眦入归鸟。会当凌绝顶，一览众山小。"山势雄伟绝奇，文化渗透渲染，誉为中华民族精神文化的缩影。两千年来，泰山一直受帝王朝拜，民族景仰，人文杰作与自然景观完美融合，为中国艺术家和学者的精神源泉，也是古代中华文明和信仰的象征。泰山既有突出、普遍的自然科学价值，又有突出、普遍的美学和历史文化价值，是融自然科学与历史文化价值于一体的神奇大山。

黄山：五洲无二遗产，天下第一奇山。高山深谷，气候垂直变化，阴阳界割，雨雾频多，生十六清泉二十四溪涧，为新安江、钱塘江、青弋江源头；生态系统完整，名茶神药，草木葱茏，物种珍稀，有国宝级特有植物水杉，是动物植物天然博物园。花岗岩山体，奇峰耸立，怪石嶙峋，七十二峰尽皆有名，松鼠猴石惟妙惟肖，奇松怪石天下称绝；云雾乡景致，高峰缥缈，深谷朦胧，五十岭岩景象不同，莲花天都若隐若现，色彩阴晴异趣。绝壁长奇松，破石生根，盘根错节，渡崖越壑，盖世无双，并做科学样本；冰川地貌：苦竹溪道遥溪冰川创蚀，眉毛峰鲫鱼背刨蚀残留，百丈泉人字瀑冰川悬谷，乌泥关黄狮垱搬运堆积。胜景著华文，诗仙词家，美画圣书，精品荟萃，旨趣深远，更有人文古迹；风格独特：轩辕溪浮丘峰炼丹记事，浮丘观九龙观道场遗存，祥符寺慈光寺禅院百座，儒释道祠宫庙源远流长。

黄山雄踞风景秀丽的安徽南部，以怪石、奇松、云海、温泉"四绝"闻名。莲花主峰海拔 1 860 米。自古以来，历游名山者无不称羡黄山之美。故有"五岳归来不看山，黄山归来不看岳"之说。与山之王者相较，谓泰岱雄伟，华山峻峭，衡岳烟云，匡庐飞瀑，雁荡怪石，峨眉清凉，黄山兼而有之。黄山胜景，峰林如海，辟地摩天，危崖突兀，幽壑纵横，美不胜收。

武夷山：山水文化浑然一体，天人合一境界高远。地质演化历史悠久，深大裂谷，东西异趣；号"华东屋脊"，重峦叠嶂，群山环抱，融九曲溪峡谷风光，美如画卷；丹霞地貌闻名，峭峰柱天，陡崖若幕，天游玉女，凌霄虎啸，三髻镜台，扎堆争奇斗艳，九十九崖环绕碧溪，山水绝配；珍稀特有动物基因库，鸟天堂，蛇王国，昆虫世界，动物物种高达 5 000 余种；孑遗植物避难所，世界著名标本产地，有植物 3 700 多种；官民僧道，齐力保护生物，禁令石刻多方，环保遗产丰富。古老闽越文化遗存，架壑船棺，称绝无仅有；汉城遗址，崖居遗构，古井遗存，有 4 000 件珍贵古物，文脉久远；唐宋理学重地，朱熹创学，鸿儒讲习，高人雅士，隐居著述，此伏彼起，成就武夷文化，35 处书院遗迹，风韵独具；儒道佛文化荟萃地，道宫观，佛寺庙，儒家学堂，文化胜景绵延 2 000 多年；摩崖石刻集中处，中国古代书法宝库，古诗词 1 400 余首；唐茶宋贡，茶事兴隆千年，重要经济名片，文明传承久远。

武夷山脉，中国最负盛名的生物多样性保护区，大量古代孑遗植物的避难所，许多物种为中国特有。九曲溪峡谷秀美，两岸寺庙众多，历史迭代，兴废多有。该地为唐宋理学的发展传播中心，对东亚地区文化影响深刻。公元 1 世纪时，程村附近建立了汉代较大的行政首府，厚重坚实的围墙环绕四周，遗存至今，极具考古价值。根据区内资源禀赋，将全区划为西部生物多样性、中部九曲溪生态、东部自然与文化景观、城村闽越王城遗址以及江西铅山武夷山 5 个自然保护区。

峨眉—乐山：峨眉天下秀，佛国名声远。峨眉山体高大，八面威风，万佛顶高陵五岳，三主峰磅礴并立，群山层叠，悬崖挂瀑，金顶日出，云海变幻，佛光、圣灯，朝晖晚霞，气象万千；雷洞烟云，洪椿晓雨，大坪雾雪，雨像雾像诸多奇观；地质景观，沉积地层完整，展现地幔作用、岩石拉张、地壳转化之实证，新构造运动造就多种复杂地貌，成就峨眉之秀美，提供生物繁衍多样化生境，又地处世界生物区系接合部和过渡带，物种繁多，稀有特有冠绝一方，珍稀鸟禽、大熊猫、短尾猴，均是盖世无双；植物垂直带谱，气候高下不同，为中高山地生态王国，演绎美丽，构筑神奇，真正自然博物馆。峨眉佛教名山，四大道场，乐山佛天下独尊，弥勒像慈眉善目，体态高伟，俯瞰三江，雕刻精细，气势恢宏，赤崖、乌寺，石刻雕塑，云集一山；报国禅寺，万年普贤，华严铜塔，金顶八庙四海闻名；川蜀文化，佛家印记深刻，遍及建筑造像、礼仪风俗、音乐绘画诸方面，生态环境美结合丰富历史人文，兴起巴蜀文明，遗留先秦以来两千年文景，有蜀郡太守李冰创奇都江堰与天府国，汉代崖墓，宝塔佛寺遍布山川，司马相如、李太白、苏东坡，诗词歌赋脍炙人口；西蜀景观秀美，生态结构完好，为当代生存环境样地，发展旅游，改善生态，当是天府仙居园。

峨眉景区面积为 154 平方千米，最高峰万佛顶海拔为 3 099 米，是著名的旅游胜地和佛教名山。峨眉是集自然风光与佛教文化为一体的国家级山岳型风景名胜区。乐山大佛，又名凌云大佛，居乐山市南岷江东岸凌云寺侧，为大渡河、青衣江、岷江三江汇流处。弥勒大佛坐像，通高 71 米，中国最大摩崖石刻造像。历代崇奉，万民景仰，声名远播，古今共享。永远的大佛，无尽的川流。

（2）中国入列世界自然遗产名录的 14 名媛

新疆天山：地球自然奇观，中华天然美景。极乐天仙山，西王母瑶池。将反差巨大的炎热与寒冷、干旱与湿润、荒凉与秀美、壮观与精致巧妙结合；让景观迥异的高山与河谷、森林与荒漠、生物与旱漠、生命与死亡有机融汇。独特的地理自然界标，绿洲荒漠竞争性共存，彰显生态系涵养水源服务价值，尤有托木尔峰森林草原之美与博格达峰雪岭冰峰之景，遥相呼应，更有天池碧水青山辉映，磅礴大气。典型的山地垂直带谱，旱生植物区系占优，代表地域性生物生态演化过程，并是珍稀濒危生物和特有物种重要栖息地，生态保护科学意义非凡。要保护人类遗产，创建世界品牌，实现共同发展；环保主张，应保护山地生态，合理取水用水，追求天人和谐。

新疆天山世界自然遗产由托木尔、喀拉俊-库尔德宁、巴音布鲁克和博格达 4 个部分组成，总面积达 606 833 公顷。天山是世界上最大的山脉之一，有独特的自然地理特色，优美的风景，壮观的雪山，冰川覆盖的山峰，未受干扰的森林和草地，清澈的河流湖泊以及红床峡谷。这些都与相邻的广阔沙漠的炎热、荒凉、干燥，形成鲜明对比。这里的地貌和生态系统一直得到良好保护，为生物和生态演化过程的杰出范例。这里也是特有及遗存植物品种的重要栖息地，包括珍稀及濒危物种。

九寨沟：童话世界，山水之王。山做骨骼，宏伟壮丽；水为魂魄，灵秀晶莹。石灰岩山，褶皱断裂发育，新构造运动强烈，地壳抬升，圆锥状山势，喀斯特地貌多样；钙华流滩，溪涧瀑潭相接，湖池群层叠连绵，云光霞彩，原始态森林，大世界湖底尽收。冰川地貌保存完好，雪岭深峡，气候多变，造就多样化生态系统；森林连绵，物种繁多，植物3 000多种，古老孑遗，珍稀特有，原始自然，领春木、连香树、独叶草，显示生物进化过程；此乃世外天地，又植被垂直带谱，四季百色，斑斓锦绣，鸟类150种。珍稀动物举世闻名，大熊猫、金丝猴、牛羚、白唇鹿，特有珍兽。山水相亲浑然一体，火花海光灿，黑龙湖诡秘，更有盆景滩姿态万端，溪流欢唱，瀑布轰然，沟深百里之遥，步移景易，湖瀑孪生，绝胜景致，诺日朗、熊猫瀑、珍珠瀑，阔大秀美景观极致；真正人间仙境，且长湖揽抱群山，镜湖映辉，珍珠流光，湖水五光十色，钙华瀑滩天下奇观，五花海、五彩池、草湖、天鹅湖，七彩并集。密林荫翳，雨过蒸腾，云烟冉起，仿佛童话世界；天地云霞，季换色异，山水一统，真正地上瑶池。王维写意一幅画，自然长诗九寨沟。

九寨沟连绵超过72 000公顷，海拔4 800多米，森林荫翳，湖瀑层叠，生机勃发。山谷中现有鸟类140多种，还有许多珍稀濒危动植物物种，如大熊猫和四川扭角羚等。

黄龙：地处杨子松潘秦岭三大地质构造单元接合部位，涪、岷、嘉陵三江源头，分水岭地标，悬崖断涧。有岷山主峰雪宝顶，集水聚冰，岩隙疏泄，流经钟乳石山坡，融大自然骨血，出宽沟缓坡漫流，析出钙华，凝结成彩池三千、黄龙一条，延宕十里，实天成画卷。钙华规模类型结构诸多景观特点均属中国之最，池湖瀑滩洞泉毕集，博物馆身价，五彩齐全；最高钙华扎尕瀑，连天接地，斑斓高伟；欣赏钙华滩奇迹，看五花海精彩，观高山独特风光，环顾群峰，独有幽深静谧，锦绣一带展现百色，真瑶池风光。生态自然，森林浓密，草甸丰厚，养育珍奇鸟兽，多为中国特有；大熊猫、疣鼻猴、云豹、牛羚，珍特稀奇，更增添科学奥秘和生态意义。景观独特，池湖异趣，瀑滩色殊，构筑梦幻幽奇，均是天下无双；顶天峰，无底谷，彩瀑，碧泉，雄险美秀，遂成为旅游胜地与世界名遗。世界奇迹无双地，人间瑶池不二田。

黄龙景区面积为700平方千米，主要景观集中于长约3.6千米的黄龙沟。沟内遍布碳酸钙华沉积，梯田状排列，金色巨龙蜷曲，并伴有雪山、瀑布、原始森林、峡谷景观、高

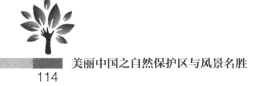
天寒云。黄龙，岩溶景观独特，著称于世；动植物物种丰富，享誉人间。黄龙沟，从底部到山顶，高差海拔1 800米，植被呈现亚热带常绿与落叶阔叶混交林、针叶阔叶混交林、亚高山针叶林、高山灌丛草甸等。大熊猫、川金丝猴等10余种珍贵动物徜徉其间，更增添无限奥秘和向往。雄、峻、奇、特，山野风色，享有"世界奇观""人间瑶池"的美誉。

三江并流：天地创奇迹，人间慧眼观。地球自转，陆地浮移，印度板块冲撞欧亚大陆板块，拱顶挤压，抬升青藏高原，隆起横断山脉，平行紧密列阵，山拔高天，河湍长峡，成三江并流自然奇观，列入世界自然遗产名录。高山戴雪，深谷氤氲，地势高差造成垂直分布气候，干湿划分，一山冷热四季，生物区系交汇，动物走廊形成，生境多样，物种富集，为珍稀特有生物王国，均是环境保护重点目标。

这里是蕴藏丰富的地质博物馆，世界高山地貌及其演化代表地区。从火成岩到沉积岩，各类岩石齐全，有完整的丹霞地貌，奇特的喀斯特峰洞。瞰深谷览峻峰，川峡交错为主景。梅里雪山、白马雪山、哈巴雪山构造空中风景轮廓；大河奔腾，峡谷怒吼，金沙江、澜沧江、怒江三大江怒吼奔腾。香格里拉安宁祥和，世外桃源，八大片区各展风采，如此景观绝无仅有。此处为当代世界的生物基因库。由雪山界至河谷林生态类型多样，存更新世残留物种，罕见的珍稀特生物，保金猴护雪豹，动物植物皆特有，森林草甸湿地湖泊提供多种生境条件；天鹤翔空，冷鱼潜底，山杜鹃自成花园，茶马古道繁荣久远，人间仙境，三大河谷自成体系，独特生态养在深闺。

三江并流位于青藏高原南部横断山脉的纵谷地区，由怒江、澜沧江、金沙江与其分水岭山脉组成，整个区域面积为4.1万平方千米。它是东亚、南亚和青藏高原三大地理区的交会处，世界上罕见的高山地貌及其演化的代表地区，也是世界上生物物种最为丰富的地区之一。高山峡谷、雪峰冰川、高原湿地、森林草甸、淡水湖泊、稀有动物、珍贵植物等，奇异景象集中呈现，是科学家、探险家和旅游者的向往之地。

四川大熊猫山：大熊猫，与许多生物化石同等寿长，世界闻名，号"地球活化石"，国宝动物，并与小熊猫、金丝猴、雪豹、云豹、羚牛诸多珍稀生物同处，珍贵稀有，独遗独存。大熊猫以箭竹为食，称作"竹林隐士"，喜独居，爱溪流，每逢春暖花开之际追逐热恋，憨态可掬，受人类喜爱。熊猫山，独有栖息地，以卧龙、夹金山、四姑娘山为核，国际声名，列入世界自然遗产名录，生境连片，森林为家，合并风景名胜、自然保护区、旅游地，为全球生物保护热点地区，动物通道，国际合作象征。

四川大熊猫栖息地总面积为924 500平方千米，包括邛崃山和夹金山的7个自然保护区和 9 个风景区,是全球面积最大、生境最完整的大熊猫栖息地,第三纪原始热带森林遗迹,全世界 30%以上的濒危野生大熊猫都生活在这里。这里也是小熊猫、雪豹及云豹等全球严重濒危动物的栖息地。生长着属于 1 000 多个属种的 5 000～6 000 种植物。

武陵源:独特的石英砂岩峰林石柱与喀斯特地貌融为一体,奇峰三千,形态万端,若人神鸟兽,拟人拟物,形似神似,天子山天下秀绝;已有景点五百多,黄石寨做东,张家界、杨家界、袁家界一区百景,旅游业尊为天堂。优越的暖湿气候雨水溶蚀和亚热带生物共同塑造,秀水八百,情趣无限,有瀑泉溪潭,或清或碧,幻形幻色,金鞭溪鳌头独占;并有洞府四十余,黄龙洞为首,索溪峪、九天洞、茅岩河天地通达,真正洞穴学宝库。自然景观绮丽壮美,峰峻谷幽,奇石险崖,奥秘传闻动人心魄,更有青松红枫映衬,又兼霞霓彩云,雾海云涛,流光溢彩,变化莫测;生态系统独特自然,珍禽异兽,爬行两栖,出没无常,行踪诡秘,再加白鹳大鲵珍稀,特有猕猴提神,珙桐银杏,密林高木,神往心驰。张家界森林公园、索家峪和天子山自然保护区一起组成世界自然遗产;石英砂岩峰林景观、喀斯特地质与生物多样性保护构建遗产名录内涵。

武陵源位于张家界市,总面积为 264 平方千米,由张家界国家森林公园、索溪峪和天子山三大风景区组成。境内共有奇峰 3 103 座,姿态万千,蔚为壮观。加之沟壑纵横,溪涧密布,森林茂密,人迹罕至,植被覆盖率为 99%,有高等植物 3 000 余种,乔木树种 700余种,观赏园林花卉多达 450 种。更有地下溶洞串珠穿玉,黄龙洞初探,长度达 11 千米。武陵源以奇峰、怪石、幽谷、秀水、溶洞"五绝"而闻名于世。

中国南方喀斯特:中国南方,气候湿热,雨量沛充,流水充盈,塑造自然形貌,养育动物植物,为喀斯特地区独特自然景观,如锥形山峦,塔状石柱,雄奇险怪岩崖,神秘深邃洞府,天生桥,地下河,天坑地穴,千姿百态,变幻莫测。南方生态,森林繁茂,物种丰富,景色优美,镶嵌山水田庄,融合珍稀特有,应石灰岩地质特殊水土条件,生水上森林、漏斗森林、暗河幽洞生物,险崖怪石花鸟,芙蓉洞,金佛山,桂林山水,秀甲天下,罕有神奇。

南方喀斯特世界自然遗产,分两期认定。第一期含贵州荔波施秉、云南石林、湖南武隆遗产区;第二期含桂林葡萄峰林、桂林漓江峰丛、金佛山、环江、施秉遗产区,各有千秋,相互补充,组成完整的地球演化系列,珍贵的自然画卷,科学意义重大。中国石灰岩地质岩溶特色,最美荔波三绝、白云岩喀斯特、漓江山水、芙蓉洞坑桥群,磅礴称奇,完整典型,还有方解石晶花形成奇观,罕有地质过程,观游价值尤高。

中国南方喀斯特是世界上最壮观的湿热带—亚热带喀斯特景观之一，分布在黔、桂、滇、渝等省（市），占地面积达 176 288 公顷。它包含了最重要的岩溶地貌类型，包括塔状岩溶、尖顶岩溶和锥形岩溶地层，以及其他壮观的特征，如天生桥、峡谷和大型洞穴系统。石林被公认为世界上最具参考价值的最高等级自然现象。荔波的锥体和塔状岩溶也被认为是这些岩溶类型的世界参考点，形成了独特而美丽的景观。武隆喀斯特因其巨大的落水洞、天生桥和洞窟而入选。2014 年广西桂林、重庆金佛山、环江、贵州施秉作为拓展项目加入。

中国丹霞地貌：联名 6 个丹霞地貌风景区，合组中国世界自然遗产地。构建完整的科学美学体系，展示全面的演化美化过程。中国丹霞是由陆相红色沙砾岩在内生力量（包括隆起）和外来力量（包括风化和侵蚀）共同作用下形成的各种地貌景观的总称。6 处遗址包括福建泰宁、广东丹霞、贵州赤水、湖南崀山、浙江江郎山、江西龙虎山，其共同特点是壮观的红色悬崖，以及一系列侵蚀地貌，包括雄伟的天然岩柱、岩塔、沟壑、峡谷和瀑布等。遗产区对保护包括约 400 种稀有或受威胁物种在内动植物起到了重要作用。

福建泰宁：自然演绎丹霞故事和历史过程，青年丹霞到老年丹霞，景观特点称最：网状谷地密集，水上丹霞宏大，岩穴文化丰富，崖壁洞穴发育。号为"丹霞洞穴博物馆"。

广东丹霞：地质定名所由，类型齐全而风景优美。峰石造型尤绝：金龟象群逼真，仙山琼阁天成，幽洞通天奇特，锦江长廊成带。最壮观天地人根元阳石！

贵州赤水：年轻丹霞，面积最大，美丽壮观，为红层砂岩风化剥离流水侵蚀分割而成孤立山、陡峭崖，马蹄形崖壁鲜红艳丽，岩廊洞穴巨大，峡谷深切，千条瀑布阶梯叠流，十丈洞瀑布深闺养育，碧水丹崖美艳无匹，最奇丹霞还在发育中，更兼生态原始自然，热带常绿阔叶森林连天接地，竹海青翠，赤水河为长江上游特有鱼类核心保护区，此地为天然博物馆，具有非凡的科学意义和美学价值。

湖南崀山：发育完整，品质高贵，景观绝美，是陆相红层水浸、溶蚀、风化、崩塌变化而为峰林柱、单面山，天生桥宏大亚洲第一，一线天巷奇伟，鲸鱼闹海绝伦，门墙梁柱寨垒齐备，将军石造型威武雄俊，水上丹霞闻名遐迩，更有生物处于交会带，且物种古老珍稀，葱郁茂密原始森林四季常青，红华赤壁，扶夷江与翠竹青山亲密结合成自然长画卷。这里是国宝丹霞魂，也是悠久的历史文化与民俗风情。

浙江江郎山：郎峰、亚峰、灵峰，三峰耸若天柱，摩天穿云，载誉神州丹霞第一奇峰。一线天全国之最。聚岩洞云瀑于一山，集奇险高峻于三石，腾龙卧凤，蔚为壮观。

江西龙虎山：道教、特景、崖墓，三绝独具特色，源远流长，尊为天师道场发祥圣地。

仙女岩大地之母，纳峰丘峡洞成一景，融河山天人成一体，霞蔚云蒸，荡气提神。

三清山：花岗岩山峰石柱，造型丰富，有玉京、玉虚、玉华三峰峻拔，高凌云汉，若三清列坐其巅；东方女神、巨蟒出山、观音赏曲，都是绝景，誉为"江南第一仙峰"；大自然气候景观，震撼呈现，若观雾观日观霞，仙灵妙相，激荡胸臆，似仙境清绝尘寰，云雾家乡、松石画廊、神光蜃景，皆为惊世，称作"天下无双福地"。此方山水，集天地精华，山川灵秀，兼具泰黄华衡青城五岳之形神，为中国山水画自然摹本，奇峰异洞，苍松虬柏，翠竹幽兰，云海仙山，氤氲缥缈；多种植被，古树名花成一绝；奇石遍地，如老子看经、猴王献宝、妈祖导航，莫不惟妙惟肖。天成美景，为人类瑰宝，精神玉镜，具有雄奇险秀幽旷诸美之观感，更是道教博物馆露天展厅，古建石雕，宫观亭阁，建筑遗迹，道风民俗，境界超然；道教名山，葛仙翁观点画龙睛；文根深远，若三清名号、蓬莱瀛洲、风雷宝塔，均是古迹古风。自然景观，东险西奇南秀北绝，以胜景走出中华，闻名世界；世界遗产，生态人文地学美学，以奇美览胜诸岳，绝美三清。

三清山位于江西上饶东北部，古有"天下无双福地""江南第一仙峰"之称。因玉京、玉虚、玉华三座山峰高耸入云，宛如道教玉清、上清、太清3个最高境界而得名。三清山东险西奇、北秀南绝，四季景色绮丽秀美，有独特的花岗岩石柱与山峰，丰富的花岗岩造型石与多种植被、远近变化的景观及震撼人心的气候奇观相结合，创造了世界上独一无二的景观美学效果，呈现了引人入胜的自然美。

澄江化石地：远古生物化石群集，保存完好，包括生物软体组织化石，再现五亿年前原始生物特征，科学意义重大；举世罕见化石宝库，门类齐全，展现生物早期暴发过程，研究寒武纪时海洋生物生态，景象激动人心。

澄江化石地位于云南澄江帽天山附近，是保存完整的寒武纪早期古生物化石群。她生动地再现了5.3亿年前海洋生命壮丽景观和现存动物的原始特征，为研究地球早期延续时间为5 370万年的生命起源、演化、生态等理论提供了珍贵实证。澄江生物群的研究和发现，不仅为寒武纪生命大暴发这一非线性突发性演化提供了科学事实，同时对达尔文渐变式进化理论产生了重大的挑战。澄江生物群共涵盖16个门类、200余个物种化石。

湖北神农架：相传华夏始祖炎帝神农氏在此架木为梯、采尝百草、救民疾夭而得名。原始森林，谜秘世界，有高等维管束植物3 183种，真菌地衣927种，拥有珙桐、连香树、水青树、香果树等珍木，鄂西特有植物42种之多。又称动物王国，有脊椎动物493种，昆虫丰富达4 143种。尤其特产白化动物，白熊、白蛇、白麝、白羚、白猴、白鸦、白龟等。世界著名保护地，成为世界生物圈保护区网络成员、世界地质公园、世界自然遗产"三冠王"宝座。神农架，追寻先祖不世伟业，创造人类未来家园。建国家级自然保护区，国家森林公园，留得洪荒时代原始风貌，传承神农采药救民精神。中国北纬三十度线带，世界最美风景线走廊。

湖北神农架世界自然遗产地分为西部的神农顶/巴东片区和东部的老君山片区，有 11 种植被类型，拥有世界上最完整的垂直自然带谱。神农架也是中国种子植物特有属三大分布中心之一，独特的地理过渡带区塑造了丰富的生物多样性、独特的生态系统和生物演化过程，在植物学研究史上有重要意义，仅 1884 年至 1889 年本地区新纪录物种超过 500 种，还是许多物种的模式标本采集地。本区保留了大量珍稀濒危动物物种，如川金丝猴湖北亚种、金钱豹、金猫、豺、黑熊、麋、中华鬣羚、金雕、白冠长尾雉和世界上最大的两栖动物大鲵等。

青海可可西里：唐古拉山北，昆仑山之南，青海玉树州西部。世界海拔最高、中国面积最大的自然遗产保护地，平均海拔 4 600 米，面积 450 万公顷。高寒草原、高寒荒漠生态，原始自然人迹罕至之地。世界第三极——高寒极，风大、水少、辐射强烈，独特生境养育独特生物，为野生动物乐园，哺乳动物 30 种，藏羚羊、野牦牛、藏野驴、藏原羚，聚群活动，数量庞大，创生命奇迹。有鸟类 56 种，猛禽类与高原鼠兔类平衡发展。高等植物 202 种，特有种占 84 种。生态资源珍贵、稀缺、典型，具有无上价值。最光辉的是那些大自然的保护人，堪称时代英雄，既要面对极端的恶劣自然，又要面对凶恶的盗猎罪犯，恪尽职守，无惧艰难，可敬可爱，可歌可泣。

青海可可西里自然遗产地是海拔 4 500 米以上的辽阔的高山和草原生态系统。气候高寒，环境独特。区内拥有青藏高原最密集的湖泊，孕育了独特的生物多样性，是大量高原特有动植物的重要庇护所。可可西里是维系濒危野生动物藏羚羊种群的主要产犊地，维系着其至关重要的迁徙规律。自然遗产区域也包含一条从三江源到可可西里的完整的迁徙路线，绵延千里，令人惊叹。

梵净山："贵州第一名山""武陵第一峰"，原始生态保存完好，方圆达六七百里，海拔在 500～2 570 米，有利于形成高度多样化的植被和生物。梵净山是喀斯特岩石海洋中的一个变质岩区块，是许多植物和动物物种的家园，起源于第三纪，6 500 万至 200 万年前。山高雨量递增，形成 3 个较为明显的垂直带谱：海拔 1 300 米以下为常绿阔叶林带，海拔 1 300～2 200 米为常绿落叶阔叶混交林带，海拔 2 200 米以上为亚高山针阔混交林和灌丛草甸带。地方的隔绝导致了高度的生物多样性和特有的物种。已知区内植物种类 2 000 余种，其中木本植物 900 多种。有梵净山冷杉、珙桐、黄杨林等森林类型 40 多种。名贵的孑遗植物和特产植物种类多有。列入国家保护的野生植物有 311 种，其中，国家一级保护植物有珙桐、梵净山冷杉、钟萼木等 6 种，二级保护植物有香果树、水青树、白辛树、黄连等 25 种。另外，具有各种用途的资源植物 1 100 多种。保护区已知野生动物种类近 3 000 种，其中兽类 69 种，鸟类 191 种，两栖爬行类 75 种。有国家一级保护动物黔金丝猴、豹、林麝、白颈长尾雉等 6 种；二级保护动物有大鲵、穿山甲、猕猴、黑熊、红腹角雉等 29 种。黔金丝猴，是第三纪遗留下来的中国特有动物，野外种群数量只有 750 只左右，仅分布在梵净山保护区内。

梵净山山势奇特，最高峰凤凰山海拔 2 572 米，朝拜地老金顶，其主峰的"蘑菇石"奇伟壮观。道教圣地，旅游佳选，景观丰富多彩。有古庙遗址，天桥洞穴，奇峰怪石，云海波涛，佛光幻影，山花红叶，碑石和摩崖石刻多处，还有古遗禁砍山林碑两块。

中国黄（渤）海候鸟栖息地：位于江苏省盐城市。第一期范围，包括江苏盐城湿地珍禽国家级自然保护区部分区域、江苏大丰麋鹿国家级自然保护区全境、江苏盐城条子泥市级湿地公园、江苏东台市条子泥湿地保护小区和江苏东台市高泥淤泥质海滩湿地保护小区。主要由潮间带滩涂和其他滨海湿地组成。盐城潮间带滩涂规模最大，适宜鱼类和甲壳类动物繁殖生长。本区位于东亚—澳大利亚候鸟迁徙路线上的关键枢纽，也是全球数以百万计的迁徙候鸟的停歇地、换羽地和越冬地。

该区域为 23 种具有国际重要性的鸟类提供栖息地，支撑了 17 种世界自然保护联盟濒危物种红色名录物种的生存，包括 1 种极危物种、5 种濒危物种和 5 种易危物种。全球鸟类勺嘴鹬 90%以上种群在此栖息，最多时有全球 80%的丹顶鹤来此越冬，黑嘴鸥等在此繁殖，数量众多的小青脚鹬、大杓鹬、黑脸琵鹭、大滨鹬等长距离跨国迁徙鸟类在此停歇补充能量。

03

美丽中国特有资产
——风景名胜

  人有物质和精神两个世界,是身心的矛盾统一体。身心和谐则体健神旺,身心不协调则百病丛生。满足身心需求就构成人生的全部过程。人的物质需求是生理性的、有限的;人的精神需求是心理性的,相对而言也是无限的。在有限的物质需求基本满足以后,无限的精神需求就会上升。地球生态系统是生命支持体系,既提供支撑人类生存的物质资源,也提供满足人类精神需求的自然资源——广阔的空间,奇异的景观,拨动心弦的生态奥秘,缓解紧张的自然氛围,引人探寻未知,回首悠久历史,开拓智慧,激动情趣,产生诗歌音乐,创造色彩美丽。在长期人与自然的交往中,人类也将自己的智慧和劳动打印到自然之中,并从自然中观照自己的理想和创造,于是自然与生命成为朋友,自然深入心灵世界,浓染感情色彩。这就是独特的风景名胜。中国具有丰富独特的自然风景,又融入几千年的民族历史和无与伦比的璀璨文化,造就了独步世界的中国风景名胜，成为国家和民族发展生态文明、建设美丽中国独有的物质基础。随着工业化与城市化的发展，人们的物质生活日益优渥，视野范围不断扩大，精神生活需求迅速上升，风景名胜成为新的高质、高标、高需资源，城市优化发展的标配，并且又辟建了很多美丽的风景区，数以千计的森林公园、湿地公园等。从本质而言，生态文明建设主要是改善人类生存环境，使环境更加美化、优化，满足人类精神生活需求，而风景名胜则是新时代的基础资源，特色资产。美丽中国，文明之都。

0301　中国风景名胜概观

风景名胜区是指具有观赏、文化或者科学价值，自然景观、人文景观比较集中，环境优美，可供人们游览或者进行科学、文化活动的区域。中国风景名胜区，亿万年天地造化，几千年文化浸染，河山景色壮丽，自然人文化育，呈现大地之上，融入灵魂深处，绝无仅有，盖世无双。

中国风景名胜区大致包括10种类型：①山岳型；②河流湖泊湿地型；③森林草原与生物型，或称生态景观型；④山水组合型，如桂林山水、长江三峡等；⑤海滨与岛屿型；⑥特别自然景物与特殊地貌型，如岩洞、沙漠、丹霞、喀斯特峰林、天坑、雅丹地貌等；⑦历史人文型，如大寺名山、宗教圣地、古城古建、古村落、古遗址等；⑧近代遗迹或纪念地，特别是革命纪念地；⑨休闲度假避暑地；⑩城市与现代建筑等。中国风景名胜区实行法制管理，分二级：国家级和省级。风景名胜区是建设美丽中国的特有资产和物质基础。

（1）中国自然景观壮丽特色

中华自然风景，青山不墨千秋画，绿水无弦万古琴。中华大地，大山是她雄伟身躯的骨骼，大河是她身上美丽的丝带，广袤无垠的高原盆地是她宽阔的肩背和胸膛，沃野千里的平原是她婀娜多姿的腰身。昆仑山脉，横亘大陆中脊，奇峰拔起，高插云霄，大气磅礴，横空出世，为群山之首，龙脉之根。有玉虚、玉珠双峰并出，亭亭玉立，六月飞霜，云雾银顶，神秘美丽。昆仑誉为"瑶池仙境"，为华夏神话文明摇篮，女娲补天之踏石，王母蟠桃之宴所，道家教主之尊居，也是力量之神根，道德之高极，华夏民族精神之象征。昆仑一脉，北有东西天山横陈，阿勒泰远眺，东延贺兰、阴山、燕山，绵延长白之远；昆仑之南，唐古拉耸立，有众山竞秀，群峰争雄，岷山千里，秦岭绿野，江南江北山地丘陵绵绵密密，东及武夷，南到南岭，跨海延至玉山、五指山，直到天涯海角。中华大国，无地不山，无山不景，无景不美，无美不尚。

江河，有高山必有大河，有大河必有深峡，山河匹配自有天成美景。黄河、长江、澜沧江流入大海，塔里木伊犁河内流入湖，殁于瀚漠，都是源出大山，长途跋涉，一路风光无限。长江三峡、黄河九曲、澜沧深谷、怒江环湾，全是江河杰作，神功造化，美丽绝伦。

青藏高原隆起，为世界屋脊，地球高极。其莽原苍茫，高山巍峨，举世无匹。珠峰傲立，群峰拱卫，独树一帜。冈仁波齐，四教尊为世界中心，众神所居，心驰神往高极。高原湖泊，若明珠嵌镶，皆是碧水蓝天，神秘圣洁。雅鲁藏布江，在冰峰雪岭间奔腾扬威；雅江大峡谷，在雨雾云水中万物峥嵘。青藏高原，原始野旷，淳朴自然，俗尘不染，精湛碧洁，赞为精神之寓所，心灵之家园。

中华大地，广袤万里，东西横跨水热温湿至荒漠极干旱区域；南北纵切热带、温带、寒温地带；地质地貌异形异态，堪为世界地质博物馆；生态系统多种多样，足当生物基因大宝库。

西北大域，少雨多风，草原荒漠，绿洲雪峰。风雨雕刻，成雅丹地貌奇观，有龙城、风城、魔鬼城现世。荒漠草原，辽阔广大，唯有蹄类动物潇洒狂野，野马、野驴风驰电掣，牦牛、骆驼踯躅徜徉。更有冰山雪岭如天山、祁连、阿勒泰者，高耸入天，收云截雨，积雪聚冰，为不竭之固体水源，流淌成河，故有塔里木、伊犁、额尔齐斯、疏勒石羊黑河者，大小千百条，个个养育绿洲成带，形成雪山—绿洲—荒漠流域型生态系统；一水一域，自成体系，外视则雪峰与火洲并存、绿洲与荒漠为邻，内观则塞外江南呈现，绿树荫盖，瓜果飘香，粮棉城乡，文明古今。张骞从这里走过，班超在这里建功，汉开西域，丝绸之路开通；唐设都护，屯垦戍边大成；保土护疆，则有湖湘子弟满天山，引来春风渡玉关。也有人随水走，绿洲衰落成遗迹，留得楼兰高昌交河古城，供人凭吊，昭告文明和生态盛衰与共之道。

北国风光，寥廓天地。大河上下，华夏先祖筚路蓝缕，开创文明基业；长城内外，游牧铁骑出没游荡，野蛮与文明交错缠斗。巨大巨厚的黄土高原，土质疏松肥沃，农田易掘易耕，气候温润适中，万物宜长宜生。独自然特优势，巧逢勤劳先民，让华夏农耕文明很早兴起，光辉灿烂，泽被四方。更有华夏先祖，睿智高德，拓土护民。神农教民稼穑，黄帝造字制历，尧舜爱民，大禹治水，华夏文明因之昌盛延绵，留得无数文明胜迹，万代景仰承继绵延不辍，中华先民勤勉，文明代代创成。劳动创造世界，勤劳美丽中华。

江南半壁，河山美好。日出江花红胜火，春来江水绿如蓝。五岭逶迤，乌蒙磅礴，匡庐武夷甲秀东南，黄山独占鳌头，三清龙虎仙道风气，东西南北丹霞地貌无处不美。三湘四水湖湘地，百川归赣鱼米乡。浙闽倚山抱海，襟带宝岛；粤琼独秀一方，守土南海。红色土地，绿色景观，海陆山水，无不佳秀。地球北回归线一带，世界他处皆是干旱荒漠之地，唯中华绿洲独秀，生态优越，万类竞逐，生机盎然，物阜民安，风光独好。

大西南，云贵川渝桂，喀斯特地貌，湿润区景观。峰林连绵，大山称十万；物产多样，热土名八桂；绝壁千丈高，天坑无底深，溶洞地宫，皆是玲珑世界；高原湖泊，镶珠缀翠；云遮雾障的山，飞泉流瀑的水。有德天罗平黄果树著名高瀑深潭驰誉，滇池洱海抚仙湖诸多高原明珠点缀；路南石林为名片，桂林山水做高标。桂林山水，千年不朽王维画，万古流芳李白诗；江作青罗带，山如碧玉簪，鸟在水底飞，船在云上行。西南一隅，风景万端。

中国之海，明珠串缀的岛礁和城市，指点江山的沙滩与港湾。渤海湾黄金岸百里绵远，黄海角蓬莱阁仙踪蜃景，东海角普陀山海天佛国，浙闽地列岛群天上人间。南海沙岛，珊瑚造礁，银沙碧浪，鱼鸟翔集，和风拂衣，都是仙都圣境。万里海疆千里湾，亚龙湾天下最美，杭州湾富可敌国。阳光沙滩海水交集，北海银滩绝无仅有，渤海金沙宏大无比。

东北一隅，白山黑水间，林海雪原中。赏极光，踏冰雪，风光绝无仅有。上有天池，下有大海，相约候鸟来去，喜看稻麦丰收。回看中州大地，晋冀鲁皖鄂兄弟围坐，中州腹地文明早发，秦山楚水，古都连珠，五岳朝宗，贤圣迭出。最是九州大地，无须提起又绝不忘记。

（2）中华文化景观丰富多彩

中国名胜古迹，浩如烟海，美若灿霞。举凡名胜之处，山水必得天独厚，声名多借力大家。景致之美为身，文化风格做魂。山水雄浑壮阔无过青藏高原者，盖因文成公主踏足而文明光灿，有唐蕃茶马古道而为世所闻。风景与历史融合，道德双馨成名胜。

风景美而独成名胜者，名山迭起。天地成华夏，历史走五行，夏商周秦汉，火水土木金。自古以来，山封五岳，东西南北中，泰华衡恒嵩，驰名天下，尊为圣景。自然尊大山，文化铸魂灵，佛道香火就，盛事历史中。到如今，长白武夷黄山、峨眉庐山玉山，都已入位中国名山之列。更因为，人类足迹踏遍四面八方，视野扩大，足力提升，旅游趋热，探奇盛行，雄山巨峰渐成所爱，玉龙雪山、南迦巴瓦、梅里雪山、贡嘎山、稻城三雪山、乔戈里峰，诸多雪岭冰峰，大踏步跻身名山之列。真可谓，国有大山，民有豪情。山是地标名片，岭示一方胜景。地有山而名，城有山而雄，一处名胜，几多殊荣。

中华文明，文化养成。儒家独尊，书院千年，皆成文化高地；桃李天下，名家辈出，多有衣冠红紫，文墨贤圣。嵩阳岳麓应天白鹿洞，号为"四大书院"，皆是播火之地，人杰之摇篮，地灵之华章。语云：山不在高，有仙则名；水不在深，有龙则灵。佛道千年，香火熏染，足踏石平，名胜遂成。道有36洞天、72福地，皆是山清水秀之地，仙居神治，通天彻地，谈玄论道之处，修身养性之所。释尊四大，有五台、峨眉、九华、普陀四大佛国，由文殊、普贤、地藏、观音四佛主持，香火鼎盛不竭。千年兴佛事，圣迹遍中华。天地上下历来有"五岳十刹"之誉，南北东西地方有古刹名寺称名。白马灵隐少林寒山卧佛诸寺，隆兴清静相国塔尔扎布伦，都是耳熟能详足迹常至之所。诗云："南朝四百八十寺，多少楼台烟雨中。"建康一城，寺多以百计，普天之下，佛寺岂有定数？佛家讲空求善，教人修心养性，求得心灵超脱；道家讲无论虚，无为处事养生，提升精神境界；更有儒家，教给道德人生，建功立业，齐家治国。三教并存，各有所宗，各彰其长，和而不同，蔚为大观，多有一地三教同时供奉、一庙诸神共享之例。风景因之增色，名胜因之盛兴，信众各得其所。入其地，感其神，受其和，得其善。

中国古城古镇，因历史悠久而文根深厚，因文化传承而文明尊荣。古城古镇，或为军防要塞，或为枢纽中心，更有国都皇城，州府衙署，人烟凑集，商贾兴隆，财货聚散，文星流动，建筑不断增制，文坛代代深耕，遂成名邦大郡。这里曾是轰轰烈烈的历史舞台，上演过威武雄壮的历史大剧。西安洛阳苏杭南京，都是古都名胜；泉州福州登州广州，商贸港口海防要津。泉城济南、山城重庆，因自然特色而成名；长江两岸、运河一线，江河养育出名城巨星；宛若明珠连缀，都是一方胜景。北京，集大成者，列为世界八大古都，拥有三千年城史。城市布局遵阴阳五行，精致建筑达技艺巅峰；长城守其户，津塘看其门；太行燕山环绕若项上珠串，潮白永定蜿蜒似丝带衣裙；运河贯通南北，文明延续古今，山水名园，宫殿皇城，古城之代表，名胜之极品，中华之标识，东方文明之象征。

中华文化，海纳百川。中华民族，和而不同。奇花异卉，精彩纷呈。民族自治传统已久，三教融合历史千年。故苗衣侗寨彝人节庆各自风格，瑶舞壮歌藏戏羌笛百花齐放。文明追求一同进步，文化保持多样翻新。肥田沃土，细雨和风，枝繁花盛，硕果多丰。

只有伟大的民族才有伟大的国家，只有伟大的人民才有伟大的思想、伟大的发明、伟大的工程、伟大的文明。概观世界历史，举凡伟大工程，无过中国长城和运河者。纵横万里，延绵千年，集宏伟壮观与功效实用于一体，合经济文化和历史古今于一身。真正的无与伦比，博大精深。这是中华民族引以为傲的成就，亦是中华文明辉煌持久之成因。中国治水成就，功盖千秋，为旷世文明。灵渠，精巧设计，凿通湘漓二水，沟通岭南岭北。都江堰，深淘滩低作堰，一举巧解引水度汛排沙难题，二千载功用不辍，天府之国因之而成，因之而兴。坎儿井，极干旱区地下引水，沟通绿洲与雪山，繁荣瀚海与通途。中国梯田，高坡变平畴，灌溉可自流，保土保肥，稻麦层起，流金聚银，也流出智慧和生命之希望。

世称中国有四大发明：火药、指南针、造纸术与印刷术。同样的东西，道不同，器用也天地水火。火药，中国人为善，用它燃亮绚丽的天空；西人斗狠，用它造出杀人的枪炮。指南针，指引郑和航海传播中华文明，指引西人船舰却用于征服世界，奴役世人。造纸术和印刷术，使文字传播便捷，让文明发展增速，科技加速传播创新，同样带来不同效用。实言之，四大发明不过是中华文明大树的一二枝条而已！中华民族之创造发明，有如长江来水，滚滚滔滔，不绝古今。

汉字，方方正正，端庄整肃，音韵和美，形意双馨，望字会意，如画如诗，组词功能广阔无垠，排布组合意蕴无穷，可传书可记事，善达意善表情，亲切自然，美好动人。甲骨金文、竹简帛书，传留珍贵历史；楚辞汉赋、唐诗宋词，千古绝唱，盖世无双；书法艺术，一花独秀，贯古通今。举世无双汉文字，书画一脉锦绣文。安阳甲骨珍藏天下，足当第一名胜；竹简帛书文化经脉，真正民族之根。流传的都是绝世珍品，民族文化之珍藏，博物馆藏之精魂。

中华文化，经典浓缩。易经八卦，奠定华族哲学文化之基础，尊为百经之祖，文化之根。阐述天地万物循环运动变化之道，教人遵道而行近福远祸之理。儒道墨法各家名学，开创了东方生存发展之道，社会进化之德，奠基自然唯物辩证思想基础，遵循宇宙自然法则，站上人类智慧之巅峰，造就千年独占鳌头之文明，独树东方旗帜，文明贯古通今。中国的经史子集、诗词曲赋，浩如烟海，博大精深；诸子百家、英雄贤达，灿若繁星，层出不穷。不竭的智慧，勤勉的劳动，汇合成中国硕大无朋的文化宝库，世代增添，历久弥新；也构建了华族广阔无垠的精神世界，传承发展，亘古亘今。

桑蚕丝绸，驰名天下，开通丝绸之路，文明传布西方。陶瓷文明，居高声自远，代名中国。瓷都景德镇，仿佛世外天地。中医中药，既出良方济世救人，又展阴阳五行思想，兼树高医大智大德，成为一大文化传承。中国武术，健体养生，习武报国，武德首尊；太极一脉，刚柔相济，动静和合，也是仙葩一枝。茶文化，一叶千秋，天下第一饮品，独特饮食文明，讲求和静怡真，饮出健康和精神，源起中华，惠泽世界。葡萄美酒夜光杯，中国酒文化，不仅豪情，而且诗意，诗仙李白，述尽此中奥妙。更有农业文化，达于极致，间作育种施肥，灌溉果蔬园艺，无不尊道自然。观天察地，制定农历二十四节令，依时播种，按节收获，不仅是生产，更是文明和文化。最是饮食文化，因地制宜，物尽其用，色香味形，无不尽得其妙，食谱厨艺，千变万化，南北东西，各有特色，吃在中国，醉死无憾。中华服饰文化，丝绸锦缎，独步天下，人间天上。中华文化，博大精深。

中国风景名胜，独具特色。自然与人文合一，记载历史与文明。中国人，将理想情志寄托于山水名胜之中，融于园林建筑之内，留于典籍诗文之中，行于民风和习俗过程。借助风景名胜，民族文化思想流传久远。也可以说，流传久远的都是受人敬仰的文化精品。中华民族，因环境而风俗异，因德化教育而文化同，热爱山水美景、花鸟虫鱼、雅词妙语、中正德操，虽千年而不渝。借物喻理，寄情于物，借助景物抒写理想情操，是中华文化的显著特点。将自然和风景搬进庭院和城市，园林创造是又一朵绚丽仙葩。北京的皇家园林、苏州的士人园林，造园技艺精益求精，文思表达含蕴无穷。大小园林，都是名胜。阅读风景园林，就是阅历史、读文魂，见识中国人理想的生态文明。

近代中国，耽于农业文明享世，错过工业化国时机，饱受东西列强吊打，民穷国疲尊严受辱。中华志士仁人，百年救亡图存，前赴后继，流血牺牲，浩气天地间，河山血沃红，留得无数胜迹在，唤起民族觉醒，再创新时代文明，续建风景名胜新篇章，更添中华胜景泽被后来人。

21世纪到来，中国已实现基本工业化，国富军强，人民挺立。工业化、城市化，河山重新安排；公路网铁路网，景观着意塑造。虹桥越江跨海，广厦四面八方，河山日新月异，风光时见常新。然而自然景观资源，大自然千万年塑造，不仅具有公共性质，而且唯一，不可复制再生。故保护须放首位，利用应可持续，科学合理，用养结合，发挥其观赏价值、文化价值、科学价值、生态价值。工程建设，城乡建设，都是新景观建设，需要科学规划，精心设计，既要持久实用，也需美观可人。应记得，旅游一举带百业，名胜一景名一城。湖光山色永远为人所钟爱，风景名胜总是文化之内涵。前人创造的风景名胜辉煌千秋，我辈开创的生态文明应万代光辉。生态文明到来日，风景名胜正当时。

0302 美丽中国的风景名胜之最

2005 年，由《中国国家地理》主办进行的"中国最美的地方"评选，评出中国最美的十大名山、十大峡谷、十大森林，八大海岸，七大沙漠，五大美湖及最美六洞、六瀑、六沼泽、六大冰川，最美草原以及最美雅丹地貌，最美城区、乡村古镇等 15 种类型美景美区。此后还评选了最美"中国十大风景名胜区"，最美丹霞、峰林等。并因不断有新的风景区被发现，这个美丽中国的队列正在越走越长。这些"中国之最"大多也是"世界之最"，如万里长城、桂林山水、西湖、故宫、苏州园林、黄山、长江三峡、避暑山庄、秦陵兵马俑、台湾日月潭等，他们都是中华名片，人类独子，是中华民族最宝贵的财富，在生态文明建设中，更是最宝贵的历史教科书，最需保护和鉴赏学习。

（1）中国最美十大名山

南迦巴瓦峰、贡嘎山、珠穆朗玛峰、梅里雪山、黄山、稻城三神山、天山乔戈里峰、冈仁波齐峰、泰山、峨眉山。从美的三要素（真、善、美）综合考虑，庐山、华山、南岳衡山、武夷山、北岳恒山、三清山、云台山、五台山、普陀山、九华山、武当山等均为千秋名山。此外，天门山、四姑娘山等也在旅游开发中声名鹊起，加入美山、名山之列。这是一个迅速增长的名单。中国是山的世界，山的博物馆。中国名山也都是世界级名山。

南迦巴瓦峰：冰山之父，地球骄子，佛教圣地，中国雄山。冰峰雪岭入云霄，似直刺苍穹的长矛，雄伟壮美；深峡大江奔野马，如万钧雷霆般震撼，狂暴逆袭。红日高悬而风云变幻莫测，雪山一日数面；原始森林有植被四时色替，生物种类繁多。震撼心灵之美丽，磅礴大气之威严。仿佛凌霄宝殿，疑似云中天宫。

贡嘎山：贡嘎山称蜀山之王，洁白圣洁，百余座雄峰簇拥，雪峰连绵，景象宏伟。海螺沟以冰川为最，千姿百态，十数个镜湖点缀，山水映衬，仙境一般。锥峰刺破青天，高峻巍峨成胜景；森林续接山峦，生物繁多为宝藏。

珠穆朗玛峰：高山为体，宏伟庄严圣洁；群峰拱卫，奇特险峻神秘。千姿百态冰川做妆，天质绝顶美丽；云缠雾绕主峰特立，公推世界第一。中华民族的心灵守望，古老文明的崇高地标。国有天下第一高山，民有世人无上傲骄。

梅里雪山：云南、四川、西藏三省地理接合部，长江、澜沧江、怒江三江并流腹心区。卡瓦博格，世界最美高山，藏传佛教朝觐圣地。白马雪山，金丝猴生息神地，滇西物种保护专区。冰峰高耸，浮云如带将哈达敬献，万千变化；雪岭绵亘，旭日初照用金光涂抹，瑰丽辉煌。玛尼堆处与神明对话，经幡飘起和大山谈心。明永冰川千姿百态，装点神山之首。飞来古寺香烟缭绕，赋予雪岭神魂。心胸宽阔胜地，名贵药材之乡。

黄山：奇松怪石拥天都，霞光云海浮莲花。世界双遗之最，天下奇山第一。群峰林立，波澜壮阔，有 36 大峰、72 小峰，镶金叠翠，秀美清奇。云雾乡景观，仙山缥缈，峡谷朦胧；花岗岩世界，峰笔猴石，峭壁悬崖。五十岭岩景象各异，莲花天都四季不同。色彩分冬夏，光气有阴晴。胜景著华文，诗仙词家，美画圣书，精品荟萃，旨趣深远。人文古迹，风格独特。轩辕溪浮丘峰炼丹记事，浮丘观九龙观道场遗存，祥符寺慈光寺禅院百座，儒释道宫庙祠源远流长。李白诗曰：风生万壑振空林，猿啸时闻岩下音。我宿黄山碧溪月，听之却罢松间琴。又曰：问余何意栖碧山，别有天地非人间。

稻城三神山：仙乃日高贵大气，央迈勇娴静端庄，夏诺多吉威猛刚烈，三神山遥相对峙，俊伟神奇，积雪终年，洁白无瑕，尊为护法神山胜地。牛奶海亚丁圣湖，五花海佛典盛赞，卓玛拉错宝石碧蓝，三圣湖宛如油画，清澈碧透，仙境彩绘，纤尘不染，均是雪山脚下伴侣。蒙自大峡谷，风走云动，江河奔涌，险崖威仪无比；喀斯特地狱谷，鬼门魔影，绝壁怪石，过关方到神山。驻马亚丁村，看百花春芳，层林尽染；牧牛洛绒场，观雪山石瀑，宽谷曲流。

天山乔戈里峰：喀喇昆仑山中段，世界登山人热衷。巨峰簇聚，秘境遥远，气候恶劣，夏日严寒。冷峰银岭，到处雪崩溜槽痕迹；冰川破碎，一山冰裂交错纵横。高大雄伟阳刚气，洁白女神阴柔姿。挑战极限，攀登艰险。

冈仁波齐峰：天地众神的居所，诸教世界之中心。状如金字塔，四壁对称，水晶躯体天地修就，雍容高贵；佛之须弥山，湿婆驻地，太梵天神驻锡之地，本教圣山。偶尔太阳照耀光华夺目，经常白云缭绕难睹真容。巍峨雄浑庄严肃穆，让信众仰瞻；神秘圣洁静谧真纯，使凡人心驰。坐世界屋脊，成众山之王。居高声自远，非是藉秋风。

泰山：华夏征象，神州图腾。山势雄伟庄严宏大，集高大稳固煊赫美观于一身，登泰山小天下；文明璀璨博大精深，融神道儒释古今文化成自体，尊五岳首岱宗。世界自然文化双遗产，东方文明精神集大成。重如泰山的价值取向，不让土壤的博大胸怀，捧日擎天的光明追求，国泰民安的理想寄托。一山托冀，千年人心。会当凌绝顶，一览众山小。管子曰：山不辞土石，故能成其高；士不厌学，故能成其圣。

峨眉山：川渝大世界，佛国真天堂。峨眉陡峻横空出世，云雾幻化婀娜多姿。金顶凌霄普贤四观，殿阁壮丽文宝厚藏。诗仙赞曰：峨眉山月半轮秋，影入平羌江水流。蜀国多仙山，峨眉邈难匹。人称：登顶须轻装，负重不前行。佛曰：迷惘是魔，觉悟即佛。

（2）中国最美十大峡谷

雅鲁藏布大峡谷：至真至善原始古朴，最深最长世界第一。高山夹峙，陡壁绝崖，泥石流冰雪崩惊心动魄，地球最后的秘境；激流跌宕，雷鸣谷动，大拐弯瀑布群翻浪滚云，中国傲世之景观。宏大的水汽通道，造就典型垂直植被带，青山白顶，雾障云影，原始林葱郁绝无仅有；茂密的高树大木，蕴藏丰富的生物多样性，珍禽异兽，奇花药草，大峡谷生态独领风骚。

虎跳峡：山高万仞，峡深千丈，虎跳三段，险滩十八。玉龙哈巴雪山夹峙，峡深壁峭，一江大水万马奔腾，十跌十起，惊心动魄，壮烈不可言状；巨石险礁中流阻截，金沙劈流，一条蛟龙掀涛激浪，滚雷动地，山轰谷应，汹险令人胆寒。真的是，满天星斗尽坠落，一江怒水自天来；二虎雄踞分恶浪，一峡雷霆顿收回。

长江三峡：瞿塘峡巫峡西陵峡，雄奇秀美；白帝城两坝屈原祠，文脉绵长。自然山水画廊千年观瞻，波澜壮阔历史古今史诗。西陵峡处处留嫘姐圣迹，南津关层层阻日寇铁蹄。曾经是，两岸猿声啼不住，轻舟已过万重山。如今是，更立西江石壁，截断巫山云雨，高峡出平湖。神女应无恙，当惊世界殊。

怒江大峡谷：东方大峡谷，峡深千丈；三江并流带，山高万仞。群山夹峙，一江怒水飞流直下；气候立体，百变山色五彩缤纷。狂澜腾空起势不可挡，峡谷风景画动静咸宜。子在川上曰：逝者如斯夫，不舍昼夜。

澜沧江梅里：峡深谷长江流急湍，冬清夏浊水声如雷。最是阴风口岩墙，狂涛击岸撼人心魄。诗曰：岩口逼仄势更凶，夺门而出悬白龙。一日江边站，半世心底惊。特有垂直带植被，景观丰富；雄浑干热型河谷，水旱分明。

太鲁阁大峡谷：宝岛八景之首，太鲁幽峡盛名。溪流切割千年，绝壁万仞，青峰插天；珍稀生物万千，森林原始，奇花纷纭。朱子云：问渠哪得清如许，为有源头活水来。

黄河晋陕峡谷：九曲黄河十八道湾，湾湾壮丽：老牛湾，鸡鸣三省，携手长城；石楼湾，壮观清秀；河曲壁立千仞，禹门级浪如雷山呼谷应。延川百里五七蛇曲，曲曲神奇；

乾坤湾，太极图腾，亮丽壮观；清水湾，古拙雄伟；凤凰灵光秀气，漩涡福地应天浊浪排空。神涧腾蛟，天功造化，土柱林、水蚀浮雕、断崖悬岩，天设地造；民族兴盛，先贤业绩，古村落、遗迹寺庙、绝壁栈道，人工胜迹。峡谷千里画廊，若天书、若生灵、若音符、若天路迷宫，阳刚之美回肠荡气；黄河母亲禀赋，或刚烈或坚韧或温柔或压迫奋争，磅礴大气浑厚苍凉。

大渡河金口：陡壁险崖，窄谷幽深，大河奔涌，云腾雾漫；支沟隘谷，窄如刀缝，绝壁湍溪，相连一体。障谷口石门守把，一线天山水奇观。

太行山大峡谷：三晋名胜，五洲奇峡。太行高原，地壳剧烈抬升，山体石裂脉断，流水侵蚀雕刻，植物见缝扎根，地貌沟壑，岩崖异型，地球历史自然呈现，为世界极品地质博物馆。壶关峡谷，壁岸刀削斧劈，峰岩千姿百态，瀑布抛珠撒玉，潭泽碧波荡漾，溶洞心驰，传说神往，自然人文一方荟萃，为中国著名风景名胜区。峡长绵远数百里，名五指峡、龙泉峡、王莽峡等；景点群集四百多，如红豆峡、八泉峡、青龙峡、黑龙潭。

库车大峡谷：旷世幽谷，地质天书。山崖红赭，风雨刻蚀，如火如荼；谷狭似合，峰高欲坠，幽深宁静。神犬玉女，雄奇峻险，奥妙神秘，光怪陆离。此方景观令人目眩心驰，这等天福必须亲临身受。

（3）中国最美的六个湖泊

青海湖：天上瑶池，地下青海。天朗气清，万鸟来朝，冬银夏翠，景色绮丽。鸟岛集万类，高原最佳观鸟去处；岸滩漫牛羊，草原恬静牧农家园。文成公主和亲双修好，蚕桑秘籍远渡两相得。东来女神，西来佛祖，相会一泓碧水边，成就两颗善良心。古来苦寒地，今成乐游原。

新疆喀纳斯湖：集冰川、湖泊、森林、草原、牧场、民族村落、珍稀生物于一地；有湖怪、佛光、雪峰、云霓、水色、四时万象、自然画屏之美景。誉为"东方瑞士"，称作摄影天堂。子曰："知之者不如好之者，好之者不如乐之者。"语云："与其临渊羡鱼，不如退而结网。"故欲享美景，及早亲临。身心清净，到此洗尘。

西藏纳木错：清凉湖水，清得圣洁无邪纯真刚正；蓝色天地，蓝到透彻幽深丰润醉人。传说是天帝之女，善男信女朝拜的神圣之地；尊敬为大山之母，彩云圣光汇聚此天池神湖。耳闻不如目见，目见不如身亲。纸上得来终觉浅，绝知此事需躬行。

长白山天池：神山长白戴冰帽，仙湖深泓藏灵鱼。二江源头分南北，十六奇峰落湖中。

景观上下分四带，山色春秋各不同。绿渊潭碧蓝若仙境，植被带五彩如霞云。中国两个天池，东长白西天山；都是人间仙境，冬覆冰雪夏覆绿云。

杭州西湖：山水美景，西湖做标。烟柳风光推十景，曰苏堤春晓、曲院风荷、平湖秋月、断桥残雪、花港观鱼、柳浪闻莺、三潭印月、双峰插云、雷峰夕照、南屏晚钟，尽得风雅秀气；山水景观添二五，为云栖竹径、满陇桂雨、虎跑梦泉、龙井问茶、九溪烟树、吴山天风、阮墩环碧、黄龙吐翠、玉皇飞云、宝石流霞，同样画意诗情。西湖，湖光潋滟，山色空蒙，美若西子。接天莲叶，映日荷花红碧相映。更有山外青山，楼外美楼，香风醉人，流连忘返。

泸沽湖：位于云南宁蒗县与四川盐源县之间的崇山峻岭中，整个湖泊，状若马蹄，南北长而东西窄，形如曲颈葫芦，故名泸沽。湖中各岛亭亭玉立，形态各异，林木葱郁，翠绿如画，清澈如镜，水天一色，藻花点缀其间，缓缓滑行于碧波之上的猪槽船和徐徐飘浮于水天之间的摩梭民歌，使其更增添几分古朴、几分宁静，是一个远离嚣市，未被污染的处女湖。

（4）中国最美六大沼泽湿地

若尔盖：四川西北，高原绿洲。九曲黄河第一弯，蜿蜒逶迤风姿绝代；深闺花湖天光镜，五彩缤纷云霞旖旎。泥炭沼泽，湿地生态，蓝天碧水，草原万顷，鸟禽云集，牛羊撒珠。景观如天堂般美丽，民风像大地样淳朴。盛夏繁花成海，隆冬冰雪如银。红军长征艰难路，伟大精神到如今。畅享草地绿色美，旷达怡情念先人。

新疆巴音布鲁克：天地静谧，世界安详。山峦环抱，草甸辽阔，酥油草养育草原四宝；水草丰美，牛羊成群，巩乃斯旅游世外桃源。开都河夕照九阳连珠，大自然神来之笔；天鹅湖上演水上芭蕾，人世间至观美景。

三江平原：蓝天碧水绿野沃田，浩瀚无边风景画；珍禽异兽森林湿地，富饶美丽博物园。捏把黑土能冒油，插双筷子也发芽。曾经歌中不毛地：山中霸主熊与虎，原上英雄豺和狼，烂草污泥真乐土，蠓虫毒蟒美家乡。如今中国大粮仓：水稻小麦献金谷，大豆高粱堆满仓，勇于开拓顾大局，奋斗奉献精神扬。稻麦滚金浪，山河笑开颜。语云：志不求易，事不避难。一分耕耘，一分收获。

黄河三角洲：浩荡芦苇苍莽绿海，云集候鸟荟萃珍禽。黄龙入海，日落月出，景象雄浑壮美；天鹅翱翔，鹤鹳唳舞，生命热烈讴歌。春到，大鹏一日同风起，扶摇直上九万里。

秋来，晴空一鹤排云上，便引诗情到碧霄。

扎龙湿地：黑龙江湿地，丹顶鹤家乡。湖泡沼泽芦苇荡，数百里水草繁茂无双鱼虾水府；雁鸭鸥鹭珍稀禽，几千年候鸟去来守信仙鹤之乡。赞鹤诗云："翱翔一万里，来去几千年。秋霄一滴露，声闻林外天。"

辽河三角洲：百万亩芦苇沼泽完整广大，两百种候鸟栖息热闹非凡。世界黑嘴鸥最大繁栖地，中国红海滩第一景观图。自然保护，顺其自然。凫胫虽短，续之则哀；鹤颈虽长，断之则悲。遵道贵德，万事奏凯。

（5）中国最美的六大瀑布

雅鲁藏布瀑布群：大峡谷中隐士，千年埋名隐姓；铁囚笼里巨龙，一朝吐雾吞云。中国瀑布多优雅温顺，巴东瀑群独狂野翻腾。白浪卷云冒烟，声若霹雳滚雷，震天动地；瀑群聚能破阵，势如万马千军，倒海翻江。前人瀑诗曰："穿天透地不辞劳，到底方知出处高。溪涧焉能留得住，终须大海作波涛。"

广西德天瀑布：横跨中越，称雄亚欧。青山绿树间飞出白龙，挟风雷带霹雳；清潭碧泓处收藏玉蟒，动心魄摄惊魂。越三五关层叠直下龙潭洞府，扬九八朵白云冲上碧空凌霄。赏百里画廊天成就，观田园风光人绘图。

黄河壶口瀑布：九曲黄河奔腾万里，雄风浩荡；中华巨龙风起云涌，气势峥嵘。入龙漕而咆哮，化彩虹而掀巨浪，山呼谷应；临绝地而抗争，宁粉身而化长生，国敬民尊。古老土地之色彩，不朽民族的浪花。刘禹锡《浪淘沙》云："九曲黄河万里沙，浪淘风颠自天涯。如今直上银河去，同到牵牛织女家。"

罗平九龙瀑布：龙河八里，叠瀑十道，钙化十滩，流碧九溪。观神龙雄伟，情人湍急，碧月舒缓，白絮瀑秀美，又有钙化浅滩、深潭碧水，明珠彩带五光十色，流云飞花千姿百态，南国一绝风景独好。若桂林灵秀，九寨幽静，三峡峻险，黄果树雄奇，更有油菜花开，天地辉煌，青山绿水溢彩流光，纯朴热烈布衣风情，九龙十瀑美不胜收。

诺日朗瀑布：九寨沟奇秀，诺日朗壮观。银河飞泻，声势轰然，波澜壮阔，蔚为大观；正是春日空灵，夏水狂野，秋色彩绘，隆冬冰瀑靓丽。水花万朵，银珠抛洒，云烟涌起，彩虹高挂；更加雪峰映衬，绿树增辉，滩海异象，风采动静迷人。正如前人赞瀑曰："松阴无雨云长润，石窦虽晴雪未消。素练几时浮绝壁，白虹千尺跨层霄。"

黄果树瀑布：白水河九级瀑布，黄果树最高最大；犀牛潭百丈深渊，一池水不涸不盈。

洪水期气势磅礴，震天动地；枯落季秀丽温柔，软纱漫帘。前人诗赞曰："虹泉飞万丈，下有犀牛行；瀑布图如绘，悬流势不平；雪花晴里溅，芝草岸边生；对此盟心地，能令滞虑清。"又有诗云："犀潭飞瀑挂崖阴，雪浪高翻水百寻。几度凭栏观不厌，爱他清白可盟心。"

（6）中国最美十大森林

天山雪岭云杉林：天山深处，云杉常绿林四季青翠，连峰续岭，漫坡盘根，穿岩裂石，滞水化云，真正天然水库；东西绵延，雪岭西天山云杉王国，大树挺拔，冠盖若云，针阔混交，异彩纷呈，特有绿色长城。雪岭与云杉镶嵌成画，牛羊和草原谐和为诗。感动，万花敢向雪中出；赞他，一树独先天下春。

长白红松混交林：山势巍峨，植被分带，红松阔叶林因季相变，色彩缤纷：冬日银妆，盛夏翠绿，春秋时节绚丽多彩；林海浩荡，树种繁多，针阔混交林结构复杂，层分三四，高下百尺，峡谷风貌原始保留。红松林生态系，蓄水保土，养育生物，栋梁之材不可多得；露水河红松王，五世三劫，五百高龄，生命奇迹可贵难能。美丽的物种基因库，神往的旅游度假区。

海南尖峰岭雨林：神秘的原始热带沟谷雨林，奇特的云雾林海自然景观。古木参天，藤蔓攀绕，寄生绞杀，老茎生花，空中花园，蝴蝶王国，抗癌名木，数不清的奇花异草；山海相连，群峰耸翠，雾霭弥漫，溪流潺潺，鸟鸣幽谷，云起层峦，独木成林，看无尽的树菇草蘑。无双基因库，热带大观园。独特生态系，极品旅游区。

白马雪山杜鹃林：金沙江澜沧江之间，横断山云岭北主峰。峻岭寒原，石砾坡地，逢春开放，漫山遍野，占植被带一谱；山高岭大，幽境秘藏，顽强葱郁，不自寂寞，有金丝猴为邻。花开铺天盖地，似云锦灿然，红白粉紫色缤纷五彩；花树结伴簇拥，成花海奇观，寒凉荒瘠地绽放青春。雪山映衬格外瑰丽，生命展现无限光华。

西藏林芝云杉林：雅江大拐弯温暖湿润，波密云杉林壮丽美观。雪山环抱，冰川延伸，桃红柳绿，雪域江南秀美色；高原淳厚，森林葱郁，天光云影，童话世界显神奇。名贵中草药蕴藏丰富，珍稀动植物种类繁多。晴光云岚，绿野草原，一派神功造化；层峦叠翠，密林流碧，满目原始风情。

新疆轮台胡杨林：不死、不倒、不朽，三千年生命延续英雄树；抗热抗旱抗水，一亿载历史磨砺壮士情。青翠如玉镶沙画，橙黄似金揽秋光。秋景美好，苏轼有诗："荷尽已无擎雨盖，菊残犹有傲霜枝，一年好景君须记，最是橙黄橘绿时。"

　　西双版纳雨林：地球回归线多为沙漠带，此地为少有的绿洲；世界动植物罕有基因库，版纳是璀璨的明珠。完整典型的热带雨林生态系统，奇特稀有的原始森林自然风光。雨林之美，宛如绝世佳人。诚如诗曰："芸芸众神赞，秀色掩古今。"

　　荔波喀斯特森林：世界独特遗产佳选，生态奇异景观资源。研究喀斯特森林、植被、动物、土壤、气象、水文、地质、生态环境之自然科学博物馆，观赏石灰岩地质、漏斗、洼地、谷地、峰岩、河湖、瀑潭、溶洞景象的特殊环境游览区。自然景观原始古朴神奇多姿多彩：小七孔超级盆景，地下洞绿色森林，超凡脱俗石灰岩世界；农耕文明和谐自然适宜智慧绝唱：水族书百科俱全，马尾绣魅力独具，深闺默养喀斯特文明。

　　兴安落叶松林：万顷林海绿色宝库，天然生境万类乐园。千峰笋石千株玉，万树松萝万朵云。春到满山杜鹃，听鸟鸣深树；秋来遍野山珍，赏色染层林。盛夏领略森林的清凉和极光夜景，隆冬体验浩瀚的大自然冰雪风情。赏银装素裹，分外妖娆。数风流人物，还看今朝。大雪压青松，青松挺且直。要知松高洁，待到雪化时。

　　蜀南竹海：遍山流翠，一地岚烟。九岭山，神女播翠织绿，有寺寨洞瀑湖江亭廊山溪竹海十佳景点；墨溪，游仙吟诗作画，成雄险幽峻秀翠新奇美特蜀南四季至观。最具特色旅游地，独步世界风景区。中国人与竹，称岁寒三友。爱它：矫矫凌云姿，霜雪不知年。叶落根偏固，心虚节更高。曾与蒿藜同雨露，终随松柏到冰霜。郑板桥咏竹曰："咬定青山不放松，立根原在破岩中。千磨万击还坚劲，任尔东南西北风。"苏轼则云："宁可食无肉，不可居无竹。无肉令人瘦，无竹令人俗。"宋祁咏竹："修修梢出类，辞卑不肯丛。有节天容直，无心道与空。人化竹节，竹化人格，物我两忘，浑然为一。"

（7）中国最美六大草原

　　呼伦贝尔草原：纵横曲流三千，棋布星湖五百；优质牧草多种，绿色净土一方。蓝天白云，一幅清丽画卷；溢光流彩，真正天上人间。炊烟篷帐飞牧歌，风吹草低见牛羊。造化神奇历史的沃土，崛起强盛民族的地方。草，最弱的是草，最强的也是草。离离原上草，一岁一枯荣。野火烧不尽，春风吹又生。

　　伊犁草原：超然脱俗的气质，卓尔不群的生机。野花伴牧草，绿茵似锦之美丽；天河偕流泉，相得益彰式富饶。中亚无双绿野，世界最美草原。古诗曰：极目青天日渐高，玉龙盘曲自妖娆。无边绿翠凭羊牧，一马飞歌醉碧霄。

锡林郭勒草原：绿野无垠，风吹草低，区位独特，功能显赫，俨然北方绿色屏障；羊群如云，奔马驰飞，典型草原，生物多样，重要国际关注目标。牧歌声里雄鹰叫，风拂葱茏见牛羊。创造一代天骄的圣地，演绎宏伟历史的舞台。地上绿野，地下乌金。降落宇宙飞船，建起明珠电厂。路网电网，通向远方。

川西高寒草原：风动云飞，天高气爽，大河奔流，绿野四方。牧歌奶香，牛羊鸟禽合奏生命曲；寺院篷帐，汉藏羌彝共开幸福源。

那曲草原：大山环抱，羌塘高寒，碧空白云，莽原无垠。河流湖泊星罗棋布，草滩湿地放牧牛羊。苍凉草原此景最绝，藏羚牦牛人畜共存。淳朴原始不唯得天厚爱，遵奉天地自然福报绵长。天人和谐示范例，生态文明在心田。

祁连山草原：岭谷相间，雄秀兼得。雪峰高凌霄汉，冰川广布，云雾弥漫；宽谷风景如画，绿茵如毯，牛羊成群。夏日塔拉，黄金牧场，天赐美地；哈日夏纳，装点草原，镶金镀银。原始林绿海天涯无际，野鹿群徜徉悠闲自得。祁连山外相粗犷，大草原内涵温情。北国风光，四季分明。冰雪世界，分外妖娆。

（8）中国最美十大海岛

西沙群岛：南海沙岛中心地，蓝色国土掌旗人。千万载珊瑚成就，世外天地；新时代科技造岛，椰林绿珠。百年浮沉，今日方兴，军民鱼鸟同此同乐；历史碑记，海洋风光，中南东西共潮共兴。

涠洲岛：海上火山岛，南国蓬莱国。五彩滩初日出胜景，七色斑斓形态多样；鳄鱼山海蚀刻地貌，千姿百态绮丽动人。滴水丹屏，岩层五色多姿多彩；海洋公园，珊瑚礁盘骇浪惊涛。日出日落景色绮丽，潮起潮落层岩壮观。

南沙群岛：碧海蓝天，白浪银沙，和风拂衣，海鸟翔集。珊瑚造礁国土，历史铸就界碑。由岛礁滩沙堡岩二百个组成，碧海明珠串缀；有越菲马文印尼多国家垂涎，美帝掀浪搅局。国土是尊严，无威不足立信；胜战即真理，国际依然丛林。保土保国，这属院内地面，垃圾必须清除；强力促和，此为门前街衢，通道确保畅通。

澎湖列岛：港外海涛澎湃，湾内静水平湖。帆樯林立，澎湖渔火成胜景；香火寺庙，仙凡同俗历春秋。风柜涛声、鲸鱼洞，奇迹自然；仙人脚印、天后宫，善良人心。景致美如画，海鲜味若神。

南麂列岛：海陆仙会，历史光彩，天地造化，风光旖旎。树木丛生，百草丰茂。东风浩荡，洪波涌起。日出之行，若出其中。星汉灿烂，若出其里。碧海仙山，气候宜人，乃旅游避暑度假胜地；特色资源，贝藻王国，此藏龙栖凤养民家园。

庙岛列岛：海上仙山缥缈处，猛禽翱翔，万鸟云聚；人间梦得玉石街，文星荟萃，海珍毕集。九丈崖山海洞礁雄秀奇险，无与伦比；月牙湾球石长滩珠光宝气，只此一绝。绝眦海鸟归隐处，蓬莱琼阁有无间。

普陀山岛：南海圣境，海天佛国。普陀山、莲花洋、洞石金沙滩，观音道场景美魂化；多宝塔、九龙殿、杨枝观音碑，三宝载誉潮音入心。天地大惠在华夏，海山胜景唯普陀。佛家，四相四谛，六根六度，五蕴俱空，十善来朝。修行修身，颐养精神。

大嵛山岛：福鼎美玉，海上明珠。环岛岩礁宝链，参差纷呈，时断时续，嶙峋峻峭；绝顶大小天湖，清泉深源，不盈不涸，清澈静雅。鸟岛，万羽翔集，海鸥群聚。宫寺，劝世善行，祭祀千年。风光旖旎岛，风云荟萃人。

林进屿-南碇岛：东海天碇定漳闽，地球绝遗馈中华。玄武岩石柱绝景：岩柱百万根密集耸峙，成峭壁悬崖，若凝固的黑色瀑布，垂海的齐整青丝，称发状石林，熔岩珊瑚，如此冷凝的火山颈绝无仅有。世界级火山奇观：水面上下各百米高深，为世界之最，有最多的岩柱数量，最纯的单一岩分，最坚硬致密，集中宏大，这方熔岩之山海景内涵深奥。老舍诗曰："碧浪连沧海，鸥影乱风前。未敢题只字，芭蕉尊自然。"

海陵岛：称海上丝路博物馆，有南海壹号古沉船。山水风光似桂林，梯田景色追龙脊。阳光海水沙滩完美组配，公园旅游考古国家品牌。十里银滩，中国最大海滨浴场；海洋公园，国家五星旅游景区。语云："海不择细流，故能成其大。山不拒壤土，故能成其高。"又云："比山高的是人，比海阔的是心。心中是山河日月，征途是星辰大海。望远能知风浪小，凌空始觉海波平。观海荡心胸，美目怡情怀。"

（9）中国最美八大海岸

亚龙湾：三亚胜地，海南明珠，高山耸峙，大海扬波。蓝天碧海银沙绿野，天下第一湾永驻南海湾；滩宽岸平沙细景美，东方夏威夷胜过夏威夷。热带风光绝无仅有，海滨游渡盖世无双。海到无边天作岸，山登绝顶我为峰。

台湾野柳：美人浴海，乌龟离岸，海蚀地貌千姿百态；岩层景致，动物表演，旅游乐趣赶海赏奇。浮云游子意，落日故人情。露从今夜白，月是故乡明。

大连城山头：传奇性海防古城堡，国家级地貌保护区。海滨岩溶地貌壮观奇特，元古震旦地层记录齐全。山海拥抱的世界瑰宝，天地造化的神奇典籍。滨海喀斯特，北方小石林。山海镶珠璧，天地各风流。有志始知蓬莱近，无为总觉咫尺远。

海南东寨港：红树林胎生水长，密荫绿野，有海上森林赞誉；东寨港陆沉为海，波光水影，为海底村庄奇观。菠萝连天红树海，禽鸟蔽日水鲜名。层层红干对沧浪，雨洗风飘吹淡香。斧斤不入成保护，养成鱼鸟一天堂。

昌黎黄金海岸：百里海岸，新月沙丘，连绵起伏，蜿蜒不绝。千载沉睡，一朝苏醒，闺中少女，靓丽迷人。沙软质细黄金色，水清滩平漫浪轻。可游泳滑沙拾海，能健身娱乐怡情。

香港海湾：四面环山，湾阔水深，为世界第三天然良港；山峦秀丽，蓝天碧海，称举世瞩目东方明珠。岸带高楼环峙，夜景灯光璀璨，似漫天繁星争奇斗艳，成世界三大夜景；水面船艇游弋，到处流光溢彩，如烟花缤纷霓虹竞秀，乃人间极乐时光。繁荣壮观美丽，大气豪华异奇。引豺狼觊觎，招苍蝇下蛆。一方举美地，八方塞垃圾。

福建崇武海岸：礁岩屿石形态异，金沙碧水泳场好。景观奇特，妩媚动人。惊涛拍岸、浪静风平，各具美丽特质；海市蜃楼、风味特产，自有动心机缘。惠安女眺望大海，希望远寄；半边天经营家园，避风好湾。

深圳大鹏半岛：东连大亚湾西接大鹏湾，临近闹市的一块荒野；低山丘陵区浓密森林地，自然淳朴的世外桃源。游地质公园，看海蚀崖柱台洞地貌；玩碧海沙滩，乐纯真海天浪沙风光。江山如画，意气凌云。幸与大城为邻，升级自然美誉。

（10）中国最美七大沙漠

巴丹吉林沙漠腹地：探险观游，别样世界。凝固的狂浪，流动的金山。人迹所至偶尔划出脚印弧线，自然之手重新恢复原始真容。雄浑大气直达天涯无际，苍茫冷静遍及视野远方。王维有诗："单车欲问边，属国过居延。大漠孤烟直，长河落日圆。"长河者，额济纳河也，也称弱水，出于黑河，入于居延；落日浑圆，瀚海之色。孤烟一句，最着此地特景：干旱沙地，午后日晒，常起旋风，卷起尘柱，若孤烟一道，直上苍穹，或大或小，此起彼散，时所得见，古今皆然。正是：瀚海孤烟非燃火，长河未流到黄河。

塔克拉玛干沙漠：沙塬，牛郎犁出的田垄；河流，织女绣衣的丝带。英雄胡杨傲风骨，古国遗存留苍凉。流动沙丘变幻莫测，风蚀地貌奇特壮观。沙漠公路贯南北，古今瀚海一奇观。俱怀逸兴壮思飞，欲上青天揽明月。云路通天河外去，人间旧貌换新颜。

古尔班通古特沙漠：天山之北，福海之南。奇形异状风蚀貌，千变万化蜃气楼。大漠绿洲现江南景致，丝绸之路留驼铃文明。一年两度开花结果，动物植物皆奇异；梭梭红柳锁定沙流，地面地下尽宝藏。莫道沙漠荒瘠地，工业时代石变金。

鸣沙山-月牙泉：天女遗下半边镜，风后搬来一山沙。敦煌不老地，沙海第一泉。古刹千年守望，骚客诗赋挥毫。山以灵鸣怡性，水以神秀洗心。天人交集范围大，古今名胜感悟多。庄子曰："天地有大美而不言，四时有明法而不议，万物有成理而不说。惛然若亡而存，油然不形而神，万物畜而不知。此之谓本根，可以观于天矣。"

沙坡头沙漠：沙坡头鸣钟轰然，腾格里巨龙饮河。沙漠绿洲大河高山集一处，奇异组合；骑驼冲浪滑沙观览健身游，娱乐长学。治沙三代英雄业，长龙二条东西横。这也是，黄沙百战穿金甲，不破楼兰终不还。前人栽得长青树，后人歇凉自有时。

腾格里沙漠：腾格里风景画，可观赏可穿越；阿拉善大漠诗，能壮志能咏歌。沙地植物多么奇妙，生命世界如此多娇。清风明月不论价，红树青山合有诗。到此方知水为贵，莫怪蒿草不开花。

库布齐沙漠：鄂尔多斯羊煤土气，资源富甲天下；黄河湾内红绿黄蓝，景观独步一方。恩格贝绿化获土地生命大奖，银肯湾响沙成天下一绝。穿越沙漠，太阳烘烤，夜风入骨，时空隔绝，艰难又独特；实现梦想，一脚一印，合作互助，实感真情，刻骨而铭心。曾是，一去紫台连朔漠，独留青冢向黄昏；如今，黄沙百战穿金甲，不破楼兰终不还。

（11）中国最美三大雅丹地貌

新疆乌尔禾雅丹：乌尔禾风蚀地貌，规模宏大气势雄伟，若城堡垛堞塔台殿阁，若怪鸟异兽仙佛神人，无不惟妙惟肖。魔鬼城狂风世界，飞沙走石天地昏暗，或啸声尖利鬼哭狼嚎，或怪影迷离阴森恐怖，令人胆战心惊。不毛之地近读少趣，特殊景致远眺壮观。

白龙堆雅丹：特殊土地，日照闪光，状若白龙群舞，首尾相援，气势宏伟。盐碱台地，风蚀垄槽，曾为丝路险阻，自然神秘，世界一绝。生态恶化原灾难，景观旅游获再生。哲语云：曲则全，枉则直，洼则盈，敝则新，少则得，多则惑。物无美恶，用之得当。物极必反，大巧若拙。辩证之法，万物至理。

三垄沙雅丹：丝绸之路千年险地，敦煌雅丹地质公园。环境恶化，风沙山起，巨鲸遨游，气势磅礴。雅丹规模宏大，景象奇特，若街巷碉楼、人鸟马驼、神佛坐卧，千姿百态，最具观赏价值；沙海蜃景变换，光怪陆离，有夜幕尘暴，风哨兽嚎，魔影魅形，幻化无穷，甚是动魄惊心。

（12）中国最美的旅游洞府

贵州织金洞：规模宏伟造型奇特的洞穴资源宝库，分布密集典型代表的岩溶地貌景观。洞藏，地下塔林雄伟壮观，铁山云雾缥缈仙幻，百尺垂帘磅礴大气，广寒宫银雨树卷曲石奥妙莫测。洞外，岩溶地貌多样，峡谷伏流行踪何去？峰石瀑布村寨特别，罗圈盆天窗谷天生桥奇妙一绝。

重庆芙蓉洞：九州最美，天下第一。入世界自然遗产名录，成中国四星旅游景区。斑斓辉煌的地下艺术宫殿，内容丰富的洞穴科学展厅。辉煌大厅、巨型石瀑、生命之源、石花之王、犬牙晶花石，誉为"洞府五绝"，均是稀世珍品；类型齐全、形态完美、质地纯净、绚丽多彩、最大竖井群，溶洞景观集萃，堪称地球珍奇。洞府分支开岔，不断有神奇发现；地质错综复杂，整体的秘境天藏。

湖南黄龙洞：世界地质公园，世界自然遗产。溶洞奇观世界之最。典型喀斯特，规模大、内容全、景色美、水陆精致；最美旅游洞，有花果山、天柱街、天仙瀑、龙宫迷宫。洞厅空间庞大，十三大厅巨型无比；洞府景致丰富，定海神针绝世奇观。

湖北恩施腾龙洞：中国最大，世界特级。水旱两洞，美善双馨。水旱洞景变换激越，吞吐清江成三现三隐；洞穴体系庞大复杂，容积总量居世界之尊。五山峰十大厅瀑布十余处，百里长千尺高清江一古河。洞内景观千姿百态，洞外风光似画如诗。集山水洞林于一体，因雄险奇绝而驰名。

重庆丰都雪玉洞：观赏价值高，科学底蕴深。质纯若玉，俨然白玉雕琢玲珑界；洁白似雪，仿佛冰雪刻画童话城。成长中的洞穴，如妙龄少女般美丽；世界级之奇观，有四大科学界奇葩。塔珊瑚花群，规模最大，数量最多，如兵马俑军阵；企鹅样地盾，冰清雪洁，硕大无朋，乃石盾王第一；石旗王，最薄最长，晶莹剔透，薄如蝉翼；鹅管林，重叠密集，傲霜斗雪，倒挂粉丝。石笋柱带、钟乳石、流石坝，无不年轻漂亮；石幕幔瀑、石毛发、卷曲石，均是少年可人。

本溪水洞：钟乳奇峰千姿百态，水旱双洞多彩迷离。泛舟览胜随想成景，银河九曲梦幻游仙。猴群、春笋，倚天长剑、玉兔戏水，顾名思义，惟妙惟肖。游客诗赞曰："轻舟碧水诗画间，人间独此一洞天。"

（13）中国最美七大丹霞

七大丹霞指广东丹霞山、福建武夷山、福建泰宁大金湖、江西龙虎山、湖南莨山—八角寨、甘肃张掖丹霞、贵州赤水丹霞等。中国丹霞是地壳红层在特殊季风气候条件下长期侵蚀形成的，颇具中国特色。2010年，中国以莨山、丹霞山、泰宁、龙虎山、赤水、宁夏西吉火石寨、浙江江郎山7个著名丹霞捆绑组成"中国丹霞"，申请世界自然遗产获得成功。

广东丹霞山：世界地质公园，世界自然遗产。国家五星景区，中国红石公园。国家级风景名胜区，国家级自然保护区。地貌类型最齐全，造型最丰富；丹霞发育最典型，分布最集中。有石峰、石墙、石柱、天生桥近七百处，具顶平、身陡、麓缓、颜色赤等丹霞特征。色如渥丹，灿若明霞。长老峰上下好景致，元阳石天地一人根。丹霞地貌命名地，中国科学一高峰。石可破而不可夺坚，匹夫有志；丹可磨而不可夺赤，气贯长虹。

福建武夷山：烟峡云峰入仙境，碧水丹山甲东南。世界自然文化双遗产，中国风景名胜五星区。碧溪九曲，雄峰三十六，山水各有雅妙；秀比桂林，美兼五岳名，堪称天下第一。人到武夷入神话，诗言曲溪减色多。古人赞曰："一溪贯群山，清浅萦九曲。溪畔奇茗冠天下，武夷仙人自古栽。"

福建泰宁大金湖：岩崖峰柱形态万千气势磅礴蔚为壮观丹霞貌，库峡洞谷收天纳地烟波浩渺山色辉映大金湖。金湖一水连串，田畴万顷烘托。碧水丹山绿野第一等，森林地质旅游国家级。有诗赞曰："山为锦屏何须画，水作琴声不用弹。"

江西龙虎山：红层地壳为肌骨，风雨侵蚀做功夫。侵蚀残余的峰丛峰林孤峰岗丘组合宽谷地貌，老年丹霞之景象；常绿森林与珍稀生物人文景观构成立体画卷，独秀江南的灵山。碧水丹崖炼丹处，秀峰绿野卧虎龙。道家祖山，历代尊崇。有张天师称其：一条涧水琉璃合，万叠云山紫翠堆。

湖南莨山—八角寨：湘桂界丹霞之魂，八角寨世界奇观。方山丹峰石脊横空出世，石巷赤壁仙柱独占鳌头。侧看群峰箭笋插天，且资水穿行，田野流翠，又谷溪花鸟匹配，成一方胜景；横看成岭万马奔腾，有螺丝观天，罕见大观，更雄奇秀幽结合，做丹霞典型。云起云散峰丛跌宕，山浮山沉巨鲸翻腾。

甘肃张掖丹霞：中国六处最美地貌，世界十大神奇景观。气势磅礴，场面壮阔，造型奇特，色彩斑斓，美得令人震撼；层级错落，发育典型，奇险灵秀，神工鬼斧，奥秘引发深思。规模大色彩艳,科考旅游价值无限;窗棂状宫殿式,丹霞地貌中国第一。绚丽童话界,七彩神仙台。此君,不飞则已,一飞冲天。不鸣则已,一鸣惊人。

贵州赤水丹霞:丹霞赤壁艳丽鲜红,孤峰窄脊拔地而起,岩廊洞穴巨大奇特,奇山异石仪态万千。红岩绿树银瀑清泉,组合完美,高品上位;成熟典型壮观美丽,惊世骇俗,神州第一。巨瀑飞泻撒珠玉,赤壁辉映接仙居。科海之奇观妙道,画坛的空谷佳人。中国丹霞中国国粹,世界遗产世界品牌。

(14)中国最美五大峰林

广西阳朔峰林:桂林山水甲天下,阳朔山水甲桂林。真正碧莲玉笋世界,绝对雄奇秀美风光。奇峰两万座,清流十六条,漓江百多里,文墨千多年。山清水秀洞奇石巧,四绝博得甲天下美誉;田园古街渔村壮家,劳动打造大世界新容。此处,无山不入画,是峰即如诗。鸟语君行早,花香客去迟。

湖南武陵源峰林:养在深闺的美女,失落远山之丹青。壮观独特,典型奇丽。三千岩峰尖细如柱,八百秀水各具媚态;万顷峰林层峦叠嶂,四十洞府令人着魔。石峻峰奇水秀谷幽洞美,五绝景色神采焕然;春花秋色朝日晚霞云雨,幻化无穷仙境人间。

贵州兴义万峰林:中国喀斯特博物馆,典型黔西南万峰林。峰林层叠,若大海波涛,气势磅礴,浩瀚无际,名称宝剑、列阵、罗汉、群龙、叠帽,几大类型,尽可望名生义,按图索骥;景致奇特,有农田绿野,古朴村寨,鸡犬相和,更有坑缝、泉洞、河湖、花木、鸟禽,交相辉映,共成水墨画卷,迷游忘归。

江西三清山峰林:奇绝惊世,聚仙著名。入世界自然遗产名录,列国家五星旅游景区。国家风景名胜,世界地质公园。玉京玉虚玉华奇峰峻拔,雄奇险秀古朴自然;玉清上清太清三尊坐列,仙灵众相惟妙惟肖。云霓宝光叹为观止,珍树仙葩旷世少闻。蓬莱方丈瀛洲,丹崖叠翠;巨蟒女神观音,形态称绝。揽胜遍五岳,绝景在三清。

广西罗平峰林:峰峦成林,沟谷纵横,盆岭相间,典型喀斯特地貌。田园相伴,村寨点睛,菜花如海,神奇大西南峰丛。山峰座座异景,金鸡报晓、峭壁仙子、大佛讲经、双狮对戏,个个天地绝配;风景时时更新,云雾浮动、金花着色、明湖弄影、溪瀑烟笼,每每忧喜随心。峰林十万似雄兵布阵,气势逼人;梯田层层如大海无垠,直上云根。一派水墨画意境,多少田园诗雅情。

（15）中国最美五大古城区

厦门鼓浪屿：看过大城看海岛，听罢琴声听涛声。这里号称"万国建筑博物馆"，此处重读百年苍黄历史书。郑成功从这里出发，一代英雄勋名铸就。陈嘉庚在对岸办学，民族图强教育先行。倚中华放眼世界，借大洋足踏五洲。

苏州老城：两千五百年名城，豪气、豪富、豪美；二百五十家文物，古建、古人、古风。粉墙黛瓦名园汇聚，人间天堂名久；地灵人杰名家辈出，吴越文脉远长。烟柳夹两岸，人家尽枕河。城中闲地少，水巷小桥多。白乐天赞曰："绿浪东西南北水，红栏三百九十桥。鸳鸯荡漾双双翅，杨柳交加万万条。"

澳门历史城区：四百年风和雨成就一份世界文化遗产，两制度一家国多留几点历史记忆真迹。欧陆风格建筑，他乡之技能为我用；博彩娱乐场所，只可外观不可手玩。

青岛八大关：红瓦绿树，依山傍海，青岛城特有的美丽；欧陆风格，独院别墅，殖民者留下的印迹。万国建筑博览会，中华近代历史书。从前达官显贵别墅地，今日公众进出旅游区。全球化时代，工业化城乡。乘势出海，借风扬帆。时不我待，机不再来。

北京什刹海：碧波千顷，垂柳依依，佳景荟萃，四季风光，北京的独特景致。幽街深巷，侯门府苑，宝刹香火，古典建筑，文脉之古韵流长。古诗有曰："银锭桥横夕照间，依然晴翠送遥山。旧时院落松槐在，仙境笙簧岁月闲。"今日，大城已随时代变，古街旧貌换新颜。正是："天若有情天亦老，人间正道是沧桑。"

0303　中国十大风景名胜古迹

万里长城：抗御游牧民族骑兵袭扰的军事工程，体现华夏民族劳动创造的伟大奇迹。规模浩大，雄峙北方，历代增补，内外多层，总长十万里，形成长城带。中国象征，和平自守，农牧分界，文明盾牌，延续两千年，血肉铸神魂。留很多壮举，引无限遐思。长城逶迤万里，跨苍山葱岭、巉岩危崖，越广川大河、古原荒漠，似巨龙蜿蜒曲折，烽台高耸，堡堞巍峨，大气磅礴雄浑险峻莫不极致。历史绵延百代，铸民族精神，崇善尚义，重守土睦邻，春种秋收，人己视同，故构筑坚城自保，人不犯我，我不犯人，浩然正气，通古贯

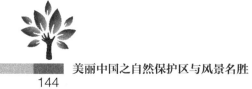

今一脉相承。世界文化遗产，中华不朽史诗。

桂林山水：桂林山水甲天下，洞奇，峰美；古城闻名二千年，诗海，歌洋。山作青罗带，水如碧玉簪。奇峰二万座，清流十六条。荣登世界自然遗产名录，堪胜瑶池仙境世间桃源。象鼻山、独秀峰，山城胜景观不尽；七星岩、芦笛岩，地下龙宫尽奇珍。灵渠千古名胜地，龙脊菜花金梯田。漓江千秋王维画，阳朔一城诗书廊。走遍天下五大洲，唯有桂林好家乡。

北京故宫：世界文化遗产，中华历史象征。宫殿巍峨，皇城煊赫。平稳的基座、直立的柱框、曲线的屋顶，构成中国宫殿建筑之美；构造之坚固、工艺之精致、艺术之魅力，彰显中华文明深厚淀积。朱墙黄瓦光华夺目，重门雄殿厚重霸气，雕梁画栋金碧辉煌，居中对称庄严威势。形神兼备美轮美奂，太和高凌九五之尊。居城市之中轴，受群星之拱卫，均衡布局，方正庄严，前朝后市，左祖右社，前楼后山，大殿居中，碧水环绕，玉桥如虹，宫殿之瑰宝，古建之锦绣，中华文化储库，民族历史丰碑。

杭州西湖：云山秀水湖光柳色，三堤分画群山拱卫，成就自然美景；唐诗宋词康封乾题，千年文墨百代风流，打造瑶池天堂。四时美色朝暮异景，晴雨所好山水相宜。世界文化遗产地，国家风景名胜区。前人诗文赞誉，浩如钱江之水，滚滚不绝，亘古亘今：天容水色西湖好，何人解赏西湖好。人物俱鲜，佳景无时。接天莲叶无穷碧，映日荷花别样红。湖光潋滟晴方好，山色空蒙雨亦奇。欲把西湖比西子，淡妆浓抹总相宜。古往今来，道不尽的西湖美，写不完的赞美诗。

苏州园林：世界文化遗产，古典园林典型。依据天人合一思想，构筑理想的自然；追求心中的融合，建造人世间之天堂。苏州园林意蕴深远，构筑景致，艺术高雅，内涵丰富；古典建筑布局巧妙，造型精美，装潢考究，类型齐全。沧浪亭借水成景，狮子林假山王国，网师园文脉久远，拙政园居游咸宜。留园建筑精美，颐园假山最长。一石一木皆寓意，一草一花尽有情。塔从林外出，山向寺中藏。古宫闲地少，水巷小桥多。园林有百处，天堂共一家。

安徽黄山：世界文化自然双遗产，中国风景名胜五星区。名列中华十大名胜，誉为"天下第一奇山"。冰川年代造就特景，风雨侵蚀解读成因。四绝三瀑为奇为最，三大主峰领秀领名。一山植物迎客松独显贵，遍野动物黄山猴最精灵。盖五岳奇秀甲天下，评百美雄险有千秋。有山皆图画，无水不文章。

长江三峡：瞿塘雄伟，巫峡秀丽，西陵峡险峻，长江三峡山水画廊，气象万千，驰名世界。屈原故里，昭君家乡，白帝城托孤，历史长河浮沉演绎，文墨瀚海，彩绘中华。山形水势话不尽，长文短诗景难摹。正是："两岸猿声啼不住，轻舟已过万重山。"云水风度，松柏气节，畅思八方，游神万古。

台湾日月潭：日月双壁美景如画，晨昏晴雨变幻无穷。神话优美，正义张扬。日月互济，阴阳相商，天人合一，和光同尘。顺应自然，动静咸宜，立德养生，福寿绵长。青山不墨千秋画，流水无弦万古琴。老子曰："名与身孰亲？身与货孰多？得与亡孰病？是故甚爱必大费，多藏必厚亡。知足不辱，知止不殆，可以长久"。

承德避暑山庄：世界文化遗产，国家五星景区。设计，因山就水顺应自然；建筑，融南汇北聚集精华。宫殿湖泊平原山峦，四区缩影中华地貌；庄雅朴素野趣和谐，古典范例皇家园林。外八庙巍峨壮观，建筑和合汉藏，因教不移其俗。馨锤峰独上云端，武烈河曲流入滦。七十二景点，三百年山庄。

秦陵兵马俑：世界文化遗产名录，全国重点保护文物。最大的地下军事博物馆，成熟的造型艺术展示厅。工程浩大，气势宏伟，世界八大奇迹；真实记录，数量众多，古代辉煌文明。兵马俑，千人千面形态各异，衣饰发髻身份标志，留无限遐想；秦人秦军井然有序，军功禄位尚武精神，有多少启迪。李白有诗："秦王扫六合，虎视何雄哉！挥剑决浮云，诸侯尽西来。明断自天启，大略驾群才。收兵铸金人，函谷正东开。"

0304 中国各省（区、市）著名风景名胜区

中国的风景名胜区，按照观赏、文化和科学价值进行分级，定为国家级与省级，实行分级管理。中国国家级风景名胜区原称国家重点风景名胜区，是指具有观赏、文化或者科学价值，自然景观、人文景观比较集中，环境优美，可供人们游览或者进行科学、文化活动的区域。根据中华人民共和国国务院于 2006 年公布并施行的《风景名胜区条例》，由国务院批准公布国家级风景名胜区。从 1982 年起至 2017 年，国家按标准认定的"中国国家级风景名胜区"共 9 批 224 处。此外，按照旅游吸引力、接待能力及旅游所要求的条件，国家旅游局（现并入文化和旅游部）进行了旅游景区级别划分，共分 5 级：5A 级为最高，也称国家级旅游景区。截至 2020 年 1 月 7 日，共确定了 280 处国家 5A 级旅游风景区。还

有一些风景名胜区被国际组织认定为世界遗产，具有世界性意义，拥有更高知名度。这份自然馈赠和前辈留传的遗产，十分珍贵，不可替代，不可再造，并不断有新发现、新挖掘、新修复，其名单在继续增长，成为中华民族一份不断增长的、独特的宝贵财富。

（1）福建省风景名胜区

福建是名山胜水之邦，国家级风景名胜区有 19 处：武夷山、清源山、鼓浪屿—万石山、太姥山、桃源洞—鳞隐石林、金湖、鸳鸯溪、海坛、冠豸山、鼓山、三明玉华洞、十八重溪、青云山、佛子山、宝山、福安白云山、灵通山、湄洲岛、九龙漈等国家级风景名胜区。有 5A 级旅游景区 9 处：厦门鼓浪屿、南平武夷山、三明市泰宁水上丹霞、永定南清土楼、泉州清源山、福鼎太姥山、宁德白水洋—鸳鸯戏景区、福州三坊七巷、龙岩古田等。此外，东山岛、湄洲岛、平潭岛、日月谷、厦门海底世界、南普陀寺、东南花都花博会等，都是不去留恨的地方。

闽地风光：北武夷南冠豸，丹霞地貌，建水中流，山水形胜无匹比；西群山东大海，碧浪涌潮，岸带蜿蜒，海天一色有壮观。北福州南厦门，古港泉州，皆名城胜地，人文荟萃八闽地；古客家今先贤，香火妈祖，存中原文化，古村传承诗书风。这里是，海上丝绸之路重要起点，郑和从这里扬帆，海军由此处诞生。理学名邦，海滨邹鲁，朱熹传道，留诸多古迹。名家辈出，林文忠如千仞之壁立，家国光辉。陈嘉庚乡情浓烈，办学功德泽被后生。勤劳惠安女，畲家凤凰妹，均称闽地好风景。闽粤客家话，隔海宝岛情，都是东南最牵情。

武夷山：儒家书院堂斋62处，朱熹为尊；道家宫观坛殿71家，武夷如目。名士宇舍寮轩几十个，柳永最著名；佛家寺庙庵堂43，九曲溪边。前人赞曰：九曲溪，三三秀水清如玉；武夷峰，六六奇峰翠插天。丹山碧水，奇幻百出，山水秀甲东南。

清源山：山上泉眼诸多别称"泉山"，山高入云也称"齐云山"，位于泉州城北郊又称"北山"，山上有三峰亦称"三台山"。泉州十八景之一，由清源山、九日山、灵山圣墓三大片区组成，总面积为62平方千米。主峰海拔498米，山城相依。清源山自古以36洞天、18胜景闻名于世，其中尤以老君岩、千手岩、弥陀岩、碧霄岩、瑞象岩、虎乳泉、南台岩、清源洞、赐恩岩等为胜。

太姥山：在福鼎市境内，三面临海。景区内有36峰、45石、24洞、10岩、9泉、3溪、2岭、1谷。与雁荡山和武夷山成鼎足之势。崇山峻岭，烟云秀媚。摩云接天仙乡地，闽越古民心中天。余霞散成绮，澄江静如练。半壁见海日，归帆拂天姥。道酋修仙处，李白梦游山。仙山临海，美轮美奂。峰险石怪洞异水奇，有光有彩，可称人间圣地；寺古寨老物丰人和，可居可游，号为海上仙都。

鼓山：地处福州城东，涌泉寺为芯，东有回龙阁灵泉洞，西有洞壑数十景，南有罗汉台香炉峰，北有白云洞大顶峰。一山林木葳蕤，处处怪石陡崖，有"闽中山水称古灵"之誉。

冠豸山：在龙岩市连城县境内。山势平地拔起，不连岗以自高，不托势而自远，外直中虚、山清水秀，与武夷山并称"丹霞双绝"。风景秀丽，苍玉峡逶迤而入；一石若悬，松风亭半山听涛。欣赏杜鹃吐红，走过丹梯云栈，穿越"云瞩"堑门，独开"滴珠岩"面。有清朱阳镌刻"上游第一观"五字，是闽江、九龙江、汀江发源地之一的佐证。芙蓉坡上下，历代建书院十余座，现存修竹书院、五贤书院、东山草堂等。石门湖景区，山环水绕，乘舟游荡，有双乳峰、葫芦港、童子牵马、大象饮泉、疯僧戴帽等奇景。竹安寨相连冠豸山，集雄奇险绝于一体。

青云山：在福州永泰县境。因直上青云之高峰得名，有登天廊惊心动魄。珍稀动植物桫椤、羚羊，点睛之作是猕猴。遍山流瀑称特景，曰青龙、九天、凤尾、珠帘、石龙、新月，还有火烟瀑布景区。十八重溪石林、高山草场、火山口天池，各自胜景。

佛子山：在南平市政和县境，有福建小黄山之美名，是集观光、探险、科普、休闲、度假于一体的旅游好去处。火山成陆，峰丛高耸突兀，巨石崩摧惊心。佛子岩巧夺天工，平架山林木葱茏，七星溪银河挂落，溪潭瀑湖皆成胜景。更有旺楼古文化遗产，稠岭度假新区，穿越历史，云游古今。游鲤鱼溪，看红豆杉王树，天上地下无不涤荡心胸，怡神增智。

福安白云山：地质遗迹，秀丽山水，世界地质公园。五大景区，白云山、金钟山、龙亭峡、黄兰峡、九龙洞，以石臼为特征，佛光最神妙。森林葱茏，生物多样，古文化传承显在。畲族风情、谢氏故里，茶文化悠久浓烈。

宝山：北靠武夷东临茫荡，邻近玉华洞大金湖，一地美景连绵。自然风光与历史文化双馨，有三宝：宝山禅寺、银杏村、万亩竹林；有三绝：云海、日出、佛光；还有 36 景观。元代全木砂岩石结构殿堂建筑，最高价值，真正镇山之宝。

灵通山：闽南胜景，平和县境，是 1.2 亿年前火山爆发沉积而成的典型丹霞地貌，火山遗迹。险峰、奇石、飘云、清泉为四大特色。由狮子、紫云、玉屏、栖云、擎天、大帽、小帽七大峰 36 群峰组成 10 寺 18 景，人称似黄山。灵通大佛、珠帘化雨、千米飞瀑、虎峡狮峰、石斋书屋、古宅土楼，构成一方独特天地。景观以险峰、奇石、飘云、清泉为四大特色，雄险奇秀称绝。明朝大学士黄道周游灵通山时曾感叹其与黄山相似，"或有过焉，无不及者"。

清源山：闽海蓬莱，老君岩道德天下；泉州福地，清源洞石窍流泉。

鸳鸯溪：屏南县境。共分白水洋、鸳鸯溪、叉溪、水竹洋—考溪、鸳鸯湖 5 个游览区。大峡谷，消暑地，一水相连白水洋。溪流曲折，岸山连绵，峭壁悬崖，森林茂密，鸳鸯故乡越冬地，猕猴理想好家园。有百丈漈、水帘洞、小壶口瀑布景区，雄奇秀丽，原始幽雅。白水洋，坦坦河床一石铺就，几丘平叠梯田，誉为天下绝景；粼粼洋面万点银光，三大浅水广场，确乎宇宙之谜。

鼓浪屿—万石山：鼓浪屿，海上花园，琴声悠长，异国风情，称誉"世界建筑博物馆"。万石山，岛前哨地，梵音钟鼓，石态山姿，闻名鹭岛园林游览区。历史有风采，时代兼特色。

平潭海坛：火山造岛，大海成貌。奇特海蚀地貌，优质海滨沙滩。岛上六大景区，景点 155 处。象形山石千姿百态，峭壁礁岩雄险绝奇，有百丈漈水帘洞，海坛天神王爷石，都是奇观。更有石坛古镇，胜景天造人成，居游咸宜。

湄洲岛：妈祖祭祀文化，东方麦加称尊。36 岛礁个个美丽，誉为"南国蓬莱"。湄屿潮音动人心脾，黄金沙滩天下第一，九宝澜号称"东方夏威夷"。妈祖正庙，宋建清修，香火不绝成胜景。

金湖：秀水奇洞，武夷一脉，丹霞地貌。称天下第一湖山。有仪态万千 72 崖，俊伟奇丽 36 岩，险兀壮观 18 洞，独一无二水上一线天。眼观丹崖悬瀑，足到古寺险寨。

桃源洞：历史文化与风景双馨之地，有百丈岩、修竹湾等 5 个景区，明代古建，山多栟榈树，宋代李纲诗称：栟榈百里远沙溪，水石称为小武夷。

永安鳞隐石林：喀斯特地貌，中国四大石林。地上石林，石件四百多，千姿百态；地下迷宫，物事无尽数，鬼斧神工。

三明玉华洞：古洞沧桑烟火色，千年观游人气成。钟乳石景，奇特万象，若动物王国，似神仙聚会。

十八重溪：在闽侯县境内，福州紧邻。因有 18 条支流而得名。景观异常丰富，闽中称奇，峰谷瀑潭洞石，野趣横生。胜景百余处，最名十八佳景。奇特的火山岩地貌，形似丹霞，山峰峭拔、涧壑幽深、彩云叠嶂，美不胜收。青云山，主峰海拔 1 130 米，揽 9 座千米雄峰，9 条溪流穿梭于峡谷之间。有古灵山，文笔峰，若擎天巨笔，摩云插天。野生猕猴出没，景区鸟语花香，宛若世外桃源。自宋萧国梁在山中苦读，状元及第，青云直上，遂成名山胜景。后人不断耕耘，成就天乙岩、云湾渡、月山崖、安德泉、赞公房、碧玉潭、落镜桥、小天台、蟠龙石、逗云寺古灵十景，文人骚客流连其间，留下了不少赞美题咏。溪水环绕古城村，官帽金印捧文峰，山清水秀，人杰地灵。

九龙漈：位于周宁县七步溪下游。气势磅礴的九级瀑布和雄伟壮阔的峰峦，相得益彰，胜景天成。第一级龙潭瀑壮观，瀑高 46 米，宽 76 米，飞瀑腾空，激流惊涛，浪花飞卷，声传天际；茫茫水汽，似雾似雨，浮泛荡漾，旭日临空，宛如彩虹，轻飘曼舞，蔚为奇观。第二级龙蛙、第三级龙鳄，相随而下，有巨石突兀，酷似龙牙，将银瀑一劈两半，故成龙牙第四瀑。第五瀑山峰回转，瀑流趋缓，故称卧龙瀑。第六级瀑峡谷缩窄，瀑布拧成水柱，名龙井瀑。第七、第八、第九级瀑，为葫芦潭、龙角瀑、龙口瀑，最后跌入水帘洞。九龙张口，吐雾喷云，追波逐浪，水天相连，滔滔滚滚，"疑是银河落九天"。

（2）浙江省风景名胜区

浙江是山清水秀之乡，有国家级风景名胜区 22 处：杭州西湖、富春江—新安江、雁荡山、普陀山、天台山、嵊泗列岛、楠溪江、莫干山、雪窦山、双龙、缙云仙都、江郎山、仙居、浣江—五泄、方岩、百丈漈—飞云湖、方山—长屿硐天、天姥山、大红岩、大盘山、桃渚、仙华山风景名胜区。列入世界文化遗产的有杭州西湖、大运河、江南水乡古镇（乌镇、桐乡市和西塘）、西湖龙井茶园、良渚遗址、中国古代窑址（上林湖越窑遗址）等。浙江省有 5A 级旅游景区 18 处：杭州西湖、雁荡山、普陀山、杭州千岛湖、嘉兴乌镇、宁波奉化溪口-滕头、金华东阳横店影视城、嘉兴南湖、杭州西溪湿地、绍兴鲁迅故居-沈园、根宫佛国文化旅游区、台州天台山、台州神仙居、衢州江郎山-廿八都、天一阁—月湖、湖州南浔古镇、丽水缙云仙都景区等。

浙江山水：山海相接，七山一水两分田；景色独秀，诗情画意神仙乡。这里，有丝绸之源湖州蚕桑，稻谷之乡河姆渡，文明摇篮良渚古遗，运河之端钱江潮亭。卧薪尝胆地，坚韧不拔留风骨；红船精神天，勇立潮头开新宇。浙地有山皆美景，钱江是水尽妖娆。东西天目高树密林，太姥天台诗情画意，南北雁荡峭崖悬瀑，莫干江郎仙迹人踪。有联曰：入西湖化境，当膜拜灵隐；观东海狂潮，须亲赴钱塘。浙江秀水名胜：西湖、千岛湖、镜湖、鉴湖，有湖皆美，如诗如画。浙江之地，是山皆名，是水皆美，处处风景名胜佳境，时时游旅赏美优选。天目山，分东西南北中诸峰，佛教道场第五名山，唐宋元明清，高僧辈出，屡受皇封，人文底蕴最丰厚。森林系，以古大高稀多称绝，五株铁木地球独子，豹麂雉蝶鸟，动物珍稀，古老孑遗，生态保护须先行。旅游佳选地，浙江天目山。金华双龙洞：溶洞水石奇观，道教文化景区。洞中有洞，双龙守门，卧船入内，视为奇异。古今名胜，雅士汇集。诗言："千尺横梁压水低，轻舟仰卧入回溪。"

杭州西湖：西子湖四时为景，浣纱女再现；雷峰塔八面有光，峨眉仙临凡。六和塔层层异景，九曲溪步步风光，龙井茶绿名闻世界，虎跑泉茗香溢九州。

富春江—新安江：富春江下切中生代火山岩，形成著名的长峡大谷。七里泷峡谷，两岸岩石陡立，层峦叠嶂，山水相映，景色秀丽。自梅城以下 5 千米峡谷段，辟为国家级风景区；有王洲岛，是孙权故里，岛上有吴大帝庙等古迹。富春江素以水色佳美著称，更兼许多特色村落集镇点染，为富春江、新安江画卷增色生辉，有"小三峡"之称，"天下佳山水，古今推富春"。下游建水库，形成千岛湖。星罗棋布千岛，世界之最；人工造就胜景，换地改天。有石林、飞来石、丹霞地貌、古建书院诸多景致。

百丈漈—飞云湖：百丈三漈，一漈最高而雄，二漈最宽而奇，三漈最深而幽。素练悬空半成雾，珠玉喷溅化云烟。飞云湖：青山浮湖面，碧波入山中，宁静清澈，风景画卷。瀑雄峰奇湖秀溪美，避暑休养度假观光。

方山—长屿硐天：位于台州湾，由八仙岩、双门硐、崇国寺和野山四大景区组成。八仙岩、双门硐以硐群景观为主，是 1 500 多年以来人工采石留下的遗迹，采石上亿立方米，留下 28 个硐群，1 314 个硐窟，形态千姿百态，如古钟、如覆锅、如桶壁、如巨兽，孤立的、串联的、相叠的、并峙的，或深幽曲折，或雄伟险奇，或削壁成廊，或天窗顶空，或石架悬桥，层叠有致，变幻莫测，宛若迷宫。最奇观夕洞的岩洞音乐厅，毋用电声设备就具有立体声效。长屿硐天可谓"人力无意夺天工"，集雄险奇巧幽为一体，为我国独有风景。崇国寺始建于东晋咸和年间。境内岗峦起伏，清溪萦绕，奇花异草，巍岩兀石。有天打岩、神鹰岩、翠鸟谷、彩竹石笋、巨蚕上冈、鳌龙归潭、双象等景致。双门硐、水云硐等，构成我国最大的硐穴博物馆，奇石馆、艺术馆，异彩纷呈。

浣江—五泄：诸暨胜景，生态旅游。浓墨重彩山水画，密林修竹古亭旁。上高峰轻烟缭绕，下溪流幽谷传声。

楠溪江：温州永嘉县境，毗邻雁荡山。溪流景观为主体、山水田园风光与农耕文明遗迹融为一体,大型综合性风景名胜区。计有 7 大景区 800 多处景点,以水秀、岩奇、瀑多、村古、滩林美而闻名遐迩。楠溪江人文景观丰富,宋明清的古塔、古桥、古牌坊,谢灵运、王羲之、苏东坡等文人墨客的足迹和诗句,以"七星八斗"和"文房四宝"布局及五行阴阳风水构想而建的芙蓉村、苍城村,让人领略远古的风貌。

嵊泗列岛:白居易诗曰:"忽闻海上有仙山,山在虚无缥缈间。""海外仙山"为嵊泗列岛代称。嵊泗列岛,自然环境清馨优雅、人文风情浓郁诱人。海瀚、礁美、滩佳、石奇、洞幽、崖险,一幅梦幻的海上图画。有景点 60 多处:称泗礁、黄龙、嵊山、花岛等;基湖大沙滩,背靠松林,沙质坚硬,沙域开阔,面积为 66 万平方米,沙下海域平坦,海水清澈,为理想的天然海滨浴场;嵊山东崖、黄龙岛之元宝石等,千奇百态,妙趣横生;花鸟岛有远东第一大灯塔,为船只进入上海吴淞口的重要航标;岛上还有云雾、猿猴、老虎三个古洞,向有"东海花果山"之美称。嵊山岛和枸杞岛宛如一对鸳鸯,相依相偎于万顷碧波之中。有明清以来的摩崖石刻多处,为中国海疆的历史见证。

台州桃渚:抗倭古城,胜迹多多。有桃江十三渚,称海上仙子国。风景有五绝:峰如琼台玉阁,石如物兽惟妙惟肖,瀑有一线瀑珍珠瀑,滩有海滨浴场,田园风光如诗如画。珊瑚岩群,天下奇观。曾出土翼龙化石,至为增色。

普陀山:普陀佛国,大海潮音,梵声远播,观世音普度众生于水火。定海古城,将军赴敌,士吏殉城,西夷舰血洗渔民于清平。不忘过去,方知未来。舟山,中国第一渔场,东南无双海山,水荡山浮,万鸟翔集。海天佛国,无双之地。

雁荡山:温州境内,中国名山。水淘石裂,大山崩摧,巨石堆恶阵,峭壁成天幕。摩崖石刻非等闲,于无声处听惊雷。人心险恶何处见,雁荡提名血满山。温岭方山:雁荡一脉,一山磅礴兀立,四周石壁合围,真正壁立千仞。峰名羊角,寺称云雾。山顶平旷,有仙田四百亩,经营久远,晋王右军游览作记。凿级登攀,一览温台二州,尽观海上日出。

天台山:佛宗道源,山水神秀。观石梁飞瀑,一石横空双涧争流,飞流直下势如奔雷;览华顶杜鹃,漫山遍野灿若云霞。天台县赤城山:赤石独列,形若城堡,丹霞地貌,日出日落,霞光夺目。玉京洞,道教洞天,葛玄修真;济公故里,人文荟萃。

仙居:洞天福地,神仙之宅。有八景十六洞二十七岩,兼有天台幽深和雁荡奇崛。山势突兀,刀切斧削,洞谲溪曲,原始森林,古木修竹;皤滩古镇,桐江书院,古村老宅,花灯之乡,安溪漂流。汇聚一方,故称仙居。

方岩:在金华市境内,方山雄起,四面如削,奇特宛若城堡,秀丽称为人间仙境。上有天街大寺百景，下有洞府云亭栈道，更多佛寺祠堂书院环山而建。有联曰：天生奇境窥大地，门设雄关瞰山河。

天姥山：兴昌主山，峰以尖名，道教福地，山水诗源。拨云尖白云萦绕，大细尖遥相呼应。古来文化之山，传说李杜梦诗。有古路旧貌，谢灵运先登，开山水诗界：暝投剡中宿，明登天姥岑。高高入云霓，还期那可寻。

大红岩：武义县境。丹霞地貌峰奇洞多，中国最大丹霞赤壁。八大景区各具特色，古典村落镶嵌其间。峰峦幽谷千姿百态，洞穴泉瀑幽深奇绝。

大盘山：金华名山。山峰过半万，隐士做桃园。山，顶平如台，坡陡若壁。水，溪涧逼仄，瀑潭连群。龙龟出水，龙女沐浴；古道石桥，古貌遗存；佛道神会，名士云集。明人诗曰："一峰特立俯群峰，古庙巍然倚老松。"

仙华山：浦江县境，浙婺名山。峰林奇秀，江南第一。主峰称少女，五峰若五指。玉圭峰挺拔，情侣峰缱绻，玉尺峰秀峻，螺姐峰专注，大钟峰壮实，少女峰险峻。刘伯温称："仙华杰出最怪异，望之如云浮太空。"

莫干山：湖州避暑地，清凉若洞天。绿荫如盖，清泉不竭，镇铘干将铸剑处，避暑休闲到此山。四季有景春最美，前花未尽后花来。

雪窦山：宁波奉化，半山弥勒院，金碧辉煌；山巅妙高台，云雾朦胧。佛为蒋公守护，蒋公塑佛金身。帘瀑下千丈，深潭隐难寻。释迦第五山，人间弥勒佛。

江郎山：衢州江山市境。三爿石耸起三峰突兀，丹霞第一奇峰；一座山撕裂一线天开，江山如此多娇。参悟千年古刹学府书院，练胆惊险陡峭郎峰天游。

缙云仙都：峰岩奇绝，山水神秀，奇峰一百六，异洞二十七。境内有九曲练溪，十里画廊，田园风光，人文史迹，山水飘逸，云雾缥缈，水陆嘉汇，游旅胜地。

根宫佛国文化旅游区：衢州开化县，钱江源头区。生态文明教育基地，根雕创造大观园。山麓集景，千年文化盆景园，天人合一根雕展。根雕博物馆藏珍品，名家佳作荟萃展厅。云湖禅心景区，有诗为证：一烟云湖涤璞玉，数声鸟语释禅心。观游俱佳，文墨沁心。

（3）上海市风景名胜区

上海的国家级风景名胜区有 18 处之多，如海湾、东平、共青、佘山森林公园、上海大观园、豫园、古琦园等传统名胜，上海博物馆、动物园、世纪公园、古镇等人文景观等。有 5A 级旅游景区 3 处：上海野生动物园、上海科技馆、东方明珠广播电视塔。此外，上海南京路、外滩、黄浦江等都是国人耳熟能详的著名风景名胜区。

上海：东方国际化大都市，中国近代史编年书。昔日东方巴黎，今称中国"魔都"。经济与文化齐头并进，传统和现代完美结合。千轮竞逐万车成龙，感受经济脉搏的快速律动；灯火辉煌大厦林立，静待古老民族之蓄势待发。蓬勃向上勇攀高峰的城市，奋发图强永不言弃的人民。开明睿智，海纳百川的开放胸襟；谦和大气，追求卓越的行事作风。

东方明珠：眺望长江东来，目送浦江北去。领略现代技术之无限风采，鸟瞰申城市容的亮丽景观。擎天大柱似利剑穿空挑战古老，东方明珠若日月光明照耀前程。塔灯齐放流光溢彩，汽笛长鸣吐气扬眉。

外滩风光：中西合璧，欧典风格，气势壮伟，庄重厚实，错落有致，装饰华美，成一派巍然恭谒的风景线。十里洋场，万国租借，列强兵舰，日寇铁蹄，工农抗争，红旗招展，铸一部屈辱奋起之醒世书。最具传奇色彩之地，更有心潮澎湃之时。

黄浦江：浦江如巨龙南北，大桥若彩虹东西。浦江两岸美到沉醉，一边留古朴典雅，一边显现代华贵；邮轮往来迷幻陆离，水面涌波澜层浪，船上秀彩灯神奇。不息的律动，无尽的生机。

（4）江苏省风景名胜区

江苏省国家级风景名胜区5处：太湖、南京钟山、云台山、蜀冈瘦西湖、镇江三山。江苏有24处5A级旅游景区：苏州园林、苏州周庄古镇、苏州沙家浜—虞山尚湖、苏州太湖、南京钟山—中山陵、无锡影视基地三国水浒景区、无锡灵山大佛景区、无锡鼋头渚、无锡惠山古镇、吴江同里古镇、南京夫子庙—秦淮河风光带、常州环球恐龙城、扬州瘦西湖、南通濠河、姜堰溱湖、苏州金鸡湖、镇江三山（金山—北固山—焦山）、常州天目湖、镇江句容茅山、淮安周恩来故居、盐城大丰中华麋鹿园、徐州云龙湖、连云港花果山、常州中国春秋淹城。

江苏形胜：负江面海，海陆鲜荟。苏锡常镇宁泰，长江明珠串缀；盐淮宿扬通连，大地群星璀璨。拥山抱湖，鱼米乡土。吴韵汉风积淀，六朝古都独步江右；拥山抱水独有，一泓太湖富甲东南。苏州园林，植在大地上的锦绣；千里运河，演绎人世间的华章。江苏人家，崇文重教，诗书传家，工农并举，科技先行；成就科技发展高地，环境优美之邦，勇立潮头，脚踏实地，生态文明，就此启航。有联曰：居下游抢上风，南通北联谋发展；扼江尾占海头，西进东出启新航。徐州城勾连四面，扬子江贯通八方。扬子江：黄金水道，中华动脉。下高原敛激波，穿三峡历险滩，浩浩荡荡归大海；纳百川通千湖，行大轮渡巨舸，蓬蓬勃勃富中华。土地富饶，年年春风绿两岸；人烟凑集，处处城乡绘新图。美丽山水色，独有中华情。

徐州：彭城自古兵烽地，城史一部血染成。彭祖故地，孔老际会，西楚王都，汉祖文源。荆楚歌赋，中原音韵，唐人诗文，宋元词曲，两千年南北文化交融，各朝代骚人墨客荟萃。吴凿邗渠，魏开鸿沟，北通齐鲁，南控吴越。江南粮米，塞上龙马，车出四面，风帆八方，一运河天下财货富集，千百载兵家必争之城。如此历史名城屈指可数，历代血火灾苦罄竹难书。

太湖：平山远水，山隐水阔。湖面烟波浩渺，湖岛星罗棋布，岸线曲折蜿蜒，山岭透迤连绵。山环水抱，渔港村镇点缀；水湾套合，江南水乡风光。景区几十个，曰木渎、石湖、光福、东山、西山、角直、同里、梅梁湖、蠡湖、锡惠、马山、虞山、阳羡等，各具特色。泛舟太湖，范蠡西施成绝唱；观光苏州，园林丝绣焕彩霞。诗文辞章皆锦绣，湖光山色尽美文。满湖鱼虾蟹美味迎客，一条城市带明珠成环。上有天堂，下有苏杭。天下三分明月夜，二分落在此一方。

南京钟山：南京，六朝古都；钟山，虎踞龙盘。城以山兴称金陵，山以城名成名胜。钟山景点五十多个，陵寝佛地占半山。中山陵、明孝陵，最大最著名；灵谷寺，抗日英烈安息地；栖霞山，南朝帝陵伴佛寺。有读书台，三绝碑，四方城，诸多历史古迹；梅花山、植物园、天文台，都是观游好景。李白有诗："三山半落青天外，二水中分白鹭洲。"山水哺育，文墨浸染，几百年明清文明锦绣，古城垣繁华织就；条约开埠，日寇屠城，三十万民众生灵涂炭，新城史血泪写成。山水风景钟山荟萃，历史大剧古城悠长。鸡鸣寺，古城垣，钟山幕阜，一城古迹供观览；秦淮河，夫子庙，玄武莫愁，水景湖光可赏游。民国故都，历史新城。兵家必争之地，文化汇聚之所。不忘历史，砥砺前行。

蜀冈瘦西湖：运河龙珠，扬州名片。兵部名节史可法，徽商富蕴瘦西湖。一湖碧水，曲折窈窕延绵去；两岸景点，国画长廊次第开。杜牧有诗："二十四桥明月夜，玉人何处教吹箫。"扬州，城随运河兴起，地因炀帝有名。历史功过，任君评说，仁者见仁，智者见智。唐人有诗曰：尽道隋亡为此河，至今千里赖通波。湖旁河岸之蜀冈，有著名大明寺，最著名鉴真和尚，东方佛学领袖，东渡扶桑，九死一生，百折不挠，送去佛经佛理、文化友谊，有日本唐招提寺历史见证；但东邻倭寇，崛起西洋学，西侵华夏，无恶不作，回馈中华血火死亡，南京屠城更是罪恶昭彰。中日鉴真，黑白分明。前事不忘，后事之师。

镇江三山：三山自古皆名胜，东晋以来故事多。金山奇丽，寺宇台阁层叠，金碧辉煌，梵塔峭然，见寺不见山；焦山古雅，两峰对出如狮，定慧古寺，掩隐林中，见山不见寺；北固山雄险，三峰相连，后峰临江峭壁如削，甘露寺高踞峰巅。金焦东西浮玉，北固稼轩诗举，长江纽带，互为对景，水陆交汇，古今对话，一方胜景。

云台山：云台山多有天庭遗物，海州湾尽得龙宫珍奇。果然花果山福地，峰峦百三六，高下相叠，前后相望，连天接地，仙山猴石，棋布星罗，天庭就在眼前伸手可敲；如是水帘洞洞天，洞府七十二，大小相套，深浅相连，洞天福地，精灵古怪，藏头缩尾，龙宫本踞足下一蹴通达。峻峰迎客，天瀑献珠。

（5）山东省风景名胜区

文化高地，礼仪之邦。国家级风景名胜区有6处：泰山、青岛崂山、胶东半岛海滨、博山、青州风景、济南千佛山。国家5A级旅游景区12处：泰山、烟台蓬莱阁、曲阜明故城（三孔）、青岛崂山、威海刘公岛、威海华夏旅游区、烟台龙口南山、枣庄市台儿庄、济南天下第一泉、沂蒙山、潍坊青州古城区、东营黄河口景区。

山东形胜：泰山雄踞齐鲁地，西黄河东大海，一叶半岛展飞翼；济南坐落河山间，外千峰内百泉，泉城从来有盛名。海滨名城串珠链，陆地路网经纬图。胶东岸带，连接大洋达五洲；黄河金带，穿破世间通银河。山高无过泰山，会当凌绝顶，一览众山小；文魁莫如孔孟，只在此山中，云深不知处。礼仪之邦名片，富强文明追求。齐风鲁韵，毓秀钟灵：华夏文明早发源地，六千年前大汶口，八千年前后李人；伏羲氏兴起，高阳氏故墟，少昊氏聚居，东夷部在此。兵智科工书，五圣出此乡。民族危难之际，齐鲁儿女奋起，十万英烈洒热血，成就红色新精神。绿水青山常在，生态文明勃兴。

济南：坐落河山间，泉城千百年。千佛山，大明湖，趵突泉，三大名胜定城色；万竹园，易安居，稼轩祠，诸多古迹扬文风。趵突黑虎五龙潭，数十名泉汇流，平吞济泺，泉城名标天下。千佛万佛兴国寺，崖洞佛像汇集，钟鸣鼎食，善缘传布四方。前人赞曰："四面荷花三面柳，一城山色半城湖。"千佛山，佛教历史名山，虞舜文化圣地。满山镌刻佛像，还包括黄石崖、佛慧山造像，万佛洞、千佛崖、观音院景点，真正千佛世界。另有景点樱花园、桃花园、梨园、佛山菊，三教合一西山院，一山景致，香火胜地。

泰山：雄踞齐鲁，傲视九州，吞华压衡，驾嵩轶恒，盘古之首，五岳独尊，泰山安则四海安；尧观日出，舜看晚霞，裂云过峰，掀风起涛，巨石为垒，万松皆奇，岱岳观则天下观。有石皆文，有峰皆雄，寺庙皆古；是松尽奇，是泉尽灵，洞府尽名。齐长城千里分齐鲁，古名刹四大数灵岩。北玉泉西竹林西北灵岩，佛寺环山起建；上碧霞下斗母首善岱庙，庙观遍布全山。九个文物保护单位，岱庙为首；六大风景名胜景区，岱顶最名。世界自然人文地质三遗产，中国古迹名胜风景五星区。

　　崂山：青岛崂山风景名胜区由三个部分组成：巨峰、流清、太清宫、棋盘石、仰口、北九水、华楼等 9 个风景区；沙子口、王哥庄、北宅、夏庄、惜福镇 5 个风景恢复区；外缘陆海景点。崂山十二景，一景一重天。巨峰旭照见云海奇观，明霞散绮看变幻无穷，龙潭喷雨有诗赞曰："凌空乱溅沫，疑是玉龙飞。白挂虹千仞，青山环一围。抛来珠落落，舞处雪霏霏。游客贪清赏，斜阳不忍归。"棋盘仙弈与仙翁相会。云洞蟠松、华楼叠石、蔚竹鸣泉、狮岭横云等，各有所铭。崂山山光水色，为道教名山，有太清宫上下端坐，奇峰异石，古树清泉，摩崖石刻，流水飞瀑。曾有"九宫八观七十二庵"之说，是为"道教全真天下第二丛林"。著名道士丘处机、张三丰、徐复阳、刘志坚、刘若拙等都曾在崂山修道。佛教在此也有传播历史，著名的佛寺古刹有海印寺、潮海院、华严寺等，法显、憨山、慈沾、善和等高僧都曾在崂山弘扬佛法。

　　胶东半岛海滨：枕山卧海，襟黄带渤。海湾岬角曲折多姿，港口城市虎跃龙腾。烟威青岛，均是度假胜地；蓬莱仙阁，早成四大名楼。长山岛，八仙过海神话地，东隅屏藩海军港。成山头，东方之天涯海角，古迹的荟萃胜地。青岛，誉为"东方瑞士"，山海之城。崂山上下宫观，大海远近舟艇。红楼绿树，美冠中西。烟台，望海观日，霞彩海天，葡萄酒城，海角之乡。

　　青州：禹贡九州之地，名山佛像之邦。山岳石崖溶洞森林湖库，景观景点 86 处，石窟 5 座，造像 638 尊，高的三丈，小的三寸。山体巨佛，长大五里；中华之最，云门巨型寿字；人无寸高，真正寿比南山。最是龙兴寺发现，窖藏佛像四百余尊，从南北朝至晚唐，其造型精美奇特，雕琢流畅细腻，堪称艺术高极。玲珑题刻，佛道石窟，仰天森林掩古刹，一窍仰穿洞中天，古今奇观，集于一方。

　　博山：丛山之地，村镇峪中。历史悠久，世界遗产齐长城做标；八大景区，石门金牛五阳山为名。二百多景点，奇观毕现，十八盘石柱如林，平顶山齐鲁会盟，古建临壑，石桥跨涧，地下宫殿，鲁中画廊。白石洞、开元洞、天星湖、透龙碑，江北小桂林，均可顾名思义，各有奇异。这里是，历史悠久的琉璃之乡，鲁菜名城，一列文保单位，孝文化发祥地。载誉中华，名贯古今。

千佛山：济南城南，为佛教历史名山，虞舜文化圣地。历山院弘扬大舜文化，万佛洞展现中国佛教发展历史变迁，千佛崖镌刻佛像共9窟130多尊。观音园内与白衣观音可近可亲。兴国禅寺楹联石刻曰：暮鼓晨钟惊醒世间名利客，经声佛号唤回苦海梦迷人。今人新建弥勒胜苑，樱花林，桃花园，梨园，更有漫山遍野的菊花，成就一方胜景。美景新老饷中外，世事成败鉴古今。

曲阜：东方圣城，文明之魂。古人云："天不生仲尼，万古如长夜。"孔府、孔庙、孔陵，号为"天下第一家"，延祚2 400多年。皇宫规格的建筑，庄严朝拜的圣殿。诗云："千年礼乐归东鲁，万古衣冠拜素王。"曲阜"三孔"尊列世界文化遗产，国家重点文保单位。

鲁南：孙庞斗智，围魏救赵，增兵减灶，决胜马陵道，成就兵事千古；国共争锋，弃城图乡，聚力歼敌，激战孟良崮，一役灵甫折戟。曰："临沂银坑山，孙膑竹简千年见日；运河台儿庄，德邻抗日一捷闻名。"

（6）河北省风景名胜区

河北为京畿重地，直隶大省，国家级风景名胜区有避暑山庄—外八庙、秦皇岛—北戴河、野三坡、苍岩山、嶂石岩、西柏坡—天桂山、崆山白云洞、太行山大峡谷、响堂山、娲皇宫等。列入世界文化遗产名录的有长城、避暑山庄、东西清陵。国家历史文化名城有5座。重点文物保护单位居全国第一。国家5A级旅游景区有10处：承德避暑山庄及周围寺庙、秦皇岛山海关、保定白洋淀、保定野三坡、石家庄西柏坡、唐山清东陵、邯郸娲皇宫、邯郸广府古城区、保定白石山、保定清西陵。

河北形胜：山海胜景，历史风华。西太行东渤海，北上高原，怀抱华北大平原。八百里太行山处处好景致，小五台、白石山，行走云端。华北明珠白洋淀，碧波荡漾，鱼鸟相依。昔日风沙地，今成绿海洋，塞罕坝是京津重要生态屏障。渤海湾金沙柔浪，抚平天下人心。更有黄骅港、曹妃甸，通向五大洲四大洋。千秋中华开新业，万代古国再辉煌。冀地，历史高古，文脉绵长。逐鹿古城，黄帝之邑；高阳故地，颛顼帝都；祁山帝尧，舜地禹泽；邢台商祖，中山白狄；邯郸赵国，武灵丛台；幽燕春秋，代郡胡城。冀上是中华民族发祥地，河北多华夏古代诸侯国。三大名胜纳入世界文化遗产名录，名扬世界；五座古城评为国家历史文化名城，誉满中华。

秦皇岛—北戴河：碧海金沙，灿烂阳光，夏都戴河人间天上；丘城沙陀，无垠金滩，自然昌黎出水龙宫。优良海滨浴场，丰富名胜古迹，秀丽自然风光，避暑旅游胜地。望日鹰嘴石，观鸟渤海亭。

秦皇岛山海关：长城万里，如巨龙翻腾于崇山峻岭之中，将龙头伸向地宫水府；历史千年，似画卷展示出王朝盛衰过程，有雄关作为物证鉴镜。戚继光称之为两京锁钥无双地，万里长城第一关。闻名莫过此地，观海二千有年。曹操有诗："秋风萧瑟，洪波涌起；日月之行，若出其中；星汉灿烂，若出其里。"毛主席诗曰："大雨落幽燕，白浪滔天……萧瑟秋风今又是，换了人间。"

西柏坡—天桂山：靠太行抚平原，进退自如战略地，引来一代风流人物齐聚，乾坤大局山村定；乘东风扬远帆，红色旅游名胜区，带动文化经济百业并举，千秋功业人民心。又曰：辽沈平津淮海，三大战役奠定乾坤大局，人心所向；形势任务纲领，七二会议绘制建国蓝图，众望所归。山以地名，地因人灵。天桂山：奇峰突兀，怪石林立，洞泉遍布，花木繁茂，喀斯特山岳，雄秀交融；金顶深藏白毛仙姑洞，真人神话；深山古刹，云雾烟笼，皇家园林气派。此山号为"皇家道院"，北方桂林。

野三坡：汉王墓，清西陵，古城历史很悠久；定州塔，总督府，保定文化根基深。狼牙山，奇峰峻险，凌云驭风，虎熊踯躅；五壮士，宁死不屈，气壮河山，敌酋低首。天地英雄气，千秋亦凛然。太燕交界，咽喉要道，有"世外桃源"之誉。三大峡谷六大景区，组成一方名胜。典型稀有地质遗迹，誉为"地质教科书"。百里峡幽深神秘，熔岩石景68处。有山如塔，石洞有佛，泉喷出鱼，景致众多。白草畔森林原始，请禅寺千年古刹，最是石龙关险隘，完整军垒要塞，一夫当关万夫莫开。

避暑山庄—外八庙：独一无二避暑山庄，世界最大寺庙群，塞外夏都尽现皇家恢弘气概；旷古未有水下长城，直上云霄磬锤峰，紫塞明珠展示中华奇特景观。恢弘古代建筑，秀比江南园林。

苍岩山：群峰巍峨，怪石嶙峋，深涧幽谷，清泉碧湖，林木荫翳，称为"五岳奇秀揽一山，太行群峰唯苍岩"。历史文化名山，隋代古刹福庆寺为核心，炀帝之女修行处。景称三绝：一曰桥楼殿，千丈虹桥望入微，天光云彩共楼飞。二曰白檀树，大小老少满山涧，千年古树尊为王。三曰古柏朝圣，千枝万条，指向一方。十六特景，汇聚一山。

嶂石岩：丹崖百里，红峻万丈。九女奇峰，春花秋色，云海佛光，清泉凉夏，银妆冬冰。幽谷九峡，称作"三栈牵九套，四屏藏八景"。特有砂岩地貌，断崖绝壁成就世界最大天然回音壁。千年古刹淮泉寺、玉皇庙、千佛塔、大王台、义军寨，名胜毕集，观游佳选。

　　崆山白云洞：四千米长廊，五大洞厅，连环套接，景象各异。喀斯特大洞，色彩瑰丽原始，形态奇特罕有。并有天合山，八大寺庙观庵，宗教色彩浓厚。小天池，湖光山色，居游咸宜。邢窑遗址，普利寺塔，临城历史悠久，文保单位云集。

　　娲皇宫：邯郸市涉县境内，是传说中女娲 "抟土造人、炼石补天"的地方，也是我国建筑规模最大、肇建时间最早的祀奉人类始祖女娲的古建，有补天园、补天湖、娲皇宫和补天谷等园区。娲皇宫始建于北齐（550—577 年），每年农历三月初一起为当地庙会，女娲祭典之日，誉为 "华夏祖庙"。此地群山叠翠，流水环绕，风景秀丽，是闻名的旅游胜地。娲皇宫依山就势巧建，人称天造地设之境，并保存有罕见的摩崖刻经。

　　响堂山：邯郸境内，有南北响堂山和连接两山的苍龙山。始建于东魏、北齐时期，初建凿了南北两座滏山石窟和鼓山石窟寺。后陆续增制，山中建寺院，长乐寺最名；洞外摩崖，洞内石刻，洞窟成群，著名千佛洞、释迦洞等，佛教经典刻石留存，石窟石刻文化大成，享誉千多年，为一方盛景。

　　邯郸：拜华夏祖庙娲皇宫，仰独步天下响堂山石窟，名胜古迹梅开二度；寻中国成语典故源，体开放奋进赵文化精髓，历史文化奇货可居。瞻赵都故城，武灵丛台，胡服骑射，回车巷，将相和，负荆请罪，完璧归赵，非雄才大略不可有；仰抗战名将，雄师旧址，烈士陵园，左权墓，将军岭，前事不忘，后事之师，唯远见卓识方为谋。

　　冀中名胜：龙争虎斗地，英雄历史长。正定：一座北周古城，八大古寺禅院。兴隆寺，千年名刹，位列十大，有巨尊千手观音、独特摩尼大殿，建筑精致无双，誉为 "东方美神"。天宁寺之凌霄塔，开元寺之须弥塔，临济寺之澄灵塔，广惠寺之多宝塔，隋唐宋风，吹拂至今。定州，古城形制，首屈一指。赵州桥：拱桥之祖，李春设建。宋人赞曰："驾石飞梁尽一虹，苍龙惊蛰背磨空。"元人说："水从碧玉环中过，人在苍龙背上行。"明人赞其："百尺高虹横水面，一弯新月出云霄。"清人曰："长虹吞皓月，半魄隐清流。"极致！

（7）北京市风景名胜区

　　首都北京，庄严端正，国家级风景名胜区 2 处：八达岭—十三陵、石花洞。7 处世界遗产：周口店北京猿人遗址、长城、明清皇宫、颐和园、天坛、明清皇家陵寝、大运河。集 3 000 年历史文化淀积，全市大小寺庙总数达 2 666 座。历史遗迹、名人故地多不胜举。国家 5A 级旅游景区 8 处：故宫博物院、天坛公园、颐和园、八达岭—慕田峪长城、明十三陵、恭王府、奥林匹克国家公园、海淀圆明园等。

北京历史文化：周口店猿人故土，岩洞中篝火燃起文明的希望。元明清历代都城，皇宫的殿楼彰显巅峰之辉煌。山河胜势，左龙右虎，北倚燕山，面向平原，永定潮白双龙绕膝，运河千年流金输银，八达岭长城巨龙盘旋，铁路公路通达四面八方。一方富饶美丽的土地，一座端庄正气的大城。紫禁城红墙黄瓦，金碧辉煌。天安门五星升起，律动中华。以海纳百川的胸怀，汇合南腔北调，融通东哲西教；迎五湖四海的宾客，聚集经贸商旅，感受带路精神。百万学子云集，几代精英升腾，中华民族心脏，生态文明都城。回首历史，明清争锋，草原铁骑飞扬跋扈，破关越城，玉碎中原温柔之乡千秋梦；满蒙统治，八旗贵族骄奢淫逸，腐败无能，酿成中华丧权辱国百年羞。看今朝，北京引领民族复兴梦，开创生态文明千秋业。有联曰：庄严富丽磅礴，浩浩皇家气象；包容担当现代，巍巍大国都城。从历史走来，向未来走去。

北京城市建筑：形制，立邑选址按八卦，东南平泽，西北震山，背山面水，永定潮白大河前流，冬夏寒暑，旱涝水火，适应地理气候扬长避短。建城布局走五行，前朝后市，中央皇土，左祖右社，三海金水内流环绕，东西文武，前后天地，遵循君臣等级尊卑规矩。园林：山水木石集胜景，妙笔华文点龙睛。皇家园林，奇石叠山，玉液成池，仙鸟鸣啾，锦鳞游泳，荟萃珍奇宝玩，集古今中外艺术精华于一体，尽现文明化成之最；东西列强，兵舰涌潮，枪炮堆丘，豺狼入室，血火洗劫，留得断垣残壁，施空前绝后人间丑行达二度，最耻东西八国联军。北京寺庙：庙寺千家，凭灵山圣水，胜境自成，门派汇聚，各展所长，更借皇土紫气，宗室权力，威震四海；名山几百，受翰墨涂染，陵寝煊赫，僧道张目，庙观传名，再加唐松汉柏，异峰奇景，美誉八方。北京旅游，故宫天坛颐和园，北海长城十三陵，名人居，老街巷，访古探幽，古迹名胜看不尽；动物植物世博园，春花秋叶百花圃，新广场，运动城，名校胜景，近郊远景游不完。

八达岭长城：北京长城 600 余千米，盘旋崇山峻岭中，矗立悬崖陡壁上，气势雄宏，规模浩大。八达岭层峦起伏，长城逶迤雄伟壮丽。长城是世界闻名的奇迹之一，它像一条巨龙盘踞在中国北方的辽阔的土地上。现长城为明代所修，历时 270 年，从山海关至嘉峪关，全长 6 700 余千米，真正万里长城。八达岭原为隘口，后建关城。此段长城有敌楼 43 座，烽火台东西 2 座，从关城城台到南峰的最高处南四楼，城墙长 685.8 米，高度上升 142.4 米，特别是南三楼至南四楼，山脊狭窄，山势陡峭，长城逶迤 400 多米，城顶最险处，坡度约为 70 度，几乎直上直下。长城沿线所建战台高低相守、远近相望，从山海关到北京有 1 200 座。八达岭是中国古代劳动人民血汗的结晶，是中国古代文明的象征和中华民族的骄傲。八达岭景区还有长城碑林、五郎像、石佛寺石像、金鱼池、岔道梁、戚继光景园、袁崇焕景园、长城碑林景园、岔道古城等古迹景点。

十三陵：坐落于昌平区天寿山麓，总面积为 120 余平方千米，陵区周围群山怀抱，左青龙山、右白虎山，前面为平原，背后为大山，陵前小河曲折蜿蜒，一条"神路"通达内外，两边石像装点威严。自永乐始作长陵，到明末代崇祯帝入思陵止，其间 230 多年，共建 13 座皇帝陵墓、7 座妃子墓、1 座太监墓。已开放景点有长陵、定陵、昭陵、神路。

石花洞：典型溶洞，长年恒温。溶洞七层，二层水下；洞穴多，空间大，内涵丰富，石花千姿百态，精彩无限。自然天成月奶石，罕有地质奇观。明人雕刻十佛洞，增加文化内涵。蓬莱仙岛，雄狮迎客，景观造型逼真。地学典型代表，教学观游双赢。

周口店北京人遗址：从猿到人，劳动做分界；文明开启，用火为标识。40 具人体化石，10 万多件石器材料，给出绝无仅有答案；6 米厚彩色灰烬，27 个生活遗址，提供举世无双证明。北京人直立起来已有五十万年，谨防腰软再次爬行；周口店闻名天下将近一个世纪，须防屈辱历史重演。

（8）天津市风景名胜区

天津市国家级风景名胜区是盘山。国家 5A 级旅游景区有盘山、天津古文化街（津门故里）。天津的 4A 级旅游景区有 33 个，著名的有黄崖关等。

天津：枕燕山，面渤海。海河腰中丝带，盘山顶上明珠。九渠齐叩天津卫，遗迹记录沧海桑田年代；滦河新输甘露水，新港展示时代崛起风华。文化街，五大道，意式风情街，法味瓷房子，中西合璧构筑天津特色；劝业场，南开府，海河风景线，桥上摩天轮，古今唯一成就大城景观。看海游港，鉴史知今，领略古炮台，最是津门味道。天津后花园，名蓟州区。蓟州区古称渔阳，五定诸侯国都地，千年古刹独乐寺，尽现历史文化悠久；长城缩影黄崖关，独占雄险秀奇魁元。九龙八仙黄花，三大风景区构建蓟地胜景；黄崖梨木盘山，京东第一山成就津门招牌。

盘山：位踞京津唐承城市腹心，景以三盘五峰八石著称。奇峰耸立，怪石嵯峨，清泉秀木，松栎森林。景色四季各异：春来，百花烂漫燕舞蝶飞；夏绿，峰峦空翠；秋到，层林尽染百果飘香；冬至，玉岭琼峰。名胜古迹集萃，号 72 寺 13 塔，曰天成、千象、万松、云翠寺等，线刻 300 罗汉石壁，绝无仅有。乾隆游山 32 次，写诗 1 366 首，慨叹："早知有盘山，何必下江南！"

（9）辽宁省风景名胜区

辽宁省的国家级风景名胜区有鞍山千山、鸭绿江、大连金石滩、兴城海滨、大连海滨—旅顺口、凤凰山、本溪水洞、青山沟、医巫闾山等。5A级旅游景区有6个：沈阳植物园、大连老虎滩海洋公园·老虎滩极地馆、大连金石滩、本溪水洞、鞍山千山、盘锦市红海滩风景廊道。

辽宁形胜：控大漠抱渤海，辽河冲积出辽金龙兴地；依长白面黄海，鸭绿分划成中朝两界疆。辽河双源，东西皆是膏腴地；千山重峦，绿衣一袭万类兴。海岸四千里，岛屿五百多，山海相依胜景天成；大港一二十，海城五七个，航母潜艇安国仰赖。又曰：金蟹双鳌钳渤黄，镇白山黑水，链东北幽燕，治国焉敢小视；半岛一角望齐鲁，守长城东门，控山海走廊，兵家岂不关心。辽宁，共和国的长子，工业化之排头兵。男儿血性，女儿刚强，英模人物，代代风流。

辽宁风景名胜：辽中沈阳，历史文化名城，城史两千年。一朝发祥地，两代帝王都。清故宫富丽堂皇，张帅府精雕细刻，棋盘山四季百色，一怪坡莫名其妙。装备制造业基地，有"东方鲁尔"之称。辽中城市群：抚顺，煤都；鞍山，钢都；本溪，地质博物馆，本溪湖、水洞、九顶铁刹山，都是名媛；铁岭，交通枢纽；阜新，矿产大城。清故都辽阳，古迹遍布，文化根深。营口瞰大海，千山俯名城。群峰拔起，石莲朝天，道教圣地，景以佛名。有诗曰："万壑松涛百丈澜，千湖翠影一湖莲。欲向青天数花朵，九百九十九芙蓉。"锦州：打蛇七寸，打狗关门，大手笔运筹，国共决战，锦州一役定东北；领袖运筹，将士用命，辽沈馆纪实，流血牺牲，英雄史迹勿忘怀。辽东名胜：大孤山八大奇观，又独得海天之胜；天华山五大景区，更聚集旷世之奇。丹东：半边残桥存战史，一座锦山绣全城。大连海滨：辽东景致，大连独占半壁；金州石滩，半岛天成魁元。棒槌岛老虎滩，滨海一路连百景；星海广场海之韵，一处风光集千家。大连蛇岛：鸟来醒，鸟去眠，聪明蛇适应物候；蛇捕鸟，鸟食蛇，智慧鸟强者生存。辽西胜景：踞山海关咽喉要道，扼冀辽东西走廊，四省通锦，大海港，自古兵家争锋地。笔架山三教同阁，海天桥神机异奇。

大连海滨—旅顺口：群山环抱一池碧水成良港；老铁守门要塞进出控渤黄。天然胜景，山海港湾能居能业；历史记忆，日俄炮台可鉴可观。

大连金石滩：崖洞柱廊，彩石层叠，龟裂奇石世界罕有，海蚀地貌千姿百态，地质遗迹唯此为奇。金沙覆岸，碧水填海，古藻类化石清晰多变，蓝天白云气象万端，旅游胜景独树一帜。

鞍山千山：自然景观秀美，人文景观丰富，自古就有峰奇、石峭、庙古，有"无处不幽"之美誉，誉称"东北明珠"。著名的有仙人台、五佛顶、弥勒峰、莲花峰、净瓶峰、海螺峰、卧象峰、狮子峰等。千山怪石嶙峋，卧龙石、寿星石、巨人石若鸟兽人形，合心石、夹扁石、钟鼓石乃天工巧成。千山，春天梨花遍谷，花香满壑；夏日苍翠欲滴，山泉叮咚；秋时漫山红叶，落霞夕照；冬季银装素裹，宛若冰美人。山洞岩穴自然形成，人工穿凿，香岩寺有老祖洞，龙泉寺有了凡洞，僧人修行之处；道教无量观的罗汉洞、玉皇洞，仙长修真之所。千山林木茂盛，漫山覆翠，苍松翠柏，郁郁葱葱，真是"连云松海拍天浪""松涛涨壑千岩响"，无限的诗情画意。千山历史文化悠久，名胜古迹甚多，佛道两教共居一山，庙宇依山就势而建，独成"千山寺庙园林式"建筑风格，九宫、八观、五大禅林、十二茅庵闻名遐迩。最为著名的当数"千山弥勒大佛"，此佛是由一座山峰自然形成，可谓佛是一座山，山为一尊佛。千山继四大名山道场之后而成为第五大佛教名山——"天成弥勒道场"。每年六月有"千山大佛节"，游客、香客如云。千山特产水果 10 余种，以香水梨、南果梨称绝。东北部是温泉度假区，群山环绕，峰峦叠翠，谷河漫流，地热资源丰富，温泉疗养胜地。

鸭绿江：丹东市境内，鸭绿江下游江面宽阔，岸带秀丽。两岸城市：中国丹东、朝鲜新义州。江上中朝国界大桥，通南达北，宏伟壮观。最是半座废桥，只剩四孔，触目惊心，提醒着人们牢记 1950 年美军侵朝战争，炸断中朝大桥，今留"鸭绿江断桥"。乘船上溯，观览中朝两国自然风光，到浑江口可一睹水丰湖的风韵，中朝共用的水丰发电站。四周相邻凤凰山、青山沟风景名胜区。宽甸县境尚有抗联英雄纪念塔、黎明抗联遗址和雅河抗联遗址等中华魂胜迹，明长城遗址，有明时所建 "六奠"，城堡迄今犹存。白石砬子自然保护区，红松原始林，均称盛景。岫岩北沟新石器文化遗址等，对辽南历史研究颇具有重要价值。

本溪水洞：本溪市东 35 千米的太子河畔，是四五百万年前形成的大型充水溶洞。洞分水、旱两洞。水洞深邃宽阔，一条蜿蜒 5 800 米的地下长河贯穿全洞，有"九曲银河"之称。洞内水流终年不竭，平均水深 1.5 米，最深处 7 米。新开发的"源头天地""玉女宫"等 500 米暗河景观别有天地。洞内常年保持 10℃的恒温，四季如春。旱洞长 300 米，洞内怪石嶙峋，起伏多变，洞中有洞，曲折迷离，有古井、龙潭、百步池等，现辟为古生物宫。洞外盘缘山腰的古式回廊，别具风韵的人工湖和水榭亭台，使水洞内外景观相

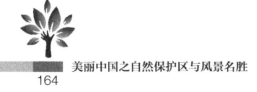

得益彰。

凤凰山：险幽奇秀，景随季换。主峰攒云峰，辽东第一；山脊老牛背，欲过骑行。景观以绝惊艳，百步紧、峥嵘岩皆是；人文宗教独特，紫阳观、朝阳寺为魁。古洞连连，名泉淙淙，石崖镌刻，画龙点睛。诗曰："壁岩丹青千尺画，海云仙阁一溪诗。"

青山沟：浑河如龙绕青山，流入鸭绿碧水间。深闺的美人，尘埋的明珠。有景点 126处，瀑布 36 条，幽谷深潭，湖光山色，森林浓密，仿佛童话世界。

医巫闾山：锦州北镇，历史文化名山。舜封全国十二大名山之一，中华五岳五镇之北方镇山，有 4 000 多年封奉祭祀历史。辽王朝龙兴之地，皇家陵寝集于斯；有辽代奉国古寺，广济古建，号"北普陀"。元代耶律楚材读书研修处，文脉源流长。清代帝王巡游和封禅地。山峰耸立、岩洞泉壑、古木奇松、飞瀑石棚、望海擎天，石形山貌诡异多姿，琳琅满目的地质博物馆，叹为观止。一年四季皆可游览，春来梨花香如雪海，夏天松柏翠黛千重，秋季硕果盈枝飘香，隆冬冰雪素裹银装，四季风景如画。宗教文化独特而神秘：有千年古刹观音阁；赵朴初先生遗赠闾山的稀世珍宝紫砂铜佛——"圣母观世音"；有东三省供奉的五路财神殿；唯一亲受皇封的天下第一胡仙堂等。医巫闾山是集佛、道、仙信仰为一体的龙山仙境，沿袭数百年。

兴城海滨：靠山面水，坐断东西；有定远古城，钟鼓楼巍峨，袁崇焕悲壮，英雄气长存。海滨沙滩，沙细波平，延绵几十里，消夏佳境。观海亭看雪浪，迎彩霞，欣赏美诗：三礁石恋大曲桥，百皱若戏千重浪。兴城五宝：山、海、城、泉、岛。温泉涤尘，菊花岛寄心。

（10）吉林省风景名胜区

吉林省拥有松花湖、八大部—净月潭、仙景台、防川国家级风景名胜区，5A 级旅游景区有 7 处：长白山、长春伪满皇宫博物院、长春净月潭、长春长影世纪城、长春世纪雕塑公园、敦化六鼎山文化旅游区、通化市高句丽文物古迹旅游区等。

吉林形胜：踞长白，瞰天池，林海雪原苍莽地；拥松花，抱长吉，湖光山色乐游原。长白长白，冰雪造出天上银龙世界；吉林吉林，森林成就人间绿色天堂。白山黑水，候鸟驿站，东北虎领地，野物乐土。黑土沃野，稻麦漾波，吉林人家园，风景独好。大城长春，名胜：世界文化主题公园，独一无二，可观可游可憩；长春长影世纪城，绝无仅有，亦庄亦嘻亦谐。又曰：小日寇，狼子野心，图谋永久霸占东北；伪满洲，祸国傀儡，铁证如山留伪皇宫。吉林景致，长白山独占半边。天池、瀑布、温泉、峡谷、奇峰、花卉、植被垂直带谱，冰雪世界闻名遐迩；白云、蓝天、霞光、彩虹、倒影、波光、幻影流形莫测，人间仙境奇秀飘逸。天池胜景，银环、碧湖，大小连环璧，镶嵌白首群峰里；锦江、飞瀑，南北腾二龙，翻舞幻影云海中。前人有诗咏长白："千年积雪万年松，直上人间第一峰。"咏瀑布曰："疑似龙池喷瑞雪，如同天柱挂飞流。"

松花湖：吉林雾凇年年霜晶造天上世界，松花湖景岁岁清凉成人间瑶池。林海如滔碧波漾，四季游赏冬季佳。北国风光，千里冰封，万里雪飘，冰灯滑雪，勇者之乐园。

八大部—净月潭：吉林长春市名片，台湾日月潭姊妹潭，"吉林八景"之一，誉为"净月神秀"。森林抱湖，得天独厚，处处景致，四季不同。春花夏水秋林冬银妆，各有奇妙；踏春避暑赏景玩冰雪，体育健身。八大部：历史建筑，建筑历史。不忘国耻，方得图强。爱赏青山秀水，更重家国情怀。

仙景台：吉林省东南一隅，花岗岩地貌，以奇绝称名。雄峰峻伟高绝，绝壁陡崖险绝，天然石雕奇绝，奇松神韵妙绝，金达莱花艳绝，云海日出美绝。十大名峰，横看成岭侧成峰，远近高低各不同。七星寺佛徒参悟，洞泉林游人洗心。

防川：图们江入海口，人称东方第一村。是"鸡鸣闻三国，犬吠惊三疆"之地。森林地带，猛兽出没。莲花湖美，明艳华美。有金玉生辉、碧水环绕的绿洲沙漠，还有生存1.35亿年的图们江红莲等自然景观。有清代勘立的中俄"土字"界碑，日苏张鼓峰战役遗址，防川朝鲜族民俗村等人文景观。优美的自然风景、浓厚的历史文化，一块特殊的土地，几多难见的色彩。

（11）黑龙江省风景名胜区

黑龙江生态自然特色鲜明。国家级风景名胜区有镜泊湖、太阳岛、五大连池、大沾河。省级风景区有数十处，主要是湖泊型、河谷风景型、山地和森林型。国家5A级旅游景区有6处：哈尔滨太阳岛、五大连池、牡丹江市镜泊湖、伊春市汤旺河林海奇石、虎林市虎头旅游景区、漠河北极村。

黑龙江形胜：大小兴安二岭，林海雪原，浩瀚原始，构筑千里生态屏障；松嫩三江平原，沃野无垠，稻麦飘香，成为万顷中国米仓。矿产大省，石油石墨煤炭，擎起能源大业；自然天地，虎走鹿奔鹤翔，养育万物蓬勃。冰山雪岭苦寒地，爽快侠义关东人。黑龙松花乌苏里，三江汇流，千里浩荡通大海；鹤城大庆哈尔滨，一带走廊，工业时代谱新篇。冰城哈尔滨，冬季才热；极光北极村，夏日清凉。

太阳岛：坐落在哈尔滨市松花江北岸，东西长约 10 千米，南北宽约 4 千米。岛以城兴，城因岛名。岛上有人工堆山，三叠瀑布流水；丁香园北地留香，鹿苑驯鹿徜徉。太阳岛冬夏两头热，号为"夏都"，又作"冰城"，哈尔滨之脉动之地。哈尔滨，号为"东方莫斯科"，称誉"历史文化城"。中西文化交集，索菲亚教堂和电视塔都成标志；今古历史壮烈，抗联烈士园，浩气观瞻；金人祖陵园，历史追踪。冰雪雕塑，晶莹大世界，河湖绿洲，风情美丽远播。城周有二龙山、延寿山等风景区，丹青河漂流胜地，城市风光独树一帜。

镜泊湖：黑龙江省东南部宁安市境。景区由百里长湖、火山口原始森林、渤海国上京龙泉府遗址三个部分组成。湖光山色为主，宛如一颗璀璨夺目的明珠镶嵌在祖国北疆上，以独特的、朴素无华的自然美闻名于世。园区西北部的火山群自 100 万年前时有喷发，形成了长达百余里的玄武岩台地。距今 4 800 年前最后一次火山爆发，熔岩堵塞了牡丹江河道，形成世界最大的火山熔岩堰塞湖——镜泊湖，还形成小北湖、钻心湖、鸳鸯池等系列大小湖泊。"湖光山色绿黛敷，峰回流转湖连湖"就是其真实写照。火山口覆盖着茂密的原始针阔混交林及红松纯林，又被称为"地下森林"，景观奇特，气势壮观，实为罕见。百里长湖北端有吊水楼瀑布，落差 20 米，瀑长 100 多米，流量 4 000 立方米/秒，波涛翻滚，飞流直下，声震如雷，气势壮烈。有诗赞曰："林海夜深闻虎啸，山雨飞瀑作雷鸣。"

五大连池：四季风景四时色，五湖连珠五彩光。水天相得，人间仙境。

大沾河：蓝天白云，浩瀚林海，原始风貌，神秘美丽。曲折蜿蜒的河道，画出北方最美的弧线；一望无际的草地，隐现湿地生态的奥秘。飞鸿翔鸟，遍野山花，静谧的森林，漂流的游客。湖心岛林木荫翳，白头鹤育女生儿。流淌的河，无尽的歌。

漠河：中国冷极，魅力家乡。北极村观赏极光，横空出世，焕奇流彩，光华满天地；古城岛凭吊古战场，保家卫国，舍生忘死，浩气存九州。北极村原无北界，神州北极尚北千里；大界江本非界江，北陲哨兵应过江东。曾记否？豺狼虎豹熊，列强豺聚，群兽围猎，弱肉强食，丛林世界岂有人道；工业打农业，文明层级不同，降维打击，落后挨打，历史教训必须谨记。北疆大界江：内河变界江，割地求和，安得和平长久？弱肉遇豺狼，割股饲虎，引得群兽尽来！ 瑷珲：谁修木城卫疆界，流血牺牲，英勇奋斗？咋将国土让豺狼，丧权辱国，遗臭万年。睹物生情，国人岂不汗颜！

黑龙江湖泊：河多、湖多、水泊多，北国生态特别区，鱼鸟福地天堂。莲花湖：海林市，人工湖。山水映衬，绚丽画卷。有三峡四湾五景区，七大岛屿翡翠珠。一湖山水明如镜，百里长湖卧巨龙。卧牛湖：黑河市区，人工成湖。隔江望邻国，清秀自在天。天然冰雪胜地，肥鱼美食之家。湖光山色别无匹比，游览避暑度假俱是佳选。兴凯湖：鱼鸟浪漫，海阔天空。有大小湖泊 640 个，在册水库 630 座，水面积达 80 多万公顷。排名十大著名湖泊，有镜泊湖、五大连池、连环湖、兴凯湖、向阳湖、莲花湖、黑鱼湖、小兴凯湖、王花泡、北二十里泡等。

黑龙江山岳名胜：水借山美，山因水秀，阴阳互济，相得益彰。二龙山：青山相对环抱绿岛，二龙戏珠胜景天成。荷花秀，鸵鸟园，自成景区；影视城，湖鱼烩，居游俱佳，称名"哈东花园"。延寿山：县以山名，风景独特。森林原始，群峰起伏，清泉洞府，鸟兽乐园。三大景区，70 多景点，四季有景，春花尤盛。龙凤山：古老传说龙凤化山，坐船观游中俄一览。六大景区，恬静清新，青翠欲滴，超尘净土，风光不逊漓江。防洪养殖，灌溉发电，稻花飘香，现代农业超凡。四丰山：四山相接，一水和连。湖面宽阔，群山环抱，烟云秀媚，风光迷人。湖心岛度假村，观游垂钓休闲。水库泄洪，如瀑壮观。秋果冬雪，观游各所。桃山：大兴安岭西坡，松嫩平原北际。丘陵起伏，森林涌涛，红松故乡，树种珍贵稀有，资源富饶多样；山水洞岩，风光旖旎，天然翡翠画屏，清凉爽宜去处。

（12）内蒙古自治区风景名胜区

内蒙古草原大漠，北方生态屏障，煤海钢城，能源基地，国家级风景名胜区是扎兰屯、额尔古纳。国家 5A 级旅游景区有 6 处：鄂尔多斯成吉思汗陵、鄂尔多斯响沙湾、满洲里中俄边境旅游区、内蒙古阿尔山—柴河旅欧区、赤峰阿斯哈图石阵、阿拉善盟胡杨林旅游区。

内蒙古：左兴安右阴山，筑起大地脊骨；东森林西荒漠，构成别样风情。黄河过境，向北向东向南，奔腾欢呼，从天上来，向天边去。九曲黄河万里沙，浪淘风簸自天涯。能源矿产基地，草原沙漠之家。大河钟情，平原城乡喧闹；青山眷顾，草原碧水蓝天。绿野万里，牛羊成群，为北方生态屏障；城镇崛起，矿产百种，是稀有金属之都。天地宽阔，辽远神秘，景色壮美，博大庄严。历史悠久，龙腾虎跃。红山文化，农业文明从这里发源。碧玉龙，绝世珍宝。今日内蒙古，生态化区，搏风治沙，兴隆草木，荒漠披绿。呼和浩特，中国乳都。包头白云鄂博，稀土之都。鄂尔多斯，铀煤土气，真正能源基地。中国航天人，从这里升空，在这里降落。万里边疆万里路，一代文明一代人。

扎兰屯：火山，石海，熊岩，峡谷，此处报道火山真迹；悬崖，壁画，神泉，湿地，这里展示生态原状。月亮，同心，高山天池如北斗七星，美若仙境；森林，草原，雅鲁河流似嫦娥彩带，锦绣人间。

额尔古纳：亚洲第一湿地生态系统，隔河相望俄罗斯。森林、草原、湿地、界河，七大景区似钻石项链般连串。优质、特别、纯真、深厚，四大特色构建特有观光度假区。黑山头古城遗址，昭示历史文化的厚重。生态化民俗旅游，打造人与自然相亲的典范。保护绿水青山，赢得金山银山。"绿水青山就是金山银山"。

内蒙古地质景观：鄂尔多斯河套人化石，地质剖面，响沙奇景，可游可览；巴彦诺尔花岗岩石林，恐龙化石，沙漠奇石，能赏能玩。克什克腾旗，第四纪冰臼群，异彩纷呈。阿尔山区火山温泉群，镶嵌在森林绿海中，兼有火山遗迹奇景。二连盆地恐龙化石墓，静卧于广袤荒原上，另有边境口岸观游。阿拉善：全球唯一沙漠地质遗迹公园，中国典型自然人文一体景观。鸣沙山峰高千仞，响沙如雷，沙山如巨浪，吞天噬地，扬尘蔽日；腾格里牧垦过度，沙起似龙，头饮黄河水，断路没城，走石飞沙。沙漠湖泊，明珠点缀，各具特色；月亮湖水，半咸半淡，海岸犹存。

辉腾锡勒草原：代表性生态系统，典型性北国风光。蓝天白云，风吹草低。高山草甸绿野无垠，奇泉湖泊星罗棋布，神葱岭、一镜天，峰岩山水皆是美景；赵武长城遗迹犹在，秦代边墙南北二道，汉边城、北魏亭，草原历史尽可探寻。

（13）山西省风景名胜区

古老而现代，沧桑而多彩。国家级风景名胜区有五台山、恒山、黄河壶口瀑布、北武当山、五老峰、碛口。列入世界文化遗产的有云冈石窟、平遥古城、五台山。国家5A级旅游景区有9处：忻州市五台山、大同云冈石窟、晋城皇城相府生态文化旅游区、晋中介休绵山、晋中乔家大院、晋中平遥古城、山西忻州雁门关、临汾市洪洞大槐树寻根祭祖园、长治市壶关太行大峡谷八泉峡景区。

山西河山：形似一尊坐佛，左太行右吕梁，踞黄土高原，拥六大盆地，汾河中流，黄河襟带，自古龙兴之地。三教同兴，北五台南东华，有女娲补天、炎黄名传，宝刹星罗，宫观棋布，从来佛道并行。三千年历史文化丰厚，华夏文明摇篮，盛誉独占；古建博物馆文物大成，尧舜建都立邑，古事多传。人文景观丰富而闻名，晋祠、北岳恒山、悬空寺、应县木塔、杏花村、关圣文化群等，如数家珍。红色景区如八路军总部旧址、刘胡兰纪念馆、左权将军陵园、平型关大捷遗迹纪念馆等，英风常在。山西，遍地煤田电厂，点亮中华大地。三晋儿女，英才辈出，续写时代辉煌。中国人，问我先祖何处？山西洪洞大槐树。

太原：晋公城邑，踞天下之肩背，襟四塞之要冲，自古胡汉交集，尚武崇文，历来北方军事政治重镇；九朝古都，合河山之雄势，拥八景之美誉，历来锦绣城垣，义气侠胆，入选国家历史文化名城。晋祠为天下名刹，唐宫留皇家园林。

五台山：忻州市五台县境，中国佛教四大名山，世界五大佛教圣地之一。方圆500里，以台怀镇为中心；东西南北中五峰屹立，高出云表，峰顶无林木，如垒土之台，称作"五台"。最高北台叶斗峰，海拔3 058米，称"华北屋脊"。文殊菩萨道场，是中国唯一青庙、黄庙交相辉映的佛教道场，也是融自然风光、历史文物、古建艺术、佛教文化、民俗风情、避暑休养为一体的风景名胜区。现存寺院47处，著名的有显通寺、塔院寺、菩萨顶、南山寺、黛螺顶、广济寺、万佛阁等。主要景点为：白塔，元代建筑，尼泊尔匠师阿尼哥设计建造的杰作，因塔而有塔院寺；南禅寺大殿，中国现存最早的木结构建筑，唐代殿宇建筑风格；显通铜殿，明朝万历三十四年用铜5万千克铸成，殿内四壁铸满了佛像，号称"万佛"。显通寺无量殿，上下两层，明七暗三，重檐歇山顶，砖券而成，形制奇特，雕刻精湛，宏伟壮观，是我国古代砖石建筑的艺术杰作。

黄河壶口瀑布：撼天金瀑，黄河三绝起壶口；动地奔雷，龙漕十里出孟门。

恒山：北岳恒山万仞高，雄奇秀险，道府仙宫聚灵气；悬空佛寺香火盛，禄寿福安，半壁殿阁有神功。悬空寺比邻，金龙峡西侧，翠屏峰半崖。儒释道合一寺庙，以善为本，和谐教化；奇玄巧特色建筑，历史久远，技艺高超。外貌惊险奇特，留诗仙墨宝点赞；内涵巧构宏制，有楼殿巍然观瞻。九州自古神圣地，平型关沟葬敌顽。

北武当山：方山县境内，吕梁山中段。香炉天柱松都千叠，峰峦奇峻，绝壁深壑，三晋第一名山胜境；宫观庙宇石刻壁画，真武名山，文脉绵长，北方道教源流久远。

五老峰：永济市境内，号为"东华山"。《水经注》讲其：奇峰霞举，孤标峰出，翠柏荫峰，清泉灌顶。峰岭奇峻，峭壁悬崖，洞壑幽深，飞瀑流泉，北方道教名山，洞天福地；尧舜都邑，子厚故里，古渡遗存，仙馆圣迹，六个景区恭列，历来闻名。

大同碛口：水旱码头小都会，九曲黄河第一镇。有碛口古镇，五里长街，传统建筑典范，街随路转，房起梯形。黑龙古刹，立于险崖，奇伟壮观，巧夺天工。李家山民居，黄土坡上窑洞，砖木雕刻精美古朴。西湾民居，村院合体，巧布功能。古渡，毛主席打此过河。黄河，洪流由此咆哮。峡谷，浑然天成石雕。寻河愁地尽，过碛觉天低。

平遥古城：古城典型，布局主从有序，错落有致，结构合理，功能明确；民居代表，家族尊卑有序，左右对称，装饰精美，院落安全。曾经的中国华尔街，第一票号日升昌汇通天下；无钉的建筑镇国寺，彩塑二千双林寺艺术殿堂。世界遗产名录，中国晋商之家。

云冈石窟：古代雕刻艺术宝库，当代游旅观赏热区。造像气势宏伟，人物蔚为大观，世界文化遗产；历史生动久远，艺术独特高超，国家旅游景区。

（14）河南省风景名胜区

河南省，文化开源，华夏腹心，国家级风景名胜区有 11 处：鸡公山、洛阳龙门、嵩山、王屋山—云台山、石人山（尧山）、林虑山、青天河、神农山、太行山大峡谷、桐柏山—淮源、郑州黄河风景区。河南国家级 5A 景区有 14 个：南阳市西峡伏牛山老界岭·恐龙遗址园、焦作市云台山—神农山—青天河、平顶山市尧山—中原大佛景区、驻马店嵖岈山、安阳殷墟、开封清明上河园、洛阳龙潭大峡谷、洛阳龙门石窟、登封嵩山少林景区、洛阳栾川老君山·鸡冠洞、洛阳白云山、红旗渠·太行山大峡谷、永城市芒砀山、新乡八里沟景区。

中州形胜：承东启西通南达北，中岳峻极雄起中华腹心之地；降水丰沛四季分明，肥田沃土养成民族发祥中心。气候分南北，地貌别东西。自然与人文融汇，形成诸多风景名胜；河湖和山岳搭配，造就新老胜景风光。八大古都河南占四，文物遗存中州甲乙。文物二万八千余处，称为"中国历史博物展馆"；古建二十朝代齐全，谱写东方完整建筑史诗。中华民族核心地，历史文化厚重区。天地人杰，中州衣冠。

华夏古都文城：中州河南，古都相望，历史连绵。洛阳，河洛文化发祥地，夏商周起始，十三朝古都千年不辍。故曰：普天之下无二置，四海之内无并雄。有嵩岳高耸，黄河东流，山河拱卫。白马古寺、龙门石窟，绝代古遗。关林庙、文峰塔，一地历史遗存。郑州，八大古都之一，轩辕黄帝故里，商城遗址坐镇，地控古今中枢。开封，四千年城史，八朝代古都，由黄河易兴废，因北宋成华都。安阳，殷墟商都，青铜器、甲骨文，成华夏文源。南阳，楚汉文化源地。商丘，华夏文明发祥。濮阳，姓氏源起，名家多出。浚县，仰韶文化源头。古城古都，均是军政经济重镇，历史大剧舞台，或留存珍贵文物建筑，或是山川关防要津。今日观赏居游，更臻完善美好。

嵩山：中华五大名山之中岳，道教全真派圣地。俯瞰汴洛，左右岱华。峻峰奇伟，宫观林立。这里有中国现有最古老的汉代礼制建筑汉三阙、佛教禅宗祖庭少林寺、道教发源地中岳庙、宋代四大书院之一嵩阳书院、中国现存最早的砖塔嵩岳寺塔、中国现存最古老最完好的天文建筑观星台等，文化遗存星罗棋布，佛教儒三教荟萃，内涵博大精深。嵩山风景名胜区由少林景区、中岳景区、嵩阳景区组成。

石人山（尧山）：老子归隐地，伏牛一主峰。西瞻秦阙，南望楚地，北眺龙门，东瞰少林，雄险形胜；奇峰百座，瀑泉千条，森林茂盛，气象万端，朦胧有余。将军峰、千丈岩、玉皇顶、南天门，望名知义；白龙瀑、百尺潭、通天河、王母桥，循迹探幽。山川花木装点风景如画，珍禽异兽保护功业千秋。

云台山：世界地质公园，五星旅游景区。风光秀丽，云雾缭绕，大地母亲馈赠了雄伟壮丽，有"百里画廊"称誉；民风古朴，人天和谐，中州山水演奏的美妙乐章，成万卷史书大观。

王屋山：古今风光佳胜地，十大洞天第一山。主峰天坛突起，群峰环绕，丘阜卑围，呈拔地通天之势，尽显王者风范；道家群贤云集，宫观肃立，诗赋相唱，有参天古木圣景，尊为"太行之脊"。鸡公山：青分豫楚襟扼三江形胜，万国建筑集合东西众长。佛光云海雾凇雨凇霞光，气象景观绮丽；奇峰怪石瀑泉异国花草，山水风光独优。

神农山：国家风景名胜，世界地质公园。摄影家创作基地，儒佛道文化名山。炎帝神农氏尝百草、辨五谷、设坛祭天地；中原华夏族重稼穑、建寺庙、祭祀法祖先。险坡陡崖峰林沟壑奇石洞天与森林花草，美景人神共仰；仙圣僧道骚人墨客帝王将相及凡夫俗子，先祖官民觐朝。一岭白鹤松绝世稀有，三千美人猴无双奇葩。

太行山大峡谷：河南北部，晋豫交界，南太行山，林州市境，南北50千米长，东西4千米宽。峡谷系浊漳河支流露水河切割林虑山形成，两岸为典型的嶂石岩地貌，台壁交错、谷幽峰奇，形成气势恢宏的大峡谷风光，相对高差达1 000米以上。境内断崖高起，群峰峥嵘，苍溪水湍，流瀑四挂，姿态万千，是北方山水风光的典型代表。有泉潭叠瀑桃花谷、百里画廊太行天路、太行之魂王相岩、原始生态峡谷漂流、人间仙境仙霞谷、国际滑翔基地、空中玻璃桥等核心景观。青崖如点黛，赤壁若朝霞，树翳文禽，潭泓绿水，景物奇秀，为世所称。峡谷内民宅建筑就地取材，石街、石院、石墙、石柱、石梯、石楼与大自然浑然一体，古色古香，耐人寻味。此处文传久远，是商王武丁与奴隶共同劳作，结友傅说，继位后拜傅说为相，实现了历史上称之为"武丁中兴"的地方。

鸡公山：信阳之南，风水宝地，大别山与桐柏山双龙夺珠之地。独具特色的自然景观，佛光、云海、雾凇、雨凇、霞光、异国花草、奇峰怪石、瀑布流泉，为鸡公山八大自然景观。山不很高而势雄，地不偏北而夏凉。奇峰怪石千姿百态，房建石上，树生石罅，草长石中，花开石边，泉流石下，皆具怪巧奇美的特点。四季景色变幻动人，春夏秋冬时移景异。东沟瀑布群，风景长廊，全长约 10 千米，姿色天成，野趣极浓。南北中西，文化交融。20 世纪初，先后有 23 国近千名外交官和传教士以及国内的军阀巨贾，曾在此兴建了 300 幢风韵殊异的度假别墅和园林。这些建筑群落，依山就势，交相辉映，俨然"万国建筑博览会"。

桐柏山—淮河源：盘古文化历史悠久，淮源文化源远流长。佛道影响深远，无景不寺。有水帘洞，水幕掩洞口，四季流不辍。下有水帘寺，二溪拱寺，多寺攒集，藏经二万，称中州一绝。有太白顶，桐柏主峰，云台禅寺座顶，白云系祖庭。桃花洞，孙膑著书处，外有普化寺，典型代表。淮河源，幽险神秘比肩华黄，革命文化地位重要。

青天河：焦作西北，水利风景。既有江南水乡之秀，又具北国田园风光。7 大景区，308 景点。青山绕碧水，泉瀑为胜。三姑泉，华夏第一；大泉湖，水随山转，千曲百回，野鸭掠飞，猕猴嬉戏。石鸡下蛋、天然长城、巨大石佛，均是独一无二。绿树掩古寺，诗画世界。千年古刹月山寺，八极拳发源地，乾隆三顾。科考探险地，旅游五星区。

洛阳龙门：开凿于北魏孝文帝迁都洛阳（公元 494 年）前后。历经东魏、西魏、北齐、北周，到隋唐至宋代，连续大规模营造达 400 余年之久。密布于伊水东西两山的峭壁上，南北长达 1 千米，共有 9.7 万余尊佛像，1 300 多个石窟。其中奉先寺规模最大，是唐代雕刻艺术中最具代表性的作品。

郑州黄河风景区：河流湿地，三大景区，六大功能。协调生态保育与农耕文化，创建保护与开发和谐典范。生态文明实践，历史文化翻新。候鸟之家，城市之星。

林虑山：亚洲第一滑翔基地，中国四星旅游景区。层岩高叠怪石嵯峨绝壁危崖磅礴气势，深峡蜿蜒垂瀑立剑碧波平湖独秀风光。名流贤达名僧高道神医巧匠足迹遍布，帝王将相达官显贵文豪武侠青睐有加。著名景区有太行之魂王相岩、北国雄风天平山、冬夏颠倒桃花谷、最美太行大峡谷等。可观光野营、休闲疗养、攀岩滑翔、写生作画及影视拍摄。当代胜绩，有人工天河红旗渠，洞穿太行青年洞，公平幸福分水闸，丰功史册博物馆等，为爱国教育、团结奋斗、廉洁奉公、人民英雄学习之楷模。

河南大峡谷：三峡市豫西大峡谷，瀑布连成的飘带，潭池串缀的珠链，水大壮观，水小秀丽，绝佳旅游胜地。洛阳市龙潭大峡谷，红岩雕琢的极品，瀑潭续接的长龙，六大谜团，八大奇观，国家五星景区。

河南老界岭：恐龙蛋藏地，伏牛山主峰。登高探幽，避暑度假，科学考察，自然保护，此处理想集萃；层峦叠嶂，林海苍茫，秀美山川，四季异景，均为胜景天成。

（15）安徽省风景名胜区

安徽省有 30 多处省级风景名胜区。国家级风景名胜区有 12 处：黄山、天柱山、九华山、琅琊山、齐云山、巢湖、采石、花山迷窟—渐江、太极洞-石龙山、花亭湖、龙川、齐山—平天湖。黄山入选世界自然和文化双遗产，西递宏村为世界文化遗产。国家 5A 级旅游景区有 11 处：黄山、池州九华山、安庆天柱山、黄山市皖南古村落西递宏村、六安天堂寨、宣城绩溪龙川、阜阳颍上八里河、黄山市古徽州文化旅游区、合肥三河古镇、芜湖方特、六安市万佛湖景区。安徽是风景之地，有诗赞曰："坐拥黄山九华天柱，独有宣纸歙砚徽商。"

安徽胜景：长江锦带分南北，皖山天柱定乾坤。江南文秀，江北旷达。中华腹地，膏肓要枢。治水黄淮海，安国皖鲁豫。古来龙虎地，演绎无数历史大剧；华夏文明书，捧读灿烂文化名城。史前文明发祥地，智慧荟萃老庄乡。富庶长江带，安庆、池州、铜陵、芜湖、马鞍山都是皖江明珠城市。文华满地星，凤阳、桐城、蒙城、潜山、涡阳、寿春、亳州、宣城、黟县、和县、贵池均为历史文化名城。通南达北，联东接西，山美水秀，人杰地灵。

黄山：奇松、怪石，松姿石态情何状？灵泉、云海，幻影流形画难求。泰山之雄，雁荡之奇，峨眉之秀，华山之险，黄山兼而得之，山岳观止；春花之盛，夏绿之浓，秋色之艳，冬妆之美，四季各有其妙，唯此为胜。世界地质公园、自然文化遗产；天然动植物园，中国山岳之最。世传：五岳归来不看山，黄山归来不看岳。美之极矣。

九华山：佛教四大名山，地藏菩萨道场。弘扬佛家大爱，发天地大愿：众生度尽方证菩提，地狱不空誓不成佛。化成寺立山，地藏塔纪史，真身殿庆典，百岁宫朝佛。李白咏九华山：妙有分二气，灵山开九华。天河挂绿水，秀出九芙蓉。刘禹锡亦赞为："江中一幅王维画，石上千年李白诗。"亲入九华，方知美色如许。

天柱山：在安庆市境内。擎天一柱上苍穹，江淮半壁在怀中。李白诗咏："奇峰山奇云，秀木含秀气。清晏皖公山，巉绝称人意。"天池峰，一裂为三，二桥相连，人称度仙。飞来峰、一线天、神秘谷、蓬莱岛、九井河、炼丹湖、马祖庵、佛光寺，百景毕集。一山题刻，唐宋以来 300 余幅。佛道双盛，千年绵延。兵家必争之地，古今皆然，留有遗迹，供人唏嘘。天柱山以崩塌堆垒地貌景观而被地质学家誉为"世界上最美的花岗岩地貌"，又被称作"地球的泄密者"。文学家形容其为"山峰丛林"和"石头宫殿"。

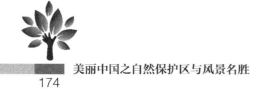

齐云山：黄山兄弟，在休宁县境内。白岳丹霞地貌，奇峰、丹岩、幽洞、飞泉、池潭，诗画景致，月华街居游善所，云岩湖风景绮丽。北方真武圣地，摩崖、石刻、碑铭、亭台、楼阁，珍珠点缀，太素宫文武道场，子虚宫紫崖映掩。真正天下无双胜境，号称"江南第一名山"。

琅琊山：在滁州市境内，古名摩陀岭，皖东盛名卓著，有雪松之王、水杉之王铭标，茂林幽洞碧湖流泉，四时百色。醉翁亭，天下第一名亭，留欧阳修文，东坡手书亭记，摩崖、石刻、碑铭、楼阁，满目琳琅。夕阳晚照，雨后听泉，不胜惬意；城西湖景，姑山美色，观游俱佳。绶带鸟珍禽异彩，琅琊寺朝佛古风。琅琊山享有"蓬莱之后无别山""皖东明珠"之美誉。盛产多种中药材，誉为"天然药圃"。

太极洞-石龙山：苏浙皖交界，宣城市境。石龙山太极洞，天下一绝，七百景点，十大洞中奇观：太上老君、滴水穿石、槐荫古树、仙舟覆挂、双塔凌霄、金龙玉柱、洞中黄山、万象览胜、太极壁画、壶天极目。石龙山，皖南奇葩，洞天世界，几多山里胜景：林木茂密，修竹青翠，泉声潭影，碧湖映带，太极天涯，峭壁凤凰，山门牌楼，砚池碧波，范公石亭，摩崖石刻。

花山迷窟—浙江：黄山市中心城区（屯溪）篁墩至歙县雄村之间，新安江岸。花山游观，人工洞，近河泾，幽深神秘，齐整有序，几百年泯没，何人修？做何用？ 我客猜想，磨刀石，走四方，厨刀兵锋，踪迹难寻，此为地下采石场，采石不破地方风水，保景观，讲文明。

巢湖：自然风光钟灵毓秀，人文底蕴丰厚绵长。揽湖光山色林海江涛于一体，集山水岛林洞墓祠塔于一身。

花亭湖：地处安庆市太湖县，大别山南麓、长江北岸。山清水秀，古迹隆兴。人文荟萃，物产富饶。宗教文化博大精深，禅宗发祥地，二祖慧可开场处。狮子山、龙山宫、西风寺、佛国寺、海会寺，流传久远。一湖碧水，湖岛星罗棋布；遍地青翠，山水交相辉映。山珍水鲜，温泉嬉水，游旅疗养，居游咸宜。

平天湖：池州明珠，南连九华圣地，西接秋浦仙境。山水与湿地一体，自然与人文结合。池州明珠，湖面明净，树影婆娑，诗曰："水如一匹练，此地即平天。"山水相匹，风情万种。喀斯特地貌，怪石奇景。多摩崖石刻，有包公手迹。山水洞峡，无与伦比。十大"中国最美赏月地"之一。

龙川：地处宣城绩溪县，江南鱼米乡。龙川一水绕，胡氏进士村。1 600 年历史，诗书耕读人家。胡氏宗祠，砖木石雕刻彩绘，成就艺术一殿堂。荷花祠图，传承和谐。东龙须西凤冠，南川北山，风水胜迹。古有胡富、胡宗宪，现代有胡锦涛，英才辈出。古村古貌，有古廊桥千回百转，古牌坊一门三尚书，千娇百媚的水街，三江汇流的水口，文风昌盛方为福地。

采石：采石矶，又名牛渚矶，地处马鞍山市雨山区，翠螺山麓。扼守长江天险，兵家必争之地，历代发生在这里的著名战争 20 余次。诗仙李白多次登临吟诵，留下"醉酒捉月，骑鲸升天"的传说。绝壁临江水湍石奇，立长江三矶之首，雄奇险秀，风景奇特；倚翠螺山，兵锋要地，文采风流。传勇将飞身踏石，勇气浩天，又洞阁园冢，留太白诗魂，历史不朽。

皖南古村镇：青山绿水，古风古韵，粉墙黛瓦，画意诗情。西递宏村，世界文化遗产；徽州古落，中国传统库存。皖南，城镇村落自特色，楼堂居坊各风流。无边细雨湿春泥，隔雾时闻小鸟啼。李白诗赞宣城曰："江城如画里，山晚望晴空。两水夹明镜，双桥落彩虹。人烟寒橘柚，秋色老梧桐。谁念北楼上，临风怀谢公。"陆游说："山重水复疑无路，柳暗花明又一村。"

合肥：庐州古城，江南唇齿，淮右襟喉，自古兵家必争地，威武壮烈；三国故地，包拯家乡，淮军摇篮，历史文化旅游城，锦绣怀远。逍遥津，张辽八百破十万，神奇冠千古；包公祠，铁面廉正传千年，为官贵不阿。历史文化壮形色，科技高地瞻未来。

（16）江西省风景名胜区

江西是红色土地，鱼米之乡，有国家级风景名胜区 18 处：庐山、井冈山、三清山、龙虎山、仙女湖、三百山、梅岭—滕王阁、龟峰、高岭—瑶里、武功山、云居山—柘林湖、灵山、神农源、大茅山、瑞金、小武当、汉仙岩、杨岐山。国家 5A 级旅游景区有 12 处：庐山、井冈山、上饶三清山、上饶龟峰、鹰潭市龙虎山、婺源江湾、景德镇古窑民俗、瑞金市共和国摇篮、宜春明月山、抚州大觉山、南昌滕王阁、萍乡武功山。

赣地风景：面北背南，左武功右武夷；山水之国，上南岭下鄱阳。庐山如诗，黄云万里动风色，白波九道流雪山。横看成岭侧成峰，远近高低各不同，日照瀑飞，风光无限。三清入画，松石画廊云雾乡，奇秀清绝世无双，仙家神居，国画摹本。井冈天下第一山，星火燎原创大业；龙虎三清道家尊祖庭，洞天福地居神仙。海内第一书院，世界最早稻乡。赣江一水纳千河，鄱阳一湖收四水。这里是，观鸟胜地，稻香鱼肥，风景独好；植被葱茏，

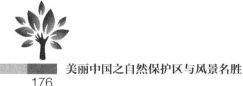

红岭披绿，生态绝佳。陶诗汤曲黄书傅画，千秋不朽；海瑞正气润之豪词，万代弘扬。赣水霄山葱茏色，英烈雄杰舞红旗。赣山风景名胜：峰山险秀，佛道根深。婺源理坑：山清水秀，好读之乡人才辈出；粉墙黛瓦，理学渊源冠冕显达。毛泽东盛赞：风景这边独好。

井冈山：曾经龙腾虎啸根据地，如今民安客游风景区。五指峰连绵林海，杜鹃花十里长廊，呈雄险奇峻秀幽特色；亚热带绿色明珠，动植物天然公园，并谷洞园居楼馆胜绩。中国革命的摇篮，井冈山道路开创共和国道路；人民领袖之丰碑，毛泽东精神化作全民族精神。坚定不移的理想信念，党管武装的基本原则，实事求是的思想路线，血肉相连的群众关系，艰苦奋斗的创业精神，敢于胜利的英雄气概。自然风光与高山田园集为一体，生态保护和社会教育荣归一家。星火燎原千秋功业，行程万里不忘初心。

庐山：世界地质公园、文化遗产；中国五星景区，十大名山。珍贵的变质核怵岩构造，典型的第四纪冰川遗迹。峻伟诡特，素有"匡庐奇秀甲天下"之美誉；帝王将相，政治风云诡谲折戟地有名。山水诗画发祥地，六教仙凡集一身。一山胜景说不尽，无限风光在险峰。学领袖，长精神，四百旋路终跃上，乱云飞渡仍从容。

梅岭—滕王阁：南昌名胜。梅岭，山势嵯峨，层峦叠翠，四时秀色，气候宜人，景色独好；溪漳蜿蜒，谷壑幽深，云雾缭绕，岩崖突兀，岚气尤新。洪崖丹井、天宁古寺、紫阳宫将相接踵，僧道圣地；神龙潭瀑、浑圆山庄、皇姑墓古今名胜，诗文唱和。梅岭三章涤荡五脏六腑，碧水清泉纯净九欲七情。滕王阁，江南三大名楼之一。楼因文名，文以楼成。乃"落霞与孤鹜齐飞，秋水共长天一色"之地。

三清山：上饶东北部。因玉京、玉虚、玉华三峰峻拔，如道教三清列坐其巅，故名。有南清园、西海岸、三清宫、梯云岭、玉京峰、阳光海岸、玉灵观、三洞口、冰玉洞、石鼓岭十大景区，共有景点 1 500 余处。道教名山，创始于晋代葛洪，留有葛洪丹井和炼丹炉遗迹。独特花岗岩石柱与山峰、丰富的造型石与多种植被，震撼人心的气候奇观相结合，创造了世界上独一无二的自然美。独特的明代宫宇建筑，以花岗岩雕凿干砌而成，石梁石柱，配以石墙，供石雕石刻神像 130 尊，摩崖题刻 45 处。主要景点：春天之化身东方女神，巨型花岗岩石柱之巨蟒出山，三清山至纯至美之象征玉女开怀，皓月当空，老道拜月，观音赏曲，葛洪琴声，葛洪献丹，神龙戏松，三龙出海，海狮吞月等。云海宝光、峰林景观、文物古迹，为三清山之最。

龙虎山：鹰潭名片，中国道教发源地，道教正一派"祖庭"。景区面积为 220 平方千米，典型的丹霞地貌。以丹霞绝美、道宗绝圣、古越绝唱、阴阳绝妙享誉海内外。东汉中叶张道陵在此炼丹，传说丹成而龙虎现，因此得名。龙虎山有"丹霞仙境"之称，主要景区有上清宫、天师府、龙虎山、仙水岩、岩墓群、象鼻山排衙石、独峰马祖岩等景区。秀水灵山，群峰绵延，状若龙盘虎踞；上清溪依山缓行，绕山转峰，有 99 峰 24 岩，尽取水之至柔美，遍纳峰龙之阳刚，碧水丹山秀其外，道教文化美其中。可谓道教名山第一，被誉为"道教仙境无双"。

龟峰：位于弋阳县境，因有无数形态酷似乌龟的象形石和整个景区像一只硕大无朋的巨龟而得名。素有 36 峰 72 景之说，集奇险灵巧于一身，素称"天然盆景""地质公园"。雄狮回首、龟王相会惟妙惟肖，孝子哭坟、真人传经亘古亘今。

三百山：赣粤闽省交界，武夷南岭会峰。森林公园新秀，深闺养成美人。泡温泉观奇瀑身心愉悦，饮清泉用江水勿忘本根。

云居山：九江永修县境，佛教"三大样板丛林"之一。云岭甲江右，名高四百州。佛教名山，千年古刹，三大样板寺庙，农禅并重；冠世绝境，天上云居，禅宗祖庭之一，居游相得。佛文化，塔寺堂石星罗，有唐宋诗词和唱；莲花城，清静幽雅特色，配百花自然美观。

武功山：在萍乡市境内，东南天柱，江西高峰。群峰怪松云雾缥缈，泉瀑异花斗艳争奇。四大古祭坛绝无仅有，神奇石鼓寺起死回生。万顷高山草原居游避暑，百年仙葩灵芝猎奇观瞻。

灵山：奇峰秀谷，上饶古遗。石人殿天心寺石城寺白鹤山寺，无不劝世扬善；天梯峰华表峰南峰塘夹层灵山，均是峻岭奇山。仙峰神会深隐道士，芳殿心领灵山妈妈。水晶瀑恢宏秀美，双龙松横空凌云。

大茅山：上饶市德兴市境，对峙三清山。花岗岩峰峦、峰丛、峰墙、峰柱，典型奇特，赞为：千峰倚空碧，万嶂碍行云。山腹梧风洞，深山峡谷，溪流池潭，水碧如玉，素称"小庐山"。双溪凤凰湖景，洞崖怪石奇峰，森林繁花，原始生态，成避暑疗养胜地，登山览胜佳选。更是佛教圣地，存白云庵、息香庵、脚庵庙古迹；也是方志敏粟裕战斗之处，宗教朝觐，红色缅怀，历史如流，荡胸惊心。

小武当：赣州境内，粤赣交界处，丹霞百峰林。峰石造型，或如剑如戟、天兵天将、仙子情侣、动物龟象，无不栩栩如生惟妙惟肖，延绵十里自然长廊。客家围屋，规模宏大功能齐全，典型代表保存完好，科学文化艺术高值。佛家庵堂，红墙飞檐，秀美如画。

汉仙岩：闽粤赣节点，典型丹霞，古称"虔南第一山""江南小蓬莱"。汉钟离修仙地，留圣迹多处。聚八仙文化、盘古文化、客家文化、红色文化于一体。羊角迂回胜于九曲，古村古镇宜游宜居，一线天雪莲山，胜景天成。

杨岐山：湘赣交接，萍乡之星。禅宗杨岐开宗圣地，有古刹普通寺兴隆。主景孽龙洞，号称"天下第一"，拥怪石、清风、流泉、飞瀑四绝，一洞百景，八景世界级，称"地下艺术长廊"。或曰杨岐24景：峰岭崖石洞泉寺庵塔碑，田林村寨民居傩文化，构成胜景，经科学规划、生态文明建设征程开启。

仙女湖：新余市内。神话传说的七仙女临凡处，七夕节发祥之地。一泓碧水，湖湾迷离，湖岛百个，绿水环抱，绝世幽境；响泉流瀑，农舍村寨，木竹葱翠，天然画图。此处有，情爱圣地，天然氧吧；天工开物原创地，革命圣地九龙湾；千年水下古城，植物基因宝库。

柘林湖：永修大湖胜景，湖岛星罗，波光浩渺，深邃纯净。春和景明，百花争艳；秋高气爽，稻香鱼肥；夏荷碧翠，冬雪银妆。更有神仙树、滴水洞、桃花溪，喷水瀑布，千年罗汉松，珍稀红豆杉，一处胜景，八方景仰。

神农源：中国稻作起源地，上饶景致独一天。仙人洞，世界年轻喀斯特，圣洁如玉；神农河，中国最美地下河，梦幻仙池。荟萃自然美，探险生态游。

高岭—瑶里：中国瓷文化名胜：劳动创造世界，文化造就文明。国家自然文化遗产，国家森林矿山公园。汉代古镇依山傍水美如画屏，徽派建筑粉墙黛瓦错落有致。物华天宝，绿色仙境，人地和谐，有山岳、林海、瀑布、峡谷四美；人杰地灵，历史悠久，文化深厚，留古镇、古窑、古道、古碑四绝。出贡茶一枝独秀，产瓷土四海闻名。景德镇：神奇古产业，中国名片；天下第一镇，世界瓷都。化泥土为神奇，陶瓷艺术珍品美遍世界；唯劳动创文明，现代科学技术再塑庄严。龙珠阁内藏珍品，博物馆辉煌中华。古老瑰宝升华文化，千年陶艺历久弥新。

瑞金：闽赣咽喉，红色故都，享誉中外。叶萍红区，中央政府所在地，22处纪念地。共和国摇篮，纪念馆博物馆，沙州坝革命旧址群，记录血与火的时代。红井、长征出发地，一代伟人播火，精神万古长存。不忘历史，牢记初心。

（17）广东省风景名胜区

广东省，倚山抱海，包容世界。国家级风景名胜区有肇庆星湖、西樵山、丹霞山、白云山、惠州西湖、罗浮山、湖光岩、梧桐山等。5A级旅游景区有14处：广州长隆、广州白云山、深圳华侨城、深圳观澜湖、佛山西樵山、佛山长鹿、新会丹霞山、梅州雁南飞茶田、清远市连州地下河、惠州罗浮山、阳江海陵岛大角湾海上丝路、中山市孙中山故居、惠州市惠州西湖、肇庆市星湖旅游区。

广东形胜：背岭面水，相望台海，半山半海土地，亦南亦北人家。峰岭秀美出山珍，珠江水丰好行舟，雨热丰足，林木葱茏，物产富饶，人丁兴旺。苏子曾曰：日啖荔枝三百颗，不辞长作岭南人。临海大省，海岸线长 3 368 千米，岛屿近 700 个。借海生财，足迹天下，兴航运之便，收渔盐之利，开海上丝绸之路，通达远夷四海。因客家聚居，兴中原文化；图商贸生计，有侨乡盛名。融合南北东西，成就岭南特色文化，名城荟萃：广州、潮州、佛山、中山、梅州、雷州、惠州、端州，都是风景名胜之地，人才辈出之乡。近代，林文公虎门销烟，关天培炮台献身，开禁毒抗暴新时代。孙逸仙创建民国，毛泽东教习农民，演绎威武雄壮历史剧。胜迹可寻，前程远瞻。

西樵山：佛山西樵岭，有 72 山峰，232 处泉眼，28 处瀑布；古有 34 景，以"云崖飞瀑""无叶清泉"等泉瀑命名的就有 10 处；此外还有 42 洞和无数的奇崖怪壁，如九龙岩、冬菇石、燕岩等。景色秀丽清幽，花木四时茂盛，山势蜿蜒，洞石奇特；文明灯塔，岭南理学名山，名胜古迹星罗棋布。岭南四大名山之一，与惠州罗浮、肇庆鼎湖、韶关丹霞齐名。岭南名山，皆是绿色翡翠、生物乐园、水源水库、风景名胜，天地和谐，集合文明。

罗浮山：位于东江之滨，惠州市博罗县。有大小山峰 432 座、飞瀑名泉 980 处、洞天奇景 18 处、石室幽岩 72 个，山势雄伟壮丽，自然风光旖旎。中国十大名山之一。称为"岭南第一山"，药市闻名，道教发祥地，葛洪得道于斯，称为"第七洞天""第三十四福地"。

丹霞山：韶关丹霞地貌，中国红石公园。丹霞奇峭，顶平身陡麓缓色红，世界遗产；景观三层，天工画龙佛寺点睛，五星景区。

白云山：羊城之秀，五星景区。道仙佛寺文星共铸古代辉煌，曾经胜景一山，日寇侵入破坏殆尽，只剩残碑一座。生态环保成为当今理念，重建今古文明，恢复植被景区七坊，遂成城市绿洲。不久坐享恩惠，经常欣赏美景。

梧桐山：国内罕有的市区风景，滨海山地和自然植被景观。山高林密，俯瞰大海，壮观激越，拥抱鹏城。天池瀑布剑石古树翠竹构成奇绝景致，叹为观止；珍稀濒危食用观赏生物代表南国生态，成就至功。观游文娱集一体，稀奇幽旷显特征。仙湖植物园景区称绿，凤谷鸣琴景区增奇。城市肺腑，森林公园。

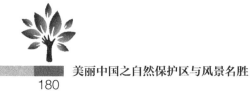

惠州西湖：五湖六桥八景，城中之自然；西湖红花二区，自然在城中。东坡孤山，罗浮书院，文脉悠远；崇文厚德，感恩励志，挂榜铭山。师法自然，天人合一。苏公有诗："一更山月夜，玉塔卧微澜。花曾识面香仍在，鸟不知名声自呼。"宋人杨万里云："三处西湖一色秋，钱塘颍水更罗浮。"

肇庆星湖：兼西湖桂林之美，有七星岩、鼎湖山两区。七星岩，五湖六岗七岩八洞，二十景点形色皆优。配列如北斗七星，嵩台为顶，石洞为室，石刻荟萃，有"千年诗廊"之誉。星湖，五湖和会，湖堤若丝带，杨柳滴翠，凤凰木如火，相映秀美。秀峰十多座，飞瀑流溪，林壑古寺，白云寺唐师开创，庆云寺清代兴山。一方胜景，端砚尤名。

湖光岩：位于湛江市区，被称为地球与地质科学的"天然年鉴"。十万年前火山口，十万年后玛珥湖。土壤湖水记录天然年鉴，岩石地貌形成地质公园。湖光镜月山水秀，科学深奥文星多。湛江八景之首，含雷琼世界地质公园博物馆、楞严寺、李纲醉月雕像、清风林、火山地质遗迹、高密度负离子区、董公亭、玛珥湖、陈济棠将军墓、白牛仙女雕像等20个景点，自然与人文融于一体。

鼎湖山：山峦沟壑纵横流溪飞瀑，拥岭南第一名泉，中国第一个自然保护区，环保胜地；六祖禅宗住锡佛国驰誉岭南，建庆云无二古刹，独有品氧谷森林浴肺场，健康身心。

广州景致：中国五大中心城市，历史文化名城。海上丝绸之路主港，岭南军政文经中心。第一能级城市，千年不衰商都。辛亥革命聚能要地，国家创新示范之区。三江交汇，南海滨临，自然条件优越，羊城新八景、花卉博览园、香草世界、森林公园、华南植物园、从化温泉，皆是胜景；中西交流，古今融汇，文化根基深厚，中山纪念堂、广东艺术馆、黄埔军校、花城广场、广州艺术院、圣心教堂，尽可观游。物产丰富，水果之乡、花卉盆景驰名远近；地灵人杰，岭南画派、广东音乐自树一帜。工业基地、制造中心、国家园区、世界博览，均是金色名片；烈士墓园、珠江夜游、文保单位、寺塔楼观，更有粤菜品尝。与深圳、香港、澳门联手，组建中国大湾区，得风聚气，再创佳绩，业广惟识，智创惟新。

（18）海南省风景名胜区

海南省拥有广阔的蓝色国土，万里海疆，国家级风景名胜区是三亚热带海滨。有 5A 级旅游景区 6 处：分界洲岛、呀诺达、三亚南山大小洞天、三亚南山文化旅游区、三亚蜈支洲岛、保亭槟榔谷黎族苗族文化旅游区。

海南风景：蓝天碧海气象，椰林婆娑风光。一山五指撑天地，热带雨林着盛装。天涯海角、三亚海滨，明媚开朗；亚龙湾，银沙细浪，誉称"东方夏威夷"。万绿园、东郊椰林、海南兴隆、博鳌、五指山林海、三亚滨海一带，均是风景如画；东寨港、火山遗迹、原始森林、海岛、自然保护区、动物植物园囿，都是磁性风光。三沙市，统辖西沙、南沙、中沙，蓝色国土，海上琼台，二百万平方千米，天下独夺。海口、三亚、儋州、琼山，群星璀璨，聚力启航，建最大自贸特区。热带气候，热带风光，热带作物，热带特产，得天独厚，只此一家。种子基地、天然橡胶，热带经济意义重大；珍稀生物、南药海珍，自然资源功利千秋。海瑞扶黎策，东坡劝农桑，文化传承、文明开进。高铁环岛，高路成网，海港大船，环球东西，开拓未来，前程远大。

三亚热带海滨：由海棠湾、亚龙湾、大东海、天涯海角、落笔洞、大小洞天共同组成海滨胜景。银沙滩、奇石岬、碧海天、绿椰林，自然景致集成南国风光。亚龙湾，沙粒洁白细软，海水澄澈晶莹。大东海，椰林环抱沙滩，碧海亲吻青山，独特之美令人赞叹。海棠湾，景象万千，远离城市，原生态之美；19千米岸线风光旖旎，河道如网，绿洲棋布，芳草萋萋；相邻亚龙湾，有比肩之美；碧海、蓝天、青山、银沙、绿洲、奇岬、河流集于一身。天涯海角，水天一色，烟波浩瀚，帆影点点，椰林婆娑，巨石傲立，如诗如画；刻石"天涯""海角""南天一柱""海判南天"，雄峙南海之滨，为海南一绝。落笔洞，印岭东面悬崖下，洞外古树参天，荫翳蔽日，蝉翼惊秋，鸟鸣山幽，依稀中似有股仙气缭绕。大小洞天，号称"琼崖第一山水名胜"；崖洲湾弧弦百里、碧波万顷，鳌山云深林翠，岩奇洞幽，遍布神工鬼斧，大小石群，山海之间宛如一幅古朴优美的山海图画；鉴真东渡传佛经，黄道婆授技到海南，皆是善人佳话。

分界洲岛：五指山余脉，牛岭分界，入海为岛，成就峰崖洞滩绝妙地；大洞天奇观，古榕盘结，垒石成屋，新开五星级袖珍景区。

呀诺达：雨林异奇观游地，三亚旅游后花园。经石峡梦幻谷，欣赏高山峡谷森林溪泉自然美景；黎锦苑演艺区，体验歌舞婚庆文化美食黎族风情。

博鳌：琼海之滨玉带河畔，南国风光如画，美丽的世界会议小镇；亚太高层对话平台，热点问题讨论，定时有主题对话交流。建立人类命运共同体，一座发声舞台；走向和平发展共赢路，远航就此升起。

（19）广西壮族自治区风景名胜区

广西称八桂大地，万山之家。国家级风景名胜区有3处：桂林漓江、桂平西山、花山等。5A 级旅游区有 7 处：南宁青秀山、桂林漓江、桂林独秀峰—王城景区、桂林乐满地度假世界、桂林两江四湖·象山景区、崇左市德天跨国瀑布、百色起义纪念园。

广西形胜：山环水绕盆地相间，拥江抱海峰林连天。类型多样的喀斯特地貌，珍贵稀有的动植物资源。物产富饶，水果之乡，花卉王国，海陆水珍毕集之地；民风厚朴，歌仙家国，农耕风俗，古今德行继承传扬。瑶舞侗歌，人类文明活化石；壮锦铜鼓，山歌绣球族群符。山以大名，地数百色，名胜古迹遍布，自然风景异奇。花山岩画，始皇灵渠，冯子才镇南关破敌，共产党百色起义，胜迹溢彩。友谊关、金田、昆仑关，英雄业绩河山流光；桂林郡、北海、柳龙城，著名历史文化名城。园林各具特色星罗棋布，游旅四面八方海航陆行。桂林山水、德天瀑布、北海银滩、西山、花山、白浪滩、涠洲岛，均是著名景区，海内称最；地质公园、森林公园、文保单位、世遗、古迹、保护区、红色游，都可观游洗心，学习提高。广西，千里之行千里画，一山一水一篇诗。大业蓝图已展开，我辈奋进正当时。

桂平西山：在广西东南桂平市境内。岭南佛教圣地，国家四星景区。林秀、石奇、茶香、泉甘、佛圣，五绝千年称誉；灵湖、险峰、虹桥、栈道、龙亭，十景听涛观瀑。龙华寺千余年香火热烈，大腾峡毛主席手书铭心。桂林山水甲天下，西山风景秀南天。甘泉水好酿制乳泉酒，老新八景成就名胜地。最名的有龙华寺、碧云天、大藤峡等。

花山：世界文化遗产，明水左江古谜。二百里沿江风光带，奇峰溪瀑回湾胜景观不尽；几十处山岸崖壁画，人物鸟兽图案含义解未明。古代壮族大批山崖壁画，分布于 2 800 多平方千米范围内，大壁画有 64 处，最集中的是花山和明江两处。山峰如棋布，河流急转弯。峰回河转千百回，大千世界几多重？不到花山，不知奇特。

桂林漓江：水作青罗带，山如碧玉簪。世界闻名旅游城市，中国历史文化名城。千峰环立，一水抱城。有自然风光、历史文化、民族风情、富饶物产；引国家元首、尊客显贵、中外游人，纷至沓来。山水风貌绮丽俊秀，气势宏伟，景象万千，含蕴深长，浪漫色彩，诗情画意；历朝历代文人墨客，诗词咏唱，文赋赞美，石刻壁书，脍炙人口，风流远长。烟雨光影、动物植物、田园村舍、名园古迹，名为八胜；玉簪青山、罗带漓水、绚丽溶洞、异状奇石，称作四绝。桂林山水甲天下，王城独秀阅千年。

北海：最美滨海城市，海上丝绸之路港口；西南出海通道，国家历史文化名城。南珠、工艺品、海鲜特产、亚热带蔬果，特产丰富；银滩、涠洲岛、北海老街、红树林湿地，风景著名。环境优美，气候宜人。

龙脊梯田：八百年历史勤耕耘，五十度陡坡变平畴。智慧与力量之见证，意志与劳动的奇迹。层层叠叠的天镜，缠缠绕绕的彩虹，写满大地的彩画，登上蓝天的阶梯。有幸到平安北壮梯田，观看七星伴月；梦想来金坑红瑶梯田，欣赏福地洞天。景色秀美诗情画意，民风淳朴礼让德行。

（20）湖南省风景名胜区

湖南省，大地锦绣，鱼米之乡，英雄荟萃，人民英武。国家级风景名胜区多达20处：衡山、武陵源（张家界）、岳阳楼、洞庭湖、韶山、岳麓山、莨山、猛洞河、桃花源、紫鹊界梯田—梅山龙宫、德夯、苏仙岭—万华岩、南山、万佛山—侗寨、虎形山—花瑶、东江湖、凤凰古城、沩山、炎帝陵、九嶷山—舜帝陵、里耶—乌龙山等。国家5A级景区有9处：张家界武陵源—天门山、南岳衡山、长沙岳麓山—橘子洲、韶山、岳阳楼—君山岛、郴州东江湖、邵阳市莨山、株洲市炎陵、宁乡市花明楼。

湖南形胜：洞庭纳四水，三湘荣百族。自然保护旗舰，风景旅游名邦。奇秀灵特湘西界，千古盛名南岳衡。渔舟放歌湘江水，一览层林橘子洲。自古九州粮仓，物产富饶鱼米乡；从来四大茶省，酒菜浓辣特色明。借长江水道，一路下大海。湘风浓烈：淳朴重义，勇敢尚武，经世致用，自强不息，英才辈出，灿若河汉；湘人忠勇：盖曾忠诚，黄蔡担当，谭唐求是，毛彭图强，人物风流，江山多娇。培育英雄的圣地，升腾民族之雄魂。教育求学积极向上，画海文坛长盛不衰。抗日胜战湘省为最，当代发展科技站高。领袖赞曰："为有牺牲多壮志，敢教日月换新天"。"我欲因之梦寥郭，芙蓉国里尽朝晖。"

岳阳楼—洞庭湖：洞庭天下水，岳阳天下楼。原装原貌千年胜景，历朝历代至大民心。铭记万古真文：先天下之忧而忧，后天下之乐而乐。更得湘子豪吟："洞庭波涌连天雪，长岛人歌动地诗。我欲因之梦辽阔，芙蓉国里尽朝晖。"

岳麓山：长沙名胜。一山文星事，十万英雄魂。抗战大义，英雄永生。脱出时代偏见可知正，还原民族大义方久长。四大赏枫胜地，五星旅游景区。岳麓书院训题：惟楚有材，于斯为盛。胸怀天下，敢为人先。有爱晚亭大匾，毛泽东手书，取山行之意境，标岳麓之真情："停车坐爱枫林晚，霜叶红于二月花"。

桃花源：在常德市境内，梦里中国，传世古镇。桃花源吞洞庭湖色，纳湘西灵秀，沐五溪奇照，揽武陵风光，集山川胜状和诗情画意于一体，熔寓言典故与乡风民俗于一炉，唯此晋始唐兴宋盛，诗序描摹历代名胜。理想王国：无有争斗压迫血腥，唯有丰衣足食怡

安。元江滔滔青峰连绵茂林修竹芳草田畴，真景宛若仙境；道家宫观官宦亭阁古镇秦村湖池园林，实践世外桃源。

沩山：位于宁乡西部，分沩山佛教文化区、青羊湖水上游乐区、黄材青铜文化区、千佛溶洞观光区等景区。古老神秘大美深藏地，礼佛度假休闲探险区。黄材炭河商周青铜器2 000多件，大禾方国古城遗址源流古远；密印古寺正殿鎏金佛13 000尊，观音主持万佛会聚世界奇观。高峡平湖青羊山水贤圣遗迹，清奇俊秀溶洞千佛地就天成。

韶山：山乡水塘稻谷草房，中国农村平常景象；拾柴作田读书思想，人民领袖草根生长。承舜皇大德只为苍生服务，开泽东政治依靠群众苍黄。山乡长流水，韶峰绕彩云，不是天道钟灵秀，焉有千古第一人。

武陵源：在张家界境内，方圆369平方千米，奇山异峰3 000多座。山水博物世界，美景绝伦天地。山水天下独有，景致世界绝无。世界自然遗产与国家级自然保护区声誉卓著，世界地质公园和国家级旅游风景区实至名归。

猛洞河：湘西州境内，武陵山脉环抱中。山水花木虫鸟集于一体，古镇吊楼佛门融在其间。溪洲铜柱千年名胜，石壁画廊万物图腾。看山张家界，玩水猛洞河。全长100多千米，山清水秀，鸟语花香，峭壁高耸，古木参天。永顺县城至龙头峡一段，就有峡关50多个，曲折100多处，溶洞300多个，树木500多种，鸟类190多种，是一个集山水、花木、虫鸟于一体的天然公园。

德夯：吉首之郊，神奇土地，德夯苗寨，湘西明珠。德夯风景区，山势起伏峰林重叠绝壁高耸，原始林，流纱瀑，筒车水碾，盘路石桥，田园风光古朴幽雅；苗家吊脚楼，依山而建飞檐翘角半遮半掩，封火墙，雕花窗，造型奇特，格调鲜明，嵌入自然点化龙睛。

万佛山—侗寨：地处湖南西南，怀化市通道县境。由丹霞地貌区、百里侗文化长廊和红军长征通道转兵会址——恭城书院三个部分组成。丹霞峰林地貌，绿色万里长城。八大景区，46处绝妙景点，500余处地质遗迹，山水奇绝，全国最大丹霞峰林地貌之一；十大绝景，有独岩挺秀、七星古庵、福地洞天、雄狮望月、擎天一柱、美女望夫、神州海螺、金龟觅食、天生鹊桥、三十六弯森林迷宫，皆是天成。历史悠久，文化典型。

虎形山—花瑶：地处邵阳市隆回县西北部、怀化市溆浦县南部，雪峰山脉东麓。自然人文潇湘景，中国花瑶第一村。梯田万亩，宏阔奇伟，无塘无库自流灌溉，可称天地人融合之最；石瀑千丈，高大雄阔，有形有神可观拍摄，真正大自然鬼斧神工。十里大峡谷，千载花瑶风。

崀山：跨越新宁县和资源县，越城岭山脉腹地。丹霞奇葩，山水天骄。六大景区，五百景点。三大溶洞，动物美人，景象生动，千姿百态；六绝景观，峰峡奇异，绝壁天巷，天桥薄云。森林原始，故事传神，民族杂居，各有所陈。攀岩训练基地，游旅新成圣境。

里耶—乌龙山：湘黔边界，苗土人文。乾山出仙柱，坤山有女洞。岩溶地貌，石林三千亩，洞窟二百零。峰山峻极，高瀑悬空，阴河密布，洞穴连群。四季各色，壮观罕有。土家发源地，风俗最浓郁，语言最完整。里耶古城，乃惊世考古发现，有世界最大溶洞群。诗云："龙山二千二百洞，洞洞奇瑰不可知。"

紫鹊界梯田—梅山龙宫：世界灌溉工程遗产，梯阶四百多级，堪为吉尼斯纪录；中国农业文明杰作，历史两千余年，真正可持续发展。梯田依山就势开辟，小如碟、大如盆、长如带、弯如月，精巧万端，形态各异；灌溉天然自流进行，山多高、田多高、水多高、智多高，弯转盘旋，叹为神功。苗族瑶家与自然和谐共处，稻作田庄与渔猎巧妙融合。梅山龙宫，娄底市新化县资水河畔，是集溶洞、峡谷、峰林、绝壁、溪河、漏斗、暗河等多种喀斯特地质地貌景观于一体的大型溶洞群，有九层洞穴，探明长度 2 870 余米，其中有 466 米长世界罕见的神秘地下河。洞府分为龙宫迎宾、碧水莲宫、玉皇天宫、龙宫仙苑、龙宫风情、龙凤呈祥六大景区。

苏仙岭—万华岩：郴州市景。自古享有"天下第十八福地""湘南胜地"的美誉。创享之都，林中福城。苏仙观，道家福地；白鹿洞，石刻绝碑，千年享名。万华岩溶洞一主多支自成体系，地下河漂流五光十色身若游仙。

东江湖：在资兴市境内，依托东江水库形成，大型水利风景区，水域 165 平方千米。烟波浩渺，兜率岛古老名山。小东江水雾云带为中华奇景，灵岩洞庙洞相依称天下妙观。有"生态旅游第一漂"之美誉，称中国最美人工湖无双。

南山：城步县境，湖南西南。中国第一现代牧场，高山台地最大草原。拥有北国苍茫雄浑景象，兼具江南山水灵秀神奇。避暑胜地风景如画，体育训练天然氧吧。

衡山：回雁为首，岳麓为足。峻峰七十二，画卷八百里。自然文化双遗产，旅游保护不二区。文化圣地，中华老祖祝融居所，三千年香火；文明奥区，农耕文化发源之地，嫘姐墓于斯。道教洞天，宫观林立，帝王封赐，官民祭祀，名满天下；佛家圣地，五大丛林，曹洞半天，高僧立朝，寺遍岭峰。福寿文化唯此为大，五行定位，宋皇题刻；书院千年爱国一宗，经世致用，万物昭苏。山高万丈，峻极天穹，云瀑烟霞，气象万千，诗赋论道，吏民参禅，仙凡交往，历代不绝。

炎帝陵：中华人文始祖安息地，誉称"神州第一陵"。陵园风格古老，承继传统，有圣火台、陵殿、碑林、台柱门园恭筑。敬天法祖遵道尚德，中华文化根本核心。炎帝，丰功伟德始祖，是祖先，是天地，也是民族精神。炎陵，钟灵毓秀土地，为公祭民祭历史祭祀之所。用火焚林教民稼穑，故称炎帝神农；遍尝百草制药疗疾，造屋成衣制陶制乐，使中华民族走向文明，从渔猎到农耕，功盖寰宇，德泽千秋。其坚忍不拔的开拓、大爱无私的奉献，树道德楷模，立人伦典范，开文明先河，定文化走向。故几千年香火不绝，尊享祭祀。到此有怀崇始祖，问谁无愧是龙人。

九嶷山—舜帝陵：九嶷山下，一陵高踞，二峰相守，夏禹建庙，祭祀至今。虞舜，华夏古代圣王，以孝悌闻名天下，成就中华道德之高峰。举贤任能治天下，树为政裕民之道；命禹治水十年工，立华夏治国大计；继位于尧禅位于禹，展无私之圣德。中华古祖，道德天下，开文化之道。大德无疆。

凤凰古城：湘西州内。四百年古城风貌依旧，一城古意，一城文物；两千载边关苗土杂居，特有风俗，特有衣食。湘西明星旅游地，国家历史文化城。诗曰："水岸湘风沁晚凉，花灯溢彩醉流光。"

（21）湖北省风景名胜区

湖北省国家级风景名胜区：武汉东湖、武当山、大洪山、隆中、九宫山、陆水、丹江口等。国家 5A 级旅游区有 12 处：恩施神龙溪纤夫文化旅游区、宜昌三峡人家、宜昌三峡大坝—屈原故里、武当山、武汉黄鹤楼、神农架、宜昌长阳清江画廊、恩施大峡谷、武汉东湖、武汉黄陂木兰文化生态区、咸宁市三国赤壁古战场、襄阳古隆中景区。

鄂地景观：天倾西北，地陷东南，高山仰止，平畴万顷，千湖之国风景独好。上接巴蜀，下吞吴越，八方通衢，人杰地灵，汉城锦绣楚风久长。神农架，武当观，炎帝神台尝百草，道家修行习武功，神秘仙境世人心驰神往；葛洲坝，三峡景，襄王巫山会神女，屈子故里近王嫱，荆风楚韵直至地老天荒。山水浩气，奇险莫如恩施大峡谷；历史舞剧，艰难无过郭靖守襄阳。荆襄二城发祥楚文化，随州钟祥皆做楚都城。如今，汉水浩荡，长流千里到北京；千湖之国，鱼米之乡数江汉。拥长江黄金水道，开欧亚丝路金带。璀璨科技，智创古今。人云：天上九头鸟，地下湖北佬，追求卓越，敢为人先。

武当山：道教圣地，天下第一仙山，四大名山皆拱让；皇家道场，亘古无双胜地，五方仙岳共朝宗。武术一源，三丰开山，创太极拳剑，功夫养生一体，崇尚聚精会神，气贯天地，还虚合道；古建世遗，千年续建，成琼阁仙山，宗教圣地之最，兼有宫观殿城，亭台碑廊，艺技巅峰。玉虚宫、南岩宫、紫霄宫、金殿，全国文保单位；太极湖、逍遥谷、五柱峰、石像，明星旅游景区。明人有诗："五里一庵十里宫，丹墙翠瓦望玲珑。楼台隐映金银气，林岫回环画镜中。"

　　隆中：襄阳城距 13 千米。诸葛躬耕陇亩，刘备三顾茅庐。隆中风景幽雅庄朴，三国文化壮阔辛酸。长廊台石寨田，功德纪念；草庐书院山庄，智者摇篮。未出茅庐先知三分天下，诸葛智慧垂寰宇；鞠躬尽瘁直至死而后已，孔明德操冠古今。五大景区：古隆中、水镜庄、承恩寺、七里山、鹤子川等；1 700 年历史。

　　大洪山：随州市随县境。深山秘境藏佛道，洞天福地衡武当。洪山寺群庙壮观天下，宝珠峰天池黄龙神奇。黄仙洞石林天地恢宏壮阔自成盛景，娘娘寨古老天人协和宜居桃源。筱泉洞石雕宝库莫知深远，两王洞景洞迷连兴义屯兵。椰头寨奇石甲天下，白龙池亘古成哑谜。重建慈恩寺，壮怀抗战人。爱国主义教育基地，森林公园旅游大观。主要景区：宝珠峰、慈恩寺、洪山寺、白龙池、剑口、绿林山风景区、美人谷等。

　　九宫山：湖北江南，通山县境。千峰争翠，万壑竞幽。海拔三千尺，清凉神仙地；森林六万亩，天然大氧吧。中南游览避暑地，国家自然保护区。云中湖云集山水百景，瑞庆宫瑞开道教祖庭。迎客松姿容佳丽，大崖头瀑布最高。

　　陆水：咸宁赤壁市境。陆水水库，水域 57 平方千米，蓄水量 7.2 亿立方米。鄂东景致，陆逊曾练兵，葛洪曾炼丹，留得古迹在。一湖碧水，楚天明珠，闻名遐迩；岛渚旗布，秀美国画，居游咸宜。雪峰山道家香火，葛仙祠纪念；水浒城古貌重现，老江州可游。湖中800 多岛屿，最大岛 100 多公顷，最小一叶扁舟。

　　武汉东湖：城有大湖美，湖因大城名。湖岸曲折，港汊交错，岛渚星罗，青山环绕，湖滨美景吸引名贤贵客；楚风浓郁，楚韵灵妙，学府听涛，文坛落雁，博物馆藏荟萃天下遗珍。

　　丹江口：汉江大水库，亚洲第一，水域 126 万亩，蓄水总量 290 亿立方米。携手武当和南阳，共筑丹江口市文旅事业。主要景观：均州古镇、龙山烟雨、沧浪海、净乐宫、百喜岛、龙山塔、丹江口大坝、丹江口国家森林公园等。环库公路有江口橘乡、千岛画廊等；水下古迹遗址，周边历史文物，文脉相续，故事相连。丹江水面碧波千顷，天水一色，美丽如画。乘游艇渔舟荡漾，人如画中行，山似水上漂，心旷神怡，乐趣无穷。水库雁口一带有几十里狭长江面，夹岸奇峰对峙，陡壁峭拔，野藤倒挂，为著名的丹江小三峡。狮子山壁上有天然石佛，高达 15 米，正襟危坐，神态安详，颇有乐山大佛之雄姿。

神农架：世界自然遗产，国家森林公园。留得洪荒时代原始风貌，传承神农采药救民精神。中国北纬 30 度线带，世界最美风景线走廊。

武汉：长江、汉水交汇，江城三镇形成。中国交通枢纽，有"九省通衢"称誉；重要工业基地，呈重化配套成龙。国家历史文化名城，洋务运动兴起工业，民主革命发祥之地；重要科研教育基地，百所高校百万学子，科研百所院士六十。黄鹤楼九州翘楚，汉正街天下有名。

（22）陕西省风景名胜区

陕西，中华历史志，西秦一部书。国家级风景名胜区有华山、临潼骊山—秦兵马俑、黄河壶口瀑布、宝鸡天台山、黄帝陵、合阳洽川等。5A 级旅游景区有 10 处：秦始皇陵兵马俑博物院、延安黄帝陵、西安华清池、西安大雁塔—大唐芙蓉园、渭南华山、商洛金丝峡、宝鸡市法门寺文化景区、宝鸡太白山、西安城墙·碑林历史文化景区、延安革命纪念地。

三秦胜地：中国大地原点，华夏文明发祥。分江河挟渭水地标秦岭，南山区北高原平川关中。蓝田猿人、半坡遗址、仰韶文化、华胥古国、女娲伏羲，少典承启，华族源头在此；轩辕铸鼎，后稷稼穑，仓颉造字，周定礼乐，秦统天下，汉唐盛世，历史脉流源长。炎帝故里，黄帝归宿，建都十朝，历时千年。文物大省，密度数量等级均居全国首位；博物馆藏，周秦汉唐宋明尽是稀世珍宝。秦俑雁塔大明未央张骞墓，都是世界文化遗产。宝鸡咸阳西安汉中榆林韩城延安府，均为历史文化名城。凤翔府谷，名胜古迹荟萃；峤山黄陵，中华民族之根。古城故事无数，秦川景象万端。革命圣地延安，留得胜迹百处，精神千古；科教高地长安，拥有高校百所，学人云集。欧亚陆桥奠基点，古老土地换新颜。振奋雄起，迎接明天。

华山：奇险天下第一，秀美九州无二。唯千尺幢百尺峡老君犁沟可通顶，有南峰松北峰雾东西绝壁最惊心。李白诗曰："西岳峥嵘何壮哉，黄河如丝天上来。"

临潼骊山—秦兵马俑：骊山，西安市临潼南，东西绣岭组成，山势逶迤，树木葱茏，远望宛如一匹苍黛色的骏马而得名。山高名高，景色格外绮丽，有"骊山晚照"之美誉。脚下华清宫，远处黄河带。半部中华史，诸多古事情，尽在此一方。女娲在这里"炼石补天"，周幽王在此"烽火戏诸侯"，秦始皇将陵寝建在骊山脚下，唐玄宗与杨贵妃演绎了凄美的爱情故事，现代史上著名的"西安事变"也发生于骊山之上。一山古迹成胜景：华清池、骊山陵墓、鸡上架、牡丹沟、达摩洞、秤锤石、饮鹿槽、日月亭、翠荫亭、舍身崖、烽火台、老母宫、老君殿、晚照亭、石瓮谷、遇仙桥、举火楼、明圣宫、石瓮寺、长生殿遗、三元洞坡下碑林、兵谏亭等。秦陵兵马俑，南依骊山，北临渭水，世界八大奇迹；前无古人，后无来者，地下军团隐秘二千年。规模宏大，气势凛然，兵锋肃杀，严阵以待；造型逼真，军型整列，秩序井然，阵势武威。再现横扫六国之军威气概，见证超乎想象的艺术高峰。

宝鸡天台山：浓缩秦岭之雄伟博大，呈峻峰幽谷翠岭碧水四大自然绝色；传承文化的悠久深厚，有炎帝道家民俗商旅丰富人文景观。这里是，神农生长创业仙逝之处，中华文明重要发祥地；道祖创经全真道派修行处，道家玄都香火越千年。炎帝寝台神农祠祭祀久远，天柱神农大散岭群峰争秀，尽是观游大观。

黄帝陵：中华始祖庙，天下第一陵。桥山浑厚雄伟，沮水三面环流。山麓轩辕庙，山巅黄帝陵。轩辕广场五千秦岭石铺就，沮水印桥百多大石梁砌成。陵殿取天圆地方之势，碑标显九五之尊之形。轩辕帝功盖宇宙，实现蛮荒到文明的飞跃；黄帝陵名满天下，受到古今官民之仰尊。五千年古柏相传黄帝手植，二千年国祭集成文典宝库。八万古柏森列致敬，十亿儿女同此一心。毛泽东祭黄帝陵文曰：赫赫始祖，吾华肇造。胄衍祀绵，岳峨河浩。聪明睿智，光被遐荒。建此伟业，雄立东方。世变沧桑，中更蹉跌。越数千年，强邻蔑德。琉台不守，三韩为墟。辽海燕冀，汉奸何多！以地事敌，敌欲岂足，人执笞绳，我为奴辱。懿维我祖，命世之英。涿鹿奋战，区宇以宁……

合阳洽川：南望华岳，西比终南。黄河之滨，芦苇荡如海，万亩荷塘镶嵌，景色秀丽；关陇湿地，鸟禽类天堂，百种珍稀汇聚，风光迷人。处女漈泉称绝天下，黄土峰林古朴雄浑。有莘国遗迹，帝喾之古陵。伊尹躬耕地，关雎绝唱洲。曹全碑出土汉隶见世，蝎子山古建宗教觅踪。

黄河壶口瀑布：东岸山西临汾市、西岸陕西延安市，一瀑挂两省，九曲尾此终。世界唯一金黄色瀑布，中国无二潜伏式瀑流；移动式瀑布年年上行 70 厘米，四季景色不同异趣横生；蕴涵丰富的文化内涵，彰显不息的前进精神。不同的季节、不同的时间、不同的水流，有着梦幻般的变化，奇绝壮观的景观："烟从水底升，船在旱地行，未霁彩虹舞，晴空雨蒙蒙，旱天鸣惊雷，危岩挂冰峰，海立千山飞，十里走蛟龙。" 历代观游大家感叹于瀑布的神奇壮丽和变幻多姿，概括出"壶口十大景"，曰：孟门夜月、卧镇狂流、十里龙槽、天河悬流、黄河惊雷、壶底生烟、彩虹飞渡、冰瀑银川、石窝宝镜和旱地行船。这是一处特别的胜景：非亲历不得要领，不去见终生遗憾，见过的怀念一生。

西安：旅游首选地，科教一中心。六处世界遗产，十数王朝建都。华族发祥重地，历史文化名城。依秦岭抱渭水河山形胜，承古遗创新篇民风朴实。一部中国史，半边在西安。周定礼乐文化成体，秦制国体千年延续，隋开科举吏治革新，汉唐疆域中华定型。张骞出使打通西域，西安事变挽救危亡。丝路东西，长安情节贯今古；文武南北，科教文化唱主角。鲲鹏上天，战神出征，大国重器西安造；科技创新，新型农业，迎接明天走在前。

（23）宁夏回族自治区风景名胜区

宁夏，塞上江南，黄河明珠。国家级风景名胜区两处：西夏王陵、须弥山石窟。国家 5A 级旅游景区有 4 处：中卫沙坡头、石嘴山沙湖、银川镇北堡西部影视城、灵武水洞沟。

宁夏形胜：左黄河右贺兰，沙漠三面压迫；下高原上平川，绿洲塞上江南。丝绸之路要道，黄河灌溉文明。自古塞上明珠，天下黄河富宁夏；如今天下旅游，一地古迹在固原。六盘山，春去秋来无盛夏，山巅峡谷皆胜景。石嘴山，山伸河就相接吻，岩画古塔配沙湖。

西夏王陵：西依贺兰东瞰平原，西夏王陵规模宏大布局严整，号为"东方金字塔"；上续历史下延当今，党项民族保卫家国坚强不屈，留得浩气千百年。国家自然文化双遗产，宁夏名胜旅游风景区。

须弥山石窟：六盘山北端，峰岭错杂，沟谷深切，紫色砂岩，风景秀丽；须弥山石窟，北魏始建，隋唐延续，名列十大，百科全书。坐落八个石山，格局奇特；绵延四里之多，沟桥相通。现有洞窟 162 座，保存造像 350 身。见证佛法东来丝绸西去，史料珍贵；刀刻历史年轮心中偶像，艺术精湛。宝贵佛教遗产，称誉"宁夏敦煌"。

（24）甘肃省风景名胜区

甘肃省连接东西，位居中枢，祁连群山绿大漠，丝路一线越千年。国家级风景名胜区有麦积山、崆峒山、鸣沙山—月牙泉、关山莲花台等。国家 5A 级景区有 5 处：平凉崆峒山、嘉峪关文物景区、天水麦积山、敦煌鸣沙山—月牙泉、张掖七彩丹霞景区。

甘肃形胜：地跨三千里，史延八千年。三大高原交会，地貌类型齐全；仿佛一柄如意摆型，镶嵌西北大地。祁连巍巍，大漠浩浩，黄天厚土，独钟此家。桑梓羲皇，仰观天象俯察地理，造书契教佃渔，华夏民族文明发祥地；禅于伯牛，钻木取火教民熟食，定节气尝百草，中华中医药学古起源。玉门阳关，丝路文化开启；敦煌石窟，佛教艺术集成。长城逶迤，黑河流淌，驼铃响千年，名胜串成珠。嘉峪关麦积山崆峒鸣沙，五星旅游景区；金张掖银武威敦煌天水，历史文化名城。河西走廊，雪山绿洲独特生态系统；甘南甘北，草原荒漠辽阔旷荡自然风光。黄河大湾，天地美景，生态湿地，禽鸟天堂。矿产资源大省，战略通道中枢，清洁能源基地，航空航天之家。大地华章，新史铸成。

崆峒山：道教圣地，六盘支脉，森林之家，动植物王国。峰峦雄峙，危崖矗立，高峡平湖，有漓江风韵；林海浩瀚，烟云笼锁，轻雾缥缈，数西镇奇观。42 座建筑群气派宏大，72 处石洞府文蕴厚丰。道家武术五花之一，八门修炼，古老民族文化遗产；丝路人文黄帝登临，秦汉续写，诗词歌赋墨染山川。崆峒山色天下秀，佛法东来第一山。

麦积山：天水城内。孤峰连天宇，开石窟二百多座；陡壁绝凡尘，藏雕塑一万余身。栈道凌空飞架，石窟密如蜂房。全国重点文保单位，东方雕塑艺术殿堂。从秦汉到明清，文化链清晰；容佛道与儒宗，三大教共存。世界文化遗产，中国五星景区。

鸣沙山—月牙泉：敦煌，最名八景，佛窟一绝。特殊区位，四大古文化交汇碰撞；独特历史，一洞莫高窟艺术至极。国际品牌城市，世界文化遗产，全国重点文物保护单位，中国历史文化名城。拥丝绸之路辉煌历史，有佛教文化博大精深。敦煌石窟，雕塑壁画名满天下；玉门阳关，丝路东西锁钥咽喉。华戎交汇，饮食有八怪；天地藏精，瓜果称故乡。鸣沙山—月牙泉风景名胜区，敦煌城南 5 千米。以"山泉共处，沙水共生"的奇妙景观著称，誉为"塞外风光一绝"。鸣沙山—月牙泉与莫高窟艺术景观融为一体，为敦煌天地一人文命脉相连的"二绝"，世人向往的旅游胜地。天旱不涸，飞沙不落湖塘，月牙泉亘古清泉不竭；风动沙扬，自下向上流动，鸣沙山晴空流沙有声。清泉流沙相伴，各自营生不侵，天地大道不相争，千年万代共存。

嘉峪关：明长城西端关口，阳关玉门兄弟，号为"边陲锁钥"；古丝路通道要塞，关城雄伟壮观，称作天下第一。世界文化遗产，中国五星景区。唐人有诗："黄河远上白云间，一片孤城万仞山。羌笛何须怨杨柳，春风不度玉门关。"又曰："青海长云暗雪山，孤城遥望玉门关。"今日景象，明月出天山，苍茫云海间。春风度过玉门关，西出阳关有故人。

关山莲花台：平凉市华亭西南陇山的"五台山"，古称"西镇吴山"。五台山南麓之莲花台，古称上、下，是秦灵公上祀黄帝、下祀炎帝之所，乃中华第一座祭祀黄帝的轩辕庙。

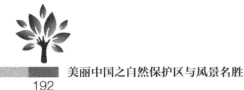

莲花台风景名胜区融文化遗产、自然风貌、天然景观于一体，大小景点 100 多处，堪称陇上旅游之胜地。莲花台分上、下，上台是一座孤峰兀立，高耸如塔，顶上又矗立着一个两米多高的小石柱，柱边长两棵苍松，柱顶还托起一方巨石，整体形似莲花盛开，故名。当地传为"高耸顶天堂，夜间发毫光"，登临可见远山如黛，云缠雾绕，松涛阵阵，谷底水声，令人心旷神怡。上的另一建构为千佛洞，洞内雕塑生动、精美。邻近石崖下有一石洞，出清泉一股，据称此泉"十二三人注水水不涨，千万人用水水不减"，泉水有祛病延年之效，故称"神泉"。此处还有大殿、菩萨殿、灵官庙、山神庙等遗址十几处。上的东边是下，有灵官台、八仙台、玉皇顶、三清台和老君台，各台分布的原寺庙遗址有二十几座。下的北崖石窟有多臂佛塑身，北魏孝文帝时造，历宋、明、清仿造，现存残身。莲花台群山巍峨，森林茂密，物种繁多，文化遗迹丰富。山，既有北方之雄，又有南方之秀；水，既有江南之柔，又有北方之美。山水构成奇、险、峻、秀、妙等独特的自然景观。

张掖：祁连雪山张掖绿洲桑麻鱼米之地，走廊重镇丝路节点欧亚陆桥要津。自然景观优美，塞上江南，清凉之都；人文景观独特，古刹遍地，半城塔影。国家优秀旅游城市，全国历史文化名城。黑河国家重要湿地，位居全球八条候鸟迁徙通道；张掖国家地质公园，誉为"世界十大神奇地理景观"。火冰炼化出七彩，丹朱成霞艳八方。油菜花金波荡漾，军马场扬名古今。

（25）新疆维吾尔自治区风景名胜区

新疆国家级风景名胜区有天山天池、库木塔格沙漠、博斯腾湖、赛里木湖、罗布人村寨、托木尔大峡谷等。国家 5A 级旅游区有 13 处：天山天池、吐鲁番葡萄沟、阿勒泰喀纳斯、喀什泽普金胡杨、喀什地区喀什喀尔老城、阿勒泰富蕴可可托海、乌鲁木齐天山大峡谷、伊犁那拉提、伊犁喀拉峻、喀什帕米尔、巴州博斯腾湖、巴州和静巴音布鲁克、新疆生产建设兵团第十师白沙湖景区。

新疆：天山座中分南北，盆地两盘连西东。高山冰川上万个，固体水源无洪枯；长短河流五百条，绿洲生态赛江南。冰峰与火洲同在，绿洲与瀚海为邻。古代丝绸路重要通道，欧亚大陆桥战略要津。亚欧腹地，八国接壤。山川壮丽，歌舞瓜果之乡，旅游景点千余处；物产富饶，黄金玉石之邦，森林草原五彩园。地大物博，油气煤炭尤为丰富；自然原始，驴羚野物奔驰出没。冰川雪岭绿洲戈壁，一条河川一方天地；天地组合精致生动，一座天山四方绿洲。曾经千年纷争地，唯左公力鼎，卫国保土；今日全面奔小康，有国家助力，丝路重开。语云：不到新疆不知中国之大，不到伊犁不知新疆之美。现在，迈向新征途，书写新答卷。潮起海天阔，扬帆正当时。

天山天池：世界自然遗产，国家五星景区。高山湖泊，雪峰辉映，云杉环绕，苍翠壮伟，风景如画；人间瑶池，人文鼎盛，避暑胜地，科考览胜，游赏咸宜。一湖碧绿水将云天收纳，四大景观带让山色分明。自然保护价值高，动植生物古老复杂特有；风景旅游热点区，山水景象雄伟秀丽迷人。

博斯腾湖：开都河为源头，孔雀河为出流，养育绿洲生命；天山谷做上峡，铁门关做下峡，共成五星景区。碧湖绿洲水产，重要生产基地。芦苇野荷藏珍鸟，一方自然为主题。掀开历史丝绸路，延续焉耆古文明。

赛里木湖：高山湖泊，群峰环绕，四季异景，风光秀丽；盆地水系，冰山补给，面大水深，天山明珠。湖岸草滩鲜花铺就，毡房点点，牛羊成群，奔马飞驰，风景如画；天鹅湿地景象独特，雪山装点，高山草甸，森林草原，珍禽云集。丝绸之路北道，人文古迹撒留。重要遗产地，特景旅游区。

罗布人村寨：位在南疆，隐居尉犁，南邻大漠，怀抱塔河。沙漠湖泊河流，胡杨敦拙坚强，构成特色风景。古老神秘罗布人，从罗布泊迁来，依然原始部落，依然胡杨木做舟，依然过着渔猎生活。方言民俗民歌故事，原始独特艺术天藏。

库木塔格沙漠：与鄯善城市零距离，世界罕有；和湖山争座次，风景一绝。集科考探险沙地运动沙疗保健大漠观光于一体，因日出日落地貌多样景观奇特文明久远而赋予激情。金色的沙山瀚海，雄浑的天然长城。

托木尔大峡谷：在阿克苏地区温宿县境内，又称"库都鲁克大峡谷"，意为惊险、神秘，是古代南北天山驿路必经之地。天山南北规模最大、美学价值最高的红层峡谷，被誉为"峡谷之王"。大峡谷东西长约25千米，南北宽约20千米，由3条"川"字形的主谷和12条支谷、上百条小支谷组成。大峡谷地质地貌丰富性世所罕见，是峡谷地貌、风蚀地貌、河流地貌、构造地貌、岩盐地貌等共同造就，有五彩山、胡杨双雄、英雄谷、生命之源、驿路烽燧、伟人峰、巨轮飞渡、一线天、黄金之吻、石帽峡、悬鼻崖、万山之城等众多的景观。峡谷内沟壑纵横、迂回曲折，到处是红崖赤壁和千姿百态的石峰石柱。大峡谷，若地球裸婴之一览无余的美丽，是大山皱纹之岁月风雨的雕刻。若火星一隅，一种惊心动魄的壮观；似世界末日，真正一毛不生的干净。混混沌沌，岩土难分的山峦陡坡；层层叠叠，谁人开掘的剖面地层？那山，戴博士帽的学子聚会；那峰，擎火炬棒的群众游行。

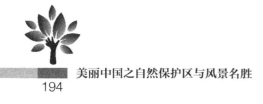

出水恐龙昂首啸，一线天光入地宫。硕大无朋窝头山，天地油条列面前。

吐鲁番：世界四大文化交汇地，西域政治经济文化一中心。遗迹二百余处，为古丝绸之路重镇；文物四万多件，乃多民族文化结晶。高昌古城记载千余年历史，交河故城流传不屈服精神。郡王府官衙旧迹犹在，千佛洞石窟艺术闻名。苏公塔重点文保单位，坎儿井绝世人类发明。火焰山升腾遍天赤焰，葡萄沟长满串簇绿珠。岩画古墓人文览胜，沙山神泉自然奇观。艾丁湖见证陆地盆底，吐鲁番展现绿色火洲。天下奇绝事，姑师一盆收。

（26）青海省风景名胜区

青海省处世界高寒极，山水冠其名。青海湖国家级风景名胜区，唯一而名满天下。省级风景名胜区有 18 处。国家 5A 级旅游景区有 3 处：西宁塔尔寺、青海湖景区、海东互助土族故土园。

青海省形胜：雄踞世界屋脊东北部，山为骨骼，南唐古拉北祁连山，昆仑横亘中脊，称西域之冲、海藏锁钥；怀抱聚宝盆地柴达木，水做血脉，北黄河头南长江源，青海大湖美绝，号"中华水塔"，三江之源。地大物博矿产丰富，光强风劲能源优越。草原广大，可牧、可游、可居、可业；生物独特，宜保、宜养、宜探、宜观。藏羚羊，草原精灵，年年大军迁游，声势壮大；野牦牛，高原野汉，款款荒原漫步，苦寒无惧。青海湖风光无限美好，塔尔寺雕画三绝闻名。国家重要生态屏障，中华核心战略要津。宗教多种，信仰相容相敬，爱国为本；民族自治，经济有来有往，和谐共荣。青海高原神奇地，生态文明乘风来。

青海湖：三苗流徙，自古西戎氐羌地，渔猎游牧社会一以贯之；唐蕃古道，汉藏民族交好史，文成公主丰碑矗立古今。湖水湛蓝，如宝石嵌镶，海波浩渺，水天一色；鸟岛繁华，似羽翔云行，自然奇观，声名如雷。湖中岛屿叠翠，形态各异，景观独特；周边草原锦绣，牛羊成群，珍珠撒抛。农田如画，麦绿花黄称胜景；湟鱼似银，优特产业看未来。国家风景名胜，五星旅游景区。古来苦寒地，今做新瑶池。

塔尔寺：四百年历史文化淀积深厚，格鲁派佛教传承发展悠长。佛学院、佛戒和建筑庄严宏大；酥油花、堆绣与壁画誉称三绝。闻名于世，冠绝一方。

乐都胜景：瞿昙寺，六百年历史小故宫，巨幅彩色壁画，不可多得艺术珍品。柳湾墓，三万件文物博物园，原始社会长廊，尚有宗日遗址比肩。药草台，森林草原天然和静；照碑山，冰峰翠岭巍峨壮观。

格尔木：西部交通枢纽，高原科技明珠。柴达木聚宝盆地，蜃景迷幻万千气象，雅丹地貌宏伟奇特；察尔汗盐湖世界，天然铺就万丈盐桥，盐晶美丽斗艳争奇。昆仑山，万山之祖；玉虚峰，道家寻根。格尔木胡杨，沙漠森林，尽显英雄气概；唐古拉雪峰，冰塔林立，皆是妖娆仙姿。中国优秀旅游城市，西部文化建设先行。

互助北山：峭壁险峰山川壮丽，深峡幽谷河流湍急。兽类四十种，鸟类百多种，山珍最为丰富，保护备受关怀。胡勒天池、龙潭瀑布，明珠璀璨，美丽传说各有；建筑古迹、塔寺佛窟，古远珍遗，露天闪佛最崇。龙胆杜鹃报春，高原三大名花年年怒放；云杉松柏杨桦，乔木主要树种处处集中。青海之十大景观，森林与地质公园。

青海旅游：青海景观，富有阳刚气势，展现恢宏壮美；高原气候，最是凉爽宜人，理想避暑旅游。山脉宏大，雪峰绿野明水，世界屋脊独有风景线；草原广阔，野驴、牦牛、羚羊，地球高极佳丽荟萃区。青海湖，自然风光夺冠；塔尔寺，人文景观占鳌。祁连山水草丰美天下无双地，唐古拉冰峰雪岭江河水源头。丝绸之路留多少遗迹，唐蕃古道传千年文明。金色谷地同人，热贡艺术之乡，藏戏于菟舞举世无双；藏画艺人之家，古建古遗址数以万计。胜景不拘多少，感动尽在身临。

（27）四川省风景名胜区

四川省山清水秀，天府之国。国家级风景名胜区有15处：峨眉山、九寨沟—黄龙寺、青城山—都江堰、剑门蜀道、贡嘎山、蜀南竹海、西岭雪山、四姑娘山、石海洞乡、邛海—螺髻山、白龙湖、光雾山—诺水河、天台山、龙门山、米仓山。5A级景区有13处：汶川特别区、绵阳北川羌城、阆中古城、九寨沟、峨眉山、青城山—都江堰、黄龙、乐山大佛、广元剑门蜀道剑门关、仪陇朱德故里、甘孜海螺沟、雅安市碧峰峡、西昌邛崃山。

四川形胜：西高原东丘陵四围山峦圈盆地，南长江北黄河六大川水贯蜀巴。自然风光惊艳，巴蜀文化辉煌。峨眉秀青城幽剑门险金城奇，天下山水集于蜀；文明早佛道名历史长遗产丰，历史人文衡中原。自然保护区百多处，大熊猫代表巨献；风景名胜区几十家，旅游区遍布山川。峨眉、九寨、黄龙、青城山与大熊猫栖息地列入世界遗产名录，自贡、宜宾、泸州、都江堰及成都阆中会理都是历史文化名城。站科技高地，三产业均有建树；拥教育优势，多学科名列前茅。源远流长，都江堰天府之父，眉州苏大家代表；地灵人杰，

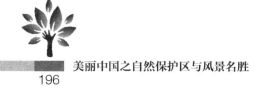

朱老总敦厚元戎，邓小平一代风云。川菜麻辣天下，蜀道通达四方。

峨眉山：峨眉天下秀，上金顶下报国，仙猴迎客；观云海浴佛光，巅顶如意。佛教名山，秀丽如画，佛寺古迹，世界自然文化遗产地。峨眉山下乐山美，三江交汇水滔天，镇江大佛藐天下，一泯汹浪四方安。心平四海平，气定志凌云。

九寨沟—黄龙寺：世界自然遗产，国家五星景区。黄龙川，以彩池雪山峡谷森林滩流古寺著称于世，结构奇巧，誉为"人间仙境"；九寨沟，有翠海叠瀑彩林雪峰蓝冰藏情六绝树旗，童话世界，称作"水景之王"。

青城山—都江堰：世界文化遗产，全国文保单位。锦江春色来天地，玉垒浮云变古今。都江堰，无坝引水，古今典范，分水鱼嘴、飞沙堰、宝瓶口沿用至今，集防洪、灌溉、清淤、分水为一举，李冰堪为天府之国之父。青城山，道教名山，青翠幽洁，前后山景、天师洞、圆明宫古迹留存，集山景、林木、宫观、古建于一体，张道陵是为道家鼻祖开山。

剑门蜀道：北起陕西宁强，南到成都，全长 900 里，历史 2 000 年。三国文化，精彩历史；众多文物古迹，雄奇险峻巴蜀。峰峦叠嶂，峭壁摩天，道路险峻，景色壮丽；富乐花锦，翠云古柏，剑山飞梁，盛名古关。一夫当关，万夫莫开。皇泽寺，唯一女皇唯一寺庙。剑门关，三国战场三国雄关。昭化古城，天下第一山水，太极胜地。七曲大庙，文昌帝君故土，蜀道明珠。

贡嘎山：甘孜州境内，贡嘎山中心，包括海螺沟、燕子沟、木格错等景区，总面积约 1 万平方千米。世界高差最大的极高山群和现代冰川景观。真正蜀山之王气概，著名冰川公园奇观。雪岭冰峰连天宇，冻雾冷云几千重。高山峻岭，四大山脊形如天刃；冰湖美奂，十多瑶池灿若明珠。冰瀑千米壮观震撼，森林万顷绿野沁心。冰川绮丽，胜景天成。

蜀南竹海：在宜宾市境内，幅员 120 平方千米，八大主景区，两大序景区，由 27 条峻岭、500 多座峰峦组成。景点 134 处，有竹 400 余种，7 万余亩，楠竹枝叠根连，葱绿俊秀，浩瀚壮观。翠竹覆峻岭，林海最美；墨溪链仙女，特色勾心。集山水溶洞湖瀑成就景点百处，与恐龙石林悬棺并成川南四绝。名景 15 处，竹海列十佳。洞寺寨廊湖瀑溪山称最，动物植物人文自然俱全。

西岭雪山：世界自然遗产，中国熊猫家乡。诗圣赐名千古，成都高峰第一。远眺西岭千秋雪，近睹红叶原始林。阴阳界分割干湿冷热，日月坪灵现虹彩霞云。滑雪场具备多项现代运动，长索道阅尽四时不同风光。

四姑娘山：在阿坝州小金县境内。世界自然遗产，国家地质公园。四姑娘峰群拱卫，人称蜀山皇后；幺妹峰仙姿特立，誉为"东方圣山"。山地垂直气候，植被按类铺排。长坪沟风光秀丽，海子沟湖泊成群。国家级景区风光博大，登山者天堂藏羌情浓。风景名胜区核心景点为双桥沟、长坪沟、海子沟、幺姑娘山（幺妹峰）、三姑娘山、二姑娘山、大姑娘山。主峰四姑娘山，山势陡峭，现代冰川发育。

石海洞乡：宜庐交界，川南兴文。地上怪石林立如路南石林风貌，地下溶洞纵横若桂林芦笛迷宫。超大漏斗世界夺冠，九丝链山天下称绝。天泉洞群地下大世界，大坝鲵源潜流晶鱼河。国家风景名胜此地称胜，世界地质公园他处无匹。

邛海—螺髻山：西昌城市翡翠明珠。邛海，碧水恬静，四时百景，苍山映衬，鱼鸟相亲，美如屏画。螺山，峰峦叠翠，胜景遍布，森林葱郁，泉瀑点缀，圣境天成。冰川花海富山景，彝人节庆见古风。收得日月无限美，装点航天优秀城。

天台山：巴蜀天台邛崃境，文君故里古祭台。九十里长河八百川，水美；九千颗怪石两千峰，山奇。原始林多出异兽珍木，金龙河少见高山水流。

白龙湖：青川县和广元市中区境内，秦汉时期入蜀古道，著名的金牛道、景谷道、阴平道、马鸣阁道交会于此，为兵家必争之地。建库容267亿立方米大水库，增山水林风景新成员。峡湖山岛错综，烟波浩渺，密林绿野，自然风景壮丽；秦汉蜀道交会，古道关隘，文物胜迹，历史含蕴厚实。人工大湖成就五十景点，十大景区，有沙洲日出、碧水丹秋、双峡环流、黄峡探奇、栈桥夜月、西港飞虹等。

光雾山—诺水河：巴中市南江县北部。光雾山，秀峰幽谷，怪石峭壁，流溪瀑潭，原始森林，一山红叶，四季风景，更有韩信夜走、张鲁屯兵、诸葛备战众多遗迹。诺水河，深谷陡壁，古木老藤，流溪飞瀑，花香鸟语，原始生态，步移景换，最是洞府仙境、天门雄险、空山天盆战绩可循。桃源看山雄威而震撼，月坛观水静谧且心仪。天生胜景无相匹，地成画屏占鳌头。

米仓山：川陕边境，巴中市南江县境。地处我国南北地理和气候以及生态过渡带，气候温和湿润，四季分明。与米仓山自然保护区、米仓山森林公园毗邻。是川陕边界群山层叠、群峰竟出之地，动植物资源丰富，生物多样性高，旅游景区景点众多，自然人文景观集中分布。

龙门山：地跨四川省彭州市、什邡市、绵竹市三市。37亿年古山水火锻造，55千米画屏英雄著名。飞来峰独特地质景观成科学视点，丹景山牡丹艳丽多姿真国色天香。九峰山佛光云海奇异难解，马鬃岭高山杜鹃花海天成。五千年文明史，蜀中胜地，天下名山。

成都：三千年城史，几十顶桂冠。中国最佳旅游城市，国家历史文化名城。古蜀国、蜀汉、成汉、大夏曾建都在此；茶文化、水尺、学堂、纸币均发源于斯。秦汉，治水开堰，天府形成，锦城始名盛；唐代，佛教盛行，经济发达，文人更云集。榜上列十大胜地：古堰流碧、祠堂柏森、青城叠翠、草堂喜雨、西岭雪山、江楼修竹、文殊朝钟、天台夕晖、青羊花会、宝光普照；域中添更多名景：熊猫基地、金沙遗址、明蜀王陵、宽窄巷子、特色古镇、永陵博物、花卉之乡、欢乐谷地、古蜀遗留、学府新园。中国休闲城市，世界美食之都。国家重要高新技术产业基地，西南交通枢纽商贸物流中心。科技金融高地，成飞战机扬威名。丝路新起点，春雨花重锦官城。

（28）重庆市风景名胜区

重庆市是西南要津，国家级风景名胜区有 7 处：长江三峡、缙云山、金佛山、四面山、芙蓉江、天坑地缝、潭獐峡。国家 5A 级旅游景区有 9 处：南川金佛山—神龙峡、万盛经开区黑山谷、酉阳桃花源、巫山小三峡—小小三峡、大足石刻、武隆喀斯特（天生三桥、仙女山、芙蓉洞）、江津四面山、云阳龙缸、彭水县阿伊河景区。

重庆形胜：二江汇合处，山峦层叠间。长江上游重磅城市，西南地区枢纽中心。科学技术高地，生态安全要津。三千年城史，巴渝文明发祥地；几百处胜景，长江三峡最闻名。抗蒙元以弱敌强，钓鱼城成为上帝折鞭处；打日寇万众一心，渝陪都享誉英雄不屈城。慷慨赴敌川渝将士三百五十万，民族气节日月光被十亿人。喀斯特地貌，山水雕刻出尤数奇峰异洞；现代化交通，水陆通达到世界四洋五洲。依山建楼山城夜色炫丽达极致，因势桥隧扶梯索道巧用皆公交。名镇古镇融进河谷川塬，故居老屋散在里坊城乡。大足石刻五万尊，心灵震撼，世界遗产；溶洞地缝万千条，童话世界，自然天成。解放碑、大礼堂、渣滓洞、白公馆，红色历史须谨记；朝天门、磁器口、一棵树、洪崖洞，古典风貌犹遗存。现代化山城，高低错落的道路，上下层叠的建筑，穿楼而过的轻轨，迷宫深藏的街道，闻名于世的桥都，灯火辉煌的子夜，景致独特，盖世无双。川渝美食火辣辣，巴蜀人性耿爽爽。

长江三峡：历代骚人千古绝唱，长江文明精彩乐章。上瞿塘下西陵巫峡长且美，古激流今平湖景观异而新。巫山绵亘，夔门峻险，气势磅礴壮丽；三峡逶迤，峭壁悬崖，风光多彩旖旎。丰都鬼城，民俗文化艺术宝库；三峡大坝，世界水工建筑顶尖。石宝寨自然人工双璧，白帝城唐宋大家诗城。屈原故里崇情油然，昭君家乡怀念尤深。小三峡，碧水窄峡，巴人悬棺，栈道壁洞，秀美神秘；小小三峡，幽谷深山，鸣鸟走兽，清泉流溪，奥妙无穷。三峡人家，五星景区，奇幻美丽；西陵四峡，诗赋传颂，久远闻名。自然风光各处好，名胜古迹遍地多。诗曰："巫山夹青天，巴水流若兹"。"朝辞白帝彩云间，千里江陵一日还。两岸猿声啼不住，轻舟已过万重山。"

缙云山：缙云山、北温泉、钓鱼城、小三峡，雄奇险幽纷呈奉献；九名峰、七古寺、植物园、古名木，自然人文珠联璧合。特有珍稀濒危植物荟萃地，科研教育自然保护区。

金佛山：在重庆市南川区境内，大娄山脉北部，面积为 1 300 平方千米，主峰凤凰岭海拔 2 238 米，森林覆盖率达 95%以上，负氧离子含量约 10 万个/立方厘米。金佛山，世界苔原喀斯特的典范，顶部为波状起伏的古夷平面，周边是两级圈闭的陡崖，雄伟壮观，高差 150～500 米。古老的高海拔洞穴系统，顶部高程 1 800～2 100 米，有三个巨大地下河洞穴系统，探知长度大于 25 千米，洞穴沉积物早于 380 万年，展示古地貌演化变迁。多彩的地表喀斯特景观，形成了溶丘洼地、落水洞、穿洞、石林、岩柱、瀑布、峡谷、悬谷、单面山等奇特地貌景观，并伴有冰雪、雾凇、云海、日出、佛光等自然天象景观，绚丽多彩。又有悠久熬硝历史文化，追溯远到 700 多年前，科技劳动内涵深远。主要景区碧潭幽谷、绝壁栈道、金龟朝阳、金佛寺，各自内容丰富。更有世界野生杜鹃公园，面积 6 平方千米，由绝壁栈道、灵官洞、金佛寺、方竹林海、杜鹃王庭、观花全景平台、九莲宝顶、金山之巅、凌空栈桥等景点接龙呈现，还有金山日出、九递云海、西天佛光、杜鹃花雨等有缘相会，荡胸生意。生态石林，可观可游，赏心悦目，不可多得。

四面山：重庆江津区境内，距重庆主城区 130 千米。四面山系地质学上所谓"倒置山"，山脉四面围绕，故名。黔渝交界近黄金水道，森林密布藏天然氧吧。望乡台瀑布华夏第一高，丹壁银练垂天宇；龙潭湖古镇千古水下迷，碧水长流藏原珍。渡仙溶洞深过万米奇观数百，娄山生物历经亿年珍稀多存。瀑流多壮丽，古寺常伴云。

芙蓉江：乌江下游左岸大支流，发源于贵州，流经彭水和武隆两县。峭峰怪石，喀斯特地貌；地府龙宫，芙蓉洞大观。珠子溪拥有玛瑙飞瀑太公钓鱼和红军渡，盘古河领衔苗寨风情古木竹园与芭蕉林。黑叶猴园兼顾保护，坝子景区任游峡瀑。江口电站蓄水，高峡平湖碧绿如玉；乌江峡谷险极，巉岩峭壁陡直威严。蜿蜒河曲若梦境，飞流瀑泉顿开怀。

天坑地缝：奉节县南部，人间奇异景观。北靠三峡景区，南接湖北恩施，东连巫山龙骨坡古人类文化遗址，辖天坑地缝、龙桥河、迷宫河、九盘河、茅草坝五大风景片区。地缝开发约 5 千米，内中景点星罗棋布，溶洞竖井多而怪异，萦绕着无数的传说故事。两岸夹道岩石千姿百态，丛林遮天蔽日。天坑口部最大直径 626 米，最小 537 米，垂直高度 666.2 米，是世界深度和容积最大的岩溶漏斗。天坑四面绝壁，如斧劈刀削，下有无数幽深莫测的洞穴和一条汹涌澎湃的暗河，未知源自何方。天坑地缝，似一幅绚烂多彩的丹青长卷，可一睹喀斯特地貌千姿百态真容。石林、峰林、溶洞、洼地、天生桥、落水洞、盲谷、漏斗、竖井……包罗万象，应有尽有。雄踞世界第一的小寨天坑，景象奇特的神秘地缝，真正鬼斧神工，令人倾倒折服。地上崇山峻岭，清澈碧透的涓涓溪流、自然原始草场、繁茂的森林，组成真实世外桃源，人间仙境，是避暑和观赏雪景的最好场所，更兼山乡风情，土家族歌舞，淳朴民风民俗，让中外游客流连忘返。

潭獐峡：重庆市万州区东南部，峡谷型风景区，以峡谷、地缝、幽潭、溶洞、森林为一体。峡谷、地缝、幽潭、溶洞各有特色，休闲、度假、科考、探险兼具功能。巨峰笔直悬臂陡峭，奇石密布形态万千，阴河暗道一线天光，植被葱郁獐猴出没。峡谷幽邃奇险，野趣隔绝尘寰。具小三峡之幽秀，兼芙蓉洞之神奇。

（29）贵州省风景名胜区

贵州省是喀斯特世界，多民族风情。国家级风景名胜区有 18 处：黄果树、织金洞、潕阳河、红枫湖、龙宫、荔波樟江、赤水、马岭河、都匀斗篷山—剑江、九洞天、九龙洞、黎平侗乡、紫云格凸河穿洞、平塘、榕江苗山侗水、石阡温泉群、沿河乌江山峡、瓮安县江界河。国家 5A 级旅游景区有 7 处：毕节百里杜鹃、安顺龙宫、黄果树、贵阳市花溪青岩古镇、黔南州荔波樟江、铜仁梵净山、黔东南州镇远古城。

贵州形胜：牵川桂连湘滇，区位占枢纽；北长江南珠江，二水分高原。古人类发祥地：穿洞文化举为亚洲文明之灯，夜郎古国传为稻作文明之人。红色革命播火地：娄山雄关、遵义会议、四渡赤水，长征故事俱传神。风景名胜大省，自然保护要地。冬暖夏凉，亚热带高原气候；区位优越，热海区独特凉都。四千万人口小康奔赴，十八个民族和睦世居。耕地少平原无依然做菜篮子生产基地，结构调方式转认准旅游业为黔贵龙头。世界知名旅游目的地，国家生态文明试验区。旅游资源丰富：自然景观、民族文化、红色景点、避暑气候，均具特有垄断优势；产业发展兴起：人力丰富、民俗独特、交通现代、方向切合，只待规划东风启动。高原翡翠，多彩贵州，把美好蓝图写在大地上，将智慧汗水洒向山水间。

黄果树：大瀑小跌，雄伟阔大，势如滚雷，山轰谷应；峭壁悬崖，深壑巨潭，倒悬银河，星灿龙行。霞客赞誉，中国之最，古来胜景，世界驰名。清人诗曰："银河倒倾三叠下，玉虹饮涧万丈深。几度凭栏观不厌，爱他清白可盟心。"

织金洞：毕节市织金县，四面美景合围中。南有黄果树、安顺龙宫、普定穿洞旧石器时期遗址及马岭河峡谷；东是贵阳红枫湖、百花湖；北有百里杜鹃；西有草海自然保护区、"九洞天"，是贵州西线旅游珍珠线上的重要组成部分。中国奇洞美洞之首，世界岩溶景观大全。空间宽阔，气势恢宏，上下分层，水旱皆具；景类齐全，姿态万千，色彩纷呈，蔚为壮观。地下塔林铁山云雾广寒宫灵霄殿，唯此洞独有；寂静群山百尺垂帘银雨树卷曲尺，它世界绝无。

龙宫：位于安顺市南郊，与黄果树风景区毗邻，分为中心、漩塘、油菜湖、仙人箐四大景区。这里是大自然的大奇迹，有着全国最长最美的水溶洞，多种类型喀斯特。洞里洞外，水进水出，龙潭秘境，通漩田园。水旱集群洞世间无二，天下喀斯特尽收宫中。峰林峡谷间，有洼地漩塘、龙字神田、短河三条，神秘莫测；暗河溶洞中，现观音佛堂、龙门飞瀑、钟乳百态，美洞幽长。

九洞天：毕节阴河胜境，乌江主流一支。六冲河，水旱溶洞、伏流天桥、石林峰丛、悬崖绝壁，集成天然风景群落；九洞天，宽阔壮丽、高窄峻险、钟乳造型、分层串洞，各有特色奥妙奇观。铜仁市东南，沅江支流锦江南岸，武陵山脉六龙北缘，流程60千米。

九龙洞：铜仁市东南，武陵山脉六龙山区北缘，沅水支流锦江南岸，沿锦江而下，至铜仁市漾头镇，流程59.8千米，总面积为245平方千米。九龙洞，喀斯特巨制，大厅七个，恢宏大气，钟乳石造景琳琅满目，千姿百态；观音山，铜仁市美屏，翠竹漫山，绿意盎然，锦江河品味高雅秀丽，圣水神山。

紫云格凸河穿洞：贵州省西南部，"格凸"苗语为"圣地"。喀斯特地貌，黔西南神奇。集结岩溶山水石林的精髓，绘制雄奇峻险幽古之画图。大穿洞、小穿洞、大河、妖岩，几大景区汇聚，诸多洞天幽谷。登神秘盲谷，看原始森林。通天洞最深竖井，达千尺以上；天星洞高过百米，有悬棺层分；燕子洞举世无双，集十万精灵。喀斯特全景呈现，高阔奇特峻险深，诸多罕见景观。百变湖泊离奇水族，大河苗寨神话桃源。阅此自然书，一生不

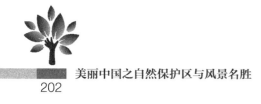

虚行。

潕阳河：源出苗岭，流入沅江。以河为轴线，贯穿着国家级历史文化名城镇远、施秉县城和省级历史文化古镇黄平旧州，规划总面积为 625 平方千米，有 10 个景区、246 个景点，将自然景观、人文景观、民族风情集为一体。上下八峡各百里，湾多滩多景致多。古今胜迹好，苗寨风情浓。太公钓鱼、孔雀开屏为代表；镇远古城、黄平旧州留文凭。古代五溪瘴疬，今日黔东名角。满峡峰石皆奇特，顺河景物尽诗情。

红枫湖：贵阳清镇之西，横跨清镇市、安顺市平坝区，总面积为 200 平方千米。著名景点有打鱼洞、芦荻哨、侗寨、同鼓楼。虽为人工湖泊，不亚于天造地设。碧波荡漾，浮岛若云。山水岛洞风光无尽，南北中后四大景区。打鱼洞层叠七层成地下宫殿，芦荻哨悲壮百年发不屈精神。吊脚楼苗寨特色，石板房布依居家。

荔波樟江：在黔南州荔波县境内，由大、小七孔景区、水春河景区和樟江风光带组成。世界自然遗产地，中国五星旅游区。喀斯特地貌，多民族风情。小七孔超级盆景玲珑秀雅，大七孔气势磅礴险峻神奇。水春河绝壁夹岸有浪滩奇险，原生林水下茂长似绿色宝石。荔波集山水林洞湖瀑险滩激流于一体，樟江汇奇秀古野雄美峻险幽雅为一身。世界无二，中国唯一。

赤水：黔北通往巴蜀的重要门户。以瀑布、竹海、桫椤、丹霞地貌、原始森林为主要特色，兼有古代人文景观，红军长征遗迹，被誉为"千瀑之市""丹霞之冠""竹子之乡""桫椤王国""长征遗址"。世界自然遗产，中国最美地方。自然资源丰富多彩，历史文化厚重鲜活。万年灵芝千条瀑布竹海浩瀚都为胜景，十丈洞瀑百亩茶花丹霞艳丽皆是独绝。桫椤王国神秘，转石奇观诱人。三大古镇物华天宝龙争虎斗，红色纪念艰苦卓绝气壮河山。五柱峰奇形异貌世界丹霞之冠，四洞沟千瀑竞秀声势神韵俱佳。重要生态屏障，广袤原始森林。

马岭河：又称马别河，南盘江下游段的大支流之一。兴义喀斯特多层地貌，天下第一缝峡谷景观。落差千米，流湍水急，瀑布连群，雷鸣谷应，峡谷五彩，一河独特光色；一目九瀑，流光溢彩，峭壁彩崖，天桥驿道，天然画廊，数个景区毗邻。非亲历不知其美，唯漂流放荡胸怀。

都匀斗篷山—剑江：山川秀丽，为全球绿色都市；建筑典雅，有高原桥城美名。绝顶天地、九天落水、犀牛戏瀑、九门迷宫、石滩古林，剑江一水成百景；文峰古塔、石板长街、百子古桥、银狮月亮、古墓帝陵，黔南百族创文明。城中喀斯特园林，唯此特有；人与动植物共存，本地常情。

黎平侗乡：贵州省东南边缘，黔湘桂三省交界处。喀斯特地貌区奇山丽水，侗文化发祥地歌海诗乡。黎平侗乡四大片，肇兴侗寨一核心。鼓楼，文化精粹，科技艺术集中体现；侗歌，情景交融，乐声和合荡气回肠。吊脚楼，风格特有、鳞次栉比、错落有致；天生桥，宏伟壮观、林木葱郁、古朴悠闲。世界非物质文化遗产，东方古建筑艺术奇葩。

平塘：黔南州，高原向丘陵下降的倾斜面上。层峦叠嶂岩溶地貌，水多瀑多洞深峡深。四大景区各具特色，布依苗族万端风情。原始森林，悬谷湍流做生命呼唤；玉水金盆，田园村寨若世外桃源。瀑流溪泉歌不断，龙宫洞府珍秘藏。

榕江苗山侗水：黔东南州，由三宝千户侗寨景区，宰荡侗族大歌景区，72 寨侗乡景区，龙塘奇观景区，外加 39 处独立景点组成。侗苗民族文化祖源地，百年古榕千株风景区。72 寨侗乡民族风貌原汁味，三宝千户侗寨神祠鼓楼标志物。歌情舞礼金冠银冕锦裙绣衣，列入世界遗产名录；侗苗水瑶吊楼雕窗祭祀节庆，构建民族文化特征。

石阡温泉群：铜仁市石阡县。有明清古建万寿宫，原始植被佛顶山，城南温泉群，千只鸳鸯栖息的鸳鸯湖，仡佬族民族村和楼上古寨古村落，红"二六"军团司令部旧址等红色旅游资源。最佳休闲旅游目的地，罕有饮用医疗两用泉。城南温泉，久晴不涸久雨不涨四时如一，古今利用持续；佛顶山景，林木名贵动物珍稀植被原始，生态完好保存。万寿宫明清古建，鸳鸯湖观鸟天堂。仡佬族村中国十大乡旅，楼上古寨历史文化名村。

沿河乌江山峡：循乌江上溯，经重庆彭水县、酉阳县、龚滩古镇至贵州省铜仁沿河县段，约 132 千米，拥有"千里乌江，百里画廊"的美誉。铜仁市沿河县，巴蜀山水奇秀，乌江画廊第一。千里乌江，奇山怪石碧水险滩古镇廊桥纤道悬葬，构成景观要素；百里画廊，夹石黎芝银童土坨王坨白芨龚滩沿河，都是精品视屏。读书看图终觉浅，身临其境体验深。

瓮安江界河：乌江流经瓮安县的一段，俗称江界河，全长 52 千米。要问风景名胜几处好？黔江中腰一段河。乌江天险红军强飞渡，江界深峡虹桥架横空。乌江天险，有世界之最红色摩崖石刻；长征碑林，为独一无二老兵书法集成。朝晖晚霞染红色，一江碧水化电能。

（30）云南省风景名胜区

云南省的国家级风景名胜区有 12 处：路南石林、大理、西双版纳、三江并流、昆明

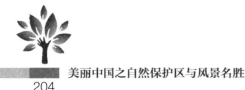

滇池、玉龙雪山、腾冲地热火山、瑞丽江—大盈江、九乡、建水、普者黑、阿庐。国家5A级旅游景区有8处：迪庆香格里拉普达措、丽江古城、丽江玉龙雪山、昆明石林、中国科学院西双版纳热带植物园、大理崇圣寺三塔文化区、保山腾冲火山热海、昆明世博园等。

云南形胜：庄蹻开滇风水地，彩云之南自在天。地貌复杂景观丰富，高下气候水热不同。巨大的地质博物馆，山水盆坝镶珠嵌玉；无比的生物基因库，鸟兽花木类繁种多。亚洲象憨态，金丝猴精灵。云岭哀牢山无量山，纵横捭阖架构高原骨架；怒江澜沧江金沙江，隔山呼应并排狂奔急流。玉龙版纳腾冲瑞丽罗平虎跳，都是云南特色旅游胜地；昆明大理丽江建水巍山会泽，均为国家历史文化名城。高原明珠滇池洱海抚仙星云泸沽湖，个个美轮美奂；滇地奇葩石林热泉梯田草山热带林，每每惊艳神奇。澄江动物化石群，倾听远古的生命赞歌；元谋人类古遗址，回顾自己的身家起源。元阳梯田，东巴古文，古滇王国，滇西抗战，古今历史，浓墨重彩，触景生情，荡气回肠。国家生态安全最重要，全国文明建设排头兵。美丽丰饶神奇的土地，淳朴善良勤劳的人民。

路南石林：昆明市石林区，范围达350平方千米，含石林风景区、黑松岩（乃古石林）、飞龙瀑（大叠水）、长湖风景区。喀斯特杰作，三亿年变迁。世界地质公园，世界自然遗产，国家五星景区，天下第一奇观。大小石林、风洞云洞，景观奇异独有；叠水瀑布、长湖月湖，主题特色鲜明。八大景区，百多胜景，悠游海底世界，见证天地风云。

大理：五百年都邑，千多载舞台。有"风花雪月"的称誉，古远文明中心。古城名楼，曰文献楼、南门楼、玉华楼、北门楼，一线排布巍峨有序；历史遗存，有古街区、古书院、古庙宇、博物馆，文脉承载源远流长。崇圣寺三塔，五山造像分布，数万之躯集成苍山脚下，远观近睹，鼎足之杰雄伟壮丽；鸡足山佛都，禅宗源头，四观八景，名流荟萃佛位高登。石宝山岁岁歌会，蝴蝶泉年年奇观。苍山，天然地质史书巍峨壮丽。洱海，五朵金花家乡秀丽非凡。南诏岛皇都风貌，玉几岛美丽尽收。城中园湖中岛，近水远山点翡翠；古街镇茶马道，明月清风皆情缘。优秀旅游城市，历史文化名城。全国文化先进市，山海歌舞浪漫人。

三江并流：指金沙江、澜沧江和怒江三条发源于青藏高原的大江在云南省境内自北向南并行奔流170多千米的区域，跨越了云南丽江市、迪庆州、怒江州等9个自然保护区和10个风景名胜区。三江并流绝无仅有，雪山笋立实属奇观。世界地质地貌博物馆：冰川遗迹、丹霞地貌、花岗岩、喀斯特，胜景尽有；世界动物植物基因库：高山花园、珍稀生物、金丝猴、黑颈鹤，珍特类多。梅里哈巴，雪山雄伟；老君老窝，冰湖静寂。三江激流汹涌，雪岭林海分明。身临怒江方知险，面对虎跳才撼魂。茶马古道老，藏族风情浓。独特自然地理养育独特民族文化，特有历史宗教形成自然保护文明。

玉龙雪山：在丽江市境内，北半球最近赤道终年积雪的山脉。毗邻热带的雪峰，奇险美秀，十二景致时迁景换；纳西古族之圣山，皇封民祀，神山圣水幻形幻灵。霞光辉映，云蒸雾幔，晴明灿烂，玉柱擎天巍峨壮丽；冰川塔林、泉潭黑白、森林草原，玉璧金川胜境天成。现代冰川博物馆，天然高山生物园。

西双版纳：西双版纳八百景点，热带雨林六大片区。动物植物珍稀濒危古老奇特，民族风俗多样奔放喜庆热情。植物园，四千品种集萃，一江罗梭缠绕，科学研究高地，生态奥秘无穷。野象谷神圣秘境，望天树空中走廊。勐远仙境，森林旅游偕行岩溶地貌；飞龙白塔，佛家尊严巧借建筑辉煌。景色绮丽秀美，文化多彩多姿。

昆明滇池：拥西山抱春城，湖光山色壮丽，自古物产丰饶平坝地；开湿地拓海埂，楼寺阁园环绕，如今旅游度假综合区。古来多诗画，胜景有长联。湖山如彩画，大城似列屏。

腾冲地热火山：城南地热，城北火山，边陲重镇，地理名角。地热泉八十多处，大滚锅、黄瓜箐、美女池、鼓鸣珍珠眼镜诸泉，均为著名景点；火山锥九十九个，大空山、小空山、黑空山、城子黑鱼柱状节理，都是主要景区。热海热田类型多样，喷涌沸腾景观奇特；火山群遗规模庞大，奇形异态怪石多多。国殇墓园静眠远征军英烈，高黎贡山盛开百花园伴随。地远心不远，人去神长存。

瑞丽江—大盈江：云南西部德宏州。为季节雨林到常绿阔叶林过渡地带的完整植被类型，野生动物资源丰富，自然景观优美，精华景点虎跳石，野生动物长臂猿、绿孔雀。二江流域，河谷清流平坝田园热带植被山水如画；一线边陲，异国风情边贸珠玉九谷桥头百年悲欢。芒市，咖啡之乡；遮放，贡米产地。畹町，边境袖珍城市，抗日关节地方。十万远征将士慷慨出国杀敌赴死，三千南洋机工挥汗运输生命路通。傣族村寨有佛寺，民族地区节庆多。常讶古建多遗迹，奇观独木能成林。

九乡：昆明市宜良县。张口洞古人类居住遗址，代表了我国南方独特的旧石器文化，称为"九乡一绝"。洞穴近百座，风景各殊同。惊魂峡、荫翠峡，地峡深切，峭壁千尺；蝙蝠洞、卧龙洞，溶洞奇观，科学特别。四层洞府体系庞大，钙华景观形态万端。地处高原腹地，号称"溶洞之乡"。

建水：建水县，古称临安。历史文化名城建水古城，古寺庙 40 多所；著名风景区燕子洞，百万只雨燕飞舞巢居。高原明珠崇正焕文半榜学府，古建筑博物馆；滇南中心人才辈出文化之乡，国家级旅游区。巴甸文庙天下第二，朱家花园滇南大观。双龙桥十八罗汉，朝阳楼雄镇东南。燕子洞亚洲壮观，雨燕百万巢居育雏；云龙山天门瑶台，三宫六寺点缀其间。寺庙近百所，古建散四乡。谁言边远地，乡风古韵浓。

普者黑：文山州丘北县境内。地貌喀斯特，文山地理牌。水上田园、湖泊峰林、岩溶湿地，都是无双景致；彝家水乡、荷花世界、候鸟天堂，均有不二功能。265 个景点殊形特色；312 座孤峰星罗棋布。溶洞 83 个千姿百态，湖泊 54 眼相连贯通。茶马古道神秘古朴，壮苗节日热辣激情。舍得草场高原景，摆龙湖库母亲河。遍地清秀遍地景，四时可游四时观。

阿庐：滇东南泸西县城北部，距昆明 150 千米，毗邻石林风景名胜区。地质公园，四星景区，毗邻石林。阿庐古洞誉为"云南第一洞"，洞内四大奇观：佛光惊现、天造神物、洞中云海、地河幻景，均属世界罕见；河湖瀑泉巧遇地下喀斯特，区中特色景观：城子古村、吾者温泉、歹鲁瀑布、九溪森林，无不冠盖一方。原始部落文化，淳厚白彝民风。

昆明：四季如春，阳光明媚，五彩花城，景色如锦。中国重要门户城市，中南商旅交通中心，全国十大旅游热点，古滇青铜文化高峰。滇池西山名胜古迹荟萃，金马碧鸡闹市珍遗犹存。大观楼长联铭千古，民族村风情焕文明。石林九乡洞郊野名景，翠湖世博园市内怡情。东川红土地世界级壮美，大叠水瀑布纯自然风情。四季花开斗南为最，八节菜蔬呈贡特名。一城商铺半城特产，百族世居四时节庆。食飨千年客，花香万里人。

（31）西藏自治区风景名胜区

西藏的国家级风景名胜区有雅砻河、纳木错—念青唐古拉山、唐古拉山—怒江源、土林—古格等。国家 5A 级旅游景区有 4 处：拉萨大昭寺、布达拉宫、林芝巴松错、日喀则扎什伦布寺。

西藏形胜：世界屋脊，地球高极。高山峰会，气候主持，昆仑喜马唐古拉冈底斯山，呼风唤雨连天拄地。高原雪域，大江河源，长江怒江恒河雅鲁藏布江，水流四面泽被八方。雅江峡谷，天下第一峡，云行雨聚林海雪峰，真正地球生物宝库。藏北羌塘，地球高寒极，地瘠草荒风疾沙暴，独有牦牛藏羚生息。珠穆朗玛群峰争位，雅鲁藏布众水归流。冈仁波齐，阿里之巅众神所居威凛世界；玛旁雍错，圣湖之母永恒不败四江之源。生态自然原始脆弱，历史悠久璀璨文明。民族文明贯古通今，经史前发端，吐蕃定型，元明发展，清代鼎盛；文化艺术一脉相承，以本教为宗，佛教为体，中印吸纳民俗特征。独特的地理气候和物产生活，造就独具特色的生态文化；久远的山河崇拜与宗教信仰，形成顺应自然的道德精神。这里是独一无二的世界旅游目的地，此处有绝无仅有的国家风景名胜区。八廓街休闲自在，大昭寺拜佛问安。布达拉宫人文顶极，羊卓雍湖自然奇观。西游有神山圣湖、札达土林、古格遗址、日喀则及班公湖寻探；东行到山南地区、林芝一带、雅江峡谷、天鹅湖和雅砻河观光。特别开阔的感受，无限留恋之情怀。

雅砻河：地处西藏山南市，从上游下来的大河。雪山冰川、高山植被、田园牧场、河滩谷地，自然景观丰富多彩；神山圣湖、历史古迹、古老寺院、民俗村寨，神秘古朴历史绵长。藏民族发祥地，藏文明古摇篮。桑鸢古寺，西藏第一座；雍布拉康，古宫二千年。昌珠寺，全国文保单位；藏王墓，历代赞普安居。文化深厚，自然特殊。

纳木错：位于西藏中部，是西藏第二大湖泊，也是中国第三大咸水湖。湖面海拔4 718米，最深处超过了120米，蓄水量768亿立方米，为世界海拔最高的大型湖泊。山隆地陷大湖成就，渊深水碧蓝天入怀。东南念青山西北羌塘湖周遭草原环绕；三岛神点缀万鸟栖息地一派生机勃发。密宗道场佛教圣地神湖至高无上；诸佛齐聚羊年集会祈福无量有缘。神山挺拔，传说赋予人性；圣湖绮丽，神话注入灵魂。朝觐涂上神秘色彩，崇拜投入道德精神。保留自然，生态文明。

念青唐古拉：横贯西藏中东部，为冈底斯山向东的延续。藏地三大神山之一，更是十三大神山之首。雍仲本教圣地，全藏守护大神。山横东西，地分南北，南为西藏粮仓，北为羌塘荒漠；气候绝凉寒，水土隔内外，内入纳木神湖外流雅江怒江。羊八井高温泉湖为地热博物馆，念青山冰峰斗塔成江河主水源。

唐古拉山：地处青藏交界，东西横陈。高原上的高山，五千米拔起；三江源之水源，千万年冰川。进藏公路，金丝银带穿行缥缈山水间；青藏铁路，云路虹桥架设直达自在天。安多镇枢纽，错那湖碧清。卓玛峡谷，雪山巍峨花木葱茏；桑丹康桑，著名雪山四面八形。水热不足生态很脆弱，气候多变保护须加强。

怒江源：地处唐古拉山麓，吉热拍格源头。山高谷深流急，水声若怒吼；飞泉流瀑林茂，花繁似画图。怒江大峡谷是漂流探险绝佳地，高原动植物呈立体分布物候区。草原冰川雪山地热做景观景点，都是动情之物；摄影观光徒步科考为生态功能，服务当代后代。

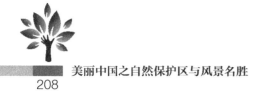

土林—古格：阿里地区札达县。札达土林，曾经的浩渺大湖，高原隆升，湖水逝去，风雨雕刻，形成雄伟多姿地貌；土林之奇异景观，城堡层叠，宫殿巍峨，篷帐连营，仿佛另类世界苍凉。曾经的古格王朝，绝地建城，设高墙暗道，四角堡垒，居分等级，因内争外患而突然消失，只留得破壁残城遗迹；后来者吐蕃后裔，佛教立国，佛塔寺院林立，强盛一方，尊教重艺，遗雕刻造像及精美壁画，荒芜地灿烂文化犹存。

（32）香港、澳门、台湾的风景名胜

香港、澳门得气候温润和山海之利，又有东西文化交结的历史产物，具风景名胜特征。台湾自然优越，保留中华传统文化教育，留有风景名胜区可观可游。

香港：世界名城，东方明珠。香港海湾，港阔水深，岸长景美，日间巨轮进出，夜间灯火璀璨，主导着城市命脉；香港岛陆，高楼大厦，摩天接云，环球金融名高，上环湾仔密集，创造了都市典型。太平山顶，是登高观景绝佳处，繁华尽显；海洋公园，有世界最大水族馆，观游占魁。天蛋落地太空馆感受宇宙，四大主题迪斯尼寻找明天。宝莲禅寺、紫荆广场，居民节庆之地；石澳郊野、九龙尖沙，自然恬静公园。佛道寺院文武庙观基督教堂，宗教景点多样；城寨楼台村居宗祠老街窄巷，民俗文化祥和。博物馆收藏历史文物科学艺术，海岸线展示生态环境自然景观。旗山星火、赤柱晨曦、浅水丹花、虎塔朗晖、快活啼声、鲤门月夜、宋台怀古、残堞斜阳，誉为"八景之美"；渔村身世、殖民历史、战乱沧桑、大陆之窗、金融之城、百年回归、浮华世界、商品都会，勾勒多面姿容。港珠澳虹桥建起，新景呈现不断；东西方文化交流，旧情历史留存。

澳门：历史城区为世界遗产，总署教堂呈葡国风情。有澳门八景名世，建港珠虹桥相连。三巴圣迹，风雨不倒旅游标志；镜海长虹，双桥飞架澳岛通连。龙环葡韵，欧建列装，西韵浓厚；灯塔松涛，炮雷古迹，世纪沧桑。普济寻幽呈明清风貌，妈阁紫烟现山海祥和。黑沙踏浪天然浴场，卢园探胜江南味浓。商厦酒楼豪华豪建，古街老屋平淡平常。不出国门游欧陆，只需足迹到澳门。

台湾：东海陆架万里波，宝岛璀璨一颗珠。山海壮丽景色美，高山文化长源流。八景十景，都难概括台湾美景；台北台南，均不代表旅游热区。日月潭，东日轮西月钩，景象万千避暑胜地；阿里山，朝观日晚看霞，巨木凌空云海听涛。台北故宫，收藏五千年中国历史，艺术国宝大库。太鲁阁峡，世界大理石峡谷之最，人称景观第一。观音山十八连峰座古刹，澎湖湾万家渔火秀爱河。船帆石独石成景，白沙湾一湾晶莹。垦丁一隅遍布有名

胜地，基隆淡水自有八景可观。寺庙众多香火盛，佛学弘扬满城乡。中华文化尊为国学，汉语语文称作国文。重视经史子集书学习，学校教育讲传统；培养仁义礼智信品格，社会民风重道德。尊四维，知礼义廉耻，守伦理秩序；行八德，识孝悌忠信，习邦家礼仪。传承中华民族文化，创新生态文明生活。如今，西夷染指国裂待整，东瀛觊觎内贼难防。唯大英雄一雪国耻，是真好汉统一江山。

0305 中国的世界文化遗产

世界文化遗产分为物质文化遗产和非物质文化遗产。物质文化遗产是指具有历史、艺术和科学价值的文物、古建筑群和遗址；非物质文化遗产是指各种非物质形态存在的、与群众生活密切相关的、世代相承的传统文化和民俗。中国列入世界物质文化遗产的有长城、天坛、颐和园、故宫、秦陵及兵马俑坑、敦煌莫高窟、北京猿人遗址、泰山、黄山、布达拉宫、承德避暑山庄、曲阜三孔（孔庙、孔府、孔林）、武当山古建筑群、庐山、峨眉山—乐山、五台山、丽江古城、杭州西湖、平遥古城、苏州古典园林、大足石刻、武夷山、青城山和都江堰、龙门石窟、明清皇家陵寝（湖北钟祥明显陵、清东陵、清西陵、盛京三陵、北京十三陵和南京明孝陵）、安徽西递宏村、云冈石窟、高句丽王城、澳门历史城区、安阳殷墟、福建土楼、广东开平碉楼与村落、河南登封天地之中历史建筑群、元上都遗址、哈尼梯田、大运河、湖北神农架，中国土司遗址（湖南永顺老司城、湖北唐崖土司城、贵州播州海龙屯）、丝绸之路、长安—天山廊道路网、左江花山岩画、鼓浪屿等。这是一份不断增长的名单。

世界文化遗产，是延续历史、传承文化的载体，是划定空间、法治管理的单位。须切实保护遗产的真实性和完整性，应坚决维持利用的可持续与更适宜。中国敦煌莫高窟和意大利威尼斯及潟湖是全球仅有的能满足六项文化遗产标准的文化遗产项目。文物，从历史、艺术或科学角度看，是具有突出、普遍价值的建筑物、雕刻和绘画，具有考古意义的成分或结构，铭文、洞穴、住区及各类文物的综合体。建筑群，是从历史、艺术或科学角度看，因其建筑的形式、统一性及其在景观中的地位，具有突出、普遍价值的单独或相互联系的建筑群。遗址，是从历史、美学、人种学或人类学角度看，具有突出、普遍价值的人造工程或人与自然的共同杰作以及考古遗址地带。

（1）长城

长城：刻进山水间的中华符号，铸在大地上的民族图腾。上下两千年，纵横五万里。长城曾有数层，形虽销魂尚存。文明转身历史在，年华消逝印痕深。农耕与游牧的分界，文明与野蛮的鸿沟。世界几多文明，都在蛮族铁骑冲击下轰然倒塌；只有中华文明，胡骑觊觎千载而能延续至今，长城之功，功德千秋。长城，国家安全屏障，野蛮掠夺在此止步；文明前进基地，屯垦商贸，文明由此前进。因为长城，农业文明稳定发展，丝绸之路因之勃兴，胡汉交流保持互动，中华民族一统促成。文化文明标志，和平共存象征。古人评述：悠悠行万里，横汉筑长城。树兹万世策，安此亿兆生。天下军事第一工程，东方文化无双铭标。

长城是人类文明史上最伟大的建筑工程，始建于 2 000 多年前的春秋战国时期，秦统一中国之后连成万里长城。汉、明两代又曾大规模修筑。其工程之浩繁，气势之雄伟，均称世界奇迹。岁月流逝，精神长存。登临长城，不仅能放眼逶迤于群山峻岭之中的长城雄姿，还能领略到中华民族创造历史的大智大勇。

（2）故宫

故宫：宏伟的宫殿，精美的文物，显赫的历史，特有的文明。今日博物院，曾经紫禁城。二十四位皇帝执政在此，六百多年历史见证于斯。规模最宏大，建筑最雄伟，技艺最精湛，规划最完整，布局最庄严，文化最集萃，保存最完整，景观最堂皇。故宫建筑群，文明的集大成者。紫禁城，中华一统的象征。收藏五千年文化艺术精品，拥有百万件稀世珍宝典籍。举世无双的珍稀文物宝库，独一无二的文化艺术中心。历史艺术、绘画铭刻、文房四宝、典籍文存、工艺美术、陶瓷青铜、珍玩古物、珍宝钟表，典型收藏浩如烟海，无价国宝千年保藏。中国故宫有北京、沈阳和台北三处，建筑尽是威严壮丽；文藏分大陆与台湾二地，皆是中华文明珍藏。包容民族与世界，收纳现代与古代，丰富历史和未来，强壮家国和精神。

故宫世界文化遗产包括北京故宫和沈阳故宫。北京故宫又称紫禁城，为明、清两代的皇宫。故宫是世界上现存规模最大、最完整的古代木构建筑群，占地面积 72 万平方米，建筑面积约 15 万平方米，拥有殿宇 9 000 多间，其中太和殿（金銮殿），是皇帝举行即位、诞辰、节日庆典和出兵征伐等大典的地方。故宫黄瓦红墙，金扉朱楹，白玉雕栏，宫阙重叠，巍峨壮观，是中国古建筑的精华。宫内现收藏历代文物和艺术珍品约 100 万件。

（3）列入世界文化遗产的中国古代帝陵

中华文化，敬天法祖。崇敬先祖高功厚德，遵奉祖先智勇教训，承续先人功业，不信乱力鬼神，不走邪门歪道。中华文化，道德传承。远古帝殁，不封不树；炎黄尧舜，功德人心。古陵遗址成实物史证，考古文化编历史年轮。秦皇汉武，唐宗宋祖，帝陵修建无不威严和奢华恢宏；明清时代，文化鼎盛，陵建典制更加完善与精湛绝伦。陵墓建筑是特殊古建群体，地上地下设计高端、做工精巧、装饰考究，均是当时最高水平代表；帝陵文化遵阴阳五行风水，选址布局营建规制、审美关照、整体优越，极力体现皇权正统久长，让陵墓变成绘画展馆与工艺雕塑地下城，达时代最高的成就水平。帝陵是社会文化发展长链之节点，祭祀是民族历史延续过程的记读。中国八大帝陵：秦始皇陵、高丽王城、明显陵、明十三陵、南京孝陵、清东陵、清西陵、盛京三陵。陵寝建制契合山川形势，思想融汇古今传承，均是世界文化遗产，更是中国历史表征。帝陵几朝代？　文脉一气通。

秦始皇陵及兵马俑坑：规模宏大，谜团最多，兵马俑阵列空前绝后，世界唯一唯大。位于陕西西安市临潼区东 5 千米，是秦始皇嬴政的皇陵。秦陵分陵园区和丛葬区两部分。陵园占地近 8 平方千米，建外、内城两重，封土呈四方锥形，高 55 米，不仅是中国历史上第一座皇帝陵，也是最大的皇帝陵。1974 年以来，在陵园东 1.5 千米处发现陪葬兵马俑坑三处，出土陶俑 8 000 件、战车百乘以及数万件实物兵器等文物；1980 年又在陵园西侧出土青铜铸大型车马 2 乘。引起全世界的震惊和关注，被誉为"世界第八奇迹"。现有一、二、三号坑成立秦始皇陵兵马俑博物馆，对外开放，观者如云。

明显陵、明十三陵、明孝陵：建筑匠心独具宏伟豁达，文化内涵丰富，历史传统彰显。明显陵位于湖北省钟祥市城东 7.5 千米纯德山，是明世宗嘉靖皇帝的父亲恭睿皇帝和母亲章圣皇太后的合葬墓，始建于明正德十四年（1519 年），原陵墓面积为 1.83 平方千米，是我国明代帝陵中最大的单体陵墓。其"一陵两冢"的陵寝结构，为历代帝王陵墓中绝无仅有。2003 年，明十三陵（北京）和南京明孝陵被列入了世界文化遗产。

清东陵、清西陵、盛京三陵：帝王陵寝，清仿明制，庄严完整，典制承袭汉满，系统权威。清东陵位于河北省遵化市西北的马兰峪，界于京津、唐山、承德之间。陵园大小建筑 580 座。清东陵葬有顺治、康熙、乾隆、咸丰和同治五位清朝皇帝，还有孝庄、慈禧和香妃等 161 人，为最大陵园。清西陵位于河北易县城西永宁山下，与清东陵东西相对，故称西陵。这里埋葬着雍正、嘉庆、道光、光绪 4 位皇帝及他们的后妃、王爷、公主、阿哥等 76 人，共有陵寝 14 座，还有配属的建筑行宫、永福寺。清西陵风景秀丽，环境幽雅，规模宏大，体系完整，是一处典型的清代古建筑群。盛京三陵包括清永陵、清福陵、清昭陵，地在沈阳。

（4）列入世界文化遗产的中国名山

中华文化精神，荟萃于大岳名山。中华民族，巍然如山。不识山岳文化，不知中华民族。中华名山，世尊五岳；佛教有四大名山，道家有 36 洞天 72 福地，皆是名山胜地。几千年山岳文化，厚重博大，已有泰山、黄山、武夷山、庐山、五台山、嵩山 6 座名山入列世界文化遗产地，更多名山排队待入。

泰山：前瞻孔子故里，后依济南泉城。拔地通天，虎踞东方，一山古建，遍地墨宝，积淀五千年民族文明历史，自然文化融为一体，绝称典范；舜帝举火，秦皇祭祀，圣人仰瞻，仙凡接踵，记录几十位帝王亲临祭拜，国家民族安泰象征，精神寄托。天下第一山，泰山稳，国运祥。

黄山：奇松怪石云海，峭拔绮丽天下著称；名峰古寺神话，诗文艺术大师辈出。赞诗两万，画派独帜。天下第一奇山，观山看景，澄心树德。

武夷山：碧水丹山奇绝天下，名流学人闻达四方。闽越文化摇篮，古遗遍布；宋明理学名邦，贤达云集。循山水之道，养学人神魂。

庐山：险峰悬瀑劲松乱云，匡庐奇秀甲天下；教育文化宗教政治，名山桂冠集一身。山雄水高，美景凝聚民心力；画意诗情，陶令刮起田园风。神州人民如山，乱云飞渡仍从容；中华复兴大业，无限风光在险峰。

五台山：方圆五百里佛教圣地，海拔三千米五峰如台。自然地貌与佛教建筑连珠合璧，佛圣崇拜和自然审美相得益彰。又曰：五百里金光世界，四时清凉道场；一系列大山群峰，五峰特立天台。文殊佛理高妙，香火梵音不断，寺庙渊源远长，信众香客川流。

峨眉山：天下秀美名山，佛教圣地，更兼生态良好，物种丰富，山水交融，天人共济；文化财富聚集，寺庙繁荣，尤有乐山大佛，世界之最，临江稳坐，弘扬祥和。山是一尊佛，佛是一座山。自然产生文化，若泰黄和庐峨，均是自然文化双绝；文化造作名山，自秦汉到明清，无数仙凡劳动所成。知山知道，了道了佛。

（5）中国大运河

大运河：千年古运河，中华主动脉。开凿于春秋吴越，延续至明清两朝，成为南北交融的经济带、文化带；起始点吴城扬州，南北通苏杭京津，连通古今著名的城市群、江河群。隋唐运河、京杭大运河、浙东运河，全都纳入世界文化遗产；27 段河道、60 个遗产点、2 市 6 省，加入世界遗产保护行列。运河两岸山川秀丽人才辈出古迹荟萃，沿河水利建筑藏书佛教文化深厚淀积。运河养育成天津德州港城门户，漕运繁荣起淮扬苏杭东南四都。一条运河沟通江淮河海浙五大水系；千里通波盛极幽杨苏益秦百十州郡。南北风物链一起，国家文政体一同。运河之道，百流归一：交通一网，国家一统，经济一体，文化一同，民族一家，千年一脉。

大运河是中国东部平原上的伟大工程，是古代劳动人民创造的一项伟大的水利工程。大运河是世界上最长的运河，也是开凿最早、规模最大的运河。大运河，隋朝以洛阳为中心，南起杭州，北到涿郡（今北京），全长 2 700 千米，跨越地球 10 多个纬度，纵贯中国最富饶的东南沿海和华北大平原，通达五大水系，沟通南北的交通大动脉。后经元代取直疏浚，全长 1 794 千米，成为现今的京杭大运河。世界遗产项目另包含运河入海水道，即浙东运河在内。运河是伟大的交通工程，运河也是中国的文化历史。

（6）列入世界文化遗产的中国古建筑

古建筑，资财集萃四方力，文化创造一史通。中国列入世界文化遗产名录的古建筑有布达拉宫历史建筑群、武当山古建筑群、嵩山天地之中古建筑群、北京天坛、承德避暑山庄、外八庙、曲阜孔庙、孔林和孔府等。

嵩山天地之中古建筑群：中国古代文明精华浓缩，高山仰止；世界文化遗产名录收纳，实至名归。嵩山天地之中，思想主流以儒佛道为核心；王朝之都，社会经济建筑群站技艺高端。礼制宗教科技教育四类两千年古建筑之杰出代表，周台汉阙庙寺书院八项十一处古院落的价值极高。少有精品，罕见聚集。

登封天地之中，嵩山脚下，登封城边，8 座占地 40 平方千米的建筑群，庄严神圣。三座汉代古阙，最古老的道教建筑遗址——中岳庙、周公测景台、登封观星台，一众建筑物，历经九个朝代修筑而成。以不同的方式展示了天地之中的概念，体现了嵩山作为虔诚的宗教文化中心的力量。登封历史建筑群是古代祭祀、科学、技术及教育活动的最佳典范之一。

拉萨布达拉宫历史建筑群：藏传佛教圣地，观音菩萨主神。西藏宗教文化历史性集中地，世界最高最大宫殿式建筑群。古建筑精华，古文化高峰。殿宇嵯峨气势雄伟、落座红山、横空出世、气贯苍穹，中华建筑精品；文化宝库、装饰华美、金碧辉煌、艺术精湛、色彩鲜明，历史文物萃集。宫墙红白，标示慈悲与智慧同在；屋顶金辉，彰显权力和荣誉至高。藏地佛寺代表，一方文明象征。布达拉宫、大昭寺、罗布林卡共同列入世界遗产名录。

布达拉宫是达赖喇嘛的冬宫，也是藏传佛教及其历代行政统治的中心。坐落在拉萨河谷中心，红色山峰之上，海拔3 700米，由白宫和红宫及其附属建筑组成。大昭寺是一组极具特色的佛教建筑群。罗布林卡，曾经作为达赖喇嘛的夏宫，也是西藏艺术的杰作。三处古寺，建筑精美绝伦，设计新颖独特，装饰丰富多样，与自然美景和谐统一，在历史和宗教上均有重要价值。

武当山古建筑群：悬崖峭壁上，云雾凌霄宫。中世纪中国朝圣之地，明王朝君权授神仙山。群峰朝天柱，真武镇北方，遵照道家思想总规划；规模最宏大，历史最古老，经典道教文化建筑群。均州古城至武当仙山，道教建筑按三二一距离序列；净乐太子到真武天神，修行道路按人地天等级升高。南岩真庆宫，仿木石雕艺术珍品，世界所罕见；展旗紫霄宫，背山面水负阴抱阳，风水最典型。岭巅金顶，鎏金铜殿，重檐叠脊，九彩斗栱，翼角飞翘，龙凤脊饰，气势无与伦比；殿内神龛，假名真武，真容永乐，文武侍卫，君即神祇，不可置疑，人天神通意合。大道无形，化一地灵圣山水；天地运行，续千年道德传承。

武当山雄峰峻岭，标奇孕秀，耸立于西部山区城市十堰市境内。景区"绵亘八百里"。在古代，武当山以"亘古无双胜境，天下第一仙山"的显赫地位成为千百年来人们顶礼膜拜的"神峰宝地"；在当代，武当山古建筑群与自然环境巧妙结合，达到"仙山琼阁"的意境，成为我国著名的游览胜地。

北京皇家祭坛——天坛：祭天祈谷之地，明清建筑仙葩。布局严谨结构精妙奇特，装饰华美寓意博大精深。天坛是明清皇帝每年祭天和祈祷五谷丰收的地方。天坛与故宫同时修建，面积约270平方米，分内坛和外坛两个部分，主要建筑在内坛。南有圆丘坛、皇穹宇，北有祈年殿、皇乾殿，由一座高2米半、宽28米、长360米的甬道，把这两组建筑连接起来。天坛的总体设计，从建筑布局到每个细部，都强调了"天"。它那300多米长的高出地面的甬道，又叫海漫大道，标示到天坛去拜天等于上天，而由人间到天上去的路途非常遥远、漫长。

承德避暑山庄及外八庙：古典园林模范例，千年建筑里程碑。清王朝夏季行宫，位于河北省境内，修建于 1703 年至 1792 年，是由众多宫殿以及其他处理政务、举行仪式的建筑构成的一个庞大建筑群。建筑风格各异的庙宇和皇家园林同周围的湖泊、牧场和森林巧妙地融为一体。避暑山庄不仅具有极高的美学研究价值，而且还保留着中国封建社会发展末期的罕见历史遗迹。山庄宫殿金碧辉煌，宫阁亭台与山林野趣相得益彰，达天人合一境界。外围寺庙为汉式传统与蒙藏特征兼具，风格各异多样统一，群星拱月，围绕山庄，巍峨壮观的寺庙行宫和峰林河湖融为一体，成为中华民族团结一统象征。承德避暑山庄及周围寺庙，拥有多项桂冠：世界文化遗产、中国四大名园、全国重点文保单位、国家五星旅游景区等。磬锤峰孤山云举临崖危峻，武烈河玉带蜿蜒热河汤泉。留得美景价值无限，见证中国末代王朝。

曲阜孔庙、孔林和孔府：中华之文化圣地，东方的朝奉中心。文化基石，教育开宗，功盖寰宇，德化文明。书数礼乐射驭，文武致用集成。道德文化升旗处，中华文明里程碑。孔庙孔府孔林，三孔成就中华圣城，光照寰宇；道德教育哲学，百家争鸣儒家独尊，不世丰碑。孔庙：规模宏大，布局统一和谐；殿宇庄严，廊柱造型优美。建筑精美，古建中称故宫第二；雕艺高超，大成殿气象万千。孔府：中国现存最大豪华精美贵族庄园，官衙内宅完美合一，天下第一人家，九进院落，三条轴线，贪壁家训，寓物寄情。孔林：大成至圣文宣王墓，十万后代随葬于此；古老浩大园林，石像碑刻集成艺术长廊。御碑亭具历史文化书法艺术价值，圣迹殿记尊师重教传道授业垂训。千年积淀，儒家思想发展到极致；宏大建筑，文化记忆延续到未来。

孔子是公元前 6—前 5 世纪最伟大的哲学家、政治家和教育家。孔庙是公元前 478 年为纪念孔子而兴建的，千百年来屡毁屡建，已经发展成超过 100 座殿堂的建筑群。孔林里不仅容纳了孔子的坟墓，而且他的后裔中有超过 10 万人也葬在这里。孔府宅院包括了 152 座殿堂。曲阜的古建筑群具有独特的艺术和历史特色，体现儒家思想和中华民族崇尚文化的精神。

（7）列入世界文化遗产的中国佛教石窟

佛教石窟是文化与艺术的宝库，精神和智慧之珍藏。寄托对佛法的衷心敬慕和虔诚信

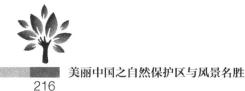

仰，表达对生命之理想憧憬与终极追求。弘扬佛法，教化僧俗。显示佛教传播轨迹，记载中西文化交流。佛窟兴衰反映时代政治气候，内容风格体现佛教汉化过程。曲折地反映历史，记载着多少王朝隐秘；象征性领悟艺术，丰富了历史文化内涵。中国石窟文化规模宏大，历史久长。列为世界遗产地的有山西的云冈石窟、河南的龙门石窟、甘肃的莫高窟、重庆的大足石刻等。

云冈石窟： 开创性佛教艺术转折点，第一个规模宏大石窟群。上承秦汉现实主义艺术精髓，下开隋唐浪漫主义色彩先河。百多年开山造洞气势宏伟；五万尊佛像博大精深，西域向中原靠拢，成就艺术转型。鲜卑民族不可磨灭的文化印记，中华文化开天辟地之艺术仙葩。一个时代的艺术巅峰。石刻艺术之高峰之华。云冈石窟，有窟龛 252 个，造像 51 000 余尊，代表了 5—6 世纪时中国杰出的佛教石窟艺术。其中的昙曜五窟，布局设计严谨统一，是中国佛教艺术第一个巅峰时期的经典杰作。

龙门石窟： 魏开唐继，武周盛极。造像十万尊，佛塔四十座，规模宏大，气势磅礴，题材丰富，雕刻精湛，为伟大的艺术宝库；孝文推汉化，隋唐盛世兴，清瘦先行，丰腴后继，世俗文化，风流倜傥，渐进的艺术转型。卢舍那大佛，智慧广大，佛光普照，庄严典雅，宁静肃穆，绝世景致；万佛洞主角，阿弥陀佛，仪态轩昂，男女众生，平等成佛，景象诱人。看经寺石窟禅宗崛起，佛道儒融合时代到来。洛阳龙门石窟分布于伊水两岸的崖壁上，南北长达 1 千米。龙门石窟始凿于北魏年间，前后营造 400 多年。现存窟龛 2 300 多个，雕像 10 万余尊，是我国古代雕刻艺术的典范之作。

敦煌莫高窟： 世界艺术宝库，中华文化写真。千年佛海，百代文魂。此处是，丝绸之路节点，中西文化交集地；独特的历史地理，荣辱盛衰纪念碑。建筑绘画雕塑，综合艺术殿堂，绚丽多彩，博大精深，韵味深厚，臻于极致。文化经济历史，隐身百科天书，绵延不绝，跌宕起伏，深潜秘藏，屈辱凄惶。1 200 年营造史，从未间断接力人。有完整佛教教义：九色鹿本生图、以身饲虎图、五百强盗成佛图、释迦和多宝佛并肩说法图，应有尽有；残破藏经洞窟，九千卷古经卷，五百幅绢画，二百两银骗到手，愚昧和腐朽同是败家子，扼腕痛心。可悲，王道士大愚少智；深痛，藏经洞多藏厚亡。学唐玄奘西天取经大志在胸勇敢无畏，瞻九层楼弥勒巨佛未来在腹包容五洲。释迦涅槃生死淡定，观音千眼善恶分明。

莫高窟俗称千佛洞。位于甘肃敦煌东南 25 千米的鸣沙山东麓崖壁上，上下五层，南北长约 1 600 米。始凿于 366 年，后经十六国至元朝千多年开凿，形成一座内容丰富、规模宏大的石窟群。现存洞窟 492 个，壁画 45 000 平方米，彩塑 2 400 余身，飞天 4 000 余身，唐宋木结构建筑 5 座，莲花柱石和铺地花砖数千块，是一处由建筑、绘画、雕塑组成的博大精深的综合艺术殿堂，世界上现存规模最宏大、保存最完好的佛教艺术宝库，被誉为"东方艺术明珠"。20 世纪初发现了藏经洞（莫高窟第 17 洞），洞内藏有 4—10 世纪的写经、文书和文物 5 万～6 万件，引起了国内外学者极大的注意，形成了著名的敦煌学。

大足石刻：百十座石窟、几万尊雕像，乱世草木掩佛界；北山主佛地、南山持道庄，三教融汇扬和风。媚态观音、千手观音，均称艺术极品；宝顶摩崖、牧牛连画，皆是佛家圣经。李唐调停，三教诸仙同此极乐世界；千年开窟，一朝石窟成就艺术高峰。三教融合铸就中华文化，大足石刻推上艺术顶峰。

大足石刻，位列世界八大石窟，世界文化遗产；全国重点文保单位，国家五星景区。唐宋开凿，摩崖石刻，以佛像为主，儒道并陈，留得无价艺术宝库；规模宏大，艺术精湛，内容丰富，保存完好，均属世界文物之冠。

大足石刻位于重庆市大足区，民族特色鲜明，为摩崖造像的石窟艺术集大成。大足以"大丰大足"得名，历史悠久，人文景观非常丰富，境内石刻造像星罗棋布，公布为文物保护单位的摩崖造像多达 75 处，雕像 5 万余身，铭文 10 万余字。大足石刻具有很高的历史、科学和艺术价值，在石窟艺术史上占有举足轻重的地位，被誉为"神奇的东方艺术明珠"。

（8）中国遗址型世界文化遗产地

我从哪里来？我向哪里去？叩问天地，审读灵魂。人生应明大事，民族须知本根。中华民族历史悠久，文化积存无比丰厚。随着考古事业发达，遗址文化不断发现，连缀成一部辉煌的中华文化历史。列入世界文化遗产的古遗址，仅是中华大地上光芒已现的晨星。

周口店北京人遗址：最丰富、最系统、最有价值的古人类古动物遗址群，意义重大；北京人、新洞人、田园洞人之生存系及环境变迁史，举世闻名。揭示古人类劳动用火悠长历史，发现中国人直系祖先田园洞人。发现亚洲人和美洲土著人有密切血缘关系，证明亚洲人与现代欧洲人具不同演化祖先。全人类意义的考古成就，古人猿进化的实证科学。周口店北京人遗址，位于北京市房山区周口店龙骨山，因 20 世纪 20 年代出土了较为完整的北京猿人化石而闻名于世，1929 年发现的第一具北京人头盖骨，为北京人的存在奠定了坚实的基础，成为古人类研究史上的里程碑。迄今为止，出土的人类化石包括 6 件头盖骨、

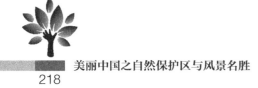

15 件下颌骨、157 枚牙齿及大量骨骼碎块，代表约 40 个北京猿人个体。为研究人类早期的生物学演化及早期文化的发展提供了实物依据。根据对文化沉积物的研究，北京人生活在距今 70 万年至 20 万年属石器时代。1930 年在龙骨山顶部发掘出生活于 2 万年前后的古人类化石，并命名为"山顶洞人"。1973 年又发现介于二者年代之间的"新洞人"，表明北京人的延续发展。

安阳殷墟：发现了商代宗庙宫室王陵和商城遗址，是公认最早有文字记载和甲骨文考证的古代都城遗址；具有无上的历史文化科学及艺术价值，为华夏早期之文明进步与青铜器时期的重要里程丰碑。甲骨文出土意义重大，青铜器文物精美绝伦。宫殿宗庙左右对称多重有序，建筑形制合理规范历代沿袭。殷墟考古遗址靠近安阳市，是商代晚期的古代都城，中国青铜器时代最繁荣的时期。殷墟遗址出土了大量王室陵墓、宫殿遗址。遗址中有一座保存完好的商代王室成员大墓——"妇好墓"。大量工艺精美的陪葬品证明商代手工业的先进水平。殷墟发现了大量甲骨文窖穴。甲骨文字是世界上最古老的书写体系之一，其价值不可估量。

元上都遗址：展示游牧民族与农耕文明碰撞交融历史，记载草原都城和东西商贸建设交流过程。宫殿与庙宇遗迹，显示曾经的显赫建筑。铁幡竿，堪称杰出的水利工程。元上都遗址位于内蒙古自治区锡林郭勒盟正蓝旗旗政府所在地东北约 20 千米处、闪电河北岸。这座草原都城，被认定是中原农耕文化与草原游牧文化奇妙结合的产物，史学家称誉它可与意大利古城庞贝媲美。

高句丽王城、王陵及贵族墓葬：此遗址包括 3 座王城——五女山城、国内城、丸都山城和 40 座墓葬的考古遗迹——14 座王陵及 26 座贵族墓葬。从公元前 37 年到公元 668 年，高句丽王朝曾统治中国东北地区和朝鲜半岛的北部，遗址因此而得名。五女山城是唯一部分挖掘的王城；国内城位于集安市内；丸都山城是高句丽王朝的都城之一，城内有许多遗迹，其中包括 1 座宫殿和 37 座墓葬。一些墓葬的顶部设计精巧，无须支柱就可支撑宽敞的墓室，还能承载置于其上的石冢或土冢。

丝绸之路：长安—天山廊道的路网：由中国和哈萨克斯坦、吉尔吉斯斯坦三国联合申报的丝绸之路世界文化遗产，成为首例跨国合作、成功申遗的项目。丝绸之路横跨欧亚大陆，全长 5 000 千米。它从西安出发，到中亚的七河地区为止，项目共涉及 33 处遗产点，中国境内 22 处。其中，河南省有 4 处：汉魏洛阳城遗址、隋唐洛阳城定鼎门遗址、新安汉函谷关遗址、崤函古道石壕段遗址；陕西省有 7 处：汉长安城未央宫遗址、张骞墓、唐长安城大明宫遗址、大雁塔、小雁塔、兴教寺塔、彬县大佛寺石窟；甘肃省有 5 处：玉门关遗址、悬泉置遗址、麦积山石窟、炳灵寺石窟、锁阳城遗址；新疆维吾尔自治区有 6 处：高昌故城、交河故城、克孜尔尕（gǎ）哈峰燧、克孜尔石窟、苏巴什佛寺遗址、北庭故城遗址。此线段 33 处遗产点组成中，包括省会城市和各帝国和汗王国、宫殿群、贸易节点、佛教石窟寺、古道、驿站、传递、烽火台段、长城、防御工事、陵墓和宗教建筑等。丝绸之路是古代的经济带、文化带，东西方文明交流之带。商贸宗教文化民族政治，中印希腊三大文明做交流，其范围之大、影响之远，远远超越列入世界遗产的部分。其对当今世界的意义，正在逐步展开。

中国土司遗址：湖南永顺、湖北唐崖、贵州遵义，三地土司遗址最具代表性。国家一统、民族自治、千年制度，中华民族管理具备包容性和共存特征。土司制度起源于公元前 3 世纪少数民族地区的王朝统治体系。其目的是既保证国家统一的集权管理，又保留少数民族的生活和风俗习惯。湖南老司城，湖北唐崖和贵州海龙屯均属于土司遗址，它是中华文明在元、明两代发展出的一种特殊统治制度的见证。土司遗址，独特文化。三个土司遗址是永顺老城司、恩施唐崖土司、播州海龙屯。

永顺老司城：规模最大，有城内三千户，城外八百家记载；历史悠久，为五溪之巨镇，有"万里边城"之誉名。抗倭有功，明代立翼南牌坊；治理有序，清代赐德政功碑。永顺老司城遗址位于湖南省湘西州永顺县，是湖广地区土司体系中的最高职级机构——宣慰司的治所遗址，永顺宣慰司土司为彭氏家族，属民以土家族为主。彭氏是 13—20 世纪的世袭统治者。

恩施唐崖土司：前临唐崖河，风光独具；后傍玄武山，地势险要。土家民俗文化集中体现，帅府建筑遗址气势恢宏。荆南雄镇碑为镇城之宝，田氏夫妻杉有佳话流传。唐崖土司城遗址位于湖北省恩施州咸丰县，是湖广地区土司体系中较低的职级机构——长官司的治所遗址，唐崖长官司土司为覃氏家族，属民以土家族为主。

播州海龙屯：中世纪城堡保存完整，两王宫新老建筑组团。取势险峰，集军事屯堡衙署行宫于一体；关隘雄峻，有铁柱飞虎龙凤朝天供观览。土司制度珍稀物证，政治军事文化中心。播州海龙屯遗址位于贵州省遵义市汇川区，是播州宣慰司杨氏土司专用的山地防御城堡的遗址，与播州宣慰司治所穆家川土司城配合使用，是战争时期播州土司的行政中心，其属民以仡佬族、苗族为主。

良渚古城遗址：公元前 3300 年—前 2300 年，位于中国东南沿海长江三角洲，向人们展示了新石器时代晚期一个以稻作农业为支撑、具有统一信仰的早期区域性国家。该遗址由四个部分组成：瑶山遗址遗产区、谷口高坝遗产区、平原低坝遗产区和城址遗产区。遗址有大型土质建筑、城市规划、水利系统以及不同墓葬形式所体现的社会等级制度，成为早期城市文明的杰出范例。良渚古城遗址列入世界文化遗产，实证中华五千年文明史。

（9）青城山—都江堰

都江堰：治河之祖，水利杰作。战国时期秦国蜀郡太守李冰父子率众修建，天府之国由此形成。都江堰大型水利工程，为东方古老智慧的惊世之作，是引水、防洪、排沙三合一之典范工程。竹笼软石劈水分江，以柔克刚的应用；低堰飞沙分洪控水，道法自然之盛功。引来岷江之水，成就天府之国。清人诗赞：岷江遥从天际来，神功凿破古离堆。恩波浩渺连三楚，惠泽膏流润九垓。劈斧岩前飞瀑雨，伏龙潭底响轻雷。筑堤不敢辞劳苦，竹石经营取次裁。都江堰位于成都平原西部的岷江上，建于公元前256年，是全世界年代最久、唯一留存、以无坝引水为特征的宏大水利工程。2200多年来，一直发挥巨大效益。李冰父子，功德无量。千年祭祀，化圣化神。

青城山：位于四川成都的都江堰风景区，是中国著名的道教名山。山内古木参天，群峰环抱，四季如春，青幽翠黛，故名青城山。青城山分青城前山和青城后山。前山景色优美，文物古迹众多；后山自然景物原始而华美，如世外桃源，绮丽而又神秘。青城山与都江堰，一山一水，一道一人，珠联璧合，千古名胜。

（10）列入世界文化遗产的中国园林

苏州古典园林：承载着政治经济社会发展历史，彰显出古典文化艺术不世价值。融传统建筑科学技术文学书画为一体，借自然山水竹石花木造型色彩做文章。高超的艺术精品，独特的精神灵魂。拙政园，园中有园诗画山水；沧浪亭，亭高境高廊长竹直。网师园，以小见大称典范；狮子林，叠石为山若禅林。留园，梦想中的精神家园，峰石之冠；藕园，高墙后的人间瑶池，黄石名山。艺圃精致到方寸之地，退思内敛为闹红一舸。唯环秀山庄规模宏大，假山若真，虽由人作宛若天开，尽得造园之妙；更苏州园林梦幻意境，典雅秀丽，境由心生师法自然，体现文化真传。

苏州是著名的历史文化名城和国家重点风景旅游城市，自古以来被人们誉为"园林之城"，物华天宝，人杰地灵，盛名享誉海内外。苏州古典园林历史2000余年，在世界造园史上有其独特的历史地位和价值。以写意山水的高超艺术手法，蕴含浓厚的传统思想文化内涵，展示东方文明的造园艺术典范，实为中华民族的艺术瑰宝。1997年苏州拙政园、环秀山庄、留园、网师园作为苏州园林的代表被批准列入世界遗产名录，2000年11月沧浪亭、狮子林、艺圃、藕园和退思园入列世界遗产名录。

皇家园林：三千年发展历史，百世代精华荟萃，大气磅礴，雍容华贵。集自然山水木石大观与极致建筑成一体，熔传统思想工艺技术及雕刻书画为一炉。高超的艺术造诣，独特的民族风格。北京颐和园为代表，承德避暑山庄做昆仲。

北京颐和园：亭堂殿阁长廊虹桥，精致豪华典雅，盖世无双千古杰作；自然山水人工建筑，中外文化融合，园林建设世界巅峰。佛香阁巍峨壮观气势雄伟，昆明湖碧波荡漾堤桥如虹。山前长廊蜿蜒，勾连一园殿阁亭台如诗如画；山后四大部洲，谐和台阁红白黑绿四智四方。豺狼入室，三山五园横遭劫掠焚毁；世遗保护，千约万章不及国富军强。北京颐和园，始建于1750年，1860年为英法联军严重损毁，1886年在原址上重新进行了修缮。其亭台、长廊、殿堂、庙宇和小桥等人工景观与自然山峦和开阔的湖面相互和谐地融为一体，具有极高的审美价值，堪称中国风景园林设计中的杰作。

承德避暑山庄：分宫殿、湖泊、平原、山峦四区，因山就水，严谨布局，以水为景，江南特色，金碧辉煌的宫殿亭台与山林野趣相得益彰，创造中国古典园林最高成就。

（11）列入世界文化遗产的中国古城古村镇

中国古城遍地，丽江古城和平遥古城入围世界文化遗产。列入世界遗产的必须是历史文化代表，最完整真实的建筑。澳门历史城区、厦门鼓浪屿，都因其文化的世界性而列入世界文化遗产。中国古村古镇很多很广，值得大力开发，彰显其价值。目前已有皖南的西递宏村、广东开平碉楼、福建独特的建筑土楼等入列世界文化遗产名录，开辟了古村镇发展保护之先河。

平遥古城：平遥古城，商贸集散，地处要冲，北城外城古今两种风格；帝尧古陶，华夏神龟，街巷经纬，官民建筑主次分明。展示非同寻常之社会文化宗教经济清晰画面，保留完整代表的衙署城楼敌台城墙古建县城。古城位于山西省中部，是一座具有2 700多年历史的文化名城。古城始建周宣王时期，因西周大将尹吉甫驻军于此而建。自秦朝实行"郡县制"以来，平遥一直是县治所在。古城历尽沧桑、几经变迁，为现存最完整的明清古县城原型。古城的城墙、街道、民居、店铺、庙宇等建筑仍然基本完好。城郊的镇国寺和双林寺同属平遥古城历史文物的有机组成部分。

丽江古城：丽江古城，风光秀丽，建筑古雅，居游一体；大研名镇，群山环抱，流水洗街，别具一格。展示纳西民族文化艺术和风情习俗，体现人与自然和谐统一及文明融合。古城丽江，巧妙利用崎岖的地势，融合经济和战略重地功能，真实完美地保存了古朴风貌。古城拥有的古老供水系统，纵横交错、精巧独特，供水排污一体建设，一直有效地发挥着作用。古城海拔 2 400 余米，风景秀丽，历史悠久，文化灿烂，也保存完好。入列世界文化遗产的包括大研古镇、白沙古镇、束河古镇和黑龙潭水之源。

皖南古村落西递宏村：粉墙黛瓦青石街巷，层楼叠院鳞次栉比，徽派建筑特色鲜明，村落原始古朴；青山秀水田园风光，礼教文化耕读传家，皖南自古文风昌盛，儒商人才辈出。富甲天下徽派商人，名扬四方今科状元，在外各行其道，在内众流归一。经商致富聚财聚力，荣归故里建楼建德。礼教文化浓墨重彩，楼堂建筑精致绝伦。将中国画里乡村与心中理想付诸实现，把古典建筑理念和精湛技艺推向高端。

西递坐落于黄山南麓，是最具代表性的皖南古民居。据史料记载，西递始祖为唐昭宗李晔之子，因遭变乱，逃匿民间，改为胡姓，繁衍生息，形成聚居村落，故自古文风昌盛。明清年间，部分读书人弃儒从贾，经商成功后大兴土木，建房、修祠、铺路、架桥，将故里建设得舒适、气派、堂皇。虽经数百年社会的动荡，大半古民居、祠堂、书院、牌坊已毁，但保留下的数百幢古民居，仍从整体上保留了明清村落的基本面貌和特征。

宏村，位于黟县城西北角。村内鳞次栉比的层楼叠院与旖旎的湖光山色交相辉映，动静相宜，空灵蕴藉，处处是景，步步入画。从村外自然环境到村内的水系、街道、建筑，甚至室内布置都完整地保存着古村落的古朴状态。造型独特，拥有绝妙田园风光，宏村被誉为"中国画里的乡村"。

开平碉楼与村落：华侨文化入世遗，著名侨胞返回乡。碉楼建筑，集避盗防匪居住防洪和村镇团防为一体；建筑特点，将希腊罗马拜占庭式与中西院墅做融合。世界遗产有锦江里、马降龙、自力村、三门里四处入选；著名建筑为瑞石楼、景辉楼、方氏灯、碉楼群诸多精品。奉父崇贤故事悲壮，南楼抗战气贯长虹。建筑文化中西合璧，科学技术古今融通。近代建筑博物馆，世界最美田园庄。

广东省开平市碉楼，用于防卫的多层塔楼式乡村民居，展现了中西建筑和装饰形式复杂而灿烂的融合，表现了 19 世纪末及 20 世纪初开平侨民在几个东南亚国家、澳洲以及北美国家发展进程中的重要作用，以及海外开平人与其故里的密切联系。此次收录的世界文化遗产包括四组共计 20 座碉楼，是村落群中近 1 800 座塔楼的代表。建筑形式三种：若干户人家共同兴建的众楼，为临时避难之用，现存 473 座；由富有人家独自建造的居楼，同时具有防卫和居住的功能，现存 1 149 座；出现时间最晚的更楼，为联防预警之用，现存 221 座。也可分为石楼、土楼、青砖楼、钢筋水泥楼，反映中西方建筑风格复杂而完美地融合。碉楼与周围的乡村景观和谐共生，见证以防匪为目的的建筑繁荣。

鼓浪屿：海上花园，八闽明珠。历史国际社区，展现了亚洲在全球化早期多种价值观的碰撞、互动和融合，其建筑特色与风格体现了中国、东南亚及欧洲在建筑、传统和文化价值观上的交融。岛上居住的外国人和归国华侨，形成一种全新的建筑风格——厦门装饰风格。这一风格不仅在鼓浪屿发展，还影响到东南沿海及更远地区。鼓浪屿世界文化遗产地范围包括鼓浪屿全岛及其近岸水域，总面积为 316.2 公顷；其缓冲区涵盖邻近的大屿和猴屿两座海岛，并一直延伸到厦门的海岸线，总面积为 886 公顷。鼓浪屿岛上现留存有 931 座展现不同时期、风格多样的历史建筑及园林、自然有机的历史道路网络、内涵丰富的自然景观，体现了现代人居理念与当地传统文化的融合。

福建土楼：三千多座土楼如珍珠散落在八闽大地，六百多年历史似丰碑矗立于福建山区。永定、南靖、华安三县六群土楼入选世遗，衍香、振福、怀玉、和贵四座名楼加盟其中。独一无二的大型夯土民居建筑，冬暖夏凉，就地取材，生态绿色；精巧绝妙的防御体系聚落环境，结构奇特，功能齐全。精巧的建造技术，特有的空间形式，外部浑然一体，内部分门别户，合乎于道；深邃的土楼文化，传世的道德风尚，内求修身齐家，外求止于至善，聚族和谐。楹联匾额劝善，私塾学堂讲修。振成楼有联：振作哪有闲时，少时壮时老年时时时须努力；成名原非易事，家事国事天下事事事关心。土楼，和谐天人，民居瑰宝。结构奇巧规模宏伟种类繁多，大家族常驻久安；功能齐全风格独特历史悠久，古建筑历久弥新。独一无二山区居民建筑，誉为"东方古城堡"；无与伦比科学艺术价值，世界称一绝奇葩。天人合一杰作，独一无二民居。

福建土楼建于 15—20 世纪，位于福建省西南部，分布在 120 多千米范围内，共包含 46 栋建筑物，建造在稻田、茶叶和烟草田间，均为土质建筑。土楼最初是为防御目的而建造，通常为多层，围绕中央的开放式庭院，只有一个入口，二楼及以上方有对外侧的窗户。土楼建筑内沿为圆形或方形，每座土楼可供 800 人居住，实际上成了村寨，常被称为"家族的小王国"或"繁华的小城市"。土楼的外墙高大坚实，屋顶覆以瓦片，形成宽阔的屋檐。建筑内部纵向区分不同家庭，每户每层拥有两到三个房间，注重舒适性，并有极高的装饰性。土楼以其建筑传统和功能作为典型范例被列入世界遗产，它体现了一种特定类型的公共生活和防御组织，并且体现了人类居住与自然环境和谐相处。

*澳门历史城区：*连接相邻的众多广场空间及 20 多处历史建筑，以旧城区为核心的历史街区。覆盖范围包括妈阁庙前地、亚婆井前地、岗顶前地、议事亭前地、大堂前地、板樟堂前地、耶稣会纪念广场、白鸽巢前地等多个广场空间，以及妈阁庙、港务局大楼、郑家大屋、圣老楞佐教堂、圣若瑟修院及圣堂、岗顶剧院、何东图书馆、圣奥斯定教堂、民政总署大楼、三街会馆（关帝庙）、仁慈堂大楼、大堂（主教座堂）、卢家大屋、玫瑰堂、大三巴牌坊、哪吒庙、旧城墙遗址、大炮台、圣安多尼教堂、东方基金会会址、基督教坟场、东望洋炮台（含东望洋灯塔及圣母雪地殿圣堂）等 20 多处历史建筑。

（12）中国的世界文化景观遗产

文化景观遗产概念是 1992 年 12 月在美国圣菲召开的联合国教科文组织世界遗产委员会第 16 届会议提出并纳入《世界遗产名录》。文化景观的评定采用文化遗产的标准，同时参考自然遗产的标准。为区分和规范文化景观遗产、文化遗产、文化与自然双遗产的评选，《实施保护世界文化与自然遗产公约的操作指南》对文化景观的原则进行了规定：文化景观"能够说明为人类社会在其自身制约下、在自然环境提供的条件下以及在内外社会经济文化力量的推动下发生的进化及时间的变迁。在选择时，必须同时以其突出的普遍价值和明确的地理文化区域内具有代表性为基础，使其能反映该区域本色的、独特的文化内涵"。关联性文化景观：这类景观列入《世界遗产名录》，以与自然因素、强烈的宗教、艺术或文化相联系为特征，而不是以文化物证为特征。庐山、五台山、杭州西湖、哈尼梯田和花山岩画是中国 55 项"世界遗产"中仅有的 5 项文化景观。

*庐山世界文化景观遗产：*庐山位于长江中游南岸、中国第一大淡水湖——鄱阳湖之滨，是座地垒式断块山。大山、大江、大湖浑然一体。险峻与柔丽相济，素以"雄、奇、险、秀"闻名于世。庐山景观 "云横九派浮黄鹤，浪下三吴起白烟"。富有独特的庐山文化特色，有"暮色苍茫看劲松，乱云飞渡仍从容"的淡定与坚毅。庐山具有重要的科学价值与美学价值。有"无限风光在险峰"的志趣豪情，也有"桃花源里可耕田"的恬淡自信。庐山有独特的第四纪冰川遗迹，丰富的河流、湖泊、坡地、山峰等多种地貌类型，有地质公园之称。

*五台山世界文化景观遗产：*地处山西省五台县东北部，由东南西北中五座山峰环绕而成，五峰耸峙，高出云表，顶无林木，平坦宽阔，犹如垒土之台，故名五台山。五台

山自东汉永平十一年（公元 68 年）开始建庙，历时近 2 000 年，形成了国内唯一的一处由青庙（汉传佛教）、黄庙（藏传佛教）并居一山、共同讲经说法的道场，被誉为"中国佛教的缩影""世界著名的佛教圣地"。五台山迄今仍保存着北魏、唐、宋、元、明、清等 7 个朝代的寺庙建筑 47 处，荟萃了 7 个朝代的彩塑、5 个朝代的壁画，以及堪称典范的古建艺术。

杭州西湖世界文化景观遗产：9 世纪以来，杭州西湖的优美风景一直引得无数文人骚客、艺术大师吟咏兴叹、泼墨挥毫。湖周遍布庙宇、亭台、宝塔、园林，其间点缀着奇花异木、岸堤岛屿，为江南的杭州城增添了无限美景。数百年来，西湖景区对中国其他地区乃至日本和韩国的园林设计都产生了影响，在景观营造的文化传统中，西湖是对天人合一这一理想境界的最佳阐释。杭州西湖是三面云山一面城，两堤三岛十湖景。文化荟萃，杰出典范，东方智慧，天堂家园。东坡先生赞曰："湖光潋滟晴方好，山色空蒙雨亦奇。若把西湖比西子，淡妆浓抹总相宜。"

红河哈尼梯田世界文化景观遗产：劳动创造世界，梯田改变山区。大地之雕刻，文明之丰碑。森林水系梯田村寨完美结合，彰显人对自然的创造之美；经济社会资源生态高度融洽，反映人与环境之和谐相容。山坡成平田，农耕文明高超智慧；保土又持水，千秋万代不朽功能。云雾蒸腾，岚烟缥缈，树影婆娑，田野层叠，稻麦碧绿，菜花金黄，震荡心灵之大美，铺满山陵的天书。哈尼梯田位于云南省元阳县哀牢山南部，是哈尼族人世世代代留下的杰作。梯田开垦随山势地形变化，因地制宜，坡缓地大则开垦大田，坡陡地小则开垦小田，甚至沟边坎下石隙也开田，因而梯田大者有几亩，小者仅有簸箕大。一坡梯田，成千上万亩，规模宏大，气势磅礴，绵延整个红河南岸的红河、元阳、绿春及金平等县，仅元阳县境内就有 17 万亩梯田，是红河哈尼梯田的核心区。

左江花山岩画世界文化景观遗产：广西崇左岩画独特丰富，壮族先民祭祀遗迹留存。天然颜料高峻崖壁必经千年绘制方成鸿篇，分布广泛画面雄伟是至今尚未破译古代天书。不知人物何用意，未解宏图啥精神。艺术内涵丰富，考古价值甚高。左江花山岩画：位于陡峭的悬崖上，分布于广西崇左市宁明县、龙州县、江州区及扶绥县境内。世界遗产地由岩画密集分布、最具代表性的 3 个文化景观区域组成，包含 38 个岩画点，共 107 处岩画，3 816 个图像。左江花山岩画世界文化景观遗产展现出独特的景观和岩石艺术，生动地表现出公元前 5 世纪至公元 2 世纪，当地古骆越人在左江沿岸一带的精神生活和社会生活。岩画中的铜鼓及相关元素与当地铜鼓文化直接相关，见证了该区域广泛兴盛的文化特色。

04

美丽中国之自然公园保护地

　　自然公园是自然保护地的一种类型，具有自然保护地的特点，并与国家公园和自然保护区共同组成国家自然保护体系。与国家公园大尺度、系统性、整体性严格保护相区别，也与自然保护区目的性、明确的、高强度保护的突出特点不同，自然公园突出重点性、地域性、特有性自然保护，主要保护特别的生态系统、自然景观和自然文化遗迹、自然资源保护和可持续利用，保持健康稳定高效的自然生态系统，为维护国家生态安全和实现经济社会可持续发展筑牢基础，为建设富强、民主、文明、和谐、美丽的社会主义现代化强国奠定根基，也为更广大地区提供更大众化的生态环境服务，同时让更多的机构和民众参与自然保护事业。在过去几十年，我国各部门各地区从可持续发展出发，辟建了多种类型的自然保护地，建成很多森林公园、地质公园、海洋公园、湿地公园、重要湿地、水产种质资源保护区、冰川公园、草原公园、沙漠公园、草原风景区、水利风景区等不同名称和不同功能的自然保护地，保护着重要的自然生态系统、资源物种、自然遗迹、自然景观，具有生态保护、观赏、文化、科学等价值的保护目标。据统计，全国此类保护区数量达 1.18 万个，大约覆盖我国陆域面积的 18%、领海的 4.6%[11]。

0401　国家森林公园

建立森林公园，为的是保护地域内自然景观优美、人文景物集中，观赏、科学、文化价值高，地理位置特殊，具有一定区域代表性森林生态系统，为人们提供良好的生活环境和生态环境，提供游憩、休闲、避暑、休养、文化娱乐、科学研究、教育观赏等服务。森林公园实行国家、省、市（县）三级管理。我国于 1982 年建立第一个张家界国家森林公园。截至 2019 年年底，国家林业和草原局已批建国家森林公园达 897 处。这份美丽中国的家产正在当代中华儿女手上与日俱增，每年都有新建的森林公园入列。本书限于篇幅，只罗列少数有代表性的国家森林公园名录。实际而言，更多的省、市级森林公园也都是地方的美丽名片，起着实实在在为人民服务的功能。森林公园建设也从视觉景观保护向生物多样性保护发展，点状建设向系统化建设发展。现在森林公园或整合为国家公园以强化协调和统一管理，或列入自然公园体系，其固有功能永远存在，都需要努力增强管理效能和提升保护效益。

（1）华北各省（市）的国家森林公园

①北京市：京华无双地，胜景天地成。北京有国家森林公园 15 处。

北京西山国家森林公园：太行余脉，低山丘陵，山林广阔，鸟兽多种，这里是桃花杏花、红叶金叶最佳观赏处；福慧法海，地藏无梁，佛寺殿阁，碉楼皇陵，本处也是历史古迹、人文胜景大观园。

八达岭国家森林公园：春花夏林秋叶冬雪，各异的四季景色；峰岭危崖绝壁长城，无尽的自然风光。

黄松峪国家森林公园：五百年古银杏苍翠壮美，一线天大裂隙直上云霄。号称"北方张家界"，春花秋果夏瀑冬雪几多景致；又名塞上武陵源，林海花草云雾禽鸟一派生机。

北京蟒山国家森林公园：卿相植树碑承载绿色希冀，蓄能上天池镶嵌蟒岭之巅。仿古明塔俯瞰人间万象，弥勒大佛憨笑盛世和平。一山葱翠，四季缤纷。

北京北宫国家森林公园：千姿百态风景点，秀水青山小江南。狼坡顶挺拔壮观，天然氧吧沁人心脾；花卉园绚丽斑斓，北宫山庄大气恢宏。春花烂漫秋林层染，景色看不够；溪泉流碧枫桦传神，山川赏未完。

崎峰山国家森林公园：森林盖群山，京北重要生态屏障；松栎混桦椴，燕山壮观绿色园林。天露泉悬丝瀑均为奇景，猕猴桃古梨树各自称王。

其他国家森林公园：上方山、十三陵、云蒙山、小龙门、鹫峰、大兴古桑、大杨山、天门山、喇叭沟门等国家森林公园。

②天津市：海陆水旱交汇地，工商文武荟萃城。有国家森林公园13处。

九龙山国家森林公园：蓟州穿芳峪，九龙聚首山。辖九龙山、梨木台、黄花山三大景区。九龙山，万丈深谷，九条山脊如群龙聚首，叹为观止；千顷松柏，三大景区多峰岭集秀，色染四时。森林覆盖高，洞泉天宝美。蓟东老胜景，皇家古园林。

其他国家森林公园：杨柳青国家森林公园，落到地上的"蟠桃园"，果木当家；青北国家森林公园，宝坻"原始森林"自然生态；滨海国家森林公园，植树百万株，汇聚天下林木，装点津门；港北国家森林公园，华北最大人工林，治理风沙，祥和一方；东丽湖国家森林公园，水陆嘉汇，蓝绿双馨。

③河北省：燕赵大地，自古龙争虎斗，从来景美物丰。河北省生态类型多样，国家森林公园有27处。

五岳寨国家森林公园：海拔两千，五峰并立，瀑布百十，景区五星。磁河源头地，燕赵第一瀑。山高林密幽谷险峰繁花似锦温润凉爽，具边塞风光特色；观光游览寻幽攀登健身远足科考探秘，有综合园区功能。

保定古北岳国家森林公园：翠峰耸立曾享北岳尊位，森林如海又称华北碧珠。山巅草原环抱道观，崖上溶洞隐秘林间。张家口黑龙山：层峦叠嶂森林繁茂珍禽异兽出没，白桦林海松榆连片生态类型齐全。黑河源，清代皇家西围场；原生态，北方森林博物苑。

丰宁国家森林公园：汤滦二河源头，为京津重要水源地；京北草原第一，有五大风景旅游区。复杂地貌，诗画景观。木兰围场：松杉人工林连天接地，五万公顷，写下造林人丰功伟绩；枫杨次生林枝繁叶茂，二万公顷，彰显大自然奉献无私。

承德白草洼国家森林公园：天然白桦林随坡涌浪，绿色大氧吧风光如画。年年秋天色彩斑斓层林尽染，处处草原百花盛开养眼怡神。林草石云称四海，春花秋果越五珍。

塞罕坝国家森林公园：林海浩瀚草原广袤，湖泊清澈河流源头，最是夏秋繁花似锦真正清凉世界，更着冬雪玉树琼花一派北国风光。邢台蝎子沟：奇特嶂石岩地貌，峰岩若宫殿似玉女，形色百态；原始次生林植被，太行古树群资源库，物种中心。四季景色，八绝景致，百多景点，五大景区。

其他国家森林公园：海滨、棒槌峰、翔云岛、清东陵、辽河源、山海关、天生桥、黄羊山、茅荆坝、响堂山、野三坡、六里坪、白石山、易州、武安、前南峪、驼梁山、木兰围场、仙台山、黑龙山、大青山、坝上沽源等。

④山西省：左太行右吕梁前中条后恒岳群山纵横，六大盆地，一带汾河，地开黄壤，人勤农事；古三都远三晋盛北魏兴李唐文明发祥，胡汉交合，英才辈出，佛道倡行，胜迹多存。山西有国家森林公园 25 处。

云冈国家森林公园：绿水清波文瀛湖，赤岩苍松红石崖，自然风景美好；远古植物化石群，云冈石窟艺术海，人文遗迹珍存。

忻州管涔山国家森林公园：峰峦崔巍怪石嶙峋森林密布奇花异草；晋山之祖汾河源头松杉海洋摇翠扶青。芦芽山巨石堆峰绝顶巍然太子殿，黄土塬沟壑纵横迤逦水源涵养林。

关帝山国家森林公园：驰名中外庞泉沟十景难忘，世界珍禽褐马鸡故乡仅存。有"三晋第一名山"之称誉，持华北落叶松林名牌。

吕梁交城山国家森林公园：侧柏林乔木林观赏林皆是宏大景致，褐马鸡野鹿麝珍异鸟偶现名贵尊容。千年古刹幽谷坐落，罕有溶洞怪石嶙峋。

太岳山国家森林公园：山势逶迤高耸峻极，相传为大禹王临巅祭天处；森林茂密古木闻名，油松称九杆旗称霸全中国。八大景区游不尽，数百古松皆有名。

运城中条山国家森林公园：中华文明发祥地，尧舜禹汤活动区。华北动植物资源宝库，珍稀鸟兽类栖息乐园。

五老峰国家森林公园：河洛文化传播圣地，道教庙观集中洞天。奇峰霞举，孤标秀出，美冠三晋；翠柏荫峰，清泉灌顶，罕见景观。

晋城棋子山国家森林公园：太行南端巅顶，奇峰怪石深洞峡谷全景展现；气候清凉称绝，春花密林红叶秋果四季风光。

其他国家森林公园：五台山、天龙山、恒山、龙泉、禹王洞、赵杲观、方山、老顶山、乌金山、太行峡谷、黄崖洞、太行洪谷、安泽、仙堂山、二郎山、西口古道等国家森林公园。

⑤内蒙古：东森林西沙海万里草原任驰骋，南家园北荒原生态屏障须关怀。内蒙古有35处（森工9处）国家森林公园。

阿尔山国家森林公园：兴安林海连天远，山峦起伏绿涛腾浪，涌翠竞秀堪称绝美；火山喷出石塘林，火口天池明珠宝光，温泉成群美艳绝伦。四围千里草原牛羊漫漫，眼下大小泡沼波光粼粼。一地风景缭眼乱，绝世美人藏深山。

莫尔道嘎国家森林公园：明亮针叶原始林风景特有，特殊民俗生态游情趣独家。山峦起伏古树参天蓝天白云清凉避暑无双地，冰峰雪岭雾凇寒潮挑战严寒体味人生绝佳天。

兴安好森沟国家森林公园：阳光空气绿色，此地拥有世界旅游三要素；寻古猎奇探险，本区特具森林公园好品牌。原始森林神奇禽鸟一幅山水画卷，巨树奇峰险崖怪石几多北国雄风。

察尔森国家森林公园：森林繁茂草原绿茵相得益彰成胜景，民族风情蒙古歌舞酒肉奶茶豪华游。赤峰桦木沟：自然桦杨人工松杉森林草原地带，丰富物产良好生境鸟兽动物栖居。湖山真意气魄大，塞北览胜极目远。皇家猎苑多狍兔，盘龙峡景翻浪白。

滦河源国家森林公园：燕辽蒙元重要遗迹地，河原台洼干旱地貌区。天然榆树成林万亩，似绿色翡翠；北国杨桦共生千顷，若沙盘盆景。春花秋叶绚丽多彩，夏绿冬银苍茫阔达。野驴黄羊时隐时现，大鸨天鹅半水半云。游美丽太极湾神奇喇嘛洞，赏巍峨鸡冠岭不尽滦河源。

乌素图国家森林公园：青山翠屏盖松柏，沟谷纵横种杨柳，杏坞番红报春早，层林尽染霜秋迟。赵长城曲折古北道逶迤，好个田园风光避暑胜地；老爷庙古朴乌素召雄浑，真是诗情画意游赏嘉园。

乌拉山国家森林公园：叠群峰傍草原阔野千里，瞰黄河临大川气势磅礴。高峰万仞林海千顷，称誉"塞外小华山"，一幅山水风景画；岭谷携行溪流叠瀑，仿佛西游神仙府，石门天河好洞天。

额济纳胡杨国家森林公园：金色天地，胡杨树千年傲立；大漠风光，居延海万代绿洲。旅游者胜地，摄影家天堂。

其他国家森林公园：红山、哈达门、海拉尔、马鞍山、二龙什台、兴隆、黄岗梁、内蒙古贺兰山、旺业甸、桦木沟、武当召、红花尔基樟子松、喇嘛山、河套、宝格达乌拉、龙胜、敕勒川、成吉思汗、图博勒、神山、达尔滨湖、伊克萨玛、乌尔旗汉、兴安、绰源、阿里河、绰尔大峡谷等国家森林公园。

（2）东北三省的国家森林公园

①黑龙江省：中国最北疆看极昼极夜，东方第一镇迎朝日朝霞。南北五岭森林连天接地，东西四江沃野千里粮仓。黑龙江有国家森林公园67处，全国第一。

威虎山国家森林公园：山势险要怪石参差山间瀑布林中清流，处处诗情画意；林荫夹道鸟鸣深树硝烟散尽林海雪原，时时英雄豪情。

哈尔滨凤凰山国家森林公园：山高林密人迹罕至，真正空中花园；冰雪画廊红叶流丹，最美五花山色。高山偃松奇桦杜鹃湿地稻田水泊动物园，千姿百态；抗日英雄历史丰碑农牧渔猎生活风情画，蔚为大观。

伊春茅兰沟国家森林公园：奇特石林壮观，原始密林荫郁。深谷长峡跌水激流高瀑深潭，野趣浓烈；高树低木奇花药草珍禽异兽，九寨小开。

汤旺河国家森林公园：稀有花岗岩石林地貌，原始红松林孑遗资源。古松白桦百鸟对歌杜鹃花香，真正山林景色；云绕山梁溪下低谷清凉世界，一派北国风光。

五营国家森林公园：古树参天林海茫茫，红松原始林最为完整连片；观松听涛赏景野营，沐浴大氧吧甚是沉醉若仙。

完达山国家森林公园：四万公顷湖光山色天然氧吧足够令人陶醉，上千种类植物动物生机盎然真正人天和谐。

伊春桃山国家森林公园：红松原始林，古松三百龄，森林公园真名实义；动物三百种，鸟类二百余，生态环境秀美优良。桃源湖鲤鲫鲢草鱼丰水美，呼兰河清澈流碧鸟鸣谷幽。野趣盎然，水陆鲜珍。

乌苏里江国家森林公园：森林断续河流蜿蜒平原沼泽清明亮丽，水光山色神秘国界地；湿地景观鸟岛三浮鹤喉鸥鸣白鹳翔云，千亩荷塘一绝月牙湖。史迹有苏联红军纪念碑与日军要塞，记录光荣与耻辱；旅游含休闲度假科教类及娱乐观光，兼具自然和人文。

安宁火山口国家森林公园：地下森林出自七大火山口，岩浆流淌形成地下溶洞群。火山口生境多样，动植物种类齐全。高山堰塞小北湖梦幻之境，珍稀高端东北虎偶留行踪。中华秋沙鸭集中地，红莲活化石生长家。

海林雪乡国家森林公园：巨擘脚下，林海一洲。山峦重叠溪沟众多飞禽唱和走兽隐现，林海雪原生机盎然；植被繁茂高乔低灌药材山珍丰富多样，达官显贵接踵观光。

其他国家森林公园：牡丹峰、大亮子河、乌龙、街津山、齐齐哈尔、北极村、长寿、大庆、一面坡、龙凤、金泉、驿马山、三道关、绥芬河、五顶山、龙江三峡、鹤岗、勃利、丹清河、石龙山、望龙山、胜山要塞、五大连池、金龙山、呼兰、伊春兴安、长寿山、桦川、双子山、大青观、香炉山、华夏东极、神洞山、七星山、亚布力、日月峡、八里湾、乌马河、黑龙江凤凰山、兴隆、青山、大沽河、洄龙湾、金山、小兴安岭石林、方正龙山、溪水、镜泊湖、六峰山、夹皮沟、珍宝岛、七星峰、仙翁山、小兴安岭红松林、呼中、加格达奇等国家森林公园。

②吉林省：雄踞高台，拥长白林海，为众河之源，西辽河北松花东南图们鸭绿；坐镇边陲，瞰朝俄邻邦，俯松嫩原野，藏山珍出林产大城长春吉林。吉林省有国家森林公园35处。

净月潭国家森林公园：风景名胜旅游健身疗养森林城市水源，都臻完美；绿海明珠都市氧吧生态绿核城市名片，称誉非常。处处景皆美，四季貌不同。

桦甸红石国家森林公园：蒿子湖抗联密营记载艰苦卓绝抗战岁月，杨振宇将军雕像展示坚贞不屈民族精神。白山湖磅礴大气，红叶山美艳绝伦。

白山市露水河国家森林公园：红松水曲柳柞树紫椴，森林储珍贵树种；马鹿梅花鹿狍獐山鸡，生态养动物珍稀。药材山珍绿蔬狩猎皆是长白特色，听松休闲观景赏画有享四星景区。

拉法山国家森林公园：关东奇山，群峰峻峭，古树天地，松柏常青。老爷岭绿海沉浮山花烂漫，红叶谷秋色一绝妙趣天成。冰湖沟高山平湖原始林海，松花湖林木葱郁山岛缠绵。瀑布直落下千尺，美景陡然上心头。

延边仙峰国家森林公园：睡佛圣境，雾凇奇观。公园有松树王地热泉抗联密营古庙遗迹，特景为原始林红松树雪凇雾凇罕见景观。

延边图们江国家森林公园：东方第一村防川冬暖夏凉山清水秀，义士安重根故居民族特色边关风情。林海雪原为地方特色，生态旅游做发展方针。

朱雀山国家森林公园：登冰晶顶，沿途看原始森林，奇杉古松，冰川遗迹，云海幻化，杜鹃花海；做观赏游，重点寻陡势山形，大树古木，古朴风貌，菩提寺庙，石刻摩崖。

三角龙湾国家森林公园：六个火山口集中分布，形态迥异，保存完整；火山原生态演替过程，地貌独有，湿地特别。吊水湖，瀑布高悬形态奇特观赏饱眼，冬日不冻夏日清凉避暑绝佳。

临江国家森林公园：长白山下第一泉温汤名远，高山草原岳桦林特色一方。有四大景观，地貌山高峡秀，边城文化古迹，夏凉冬雪天景，动植生物景象；赏一年百色：春天万木吐翠，夏日林海绿洋，秋来万紫千红，冬至素裹银装。

满天星国家森林公园：峰峦峻起沟壑纵横溪河密布，碧波万顷植物千种滑雪冬场。八大景区亮丽，自然人文同兴。黄金洞古城堡历史可鉴，天星湖龙龟岛自然天成。

其他国家森林公园：五女峰、白鸡峰、帽儿山、半拉山、三仙夹、大安、长白、图们江源、官马莲花山、肇大鸡山、寒葱顶、吊水壶、通化石湖、江源、鸡冠山、蓝家大峡谷、长白山北坡、红叶岭、龙山湖、泉阳泉、白石山、松江河、三岔子、临江瀑布群、湾沟等国家森林公园。

③辽宁省：东傍长白群山，西依内蒙古高原，坐镇辽河平原，面向黄渤大海，辽西走廊连华北，辽东半岛集精华。海陆兼备区位，为东北亚门户；城市工业联群，拥天地人优势。辽宁有国家森林公园34处。

辽宁章古台沙地国家森林公园：造起樟子松林万顷，点燃固沙希望之圣火，铸就绿色长城一道，立下千秋不朽之功勋。集二百种固沙植物，有一园盛天下美誉；锁八百里黄魔肆虐，为世代新文明大旗。

普兰店国家森林公园：森林茂密独具特色，名胜历久古迹众多。山峰连绵成就二龙戏珠之势，隋唐古遗点睛巍霸古城景观。碧流河水青山秀，海防林绿色长城。

本溪国家森林公园：铁刹山怪石嶙峋，岩洞幽深，庙宇古刹，摩崖石刻，龙门道派发祥地；关门山奇秀俊伟，峰石林立，峭壁苍松，天女木兰，号为"东北小黄山"。老边沟秀美，大石湖神奇。

桓仁库区国家森林公园：群山竞秀，点将台傲立巅顶，云蒸霞蔚；库湖涌波，飞来峰俯瞰碧水，鸟翔禽鸣。森林幽深奥秘，峡谷一线天光。

朝阳凤凰山国家森林公园：奇峰峭壁岫巄为特征，林木争荣风光秀丽；三塔四寺古迹做点睛，天人胜境北国明珠。

宽甸国家森林公园：一地一世界，四季四重天。天桥沟，地球造山运动经典杰作，地貌独特；中国秋叶最红最艳地方，风景绝佳。黄椅山，玄武岩柱林，垂直挺拔排列有序凌空矗立动人心魄；天华山，万卷画天书，森林密布峰奇峡险洞幽水秀天下一绝。

花脖山国家森林公园：辽宁屋脊，古树参天，无边林海，称"动植物宝库"；冰川遗迹，石阵若海，中朝抗日，有英雄气长存。千苍谷，辽东第一幽谷；百瀑峡，东北瀑布之都。

抚顺三块石国家森林公园：巨石峰巅称胜景，森林全覆盖，自然物种基因库；抗联精神耀百世，九曲十八弯，民族历史贯古今。

金州大黑山国家森林公园：古文化发祥，北方丝路起点，风雨古城留存，儒道佛三教合一圣地；黄渤海一观，秀木高大隐蔽，瀑布星罗棋布，山石洞形色百景聚集。

其他国家森林公园：旅顺口、海棠山、大孤山、首山、陨石山、盖州、元帅林、仙人洞、大赫山、长山群岛、沈阳、猴石、本溪环城、冰砬山、金龙寺、千山仙人台、清原红河谷、大连天门山、大连银石滩、大连西郊、医巫闾山、和睦、绥中长城、瓦房店、铁岭麒麟湖等国家森林公园。

（3）华东各省（市）国家森林公园

①山东省：抱泰山临大海对望日韩，六千里黄金海岸群星陈列；拥平原座丘陵水陆鲜会，八千万勤劳儿女手绘宏图。山东有国家森林公园49处。

抱犊崮国家森林公园：沂蒙崮之首，鲁南第一峰。一崮耸起拔地通天，崮顶平田，天池二眼，君山可望海；洞府遍山兵锋多起，松柏苍郁，景区四片，游观皆舒心。

淄博鲁原国家森林公园：鲁山，台地千仞，高山平湖，瀑流四围，观景四季，峰奇石怪山清水秀；原山，峰岭百座，山峻林茂，树木多种，庙宇古朴，景色优美环境可人。

潍坊沂山国家森林公园：鲁中仙山，磅礴大气，泰山之弟，林木繁盛。具南险北奇东秀西幽特点，有峰石瀑溪古刹松云谐趣。汶弥沂沭四河源头，齐长城巅顶绵亘；隋唐宋明皇封代赠，文学士笔墨留踪。

徂徕山国家森林公园：文脉久远，佛道圣地，古庙宇三十多处；森林茂密，古树参天，动植物数百种多。重峦叠嶂，汶河环绕，景致美好；革命圣地，元帅题碑，风骨永存。

烟台牙山国家森林公园：三峰矗立巨石如笋直刺云霄成特景，半岛名山奇石遍布洞府花木皆动人。丘处机修道于七屯兵许世友抗日，人文遗迹十八处；乔灌木繁茂三花烂漫菌菜羊特产，彩色森林大氧吧。

蒙山国家森林公园：亚岱称誉，五星景区，百里林海，自然课堂。山体雄秀险奇，四时皆美景；周围河湖田庄，八节有诗情。

其他国家森林公园：崂山、黄河口、昆嵛山、罗山、长岛、沂山、尼山、泰山、日照海滨、鹤伴山、孟良崮、柳埠、刘公岛、槎山、药乡、原山、灵山湾、双岛、腊山、仰天山、伟德山、珠山、牛山、鲁山、岠嵎山、五莲山、莱芜华山、艾山、龙口南山、新泰莲花山、牙山、招虎山、寿阳山、东阿黄河、峨庄古村落、峄山、滕州墨子、密州、留山古火山、泉林、章丘、峄城古石榴、棋山幽峡、夏津黄河故道、荏平、蟠龙山等国家森林公园。

②江苏省：拥江抱海精致地，城兴民富鱼米乡。江苏有国家森林公园21处。

南京：一城名胜古迹，五大森林公园。老山，江北明珠，森林覆盖绿色绵延，林泉洞石四绝著称；淮阳山脉，南朝遗迹宋明仙踪，鹭雀鸟禽生态江南。游子山，九子团簇竹茂林丰，濑渚第一形胜；双龙抱寺古兴今盛，孔圣亲历而铭。紫金山，城市森林，千株古树，生态文化示范地；金陵毓秀，六朝文化，文保单位集中区。栖霞山，四大红叶观赏地，山景优美；半部金陵兴衰史，文脉悠长。无想山，群山环绕竹海青翠秋湖潋滟环境幽雅，文物众多古迹棋布民俗浓厚超级氧吧。

铁山寺国家森林公园：植物千种药草八百，丰富动植物基因库；碧湖万顷铁山十景，稀有跑马山天文台。

虞山国家森林公园：沙家浜边亚热带常绿森林植被，山水胜景；阳澄湖畔常熟市历史文化名城，人天相依。

句容宝华山国家森林公园：林美峰秀洞深霞胜四大奇观，更有百株千年古树；玉兰竹海亭台寺庵诸多景致，最贵六棵乾隆御松。

西山国家森林公园：太湖山岛缥缈仙境，苏州名媛国色天光。水月观音月禅寺，墨佐君坛碧螺春。八阵图石阵，风流子琴台。古木棋布，茶园星罗。

其他国家森林公园：上方山、徐州环城、宜兴、惠山、东吴、云台山、南山、盱眙第一山、紫金山、大阳山、栖霞山、游子山、老山、天目湖、无想山、黄海海滨、三台山等国家森林公园。

③上海市：踞一带一路节点，守一江门户；占大国大势鳌头，瞻大海风云。上海有国家森林公园4处。

海湾国家森林公园：生态文明设计，城市人工森林。植物园百鸟湖水陆兼具，观赏游科教游功能齐全。共青园：北森林南翠竹风格迥异，泛舟湖听鹂崖映秀水乡。

佘山国家森林公园：十二山峰蜿蜒，平原顿生灵秀；十三千米绿龙，水乡更增光辉。兰笋收获重阳登高皆是盛典，沙雕展示宗教祭祀均为游节。

东平国家森林公园：人造平原森林，农业旅游示范。乔灌藤本杉槐樟果百木齐聚，滑草攀岩骑马射击观玩毕集。

其他国家森林公园：共青国家森林公园。

④浙江省：青山秀水花田美庐，钱江灵秀冠天下；天堂佛国海鲜陆珍，浙地物饶甲东南。浙江有国家森林公园 42 处。

华顶国家森林公园：群峰簇拥深涧渊潭，石梁飞瀑华顶归云，天台灵山佛宗道源，文物古寺田园茶庄。婆罗古树群此处独有，云锦清凉界独鹤鸡群。

竹乡国家森林公园：天目山余脉，黄浦江源头。峰岭圈围沟坡深陡，四季分明雨量充沛气候宜人，均是独到之处；古寺千年电站新起，一地竹海遍山流泉四围农田，特色水乡景观。

杭州半山国家森林公园：龙虎相伴城北绿肺，山水胜景森林天国。文山浩气贯宇宙，古庙遗踪传古今。

钱江源国家森林公园：华东生态屏障，开化天然氧吧。十佳避暑胜地，最美生态景观。龙山神泉枫楼红艳古松闻音，天然次生林覆盖岩崖峰嶂；莲花长溪飞天瀑布水湖孤岛，丰富动植物灵秀山色天光。

千岛湖国家森林公园：五星景区，四海名媛。百山沉浮光彩十色，千岛流翠风姿万端。富春江：青山叠翠碧水如染，舟行江上人游画中。葫芦飞瀑洒珠溅玉，瑶琳仙境偶落人间。梅城青史，双塔凌云。

衢州紫薇山国家森林公园：地壳错动石山拔裂成千仞峭壁百丈峡壑，奇特景观绝无仅有；雨水充沛森林茂密有百米飞瀑无底深潭，白豆杉林独此一家。林泉瀑云聚一谷，山石洞天集奇峰。巨石成峰天下罕有，药王山景世上绝无。

四明山国家森林公园：枫炫七彩，瀑飞万珠。森林茂密，雾凇晶华成绝景；峡山秀丽，峭壁青松悬陡崖。石门硐：旗鼓双峰如门对峙，高可眺险可探芳可赏奇可咏；洞府飞瀑若帘垂天，清可濯幽可近邃可隐古可寻。

其他国家森林公园：大奇山、兰亭、午潮山、富春江、天童、雁荡山、溪口、九龙山、双龙洞、青山湖、玉苍山、铜铃山、花岩、龙湾潭、遂昌、五泄、石门洞、双峰、仙霞、大溪、松阳卯山、牛头山、三衢、径山（山沟沟）、南山湖、大竹海、仙居、桐庐瑶琳、诸暨香榧、庆元、杭州西山、梁希、括苍山、丽水白云、绍兴会稽山等国家森林公园。

⑤安徽省：拥黄九据两淮区位中正，北沃原南水乡大江雍容。安徽有国家森林公园 35 处。

琅琊山国家森林公园：四星景区城山一体，洞泉优胜森林氧吧。摩崖碑刻全国文保，琅琊古寺香火千年。丰乐留古迹，野芳发幽香。

韭山国家森林公园：青山绿水，奇洞秀湖。醉翁亭名亭名记，卧牛湖真山真湖。怪石峥嵘成狼巷迷谷，韭山洞深为朱明屯兵。物种丰富四季成相，禅窟洞幽八方会朝。

浮山国家森林公园：皖地名山白荡湖畔，香火古寺道家洞天。火山地貌特色，摩崖石刻文明。水波荡漾山浮动，针阔混交松竹青。

九华山国家森林公园：森林世界，动物天堂，秀峰雄踞，佛国仙园。凤凰黑虎迎客松古圣万寿，华严心安九子岩香火千年。

齐云山国家森林公园：一石插天直入云端，比肩黄山称白岳；峰峦四起峭壁耸立，丹霞地貌秀江南。飞瀑流泉云海佛光，绮丽多姿四时幻化；山奇水秀洞幽石怪，名人雅士历代讴歌。齐名龙虎武当鹤鸣，列为四大道教圣地；累积摩崖碑刻题记，迭成千幅文库宝藏。

天堂寨国家森林公园：崇山峻岭气势，奇松怪石景观。圣水世界，瀑布百多道，名九影四叠泻玉，飞流直下；避暑胜地，岩崖千百态，似笨龟松鼠企鹅，妙趣横生。茂林修竹，植物王国，原始森林将天涯绿透；百鸟呼唤，动物天堂，珍稀禽兽做遍山唱和。

鸡笼山国家森林公园：道家洞天福地，江北第一名山。群山环拱一峰独雄，巨石冠状若莲花；植被茂密古木参天，景色可人空气新。一线天神工鬼斧，诗仙皇王笔墨留宝；三清殿鼓击钟鸣，佛寺道庙声名远播。

合肥国家森林公园：大蜀山，孤峰雄起森林密，风景如画四时新。纪念塔纪念民族荣辱，名人园铭记皖地精英。滨湖公园，万亩城市水网森林，人工林破茧成蝶，十佳华东旅游项目，合肥市肾脏肺腑。生态修复成正果，巢湖岸带结明珠。

其他国家森林公园：黄山、天柱山、皇藏峪、徽州、大龙山、紫蓬山、黄甫山、冶父山、太湖山、神山、妙道山、天井山、舜耕山、石莲洞、横山、敬亭山、八公山、万佛山、水西、青龙湾、上窑、马仁山、合肥滨湖、塔川、老嘉山、马家溪、相山等国家森林公园。

⑥江西省：三面峰岭一面北倾，五大江河秋水汇合。名山聚首红土地，赣水风景独好；森林葱郁绿城乡，南昌都会文明。江西有国家森林公园50处。

铜鼓国家森林公园：丹霞红岩覆林被，群峰耸翠飞瀑泉。天柱孤峰览胜，铜鼓崖石争奇。龙门崖翠竹笔挺，大为山云海迷离。珍稀植物星月交辉，飞禽走兽争奇斗异，誉为"江南生物世界"；疗养避暑气候宜人，休闲度假景观美好，真正赣北大然氧吧。

上饶铜钹山国家森林公园：千姿百态峰岭，独特旖旎风光。九仙山高峡平湖诗情画意，白华岩广福古寺历久弥新。高山红豆杉国宝名贵，松杉原始林珍兽迷恋。家潭塔底忠文公英气尚在，高阳军潭红军岩伟业大成。

翠微峰国家森林公园：翠微峰石峰林立峭壁四围林木葱郁苍翠辉明，金晴十二峰声名卓著；金精洞潜身高崖藏形巨峰清幽静寂道家福地，古今旅游地特色鲜明。有易堂九子隐居习传经典轶事遗迹；成宁都文乡诗国雅称诗文千卷留存。

永修柘林湖国家森林公园：青山环立森林雍翠万顷碧波荡漾；绿岛星罗曲岸多姿一颗璀璨明珠。靖安三爪仑：六大景区有百里风光带，季风气候成茂密阔叶林。奇峰林立怪石密布飞瀑流泉清潭曲涧，天成胜景；古木参天绿色宝库天然氧吧四星景区，地造人缘。

五指峰国家森林公园：五峰指排，天际神柱，形象生动；怪石奇崖，若人若兽，惟妙惟肖。高峡平湖生境优越，设世界候鸟观察站；瀑泉曲流原生森林，是赣州生态旅游区。

三湾国家森林公园：山高林密古木参天，相传华南虎曾有，天然物种资源库，旅游新秀；三湾改编星火燎原，留有毛泽东旧居，革命遗珍红双井，初心常萌。

峰山国家森林公园：翠林万顷云霓幻化飞瀑流霞，群峰交相辉映，鲜明自然特色；游山作赋赏花吟诗文脉绵长，宋明风水圣地，雅士名流多集。上下山村古松古樟古枫皆是姓氏征象；古今建筑宝盖精舍石城都为重要景观。

明月山国家森林公园：拥五项国字号桂冠，集云月生态系新貌。中国宜居城市，宜春十景之一。

陡水湖国家森林公园：电站大坝使峡谷成湖山岛耸峙，雄伟壮观风景；封山育林成苍翠林海四季丰色，梅岭冬花幽香。赣南树木园，生态文化基地；红色根据地，伟人遗迹多留。

其他国家森林公园：三爪仑、庐山山南、梅岭、三百山、马祖山、鄱阳湖口、灵岩洞、天柱峰、泰和、鹅湖山、龟峰、上清、梅关、永丰、阁皂山、三叠泉、武功山、阳岭、天花井、赣州阳明湖、万安、安源、景德镇、云碧峰、九连山、岩泉、瑶里、清凉山、九岭山、岑山、五府山、军峰山、碧湖滩、怀玉山、仰天岗、圣水堂、鄱阳莲花山、彭泽、金盆山、会昌山、罗霄山大峡谷、洪岩等国家森林公园。

⑦福建省：陆海各半壁，中西两带山。岛屿千五岸万里，田水占两山八分。丹霞地貌瑰丽，岛岸风光旖旎。福建省有国家森林公园30处。

福州国家森林公园：珍稀植物荟萃红土地，有林中巨人望天树，茶族皇后金花茶，森林古遗桫椤，万木之王秃杉，活化石水杉，鸽子树珙桐，风景林行道树应有尽有；风景名胜装点笔架山，若龙潭水石风景区，国花名媛兰花族，品类齐全竹园，友谊使者红杉，森林博物馆，福州鸟语林，亚热带动植物满目琳琅。

龙岩国家森林公园：喀斯特地貌，奇峰峻拔峭石嵯峨，云顶山雄伟紫金山秀丽；亚热带气候，茂林修竹物种丰富，原生林兽藏梅花湖鸟鸣。江山美人图神功造化，天地龙崆洞自然迷宫。

华安国家森林公园：戴云山森林世界，植物二千七百来种，珍稀古老；温暖带动物众多，昆虫七八百种之多，蝶类尤丰。二宜楼世遗文物，竹种园种属最全。

德化石牛山国家森林公园：天下第一石牛，真正神话世界。放射状火山爆发口，峰险石怪；百多个熔岩奇石洞，奥秘无穷。岱仙瀑布，流经飞仙山峰，飞流直下；石壶祖殿，闽台道教圣地，传承千年。

闽南乌山国家森林公园：地貌起伏景物丰富，林木广布山势逶迤。三角崆红色据点英风长在，长林寺天地会址碑刻史踪。九侯山景点石刻密布，红竹尖神话怪诞流传。

上杭国家森林公园：景区景点独具特色，动物植物稀有珍奇。佛教圣地，留普陀云峰诸多古迹；森林密布，有古树奇峰丰富景观。

其他国家森林公园：福建天柱山、平潭海岛、猫儿山、三元、旗山、灵石山、东山、三明仙人谷、将乐天阶山、厦门莲花、武夷山、漳平天台、王寿山、九龙谷、支提山、天星山、闽江源、九龙竹海、长乐、匡山、南靖土楼、武夷天池、五虎山、杨梅洲峡谷等国家森林公园。

（4）华中各省国家森林公园

①河南省：中州大地物产丰富，庄田密布沃野千里。太行伏牛桐柏大别山峦环绕，淮海源出黄河横贯；人口城市历史文化源远流长，政统四面名标八方。天下枢纽，华夏核心。河南省有国家森林公园 32 处。

嵩山森林公园：大陆性季风气候，针阔叶乔灌森林。以跑马岭、峻极峰、莲花、御寒、马鞍山诸峰为骨；有三皇寨、少林寺、嵩阴、中岳、马鞍山五大景区。中岳庙宇嵩阳书院观星古台百代青史记载，大功告成先睹为快程门立雪千年轶事闻名。

嶂峪山国家森林公园：伏牛山余脉，花岗岩峰林。天地大动，巨石崩摧，成空洞万窍奇石林立之奇特景致，享天下盆景美誉；森林漫覆，诗画风光，集名山秀水仙踪圣迹和遍地故事，成南北湖山胜区。百多景点神心醉，万千风光夺目眩。

亚武山国家森林公园：东踞殽函西临潼关风光灵宝，背依秦岭面对黄河秀带中州。自然景致，雄奇险秀旷幽丰富多彩；人文景观，殿塔庙观洞碑星罗棋布。存千秋盛衰遗迹，载万代神话传奇。

洛阳白云山国家森林公园：伏牛山核心，东西南北风景区四面呈现；大山水景观，四部挂牌国家级五星桂冠。兼具北雄南秀风光特色，特有气候生态交会奇观。

神灵寨国家森林公园：中州生态文明教育基地，河南十大优美地质景观。花岗岩石瀑群奇特雄伟，莲花峰大草原蔚为壮观。碧潭挂瀑清澈生动，白皮松姿俏美超群。

燕子山国家森林公园：秀峰古木净潭清溪瀑布，国家保护动植物，山珍果品特产佳汇；龙王祖师山神庙宇洞府，抗战飞机岭，黄金基地亚军巧集。蝴蝶泉万蝶翩舞，观赏林杉槐幽香。

其他国家森林公园：寺山、汝州、石漫滩、薄山、开封、花果山、云台山、龙峪湾、五龙洞、南湾、甘山、淮河源、铜山湖、黄河故道、郁山、玉皇山、金兰山、天池山、始祖山、大鸿寨、天目山、大苏山、云梦山、金顶山等国家森林公园。

②湖北省：一地山水名胜，万年古迹留存。绿色宝库神农架，道家圣殿武当山。江汉平原沃野千里，湖广熟天下足；武汉三镇大江贯流，九省通五洲达。楚都纪南屈子故里，昭君旧居赤壁三国。黄鹤楼千古，葛洲坝常新。湖北有国家森林公园38处。

湖北大别山森林公园：江淮分水，南北大别。山岳景观，聚峰石瀑潭河谷森林景观于一体；历史人文，集宗教史迹民俗红色文化于一身。白马尖主峰主景，薄刀峰峻岭峻崖。原始林生物宝库，松石景奇特险隘。

清江国家森林公园：长阳山水多锦绣，绿林幽谷藏珍奇。水库大坝峻起，造百湖千岛山光水色绝妙佳境；天柱观坪建设，开道教名山旅游休闲无双景区。

沧浪国家森林公园：千亩野生蜡梅和千亩天然杜鹃装点美丽，百年民宅老院与百年旧村古寨保存如初。十堰市绿色屏障，鄂西北天然氧吧。

鄂西坪坝营国家森林公园：原始森林连绵无际，称鄂西林海；千年云锦杜鹃古树，为全国罕存。红豆杉香果树鹅掌楸均为珍稀群落，古银杏古楠木古板栗都是自成景观。四洞峡，八瀑八潭四洞连穿成绝胜；白家河，峡谷急流落差千米称涌喷。古奇秀幽特色，生态科教休游。

荆州洈水国家森林公园：双曲拱坝截洈水，湖岛港汊成迷宫。林木繁茂藏鸟兽，古穴神洞赞绝伦。

丹江口国家森林公园：湖光山色丹江口，南水北调汉水头。江南牛河区江北太极峡，森林葱郁，面积广大，为生态屏障；探险太平谷品茶凤凰山，四季有果，风景优美，宜娱乐休闲。

诗经源国家森林公园：养成鸟兽栖息地，保护原始次生林。集观赏知识趣味娱乐参与性为一体；寓科教文化休闲探幽生态游于一身。

玉泉寺国家森林公园：玉泉山主峰，压群僚而独秀，冠三楚而驰名，奇洞怪石秀峰峻岭著称；玉泉寺古刹，点迷津以慧理，创新宗而祖庭，高僧名士英雄墨客云集。

其他国家森林公园：九峰、鹿门寺、大老岭、大口、神农架、龙门河、薤山、柴埠溪、潜山、八岭山、三角山、中华山、太子山、红安天台山、吴家山、千佛洞、双峰山、大洪山、虎爪山、五脑山、安陆古银杏、牛头山、九女峰、偏头山、崇阳、汉江瀑布群、西塞、岘山、百竹园寺等国家森林公园。

③湖南省：雪峰武陵幕阜罗霄山地占半壁，湘江资江沅江澧水四流入洞庭。名山名水古楼古寺名胜遍布红土地，名城名人英雄伟业丰碑高耸鱼米乡。湖南省有国家森林公园63处，居全国第二位。中国首个国家森林公园——张家界国家森林公园在此诞生。

舜皇山国家森林公园：神岳雄奇特，湘南第一峰。相传舜帝南巡驻跸，赠民十宝，皆成胜景；特有石城仙岩轿顶，幽谷奇瀑，足可迷人。物种丰富四时花景，蝴蝶王国绿色明珠。

蓝山国家森林公园：九嶷南麓，潇湘源头。原始森林广大，动植物物种繁多。福建柏群落最大，斑竹林世界第一。三峰石横空出世光晶耀眼，板塘湖水光山色杜鹃花红。

长宁天堂山国家森林公园：氧吧原始林海，云乡清新水源。中国印山，一座艺术宝库；西江漂流，更兼瑶乡风情。

株洲神农谷国家森林公园：典型山地气候，避暑佳选；优美山水林石，游赏情浓。高峰高瀑三湘为冠，原始森林完整无双。

宜章莽山国家森林公园：真正绿色基因库，植物南北荟萃，高等植物达二千七百多种；古老物种避难所，瑶乡天人和谐，原始森林有六千公顷之多。莽山峰百座，雄奇高险；珠江源漂流，冲浪氧吧。

西瑶绿谷国家森林公园：群峰竞秀沟谷纵横，人神龟兽峰石百态；气候湿润森林茂密，河溪瀑潭峡谷涌流。针阔灌竹植被多样，杉松樟楠树种繁多。

张家界国家森林公园：秀水八百，奇峰三千。荣登世界自然遗产名录，榜首国家森林地质公园。奇特的石英砂岩大峰林举世罕见，高密度天然森林生态系资源富饶。洞谷溪岩景象万千称自然博物馆，五大名科植物兼有号"天然植物园"。盖世无双美丽，绝无仅有景观。

大围山国家森林公园：浏阳河源地，湘赣界高峰。冰川遗迹生成天心湖四十八个，最是奇特景致；森林高密养育彩蝴蝶仟贰佰种，更宜生态旅游。

云阳国家森林公园：连峰七十二，群山耸立，丹崖流霞，飞瀑垂练，深谷笼幽，古洞藏奇，森林海洋，天然氧吧，自然美景几十处；红色根据地，古今圣迹，炎帝故封，神农文化，道家仙山，古迹典记，神话传说，诗文颂扬。

其他国家森林公园：九嶷山、阳明山、南华山、黄山头、桃花源、天门山、天际岭、天鹅山、东台山、夹山、不二门、河洑、峋嵝峰、大云山、花岩溪、云阳、大熊山、中坡、湖南幕阜山、金洞、百里龙山、千家峒、两江峡谷、雪峰山、五尖山、桃花江、湘江源、月岩、峰峦溪、柘溪、宁乡香山、九龙江、天泉山、嵩云山、青羊湖、熊峰山、菥溪、福音山、黑麋峰、坐龙峡、攸州、矮寨、嘉山、永兴丹霞、四明山、齐云峰、北罗霄、靖州、嘉禾、沅陵、溆浦、宜州、汉寿竹海、岐山、太白峰、腾云岭等国家森林公园。

（5）华南地区国家森林公园

①广东省：五岭南南海北，桂之东闽之西，山海丘陵曲岸岩岛，温热湿雨林茂物丰。望文生义，地名印证自然景观特点；听音晓礼，语言标征民族文化栖徙。广东省有国家级森林公园 27 处。广东是辟建森林公园数量最多的省份，全省各级森林公园超过千处，并拟规划再建 500 处以上。

南岭国家森林公园：亚热带常绿阔叶林中心地带，原始林自然生态系完好保存。群峰高耸崔嵬雄浑天工巧成错落有致，深壑幽谷清溪长流飞瀑连叠风景画廊。

韶关小坑国家森林公园：人工湖岛水光山色，澄碧清澈游赏垂钓，更兼水鸟群集生机无限；含氡温泉疗养休闲，群山环抱四季各色，尤其春花秋枫动人心弦。

广州流溪河国家森林公园：流溪湖碧波万顷，湖岛数十，如翡翠镶嵌于明镜；五指山层峦叠嶂，景换四时，若诗画描摹之美图。古木参天森林茂密，幽谷滴翠洞石流瀑。科考体验，娱乐休闲。远山时明灭，人身仙幻中。

英德国家森林公园：南岭支脉，丘陵地形。雄峰峻起雾潮云海幽峡奇洞飞瀑流泉，美轮美奂；原始森林奇松怪石珍禽异兽名胜古迹，文脉远长。绿色银行，有高等植物二千三百多种；生物宝库，藏珍稀动物一百三十多类。峰林走廊，千座峰峦形态各异线形排列错落有致称特景；长湖南山，繁花茂林形山象石蝶舞鸟鸣风光旖旎壮人文。

广宁竹海国家森林公园：营竹用竹风骚独领，竹乡竹文源远流长。古琴岗，蓝天碧水金沙翠竹山清水秀，大观区，父子明经陈家古屋罗锅老街。万竹园宝锭山，武术之乡革命根据地；程公祠指挥庙，碑林亭阁文风一脉传。

惠州南昆山国家森林公园：古桃花源之今版，北回归线上绿洲。原始林二十四万亩，绿竹海四千公顷多。群峰环绕流溪清澈飞瀑平湖，景色美好；茂林修竹古树珍木鸣禽俊鸟，生态优良。

广州天井山国家森林公园：高峰巅顶有湖得名天井，原始森林广阔称誉版纳。屋脊区看老茎生花、根抱石、寄生兰、大板根、藤木攀缠生物奇景；泉水区观云锦杜鹃、山樱花、火焰木、大头茶、深山含笑四季野花。有豹纹石景、石蛋地貌、生态长廊好观赏；兼秦汉古道、西京古道、溶洞温泉热人文。

其他国家森林公园：梧桐山、南澳海岛、新丰江、韶关、西樵山、石门、圭峰山、北峰山、大王山、梁化、神光、观音山、三岭山、雁鸣湖、大北山、镇山、南台山、康和温泉、阴那山、中山等国家森林公园。

②广西壮族自治区：岩溶地貌，典型奇特秀美，桂林阳朔碧莲玉笋世界；八桂大山，磅礴雄伟壮丽，十万洞穴神工鬼斧奇观。气候优越物产丰富水果之乡珍稀生物避难所；濒临南海滩涂广大渔场著名南珠海珍黄金湾。山水甲天下，区位占鳌头。广西有国家森林公园 24 处。

桂林八角寨国家森林公园：森林景观，原生植被，古树参天，珍稀植物，高值竹木，号称"中药材天然宝库"；丹霞地貌，赤崖峻险，丘峰丛立，顶戴翠冕，孤峰溜石，誉为"世界级丹霞之魂。"

龙滩国家森林公园：典型岩溶峰林，森林茂密，古木齐天，植被全覆盖；最佳森林浴所，高峡夹岸，平湖游龙，珍稀植物园。

大瑶山国家森林公园：景观空间绚丽多彩，动植生物丰富多种。具雄奇险秀古野姿色，有珍稀古特复杂特征。圣堂山如巨型古堡耸立，丹崖碧水，更有古冰川遗迹石河石海；生态系有气候地理优势，花海树奇，最奇活化石标本瑶鳄银杉。动物乐园，药物宝库，八角之乡，云雾茶园。

柳州三门江国家森林公园：群山环抱，柳江蜿蜒，森林生态，繁花似锦。古诗赞曰：

"岭数重遮千里日,江流曲似九回肠。"

十万大山国家森林公园:亚热带雨林,绿荫绵绵,垂直带谱;单斜山地貌,群山累累,崖壁嶙峋。珍稀特有物种宝库,如植物皇后金花茶,坡垒苏铁桫椤金毛狗脊,皆是国宝;生境优越虫兽蜂拥,有一级保护金钱豹、云豹林麝巨蜥蟒蛇群集,实为罕有。幽静峻险神秘古野之地,观光度假疗养休闲佳选。

贺州姑婆山国家森林公园:四星景区,巨型氧吧。有"十佳"之盛誉,为动植物王国。天堂马鞍姑婆笔架峰山,褶皱岩层主峰突兀山势险峻;仙姑玉龙奔马罗汉奔水,名瀑流碧银河倒挂百彩千姿。高下景异,古今情同。

黄猄洞天坑国家森林公园:大石围天坑群天下奇异,黄猄洞风景区群华毕集。携风岩花坪盘古王盛装呈现,合溶洞森林喀斯特奇异一身。天坑千仞惊险万端,地下原始森林藏灵显怪,松榉木王兰花桫椤名贵药材,地特种特;溶洞集群景象各异,熊猫犀牛莫白化石珍藏,瀑布天桥秘境神洞诡秘景观,平常非常。盘古喜庆热烈,花坪兰香醉人。

飞龙湖国家森林公园:峡湖曲折如长龙舞动,山岛星罗似宝石镶嵌。皇殿梯瀑惊心动魄,瑶家风情真切淳朴。

其他国家森林公园:桂林、良凤江、大桂山、元宝山、龙胜温泉、太平狮山、大容山、九龙瀑布群、平天山、红茶沟、龙滩大峡谷、狮子山、龙峡山、凤山根旦等国家森林公园。

③海南省:拥五指山抱鹦哥岭俯瞰椰林土地,坐北部湾辖南沙岛守护万里海疆。气候湿热物产特色,景致优美南国风光。海南省有国家森林公园9处。

尖峰岭国家森林公园:山海相连地理,独特气候条件,奇特生态系统,神秘热带雨林。植物2 800种,动物4 300多。七个植被带垂直分布,二千维管束植物种群。昆虫四千种,蝴蝶三百多。自然生态原生纯朴神奇精致,景观特色尖峰天池云天密林。这里有恐龙同代的树蕨活化石,类人兄弟之黑冠长臂猿。石梓千年不腐,子京绿色钢铁。坡垒母生,花梨油丹,陆均松,青梅沉香,粗榧蒲葵,见血封喉,种种热带稀贵林木;高乔大木,攀藤绞杀,大板根,空中花园,附生寄生,高低数层,累累雨林奇特景观。物种基因库,生态教科书。

吊罗山国家森林公园:极珍稀低地原始森林,有六大植物奇观,根抱石、大板根、古藤缠树、老茎生花、空中花篮、绞杀现象;最丰富动植生物种群,呈多样自然美景,原始林、瀑布群、深潭清流、珍禽异兽、巨树古木、异草奇花。植物三千五百种,真正宝库;兰花二百多种,罕有香源。景观魅力数特色,神话传说话古今。

黎母山国家森林公园：南渡万泉昌化三江发源地，峻岭雨林飞瀑黎族始祖山。热带季雨林，五个植被带，群落层次复杂，荫生附生繁多，优质木材药材、林副山珍丰富；物种基因库，国宝动物多，孔雀雉山鹧鸪、南蛇坡鹿巨蜥、黑冠长臂猿等。天女散花、银河归川、白龙嬉涧、吊灯岭、悬瀑有盛誉。摩崖石刻、黎母石像、黎母庙，东坡岭，人文亦可观。

霸王岭国家森林公园：雨林展览馆，大板根、独木成林、攀缘绞杀，应有尽有；物种基因库，孔雀雉、长臂猿，兽类鸟类无不珍稀。开通三条游路，观赏千百林瀑。

其他国家森林公园：蓝洋温泉、海口火山、七仙岭温泉、兴隆侨乡、海南海上等国家森林公园。

（6）西南各省（区、市）的国家森林公园

①重庆市：拥巴蜀群山，抱中华水缸，顺大江远航，建绿色家园。山表秩序，薄皮隔挡褶皱带；水达精神，丘陵台地人口居。喀斯特景观，台地槽谷丘陵峡谷，多样地貌；天坑地缝竖井洞穴，特色标签。重庆市有国家森林公园26处。

黔江国家森林公园：山高峰秀崖石险怪，典型喀斯特地貌；绿色荫郁古木参天，丰富动植物资源。武陵号称"松杉王国"，八面誉为"绿色皇宫"。饱水嶂谷慈竹画廊生物钟乳，八十里神龟峡风景优美；悬棺古寺地震遗址佛道文化，一带江风景线天人和谐。

红池坝国家森林公园：南方观雪胜地，中国地理中心。森林起源古老，垂直带谱，林相多姿多彩；飞播林海繁茂，高山草场，辽阔绿野无垠。绝世奇观，夏冰洞冰瀑如泻；云中花园，万亩园姹紫嫣红。地球褶皱，绝壁圈门。春申君故里，旅游者垂青。

九重山国家森林公园：地质博物馆称誉，景观类型多样；生物多样性宝库，千年杜鹃为王。峰聚垫连，雄奇险秀。谷窄峡深，邃秘暗幽。森林原始，草原广袤。

雪宝山国家森林公园：雄山夹峙细谷，百里峡水响彻；暗河突出溶洞，悬瀑喷涌银链。千年崖柏活化石，绝无仅有；独特浩瀚原始林，珍异稀奇。雪宝顶云雪光影，植被带色彩缤纷。兰科植物百种以上，国家保护植物八十种之多。

茶山竹海国家森林公园：三大茶园六片竹海森林全覆盖；二九古迹十四寺院西南第一茗。铁峰山：长江之畔佛教文化圣地，万州城郊优美森林风光。金狮凤凰铁佛贝壳，四大景区多名胜；禅院石刻城市山林，迎五洲游客。

桥口坝国家森林公园：渝州门户，山岳高峻奇异；川东竹海，森林茂密幽深。溶洞神

秘，古木珍稀。桥口坝温泉华清第二汤，泉鸣佩玉，热气氤氲；圣灯山公园川东小峨嵋，步移景换，妙趣无穷。气候宜人田园如画，文化深厚民风朴淳。

青龙湖国家森林公园：一条青龙穿山绕岭风姿曼妙，万重黛峰披秀叠翠韵味无穷。宋代老寨见证金戈铁马度烽火岁月，千年古松结伴双狮鸣螺听竹语林歌。

其他国家森林公园：双桂山、小三峡、金佛山、黄水、仙女山、茂云山、武陵山、梁平东山、铁峰山、歌乐山、重庆玉龙山、黑山、大圆洞、南山、观音峡、天池山、酉阳桃花源、巴尔盖、毓青山等国家森林公园。

②四川省：西倚青藏高原，东拥丘陵盆地，四边群山环绕，五水汇成大江。紫色土地，物产丰饶，文明悠久，气候宜人。山水秀美，天下胜景独钟蜀地；人杰地灵，天府之国占鳌五洲。四川有国家森林公园 38 处。四川的国家森林公园数量多，面积大。瓦屋山、二滩、夹金山、二郎山都超过 500 平方千米。

黑竹沟国家森林公园：大断裂皱褶地貌，最原始生态群落。山顶戴雪帽，山麓开百花。峡滩洞石泉瀑皆成景，林海雾谷险关尽神奇。狐狸山鬼推磨怪名诡异，杜鹃地母举沟特殊休闲。

鲜水河大峡谷国家森林公园：森林植被垂直分带，高低悬殊气候不同。森林草地湿地雪山，仪态万千的生态丹青画卷；原始针叶云杉冷杉，壮阔无比的绿色海洋浪涛。断裂陡崖高险惊心动魄，冰湖沼泽五彩悦目赏心。

夹金山国家森林公园：红军长征艰难地，革命精神千古留。冰峰雪岭晶莹美丽，高山湖泊风光旖旎。古木巨树成林，千年沙荆为王，金猴牛羚家国，山鸟画眉乐园，真正原始生态，四季美景一山。

二滩国家森林公园：双曲拱坝雄壮，高峡平湖浩渺，青山环峙，森林弥天；湖岛水峰星罗，动植生物聚会，猕猴近人，锦鸡飞鸣。壮哉美哉现代风景，潮涌潮退游客来朝。

二郎山国家森林公园：分青衣大渡二水，扼川藏通道咽喉。山高岭大气候垂直变化，树木繁茂植被带谱分明。大熊猫金丝猴领衔，一山动植物景观集中亮相；红灵山大隧道代表，古今文化群层系展现风姿。

米仓山国家森林公园：巴西外户，蜀北岩疆。森林全覆盖，天然大氧吧。大陆南北地理气候生态过渡带，自然景观峰林岩丛洞穴集中区。黑熊沟水石细景，光雾山红叶大观。大小兰沟如生物万花筒，牟阳故城似三国历史书。

福宝国家森林公园：大娄山北，合江县境。原始森林，集中珍稀树木，磅礴竹海，葵花松树挂牌保护；丹霞地貌，多有险峰怪石，珍禽异兽，深峡幽谷飞瀑流泉。难得的物种基因库，罕有的生态旅游区。

剑门关国家森林公园：两川咽喉蜀北屏障，诸葛建关兵家必争。前山雄险悬崖峭壁，后山苍翠古松幽深。有三百里世界最长古驿道，具八千株千年古柏翠云廊。集险雄怪奇幽翠自然风光于一体，汇蜀汉唐宋明清诗文历史成一家。

成都天台山国家森林公园：邛崃山脉文君故里，前瞻成都平原，后临玉溪河谷，左玉林右蒙顶，历史传承若带；世界遗产熊猫家园，曾经风景名胜，今亦旅游景区，北蜀都南名山，庙宇遗迹如林。山奇石怪，峡如天缝，洞似神蜂；水美林幽，高山流水，瀑布长虹。避暑度夏胜地，自然人文双馨。

其他国家森林公园：都江堰、瓦屋山、高山、西岭、海螺沟、七曲山、九寨、龙苍沟、美女峰、白水河、华蓥山、五峰山、千佛山、措普、天嚎山、镇龙山、雅克夏、天马山、空山、云湖、铁山、荷花海、凌云山、北川、阆中、宣汉、苍溪、沐川、鸡冠山等国家森林公园。

③贵州省：喀斯特王国，地貌千姿百态；多样性生物，物种特有珍稀。地面植被原始，地下洞府神秘。黔地多良药，夜郎无闲草。山清水秀景观美，冬暖夏凉气候宜。贵州省有国家森林公园 28 处。

赤水竹海国家森林公园：千瀑之市，桫椤王国，丹霞之冠，玉竹之乡。燕子岩一洞居燕子，桫椤群千顷兴桫椤。丹霞地貌配竹海，红芯翠盖；常绿森林养生物，种异类多。

黔西百里杜鹃国家森林公园：三十七个品种千姿百色铺山盖岭，一树七花奇观惊世骇俗独厚得天。安顺九龙山：九峰巨龙昂首，层峦叠嶂，立体气候，凉爽天地；万顷森林繁盛，云蒸霞蔚，生命摇篮，天然氧吧。

三都傈人山国家森林公园：连峰叠翠幽谷飞瀑，产蛋崖、风流草、斗鱼，特异景物尽显大自然神奇古野特色；森林浩瀚生物繁多，红豆杉、鹅掌楸、香榧，珍稀植物充实傈人山基因宝库内涵。

习水国家森林公园：杉王之地，神州瑰宝，水上公路，丹霞画廊。猿峒悬谷宜探险，红军四渡留史诗。黎平：石林奇境，天生桥高大；人文独特，侗家楼至观。

朱家山国家森林公园：原始常绿森林，岩溶地貌，溶洞群特有；乌江峡谷风光，雄险陡崖，红军渡铭勋。

毕节国家森林公园：雄奇险秀乌蒙山，茶果花木种子园。古国夜郎幽幻神秘，岩溶植物珍特异奇。仙鹤坪：喀斯特地貌，森林河流生物天象风景如画；布依族村寨，田畴屋宇民俗文化风情淳朴。

贵阳龙架山国家森林公园：山势逶迤群龙起舞，峡谷幽深森林连绵。有濒危植物繁育中心引种成功过百种，成旅游科教培训基地青少年生态大课堂。

其他国家森林公园：九龙山、凤凰山、长坡岭、燕子岩、玉舍、雷公山、黎平、紫林山、潕阳湖、赫章夜郎、青云湖、大板水、仙鹤坪、九道水、台江、甘溪、油杉河大峡谷、黄果树瀑布源等国家森林公园。

④云南省：大西南门户，多民族聚居。东部喀斯特地貌，石林代表；西边横断山层峦，梅里为高。九大江河水系，三江并流为世界之最；六大高原湖泊，滇池洱海乃天下驰名。植物王国，花卉之乡，珍禽异兽，山川壮美。古城丽江，茶马古道，雨林版纳，哈尼梯田，民俗称十八怪，太子有十三峰。云南省有国家森林公园32处。

迪庆州森林公园：吉祥如意地，国家公园乡。普达措，雪山巍峨神秘，冰川晶莹耀眼，三江并流地带，风光独特豪迈，生态原始自然，生物珍稀特有，草原湖泊湿地，飞禽走兽森林。滇金丝猴森林公园，原始森林童话世界，险奇秀美集为一体，自然和谐一览无余。香格里拉峡谷，一千米谷底；巴拉格宗神山，五千米高峰。梅里雪山，藏传佛教朝觐圣地，圣山之首世界最美；雪峰林立云雾缭绕，神秘莫测直上九天。虎跳峡，最深最险峡谷，上下三段，高差千丈；山雄水雄胜景，一日四季，奇景万端。

巍宝山国家森林公园：南诏古国发祥之地，中国道教四大名山。峰峦起伏绵延数十里，道观雄壮密布前后山。古木参天，浓荫葱郁，溪泉叮咚，花繁草茂，风景特好；神话胜景，密林岩壁，各自妙成，道法自然，香火千年。

太阳河国家森林公园：思茅地界，四星景区。原始林世界，动植物天堂。过渡性气候造就雨林阔叶针叶灌木植被，丰富的植物营建独特多样秀丽清幽景观。珍稀动植物救护基地，文化多样性传承公园。

怒江大峡谷国家森林公园：西岸高黎贡，东边碧罗山。峡谷千里，世界最长，称誉"东方大峡谷"；山峦常绿，原始自然，典型常绿阔叶林。怒江第一湾雄奇美丽，腊玛登培峡狭窄险极。金丝猴做怒江符号，秃杉林树自然大旗。

南滚河国家森林公园：沟谷纵横，茂密热带雨林，种类繁多动植物；高低悬殊，垂直气候分布，重要自然保护区。亚洲象、长臂猿，都是重量级保护对象；桫椤林、巨龙竹，均为生态系难得景观。

屏边大围山国家森林公园：古热带森林生物宝库，北回归线上绿色明珠。古老珍稀多样性植物，濒危种集中，蕨类苔藓类尤为丰富；鸟兽两栖爬行类动物，物种数极高，蜂猴长臂猿最是驰名。

其他国家森林公园：天星、清华洞、东山、来凤山、磨盘山、花鱼洞、龙泉、金殿、章凤、十八连山、鲁布革、珠江源、五峰山、钟灵山、棋盘山、灵宝山、铜锣坝、五老山、紫金山、飞来寺、圭山、新生桥、宝台山、西双版纳、双江古茶山等国家森林公园。

⑤西藏自治区：巍峨雄伟的世界屋脊，亚洲气候的空调高地，万水之源的亚洲水塔，明珠撒布的冰川湖泊。藏北高原，大山环绕空气稀薄风云变幻之高寒地带；藏南谷地，高山戴雪森林广布的地球绿洲。丰富多彩的原始生态，洁净淳朴的天地人民。西藏自治区有国家森林公园9处。西藏拥有面积最大的巴松湖、色季拉、玛旁雍错、然乌湖森林公园，面积都超过1 000平方千米。

巴松湖国家森林公园：冰川退缩，留湖泊成串，蓝天白云映衬，纯洁美丽；雪山巍然，又森林广布，草原花海相依，物我为一。激流奔涌，戎堡神秘；工布风情，传说异奇。色齐拉山：山陡林密环境幽雅，仙岩佛像天然画图。森林集古柏冷杉树蕨红豆杉诸多珍贵物种，山间产虫草天麻灵芝雪莲花特色藏地药材。森林若童话世界，杜鹃似仙境花园。玛旁雍错：两大板块缝合处，雅鲁藏布河谷区。南有纳木那民峰耸立，北有冈仁波齐峰俯瞰。内流水系，湿地星罗棋布；针茅植被，荒漠广阔雄浑。万物之极乐世界，众神的香格里拉。

昌都然乌湖国家森林公园：大山深处，河流源头。上舔冰川之脚，下接草甸森林。阴阳山坡长疏林茂草，珍兽潜踪；深浅碧水映蓝天白云，猛禽翱翔。比日神山：原始苯教朝拜山，传有宇宙通天大树；自然生态博物馆，称誉"林芝百科全书"。森林优美四季风景，经幡飘扬传说神奇。班公湖：湖水清澈碧透，若天鹅长颈伸展东西，产高原裂腹裸鱼，为动物避难所；鸟岛闻名遐迩，是海拔最高一方净土，多候鸟灰鸭白鸥，成独特旅游区。有水的高原荒漠，无树的森林公园。

雅江姐德秀：森林、灌丛、湿地交错排布，美若宝石项链。波密云杉林，古木野物药材蕴藏丰富，十大最美森林。

尼木：千年核桃、万载古柏、原始灌木和人工森林相映成趣。热振，珍稀生物黑颈仙鹤、白唇神鹿与古木刺柏云集此方。

其他国家森林公园：色季拉、冈仁波齐、班公湖、热振、比日神山国家森林公园。

（7）西北各省区的国家森林公园

①陕西省：秦岭一山藏自然百景，渭河千年见历史兴衰。鸟有东方宝石朱鹮，兽有野生国宝熊猫。西安融古，延安履新，陇原秦川，亘古亘今。陕西省有国家森林公园35处。

宁东国家森林公园：秦岭南坡腹地，峰峦叠嶂峡谷幽长，冰川遗迹神工鬼斧；森林遮天蔽日，植被繁茂动物出没，高山草地宽坦野平。西安汉中西康中心地带，自然景观美，空气清新大氧吧。

黄柏塬国家森林公园：春花烂漫秋叶如火，色彩斑斓若天然油画；植被分层河床彩带，景观美丽称香格里拉。最美赏秋地，号称"小九寨"。

太白山国家森林公园：苍山出奇峰，清溪泻碧玉，古树遒劲，浮云飘逸，一山风光无限；拔仙上绝顶，桃川下曲流，庙宇镶嵌，诗文着彩，西部明珠耀眼。雄奇秀幽特色彰显，动物植物古老珍稀。

楼观台国家森林公园：秦岭景致渭水风光，一眼尽收；周秦遗迹汉唐古迹，一园皆容。森林养育物种基因库，老子著书天地《道德经》。大熊猫金丝猴牛羚唱主角，山林奥秘无限；闻仙沟说经台千年古道观，四处道风合一。

黑河国家森林公园：奇峰怪石如画，珍稀野物若神。古栈道钓鱼台历史足迹遍布，春山花秋红叶自然景色四时。生态旅游胜地，西安饮用水源。

天竺山国家森林公园：天竺山奇峰林立，山崔嵬峡奇险，有天柱摩霄绝景；刀背梁斧劈刀削，左陡崖右绝壁，呈天竺云海奇观。道教中心，历代寺庙十余处，小武当称誉；生态绿园，动物植物基因库，中药材仙山。

翠华山国家森林公园：原始森林冰川遗迹高山草甸峡谷溶洞，美景令人陶醉；生物多样物产丰饶景色绚丽天然氧吧，旅游热烈可期。

黎坪国家森林公园：山水林石皆景，峰丛石林称绝。

其他国家森林公园：延安、终南山、天台山、朱雀、王顺山、南宫山、五龙洞、骊山、汉中天台、金丝大峡谷、通天河、木王、榆林沙漠、崂山、太平、鬼谷岭、蟒头山、玉华宫、千家坪、上坝河、洪庆山、牛背梁、紫柏山、少华山、石门山、黄陵、青峰峡、黄龙山、汉阴凤凰山等国家森林公园。

②甘肃省：三大高原交会，地形类型多样，山地、高原、平川、河谷、沙漠、戈壁交错分布，组成色彩斑斓立体画卷。大陆气候强烈，水量分布不均，雪山、绿洲、草原、荒

漠、湿地、城镇集中呈现，造就自然人文甘肃特征。甘肃有国家森林公园23处。

崆峒山国家森林公园：道教圣地，陇上明珠。林海浩瀚烟笼雾锁缥缈似仙境，高峡平湖水天一色神韵若漓江。甘肃十大旅游地之一。

则岔国家森林公园：森林草原石林为一体，此风景天下罕有；蓝天碧水白云集一身，那一方辽阔难求。甘南州旅游胜地，森林石林草原成一体。

麦积山国家森林公园：丹霞地貌，森林生态。山势峻拔雄浑，秀水环流绕金带；环境天然清幽，陇上山海小蓬莱。

官鹅沟国家森林公园：高原大山交错地带，胜景多有；五沟一滩六大景区，天瀑第一。冶力关：沟壑链珠奇峰林立，牧场辽远云淡天高。冶木河下游林海涌浪，藏南州境内山水潆洄。

腊子口国家森林公园：万里长征峡天险地，一夫当关万夫莫开。红军斩关夺隘，浩气万古长存。一线天云雾滩，白狼啸天龙松入地，绝地风景独特称雄。

天祝三峡国家森林公园：山势高沟谷深怪石多，祁连山腹地风光独到；朱岔峡金沙峡先明峡，古丝路要冲辉煌再添。

莲花山国家森林公园：佛道共有圣地，旅游避暑之家。莲峰岚气笼罩，雄奇秀险幽美景兼具；风景四时变幻，林田山河谷古迹闻名。

文县天池国家森林公园：崇山峻岭峡湾，一湖碧水映天，风光无限；森林波涛起伏，云雾缥缈空灵，鸟兽争奇。

兴隆山国家森林公园：交界陕甘宁，集中古建筑。山势称二龙戏珠，到访皆帝圣古今。风光尽苍松翠柏，胜地可问道访红。

其他国家森林公园：吐鲁沟、石佛沟、松鸣岩、云崖寺、徐家山、贵清山、鸡峰山、渭河源、冶力关、沙滩、小陇山、大峪、周祖陵、寿鹿山、大峡沟、子午岭等国家森林公园。

③宁夏回族自治区：沙燥多风，贺兰山脉做生态屏障；干旱少雨，母亲黄河造塞上江南。贺兰山森林公园：山势巍峨截水汽点点，养得森林为一方胜景；生境自然有野物芸芸，景观独特成瀚海绿岛。看岩羊马鹿奔驰野趣无限，观古松樱桃竞美留恋忘归。宁夏有国家森林公园5处。

六盘山：丝绸古道，兵家要津。山峦雄浑森林茂密，野生动物多样景象壮观。当年红军播火，长缨紧握在手；统帅直指长城，好汉缚住苍龙。如今西北湿岛，担当重要水源涵养功能；消夏休闲，又是探险科考佳选目标。

其他国家森林公园：苏峪口、花马寺、火石寨等国家森林公园。

④青海省：高原高旷高寒高古，大山大盆大漠大湖。世界屋脊，中华水塔，战略腹地，能源基地。高瞻远瞩望青海，青出于蓝待未来。青海有国家森林公园7处。青海省的北山和仙米国家森林公园面积超过1000平方千米。

互助北山国家森林公园：杜鹃报春龙胆，三大高山名花广泛分布，又有绿绒蒿花稀世绽放；卡素青岗下河，三座深峡清溪激流传声，更兼峭岸笋峰一线天光。高树低木，良好生境聚集珍禽异兽；天堂甘禅，传统宗教化淳藏土众民。

尖扎坎布拉：林山树海花草奇异，晴岚雪光气象万千。岩崖赤丹若霞，奇峰十八座似柱似塔拟人拟兽；鸟兽出没如神，植物数百种灌木草本松杉桦杨。

大通：察汗河，石林瀑布杜鹃圆柏誉为四绝，江南秀美与高原雄旷集于一身，四时风景如画，八节山珍野果。鹞子沟，云杉白桦山杨松林天然混交，广惠古刹和山景林色融为一体，春夏鸟语花香，严冬冰凌琼花。

湟中群加：自然风光奇特秀美，高山峡谷雄奇险幽，白云缭绕原始林海。历史文化源远流长，生活文化传统古朴，森林生态主题旅游。观光度假和科普教育优选胜地，动物植物与自然生态共同兴荣。

其他国家森林公园：仙米、哈里哈图、麦秀等国家森林公园。

⑤新疆维吾尔自治区：深居大陆腹地，雄踞亚洲中心。气候多变干旱少雨，幸有昆仑天山阿勒泰三山横亘，冰峰雪岭聚气接水，成森林草原生态屏障；盆地辽阔荒漠广布，因有塔河额河伊犁河山洪溪流，绿洲生机画意诗情，为棉麦田畴城镇中心。新疆有国家森林公园21处，超过500平方千米的有5处，名为照壁、巩乃斯、巩留恰西、哈密天山、阿尔泰山。

那拉提国家森林公园：山势雄浑，翠屏环列，石门高耸，风光秀丽，真塞外江南景致；河谷深切，溪流湍急，森林繁茂，环境幽雅，有人间天堂美名。草原丰美，牛马成群。

巴州巩乃斯：天山云杉混杨桦，野隼游猎去又来。野花遍地点缀绿毯，羊群似珍珠原野播撒；高空云影张扬清气，骏马如风驰没入绿野。数十景点，八大景区。河若飘带，湖似明珠。

哈密天山国家森林公园：天山峰巅雄浑壮美，万年冰川聚集，固体水源成绿洲命脉；原始森林苍莽蜿蜒，草地绿毡铺展，清凉爽气为夏季牧场。独特的生态旅游胜地，野营度

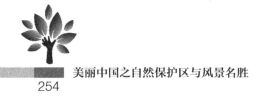

假、登山观光、探险摄影；典型的高山草原风光，蓝天白云、冰川雪峰、森林牛羊。一日游四季，十里不同天。

　　阿勒泰贾登峪国家森林公园：峰岭逶迤，森林逐浪，草原绿茵，蓝天白云，典型北国风光特色；河谷幽深，崖壁陡峻，河流急湍，花丛野果，一条风景如画长廊。

　　阿勒泰白哈巴国家森林公园：雪山冰川、百花草原、原始森林群落，四季色相，此地生动而神秘；峰林河谷，牧场牛羊，众多野生动物，夏日群会，这里绚丽且富饶。

　　乌苏佛山国家森林公园：山塬草地白桦林，既是北国风光又具江南特色；地理气候动植物，十分自然生境仿佛世外桃源。

　　乌鲁木齐天山大峡谷国家森林公园：高山雪峰森林草地瀑布怪石，自然景观举目皆是特色；骑马登山观光探秘科考体验，综合旅游随处拾得惊喜。

　　伊犁柯桑溶洞国家森林公园：雪岭云杉高大挺拔，草原森林相间美如诗画；夏花秋果四季有景，牛羊帐篷点缀勃发生机。

　　其他国家森林公园：天池、江布拉克、唐布拉、金湖杨、巩留恰西、哈日图热格、哈巴河白桦、阿尔泰山温泉、夏塔古道、塔西河、巴楚胡杨林、乌鲁木齐天山、车师古道等国家森林公园。

0402　国家湿地公园

　　湿地被誉为"地球之肾"。建立自然保护区和建立湿地公园是保护湿地的主要形式。湿地公园，是指以湿地生态系统和湿地景观资源为基础，以湿地的科普宣教、湿地功能利用、弘扬湿地文化等为主题，并建有一定规模的旅游休闲设施，可供人们旅游观光、休闲娱乐、亲近自然的生态型主题公园。根据《国家湿地公园管理办法》，湿地公园分为国家和省（市）二级建设，其管理实行晋升制。截至 2020 年 3 月底，全国共建立国家湿地公园 899 处（含试点），总面积约 36 万公顷。鲁鄂湘黑，建设成就最大，都达到 60 处以上。内蒙古和贵州省等紧随其后。城市湿地公园是具有特别重要意义的湿地保护方式和城市建设形式，结合矿区土地复垦或被污染、被毁损土地的修复而建设湿地公园，更具有可持续发展和生态文明建设的重要意义。

（1）国家湿地公园的概况与发展

湿地公园，以自然湿地为基础，按科学原理做规划，发扬自然资源优势，克服生态限制因子，融入特别人工建筑，发展最大综合功能：生态系统环境功能、资源经济生产功能、社会文化服务功能。或者说是：依据一定自然条件，建成高功能湿地生态系统，合理利用水土资源，尤其利用雨洪资源；建成完整而独特的生态系统，区域典型代表，自成一方胜景。湿地公园要建成优越完整的生物生境，适宜更多动植物生存发展，水陆生物兼具，生境类型多样，生物物种多样，生态效益多样。城市地区的湿地公园，应具有更加多重的服务效益，提升城市品位，成为城市名片，成为城市生态文明发展的核心和起点。

湿地公园生态环境，应是相对完整的系统，其物质循环、能量流动、信息传递应基本完善，能自成体系，自我生存，成为活的生命系统；应具有地域性特征，适应不同的地域条件，具有可持续的生存能力，而不总是依赖人工抚养，如不断输水补给等；应保持开放性，特别应与所在地区自然河流水系保持沟通，并与城市绿色廊道保持连通；应保持动态发展，能够适应生态发展规律，适应环境变化而不断更新完善；湿地公园还应适应社会发展需求，如提供地区水源等，支持城市生产生活。中国国家湿地公园建设正在全力推进，可以窥一斑而见全豹。

国家湿地公园实行分区规划与管理。一般分为：生态保育区，以保持自然性为主，主要保护生物物种多样性，这是公园存在的根本；恢复重建区，以扩充湿地功能为主，人工建成仿自然的生态系统，也以水陆生物生存发展为主；科普文教区与管理服务区，一般可一体建设；合理利用区，观赏、游憩、水上运动、娱乐休闲、特色种植、特色养殖等，具有友好的经济社会服务功能；依据自然条件，发挥人类智能，建成特色区域，增加园区综合效益。目前，我国最著名的湿地公园还基本是在自然历史湿地基础上建成的。

我国有三大最具发展潜力的体系，可以建成新的湿地公园。第一是人工水库体系，全国数以十万计，除规划为饮用水水源者外，大都具有开发利用的可能性和潜在价值。目前已经开发利用者，如浙江的新安江水电站库区，已成为著名的千岛湖 5A 级旅游区，但其综合价值还尚未充分发挥和体现。第二是流域生态修复，量大面广，潜力无穷。流域生态修复遍及中华大地，可将公园建设与农业土地整治、城市发展规划结合起来，一次性总体规划优化，长期分批分期建设，城乡生态文明一体推进，讲求综合效益。第三是矿区生态修复，最多的是煤矿区，尤其平原地区的煤矿区，其沉陷区修成湿地公园不仅是可能的，更是必需的。矿区生态修复根本上是重建生态系统，包括基质土地修复、景观建设、水系统建设、水陆生物系统重建、污染治理与污染源消除，然后还有根据利用所进行的服务设施建设等。这是我国正在大力进行的工作。

我国各地已有许多著名的湿地公园，建设较早且有一定代表性的如：

①华北地区的湿地公园

山东东平稻屯洼：西邻东平湖，东连大清河。涝洼地退耕还湿，临河区改变功能。依据地形做规划，林带花带成长廊。汇集河水坡水，功能调洪滞洪。山水相依蒲苇地，鸟鸣鱼跃瓜果香。北国景色江南秀，只为沼泽是水乡。

山东海阳小孩儿口：河流入海口，烟台一景区。植被建设，景观利用，碧海蓝天，阳光金滩，公园为节点，海洋唱主角。霞光流彩天堂景，鸥明鹳飞怡心情。海阳国际沙雕艺术节主场，山东四大滨海度假区之一。

河北涞源拒马源：深山盆地间泉群涌溢，尽日滔滔，永不枯竭。更有太行、恒山、燕山三山交会，风光集萃。巧借地质公园特色，成就泉城胜景。

②长江流域及以南的湿地公园

神农架大九湖：亚高山草甸，泥炭藓睡菜薹草香蒲柴茅沼泽，具有典型代表稀有特殊性品格。建成国家湿地公园，恢复森林植被，招揽水陆生物，聚鸟类37种，发展茶和烟草特产，开展科研和教育，获得湿地保护贡献奖，誉为"生态文明教育基地"。位在堵河源头，具有保持水土、净化水质之功能，成为生态屏障；具有川鄂盐道遗迹，曾是薛刚反唐秘密屯兵处，人文经历丰富，值得回顾想象，还有苗家风情，为观赏游旅佳选。

江苏固城湖：邻丹阳连石臼，蓄滞山洪，调节水文，江南景色，草型湖泊，丰富自然饵料，中华绒螯蟹最适养殖区。充分的乡土特色，成功的特产专区。

江苏绿水湾：巧用江堤两侧地，观游农渔集一身。城市绿带，生态新范。

湖南汉寿西洞庭：内陆典型代表湿地，中华湿地之都，沧浪文化之源。中华古典诗词之乡，名家辈出，屈子李白刘禹锡，文墨铸就特色。巧用自然，荟萃名胜，成就公园。

江西孔目江：河流湖泊库塘水田复合生态系统，公园为核；观光娱乐控污调节综合服务功能，绿色招牌。

重庆璧山观音塘：平湖秋月自然态，动植生物竞自由。彩绘亭台仿古建，古今人文一园留。文墨一地，景观八方。

③西北地区的湿地公园

新疆青格达湖：水利工程造景，山水风光匹配，烟波浩渺，雪峰掩映。水面延伸六十里，大坝雄宏且逶迤。建构景点一二十，成就一城五家渠。

张掖湿地公园：城北湿地造园，巧用泉水溢出带；扩展绿洲范围，赋予城市新生命。增绿防沙，绿洲生态的重要屏障；水乡泽国，丝路古城若塞外江南。黑河新秀，生态独特，水泊遍布，泉眼汇流，复兴甘州城北水云乡风貌，续写河西走廊金张掖文明。曾经是，一城山光半城塔影；更增添，南城古貌北城新颜。承继文化底蕴，聚集人脉商脉。

④东北地区的湿地公园

哈尔滨群力：遵循自然之道，建设雨水公园。秉承生命细胞设计理念，乔灌林带为壁，原生湿地为核，充实质体，成为整体，点花种菱，建塔成景。

铁岭莲花湖：滨河储水池改建，城市大手笔规划。湿地恢复，边界整修，输水排污，清淤动迁，植被营造，水产养殖，扩容增能，中水利用。建湖心岛三座，引百鸟来朝；建观亭栈道诸物，让市民消遣。

吉林镇赉：按生态规律设计，使物质循环、能量流动、信息传递稳定运转；做生境多样建设，让森林生态、草原草甸、湖泊沼泽组成系统。进而荟萃艺术，交融民族，建成城市的功能区，人民的大公园。

（2）城市湿地公园的意义与建设

城市生态环境有两大体系主导：一是城市绿地森林体系，二是城市水系湿地体系。两大体系做好了，城市环境会获得很大改善。

城市湿地公园，是水泥丛林中的绿洲、生态岛、重要景观节点。城，无山不秀，无水不活；城，因山而雄，因水而美。上有天堂下有苏杭者，无非归于山水二字。故城市湿地公园，既是一个自然生态系统，又是一个人类社会系统组分；既有生态系统共有的服务功能，更具满足城市人民特别需求的生态功能：提供宽敞的空间，打破钢筋水泥丛林的逼仄与压抑；提供生命的色彩，打破楼群马路单调的灰黑与死沉；造就自然美景，打破人工建筑僵硬的格局线条；引入自然与生命，回归人类固有的精神家园。城市特色，无非山水景观特色；山水景观，主要是河湖湿地景观。城市湿地系统，是城市物质流的基本体系，洪水疏泄，污染物净化与输出，不可或缺；是城市生态系的主要组成，动物植物，生命体的生存与发展，唯此为大；是城市景观的决定性要素，山可不要，高楼做替代，水不能没有，不可补缺。城市公园，因特殊区位而身价不菲；因具有特殊文化和显著美学价值，可休闲娱乐，故成为城市规划建设之最；因兼具水陆生态，而具有多样化生态科学内涵和环境功能，规划建设和保护意义重大；因处于最复杂的人类环境之中，更需要加强管理和保护。城市湿地公园，一份不断增长的闪光名单，一个日益发展的生态文明。

科学合理而又巧妙智慧地利用特别的地形地物、自然气候以及人文历史优势条件而造园成景，是城市湿地公园成功建设的关键。

①华北地区城市湿地公园

北京翠湖：选水库之侧，建文化长廊，造水陆生境，养植物动物，观鸟观鱼，游谷游山。

寿光滨河：依托弥河，保留自然，运用中国造园手法，绘制城市自然画卷：建小岛，栽花木，植芦蒲，引禽鸟，造新景观，成新景区。

临沂双月湖：琅琊古景重光辉，泥沱双月续新史。空间扩大，功能增强以水浮城，凌波建桥，花木繁色，四时有景。明人曾有尼泊湖白莲诗云：芙蕖的砾斗清妍，冰雪亭亭倚绿烟。越女乍妆临宝镜，杨妃初浴出温泉。鱼惊振鹭窥芳渚，人讶轻鸥狎画船。况是华峰香十丈，坐令毛骨可升天。另有人咏泥沱月色云：夜半银蟾印碧流，澄澄波底一轮秋。分明水府开金镜，仿佛天河侵斗牛。宿雁不惊矶上客，潜鱼还避渚边鸥。

山西长治：纵横河道有万亩芦苇作岸，集体森林与湿地公园结合。松柏槐杨，二百多种高植齐聚；野鸭黑鹳，八十多种鸟禽栖息。系统完整生态，典型湿地特征，城市功能新区。长治城市，纵横河道，茂密森林，风动苇荡，漫飞鸟禽，造就一处水景，活力一座城市。

山西孝义胜溪湖：彰显现代化风格，造出地域性园林。营造浓荫蔽日色彩斑斓气氛，挖成河道湖泊波光水色景观。融入城市发展格局，一河两岸；借水创建新型城市，生态宜居。

山西太原：打造汾河绿色带，百里画廊谱新天。

②江浙地区城市湿地公园

江浙河湖，多是城市名媛，闻名已久，自然景观优美，人文历史丰富，老风景焕发新青春，体量扩大，功能增强，适应新需求。

杭州西溪：湿地公园之最，建设堪称样板，自然人文内涵，均需亲临体验。诸暨白塔湖：湖田交错河网地，山水风光小洞庭。

绍兴镜湖：一城文星璀璨，二百虹桥闻名，绿水青山，白鹭群飞。丽水九龙：瓯江浅滩泛洪地，串珠湖塘栖鸟禽。

常熟尚湖：湖光千顷山影重，白鹭飞起鱼潜踪。湖桥串月千年史，十里青山半入城。

无锡长广溪：连接蠡湖与太湖，步量生态大长廊。

常熟沙家浜：河湖相连，典型湿地，扩种芦苇，引进名木，防治污染，发展特产：阳澄湖大闸蟹，原生态纯绿色。

③上海湿地公园

六大公园湿地，各尽优势奥妙。

金山鹦鹉洲：滨海湿地，人水相亲。引进珍木奇花，营造特色景观；休闲科普教学，露营远足野游。

东滩：典型河口湿地，紧邻候鸟家园。芦苇滩，潮间带，生境多样鱼鸟乐；观日出，看鸟禽，秋冬最是期待时。

西沙：滩涂林地独有，栈道江滨直通。看江流与潮汐激浪，观落霞与群鸟齐飞。南汇嘴：踞东海之滨，濒临港新城。吹沙成岛，观海望日，休闲摄影，定格美丽。

明珠湖：天然湖泊，河网密布，森林茂密，水禽云集，花木片片，鸟鸣啾啾。

世博后滩：顺江岸延绵，向人心渗透。花木草坪雕塑，各自成景，错落有致；苇塘荷花莲池，亲水平台，人流熙攘。江上轮舟，身边桥塔，观光拍摄，健身怡神。

吴淞：依山傍水，继古烁今。观江口，看日落，放风筝，划游艇，山水景致，唯此唯上。

④长江流域及以南城市湿地公园

贵阳花溪：串联十里河滩地，建成自然大氧吧。

成都白鹭湾：接壤荷塘月色，镶嵌城市景观；临近望江楼古物，尊仰烈士园新胜，繁华中的幽境，城市中的绿洲。

阆中古城：沿构溪河绵延，成三千顷绿带，容几百种鸟兽，成古城之新景。

东莞松山：集零星湿地七块，建大型公园一家。生态系统成一体，自然功能总提升。贯彻生态优先，以绿为基，以水为源，环境修复，外施截污工程，内行清淤扩渠，建成五大景区，为一城生态依托，提升城市品位，改善生活环境。

湛江绿塘河：依河建园，闹市插绿；建筑讲特色，地方有风情。惠州大亚湾：红树林湿地，城市中绿角。

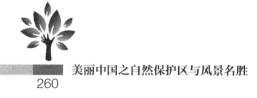

⑤河南城市湿地公园

三门峡天鹅湖：水库湿地，黄河滩涂，长年五千亩，汛期三万亩，数万白天鹅到此越冬，一座天鹅城四海扬名。

南阳白河：古城添新秀，旧貌换新颜。三十里绿带，千公顷碧水。桥堤林路，岸柳依依；厅楼坪园，星罗棋布；水天贯通，壮丽通明；文物装点，画龙点睛。莲花岛玲珑俊美，解放碑大气恢宏。快艇游船划出波纹水线，绿林红花妆成水城新景。美化城市，密集水网；崇尚天人，田园风光。

郑州湿地公园：东西南北园四面，黄河鸟国独一方。郑东新区人工湿地，花木锦簇；象湖，生态画卷，中原之韵；郑西索河，依山傍水，仙庙楚楼；郑北龙湖，果园菜园，动物植物；郑南龙泉，温泉度假，农业观光；洞林湖，历史厚重，风光旖旎，古寺匹敌白马，洞林享誉四方。

⑥西北地区城市湿地公园

西安浐灞：紧邻泾渭分明处，开建生态示范区。建成生物栖息地，打造西安新名片。按生物节律运行管理，让清风鸣鸟伴随大城。

（3）废弃土地造公园

治理废弃土地，巧妙科学造园，一举数得，文明彰显。例如：

唐山南湖：采煤沉陷区，重建生态系。实施土地整治，挖低垫高，成湖成堤成陆成岛成丘；引水成湖，生命放飞，放鱼引鸟栽荷植树种花；建筑完善，功能配套，修桥修路筑坝筑台和必要设施。开展观游运动科普宣教活动，发挥公园效益。生态重建，化腐朽为神奇，变废为宝；淮北淮南，煤矿区都可杰作。

东营明月湖：取土坑洼重整治，荒碱废地再利用。修复生态，改造自然。建人工泵站，强制水流循环；做功能建设，造就诗意境界。展现黄河口独特湿地风貌，建设生态化城市公园，方便居民活动，吸引鸟禽光临。

平顶山平西湖：改造自然湿地，引入多样植被，招引鸟禽栖居，发挥综合功能。

淮南十涧湖：修复湿地生态，构建生物群落，形成独特景观，提供生态服务。自然湖泊与采煤塌陷区连通，一体建设；生态建设与公园功能区匹配，林带为本。

0403　中国地质公园

地质公园是以具有特殊地质科学意义，属于稀有的自然属性，较高的美学观赏价值，具有一定规模和分布范围的地质遗迹景观为主体，并融合其他自然景观与人文景观，构成的一种独特的自然区域。地质公园是国家重要的自然遗产，珍贵，不可再生，大多是独特的、唯一的，不仅具有科学研究和科学普及教育的重要意义，更是一种精神文明建设的基本资源，可作为观光旅游、度假休闲、保健疗养、科学教育、文化娱乐的场所。我国从20世纪90年代以来，一直在积极进行地质公园的建设。1999年，联合国教科文组织决定将全球500处具有典型意义的地质遗迹进行《世界遗产名录》登录，到2019年，已录入140处，我国有39处进入该名录，2020年又增入2处，居世界第一。

（1）中国地质公园概览

我国地质公园分为国家地质公园和省（区、市）地质公园两级。到2019年12月，中国政府批准命名的国家地质公园10批共220处。在全世界140处地质公园遗产名录中，中国以39处入选，占据显要的地位。地质科学是一项迅速发展的事业，地质公园是一个持续增长的名单。地质遗迹就是地球年龄和变迁的记录，反映地球演化过程，揭示地质构造秘密，展现精彩地貌特征，提供观游学习模本，增进科学素养，破除愚昧迷信，发展地方经济，提升城市或地区声誉。其科学价值无可替代，可叩问古来沧桑史，谋划未来福泽路；其美学价值无可替代，可提升人类精神世界，开拓智慧创新源泉。李白对话敬亭山，苏子问史故赤壁，道向三清问龙虎，佛在四山讲空虚。独特的自然遗产与悠久的中华文化结合，便形成名满天下的风景名胜，无与伦比的国家民族宝贵财富。地质景观，独特性、唯一性，没有第二，没有雷同，不可复制，不可再生，其保护意义，与地球同寿，与日月同辉。中国地质公园以丰富多样和独特的管理而著称于世。这是一份珍贵的自然馈赠，值得精心保护，值得发扬光大。

我国地质公园，大部分都被慧眼识珠，部分地或全部地开发为风景旅游区了。近年还开展了美学评选，评出十大最美地质公园，有云南石林、黑龙江五大连池、浙江雁荡山、广东丹霞山、湖南武陵源、河南云台山、河南伏牛山、陕西翠华山、云南腾冲火山、四川兴文石海。都是宏大美丽，绝无仅有，名闻天下，八方朝觐的地方。

中国许多地质公园也具有国际典型和重要意义，被联合国列入世界地质公园名录，其中有安徽黄山、天柱山、九华山，河南云台山、嵩山、伏牛山、王屋—黛眉山，湖南张家界砂岩峰林，浙江雁荡山，福建泰宁、宁德，内蒙古阿尔山、克什克腾、阿拉善沙漠地质公园，四川兴文石海、自贡、光雾山—诺水河，山东泰山、沂蒙山，广东雷琼、丹霞山，北京延庆、房山，黑龙江镜泊湖、五大连池，辽宁朝阳鸟化石、辽西中德，青海昆仑山，甘肃和政、敦煌，江西庐山、龙虎山、三清山，陕西终南山，广西乐业—凤山，湖北神农架、黄冈大别山，新疆可可托海，贵州织金洞，云南苍山、石林等地质公园。

（2）中国著名国家地质公园走观

化石类地质公园：亿万年地下宝藏库，一大部地球生死书。辽宁朝阳，出土中华龙鸟，追溯花鸟源头。辽西中德，古化石丰富，地质史久远。甘肃和政，盛产古生物犀象，呈献大自然天书；东方瑰宝，高原史书。澄江帽天山，纳罗虫从寒武纪沉睡至今，古生命之大暴发由此证明。贵州关岭，见识两亿年前爬行的石海龙，欣赏千姿百态古植物海百合。天津蓟州区，上元古底层，奇妙三叠纪，出土古爬行动物遗迹，再现古海洋生态特征。硅化木多地发现，海化石遍布中华。化石：原址保留是宝藏，易地零散为顽石。唯地质历史能赋予化石价值连城；识货者视为金石，不识者看成土块，只有科学知识能带给化石无上荣光。

恐龙化石地质公园：恐龙是曾经称霸全球的统治者，绵延 1.6 亿年的大家族。突然灭绝的恐龙王国，留下无穷的科学奥秘。从黑龙江嘉荫到新疆奇台，由内蒙古二连至四川自贡，中华大地遍布恐龙遗迹，成就稀罕奇观。中原大地，河南南阳、湖北郧阳，巨大的恐龙蛋化石群，特别振奋人心。一个一个黑蛋，一次一次惊心。中国共建 18 个恐龙化石公园，西南侏罗纪、北方白垩纪，恐龙世界，延续至今。

昆仑山地质公园：苍莽浑厚，雄踞中华，尊为万山之祖；高古旷远，绵亘高原，视为众神所归。昆仑山地质公园，展示世界屋脊变化历史，古生物进化过程，有古老地层缝合带，地质科学意义重大；地面新现千里地震断裂长带，为全世界震撼奇观，集神泉瑶池诸胜景，冰川地貌壮美可观。地脉绵延根在此，人缘千古情为牵。遐思怅惘地，原始秘闻乡。

喀斯特地质公园：石灰岩地质构造，亿万年积淀形成；气候水热影响，河溪流水刻蚀；地面成峰林沟谷，地下成洞府宫观。云南石林、四川兴文石海、北京房山等，奇峰林立，百态千姿，尽是迷宫仙境；武隆溶洞、广西乐业凤山、贵州织金洞，天坑地府，光怪陆离，均为秘境奇观。喀斯特地质遍中华，成就诸多特征地貌，也成为优质景观资源。

火山地质公园：镜泊湖，雷琼遗迹，秀水如镜山峦称奇，皆可入诗入画；阿尔山，五大连池，锥峰孤兀河湖星罗，尽让人如梦如痴。宁夏火石寨，干风烈燥；广西涠洲岛，海涛欢歌。长白山天池，库车大峡谷，盖世胜景；内蒙古火山锥，腾冲地热泉，各有千秋。雁荡，古火山立体规型；腾冲，大板块冲压发飙。火山留得身后迹，告知来人想当初。

花岗岩地质公园：黄山、天柱山、雁荡山，雄奇秀险，尽是绝佳胜地，典型花岗岩博物馆；三清山、九华山、牯牛降，突兀挺拔，皆得天下之美，宏伟地质学大课堂。

丹霞地貌地质公园：浙江雁荡山，江西龙虎山，广东丹霞山，皆为丹霞地貌，兼有火山岩，花岗岩，构造地貌，多类遗迹，造就峰瀑洞嶂，幽谷深峡，皆成寰中绝胜；福建泰宁，闽北武夷山，闽西冠豸山，尽是碧水丹崖，更加海侵蚀，水雕刻，湖山交辉，森林装点，展现奇秀险特，烟岚云霞，尽显东南风光。张掖神奇，精品积聚；崀山惊魂，河山一流。福建大金湖山水匹配，丽江老君山绚丽代表。怀化万佛，一身集百景；赤水丹霞，天下号第一。都是，女娲炼就五色石，天地增多一点朱。

秦岭终南山地质公园：中国南北大陆板块碰撞并合处，翠华山崩，骊山裂谷，大地剪切，成玉山岛弧形花岗岩地貌；板块缝合，经第四纪冰川，留地质遗迹成胜景。大陆气候地理生物人文分界线，植物三千，动物两界，珍奇荟萃，有"古孑遗动物避难所"之美誉；高下悬殊，有垂直带森林，因四季易色而嘉美。

中州地质公园景观：云台山：大地沧桑化裂谷，古陆露核成云台。山势高峻，群峰似刀，白云缭绕；深沟窄峡，悬崖峭壁，连绵起伏。王屋一黛眉：典型地质剖面，追溯地质事件，沧海成山，化石见世，携黄河三峡，小浪底水库，成一方胜境。千年唐宫隋庙，道家仙山洞府，公主修道，王屋遂名，有愚公移山，千年白果树，盘古寺传奇。伏牛山：恐龙化石为古气候特征标志物；交错地层成造山带地质教科书。

天柱山地质公园：板块俯冲，碰撞演化，崩塌堆垒，地质超高压，岩石变质，成最美花岗岩地貌；奇峰若天柱、天蛙、青龙、飞虎、五指、三台，还有麟角、莲花、花峰、蓬莱，地质博物馆闻名于世；汉武祭岳，左慈传道，李太白诗云："奇峰出奇云，秀水含秀气。"地史久远，沧桑变换，化石宝库，风雨蚀刻，水岩变异，出奇异象形石景观；怪石如鼓槌、象鼻、蚰蜒、鹦哥、鹊桥、仙桃，又有飞瀑、深潭、幽洞、险崖，天成神秘谷洞府第一；寺观百座，石刻千幅，白乐天赞曰：天柱擎日月，洞门锁风雷。

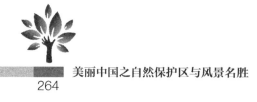

嵩山地质公园：地球历史石头书，出露地层五代同堂：太古宙、元古宙、古生代、中生代、新生代；地质构造遗迹地，自然人文景观辉煌：峻极峰、少林寺、三皇寨、五指岭、纸坊湖。人文荟萃，历史久远。计有五庙五宫、三观四庵、四洞三坛、宝塔佛寺，达270余座。儒道佛三教汇聚，天地人三才合一。

五大连池地质公园：遥想地质年代，火山喷涌，熔岩流出数十里，奇形怪状，成绳状、成翻花、成锥、成弹、成隧道。近看眼前风景，四季精彩，河流堰塞串五湖，色彩缤纷，有山岭、有森林、有水、有鱼、有矿泉。最新火山群，誉称"中国火山博物馆"。

周口地质公园：记录华北太古、元古、中生、新生地球演化历史，俨然浩瀚无垠天然地质博物总馆；展示北方塔山、叠峰、嶂谷、溶洞神功造物奇迹，宛若精妙绝伦岩溶地貌艺术殿堂。领衔石花、十渡、上方、圣莲、野三坡、白石山诸多著名园区风景；襟带石窟、石刻、古墓、寺庙、古建筑、老村寨悠久历史文化长河。

克什克腾地质公园：第四纪谷冰臼群丛，冰斗，冰川，条痕，蹟堤，此处冰川遗迹亘古奇观，有火山景观，奇泉，峡谷，湖泊，河流，森林，草原，地貌接合部，组成异彩纷呈地质风景；北大山花岗岩石林，人形，兽样，鱼龙，鬼怪，这里地质构造特色鲜明，动植物物种丰富，岩画，界壕，异山，莽原，丰林，秀水，塞北金三角，集合稀有典型优美画图。

敦煌雅丹地质公园：雅丹地貌，六类地质景观自然塑造；丝路风光，千年文化流动一路风尘。无数雅丹微体，风刀刻出自然沧桑；一派浩瀚荒漠，旱魃居留大漠魔城。黑色戈壁滩，石窟千佛洞。鸣沙山，月牙泉，自然巧配；玉门关，阳关道，历史追踪。春风渡过玉门关，关外万里有故人。

苍山地质公园：一部天然地质史书铸造久远，居世界屋脊檐角，地质地理生物气候过渡区域，分带性标志地，地貌奇异，特征显著；几多冰川地貌遗址保存完好，有峰林峰丛褶皱，峡谷湍溪瀑布跌水连接首尾，变质岩博物馆，动物珍稀，花卉繁多。

喀斯特溶洞地质公园：石灰岩地质，地下河穿洞，几亿年雕琢，无穷尽奇观。织金洞：洞中天地，山水异趣，地下景观，光怪陆离。光雾山—诺水洞：亿万鹅管奇观，世界溶洞绝景。

可可托海地质公园：巨型矿坑记录了曾经的富有，绿柱石产地，规模巨大，誉为"地质圣坑""天然矿物陈列馆"，世界罕见。高山地震复合出特有的景观，风雨侵蚀，流水分割，形成深沟峡谷，国家五星级旅游区。

香港地质公园：西贡火山遗迹，世界罕见六角岩柱，阵列一字，景观独特；新界沉积岩体，种类多样各异形态，水陆组合，意趣纷呈。

（3）中国世界地质公园

世界地质公园是以其地质科学意义、珍奇秀丽和独特的地质景观为主，融合自然环境与人文历史为一体的自然公园。世界地质公园由联合国教科文组织评选认定，录入名录，公之于世。此计划于 2000 年后开始推行，终极目标是在全世界选出超过 500 处值得保存的地质景观，作为最重要的自然遗产加强保护。

联合国教科文组织提出了六条定义：

①有明确边界，有足够大的面积使其可为当地经济发展服务，由一系列具特殊科学意义、稀有性和美学价值的地质遗址组成，还可能具有考古、生态学、历史或文化价值；

②这些遗址彼此联系并受公园式的正式管理及保护，制定了官方的保证区域社会经济可持续发展的规划；

③支持文化、环境可持续发展的社会经济发展，可以改善当地居民的生活条件和环境，能加强居民对居住区的认同感和促进当地的文化复兴；

④可探索和验证对各种地质遗迹的保护方法；

⑤可作为教育的工具，进行与地学各学科有关的可持续发展教育、环境教育、培训和研究；

⑥始终处于所在国独立司法权的管辖之下。所在国政府必须依照本国法律、法规对公园进行有效管理。

截至 2020 年 7 月，联合国教科文组织分 15 批共评选认定的世界地质公园总数为 161 处，分布在全球 41 个国家和地区。中国拥有 41 处世界地质公园名列第一。中国国家地质公园被认定为世界地质公园的有昆仑山、阿拉善沙漠、克什克腾、敦煌、五大连池、镜泊湖、房山、延庆、泰山、云台山、嵩山、王屋山—黛眉山、伏牛山、天柱山、黄山、神农架、张家界、终南山、雁荡山、泰宁、宁德、龙虎山、三清山、庐山、自贡、兴文、苍山、石林、织金洞、乐业—凤山、香港、丹霞山、雷琼、可可托海、阿尔山、光雾山—诺水河、大别山、沂蒙山、九华山、湘西红石林、甘肃张掖等世界地质公园。

0404 中国重要湿地

　　湿地被誉为"地球之肾"，具有最高的环境功能价值，受到国际社会高度重视。1971年，联合国签署了《关于特别是作为水禽栖息地的国际重要湿地公约》，又称《拉姆萨尔公约》。截至 2010 年签约国达到 159 个。中国于 1992 年加入该公约。2008 年发布了《中国重要湿地名录》，173 块湿地榜上有名。确定国家重要湿地的标准是湿地功能和效益的重要性。符合下列任一标准者被视为具有国家重要意义湿地：①一个生物地理区湿地类型的典型代表或特有类型湿地。②面积大于等于 10 000 公顷的单块湿地或多块湿地复合体，并具有重要生态学或水文学作用的湿地系统。③具有濒危或渐危保护物种的湿地。④具有中国特有植物或动物种分布的湿地。⑤20 000 只以上水鸟度过其生活史重要阶段的湿地，或者一种或一亚种水鸟总数的 1% 终生或生活史的某一阶段栖息的湿地。⑥动物生活史特殊阶段赖以生存的生境。⑦具有显著的历史或文化意义的湿地。中国共有 10 批 57 处湿地被列入国际重要湿地目录，其中包括东北多处湿地，黄河三角洲、崇明岛东滩、香港米浦、福建漳江红树林、杭州西溪等。许多重要湿地已被设立为自然保护区。

（1）湿地：地球最重要生态系统

　　湿地类型：森林生态、海洋生态、湿地生态，并列为世界三大生态系统；生物多样、生态多样、功能多样，均视作湿地生态显著特征。湿地分为天然与人工两大类。海洋海岸生态系统有 12 类，如浅海水域、河口、盐湖和滩涂；内陆湿地生态有 20 类，主要有河流、湖泊、沼泽、泥炭地等，均属天然湿地。另一类是指人工湿地，如水产养殖、水田、水库、池塘，亦有 10 类之多。湿地生态功能，包括资源环境双服务：环境调节功能有多项，主要是改善气候、储水供水、蓄洪与纳污净化；社会服务多方面，一般有观赏、旅游、娱乐、文化、资源生产、生物生存支撑等。生物养育功能独特而不可替代，如水禽生境、繁殖、候鸟迁徙驿站，为生命所必需。湿地对城市环境至关重要，是城市重要景观、重要的空间、重要防灾减灾、环境调节、污染净化等，不可或缺。

　　重要湿地：为强化保护而定义与区分出重要湿地。分为国际重要湿地与国家重要湿地两大类。国际重要湿地以名录准入认定，全球共有 2 000 多块。入选按确定标准审查，应在其所在地理区域具有代表性、典型性、稀有性或特殊性，或拥有易危、濒危、极危物种，或提供特殊生境维持生物群落，以及维持水禽数量、种类的生境达到一定水平者，方可成为国际重要湿地。中国列入世界重要湿地的名录正逐年递增，2018 年已有 10 批 57 块；均各具代表性特征，并反映区域气候地理特殊性，类型全，面积大且数量多，更有独特的高寒青藏湿地，大多是候鸟迁徙必需的停歇驿站，同时养育众多水生陆生生物，形成丰富的生物多样性。随着科研工作的深入和人们生态意识的提高，湿地保护的重要地位也在逐日提高。2020 年，中国又有 7 处湿地被列入《国际重要湿地名录》，主要是天津北大港、内蒙古毕拉河、黑龙江哈东沿江、江西鄱阳湖南矶、河南民权黄河故道、西藏扎日南木措、甘肃黄河首曲等。

中国湿地：湿地是国家重要自然资源，湿地保护是生态文明建设的伟大事业。中国现存湿地 5 000 万多公顷，自然湿地占 87%。青海、内蒙古、黑龙江、西藏四省（区），湿地面积占全国一半。建立自然保护区、确定国家重要湿地、建设湿地公园是主要的保护形式。中国已建湿地类自然保护区 602 处，建成湿地公园 900 处，并在 2020 年前建成湿地保护面积不少于 8 亿亩，要使近一半的天然湿地得到保护。中国湿地保护走在世界前列。湿地是主要水源，全国湿地储水 2.7 万亿吨，占淡水资源的 96%；河流、湖泊、沼泽、水库四大类内陆湿地占湿地面积九成。保护生物多样性、消纳净化污染、防洪蓄水为其显著环境功能，一半以上的生存资源仰赖于斯。湿地与洪水关系密切，洪水资源利用关系区域生态安全，湿地起至关重要的作用。

（2）中国典型与重要湿地概观

黑龙江湿地：中国湿地黑龙江为首，资源丰富多彩，总面积为 556 万公顷，主要有沼泽湿地、草甸湿地、河湖湿地等类；湿地生态服务功能，主要是储蓄水源，改善气候，养育珍贵水生生物和支撑独特生态系统，在保障国家安全、粮食安全、生态安全方面均有重要作用。黑龙江有八大自然保护区列为世界重要湿地：扎龙鹤乡、洪河沼泽、三江生态、兴凯湖、七星河、珍宝岛、东方红湿地、南瓮河森林湿地，各具特色，典型代表完整，原始自然，均有重大科学意义和经济社会价值。湿地生态水禽占鳌，保护成就斐然，有保护区 138 处之多，称谓有自然保护区、湿地公园、重要湿地等。湿地多样性生物自然天成，生长着丰富的植物和水陆动物，提供南北候鸟驿站与珍稀鸟禽生境。湿地生境普惠水生生物、两栖动物、爬行动物。黑龙江有上百种珍稀动植物列入中国保护名录，丹顶仙鹤、东

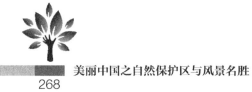

方白鹳、白尾海雕、白头鹤、蓑衣鹤、白枕鹤、中华秋沙鸭、白琵鹭、白鹤之类，皆是珍稀高贵、优雅灵秀、超凡脱俗，深受广大中国人民群众喜爱，也受到国际社会重视。

内蒙古湿地：森林、草原、荒漠地区均有湿地广泛分布，类型多样，内陆环境，干旱多风，降水较少，蒸发强烈，季风气候，水热不匀，湿地生存风险多多；但区位很重要，为中国北方安全屏障，湿地生态功能特别重要。经济社会和生态环境十分仰仗湿地，其蓄纳雨洪，补水地下水，降解污染，为北方重要水源，意义重大；其分割荒漠，养育绿洲，支持动植物生命；支撑候鸟生息，提供生育生境，保护繁殖珍稀濒危鸟禽，功能不可或缺，是国际候鸟保护重要成员。如额尔古纳，位置呼伦贝尔，誉称"亚洲最美"；高纬度，低海拔，风多雨少，夏短冬长；河流交汇处，灌草河滩边；仙鹤繁殖地，鸿雁栖息园；鸟禽庇护所，过境歇息站，每年过境候鸟2 000万羽，大鸨小天鹅最大种群在此。达赉湖湿地：内陆干旱草原代表性湿地生态系统，沼泽、沙滩、泥滩、苇荡、水域，陆地草原灌丛，应有尽有，地广人稀，原始自然；珍稀濒危鸟禽适宜的栖息繁殖生境，鸥鹭、雁鸭、鹳鹤、鸟雀、猛禽，冬夏候鸟物种，岁去年来，国际重要，种类繁多。辽阔草原，蜿蜒曲流，水草丰美，绿意醉人，观游畅达，放飞精神。

双台河口湿地：五河沉积平原，一海鱼蟹苗床。滨海沼泽、滩涂、河流、人工湿地，类型多样；河口湿地，蓄洪、截污、营养消化，功能齐全。天下第一芦苇荡，生境绝佳，黑嘴鸥、丹顶鹤，诸多珍稀鸟禽繁殖生息，每年数十万计；盘锦奇特红海滩，景象宏伟，斑海豹、小黄鱼，多种鱼虾蟹贝产卵繁育，鱼类四五十种。此地为候鸟迁徙东线必经之地，亚澳候鸟迁飞中转站，国际重要湿地；也是洄游鱼类产卵育幼场所，中国河口自然保护区，辽宁鱼鸟家园。

黄河湿地：黄河，中华民族母亲河，河源尾闾都是国际重要湿地；黄土，农业文明发祥地，沿黄灌区均为古今鱼米之乡。黄河沿线，有全国最美沼泽湿地，天下最长生态画廊。河源之扎陵湖鄂陵湖，汇雪山冰川涓涓细流，成高原最大淡水姊妹湖，储水百亿吨多，呈澄碧亮丽和清澈浓绿景色，引大雁鱼鸥多种鸟禽栖息繁殖，成人间瑶池，生物乐园。沿河之蒙宁河套平原，借天上大河滚滚来水，灌溉草原广阔无垠膏腴田，稻麦百万公顷，有河岸滩涂与芦苇沼泽湿地，供遗鸥雁鸭诸多禽鸟生儿育女，做候鸟驿站，水禽褓褓。黄河携黄土填海造陆，成华北平原沃野千里；从峡谷出龙门奔东洋，洒一身泥土成地上悬河。沿黄一线，如明珠穿缀集成自然保护区，为中州沿黄滩涂湿地，养珍贵稀有涉水鸟禽，成内陆区域候鸟驿站，新乡、郑州、开封、三门峡，辟土建园，尽是仙鹤神雕群聚避难所，生态价值无可估量。黄河河口，巨龙摆尾形成著名三角洲，新生湿地生态系统，有至为丰富水生生物，为珍稀濒危鸟类天堂，鹤类、鹳类、鸥鹭雕鸭鹅，应有尽有，更是200种国际候鸟中转站，科学意义非比寻常。

若尔盖湿地：独特的高寒泥炭沼泽，典型代表，汇集冰川和雨洪诸水，为黄河重要补水区，生态功能至伟至大；高寒的气候地理环境，稀有特殊，孕育神奇与珍稀生物，成一方绝美风景线，最美湿地榜上有名。当年红军走过，不是有路，却闯出一条新生路；留得精神长在，不忘初心，正开启吾辈新长征。

张掖湿地：位居黑河中游腹地，地处河西走廊蜂腰。典型的内陆高山—绿洲—荒漠流域分离型生态系统结构特征。区域气候恶劣，湿地功能独特，遏制巴丹吉林沙漠南侵，成为高山雪原与沙漠戈壁间动物走廊，抗御风沙尘暴东移南下之绿色长城，为北方重要生态屏障，维系生态系统的主导要素。代表性雪山融水—地表地下—尾闾沼泽一体化水源转换形式，以水定田定绿，湿地沿河分布，入围《国际重要湿地名录》，为西线候鸟和珍稀水禽之珍贵驿站，提供濒危黑鹳迁徙生息的重要生境，全流域绿洲荒漠生态支撑，养育城乡军民之生命之源。

红树林湿地：红树林，热带海岸常绿雨林，潮涨没顶，潮退露根，独特湿地生态系统；国家重要自然资源，林在则安，林毁则灾，重要海岸屏障卫士。红树稀有，木本胎生，根叶结构独特，果实落地生根，适应盐水，风浪生存，主要分布于粤、桂、闽、琼等地，其中广东湛江、广西山口和北仑河口、海南东寨港、福建漳江口、香港米浦及后海湾，都因其红树林典型、代表、独特、稀有，列入《国际重要湿地名录》。功能重要，景观特有，滩岸淤积保护，护堤防风消浪，观光旅游，经济生产，更是养育多种动植水陆生物，有大型底栖生物、两栖动物与多种昆虫、各种鱼贝类、中华白海豚、珍稀禽鸟及候鸟等，皆以其珍稀、濒危、特有、特别关注，成为国家重点保护物种。红树林是自然遗产、海上森林、价值无量；其生态系为海岸卫士、鱼虾粮仓、鸟类天堂。

云南高原湿地：云南九大湖泊，皆是城乡水源，旅游胜地。滇池洱海，闻名遐迩，若抚仙湖、泸沽湖、杞麓湖、星云湖，或美或奇，皆为名角。重要湿地名录颁布，腾冲北海在册，是少有的弱酸性湖泊，物种基因古老，又是高原火山堰塞沼泽，实为世界唯一；候鸟中转补给，集生物多样性和地质特异景观于一体，科学样地价值重要。云贵高原四大湿地，都是水源涵养，珍禽生境，候鸟驿站，世界有名；若大山包、纳帕海、拉什海、碧塔海，独特典型，国际重要，其独有的高山生态环境养育特有生物，生息着黑颈鹤珍禽，雁鸭雕鹭群集，过境候鸟数十万计，更兼人鸟相亲，文明从古至今，集自然景观美与生态功能多样于一地，圣境仙湖实至名归。

华北湿地：华北平原天然湿地残留十不过一，海河流域资源水量洪水占 2/3。过去治水治河，山区层层修水库，平原道道筑河堤，筑高堤隔洪流，疏通道泄洪水，自然为人化代替，洪水与湿地分隔，致使河北洼淀大部缺水干涸，曾经的安固里淖、宁晋泊、大陆泽、文安洼、贾口洼、兰沟洼、盛庄洼、东淀，都已不复存在；残存洼淀靠人工补水生存，大黄堡洼、衡水湖、白洋淀、七里海、永年洼、大浪淀、青淀洼、大港湖，多数都不能生态"自理"。华北湿地是典型的洪水生态系统，靠雨洪补水，湿地蓄水，为城乡供水，补充地下水；山区森林、平原农田、湿地水网，均靠雨洪供养。海河流域，城乡用水都仰仗地下水，也是靠湿地蓄洪补水，调节余缺，也靠湿地功能改善气候，平抑洪峰，供养生态系统；湿地随雨洪多少涨落兴衰，水生生物、涉水鸟禽、过往候鸟，皆赖湿地生存，也随湿地存储水量多少而兴衰。华北洪水与湿地，生态要津与命脉。

青藏高原湿地：青藏高原，原始自然。巨大山系和盆地相间地貌，纬向排列，阻截云雨，形成雪山冰川固体水库，融水汇流到低洼冻土层地面，遂成湖泊湿地。该地为物种起源与分化的世界中心，东南横断，低温高湿，造就森林湿地地球肺腑，草丛积水为高寒沼泽化草甸，皆是生命绿洲。高原湖泊密集，沼泽广布，高及海拔五千米，储水总量七千亿吨，使世界之巅成江河之母，长江、黄河、澜沧江、怒江、雅鲁藏布江都从这些湿地出发，恒河、印度河也发源于斯，惠泽印巴，因而有"亚洲水塔"称誉。高寒环境独特，物种特有，濒危稀特占两成。高寒湿地五洲鳌头，黑鹳、白鹳、黑颈鹤、雕隼、中华秋沙鸭，皆是湖泊湿地贵宾，藏羚羊野牦牛常徜徉在此。此地融合天人，故成珍稀生物乐园。青藏高原湖泊，山水相连，尊为神山圣水，赋予文化灵魂，因而拥有直接的社会经济文化价值，具有特别的国家与国际重要意义。

长江流域湿地：明珠串缀，供养城市，最美黄金水道；调节洪枯，养育生物，成就鱼米之乡。洞庭湖湿地：通大江连河网，鱼游回家；纳四水成一湖，水落为洲。东西南，一洞庭有三个国际重要湿地；冬春秋，三季节超百万鸟禽眷恋乐园。江汉湿地：云梦大泽老死，留千湖星罗，成水乡泽国；江汉平原生成，有水泊棋布，为鱼鸟乐园。大九湖声名中外，张渡湖生态修复。鄂地有洪湖东湖梁子湖斧头湖等做鱼米之乡名片，湖北多鸥鹭鹤鹳珍禽为自然保护精灵。江淮湿地，因襟江近海，生态区位重要；安徽湿地，傍山靠林，环境功能多种。河流纵横，湖泊密布，湿地发育，一派水乡景象；洪水调蓄，水源供给，污染消纳，多种生物养育。生境优越，生物多样，河湖中有白鳍豚、江豚、中华鲟、白鲟等珍稀水生物，鱼浮蟹潜，蛇蛙窜游，丹顶鹤、白鹤、鸥鹭雁鸭集群翱翔，皖省湿地百万公顷，湿地公园达 30 处以上，绘一幅水乡生态美丽图景；水源供给，文明承载，沿长江有扬子鳄、石臼湖、升金湖、水禽自然保护区，水族繁衍，候鸟越冬，女山湖、巢湖、湖河水库众多洼淀，保护面积十占六七，保护区达 20 多处，成完整江淮湿地保护网络。

长江口湿地：江海交汇，典型性咸淡水河口生态，生产力最高的水域，水产丰饶，鱼类多样，成著名鱼米之乡；水陆相接，代表性湖沼滩岸湿地生境，多样性丰富的系统，鸟禽众多，生态完整，为国际重要湿地。长江口区中华鲟，为古老鱼类孑遗物种，中国特有，珍贵稀少，誉为"水中熊猫"，兼具珍贵特有鲟鲈豚龟不二产卵场繁育地，洄游鱼类通道，生态经济意义重大。崇明东滩启东江口，居候鸟南北迁飞要道，鸟禽百万，种类数百，真正水天精灵，更是珍稀濒危鹳鹤雁鸥类重要栖息地越冬场，国际候鸟驿站，全球生物重要地区。

西溪湿地：国际重要湿地，杭州湿地公园。创新型西溪模式，六河纵横，湖塘星罗，水为魂灵，绿岛棋布，生态资源丰富，自然景观质朴，文化淀积深厚，集市镇、农耕、雅俗文化于一体，与西湖共舞。代表性城市湿地，三堤划局，十景定心，河渚摇橹，芦荡飞鸿，生态优先守护，历史文脉传承，天人合一魅力，熔科学、观游、自然保护于一炉，做杭城新秀。

盐城湿地：盐城海滨，宽广辽远，东方为最，古生境保护完整，半海陆地带，国际重要湿地，区位特殊，为世界鸟类迁徙通道，澳洲鸻鹬类情有独钟，候鸟百万分冬夏，栖息地养育无厚薄，此处为天地生鸟兽共生的生态系统。大丰麋鹿，孤傲奇特，命运多舛，半灭绝拯救成功，亚野生放归，千秋功德成就，文明象征，是自然保护一颗明珠，珍兽四不像族无多虞，麋鹿百头做旗舰，动植物生存均保障，这里是海陆空生物喧闹的人间天堂。

南澎列岛湿地：粤东门户，南海要冲，热带亚热带群岛典型代表，南海典型性生物资源宝库。海底粗糙，礁石林立，生境多样，是诸多海洋生物的栖息索饵繁殖场，洄游物种通道，中华白海豚、鹦鹉螺、红珊瑚、海龟、黄唇鱼、克氏海马鱼等，海洋生物五百多种，均是这里贵客；鱿鱼鲳鱼，白藤香鱼，紫菜贝类，是南澎列岛海域的大宗珍贵海产品，鲷鱼种苗园区，赤点石斑鱼、蓝圆鲹、头足类、膏蟹、紫海胆、龙虾石斑鱼类，还有珍鸟六十多种，皆赖此地养育。

新疆湿地：所有湿地都珍贵，都是荒漠瀚海中的绿色孤岛，各河溪流域自成一体。河湖鱼类多土著，尽是物种基因库的重要成员，对外来种影响敏感。气候干旱，水源多变，生态脆弱，或富营养，或矿化度高，或高寒生物少，为此地湿地特征。湿地零星，走兽光顾，候鸟云集，有鹤鹳类，有雁鸭鸥属，有两栖蛙狸等，湿地同时涵养水源。多是高山冰雪河源，尽是一域生命之根。额尔齐斯河，号"阿勒泰之子"，北疆水源，区域生态依托，相邻乌伦古湖，通连吉力湖，号为"中国戈壁大海"，福鱼鲜美，为一方名片。巴音布鲁克，称天鹅湖之名，开都河源，中国最美湿地，下游博斯腾湖，出口孔雀河，成就南疆绿洲一带，生态独特，为西北大观。湿地都是生命之洲，新疆 37 处自然保护区，10 处是湿地类型，25 处有湿地存在。

（3）中国世界重要湿地

依照《湿地公约》第二条，各缔约国应指定其领土内适当湿地列入《国际重要湿地名录》，并给予充分、有效的保护。我国已认定为国际重要湿地的有 64 处。

列入《国际重要湿地名录》是一种荣誉。一国列入该名录的湿地越多，说明该国家保护意识越强。列入名录的湿地将遵守国际湿地公约相关规定和约束，一旦发现湿地生态退化，就可能被列入黑名单，如果在规定期限内未得到相应治理的，就会被逐出名录。中国的国际重要湿地至今还没有被列入黑名单者。

《国际重要湿地名录》中国分 11 批列入。名列如下：

①第一批列入 6 块湿地：黑龙江扎龙湿地、吉林向海、青海湖（鸟岛）、湖南东洞庭湖、江西鄱阳湖、海南东寨港湿地；

② 第二批列入 1 块湿地：香港米埔—后海湾湿地；

③第三批列入 14 块湿地：黑龙江三江湿地、黑龙江兴凯湖、黑龙江洪河湿地、内蒙古鄂尔多斯遗鸥保护区、内蒙古达赉湖、辽宁大连斑海豹栖息地、湖南南洞庭湖、湖南西洞庭湖、江苏大丰麋鹿国家级自然保护区、江苏盐城自然保护区、上海崇明东滩、广东惠东港口海龟栖息地、广西山口红树林、云南大山包湿地；

④第四批列入 9 块湿地：辽宁双台河口湿地、云南大山包湿地、云南碧塔海湿地、云南纳帕海湿地、云南拉市海湿地、青海鄂陵湖湿地、青海扎陵湖湿地、西藏麦地卡湿地、西藏玛旁雍错湿地；

⑤第五批列入 6 块湿地：四川若尔盖湿地国家级自然保护区、上海市长江口中华鲟湿地自然保护区、广东海丰湿地、湖北洪湖、福建漳江口红树林国家级自然保护区、广西北

仑河口国家级自然保护区；

⑥第六批列入 1 块湿地：浙江杭州西溪国家湿地公园；

⑦第七批列入 4 块湿地：黑龙江七星河国家级自然保护区、黑龙江南瓮河国家级自然保护区、黑龙江珍宝岛国家级自然保护区、甘肃尕海则岔国家级自然保护区；

⑧第八批列入 5 块湿地：山东黄河三角洲国家级自然保护区、黑龙江东方红湿地国家级自然保护区、吉林莫莫格国家级自然保护区、湖北神农架大九湖、武汉沉湖湿地自然保护区；

⑨第九批列入 3 块湿地：安徽升金湖国家级自然保护区、广东南澎列岛海洋生态国家级自然保护区、甘肃张掖黑河湿地国家级自然保护区。

⑩第十批列入 8 块湿地：内蒙古大兴安岭汗马国家级自然保护区、黑龙江友好国家级自然保护区、吉林哈尼湿地、山东济宁南四湖、湖北网湖、四川长沙贡玛国家级自然保护区、西藏色林错国家级自然保护区、甘肃盐池湾湿地；

⑪第十一批列入 7 块湿地：天津北大港湿地、内蒙古毕拉河、黑龙江哈东沿江湿地、江西鄱阳湖南矶湿地、河南民权黄河故道、西藏扎日南木错、甘肃黄河首曲国家重要湿地。

0405　中国海洋自然保护区

建立海洋自然保护区的意义在于保护海洋生物物种，保护海洋生态系统生产力，保护重要的生态过程和遗传资源，保护重要的自然和历史遗迹。国家级海洋自然保护区有昌黎黄金海岸，天津古海岸与湿地；福建晋江深沪湾古森林；山口红树林、北仑河口红树林、东寨港和湛江的红树林生态系统；大洲岛、南麂列岛、南澎列岛海洋保护区；三亚珊瑚礁、广东徐闻珊瑚礁生态系统；珠江口中华白海豚、合浦儒艮、厦门文昌鱼等海洋自然保护区等，计有 30 处。另有 60 处由地方海洋管理部门完成选划并经国家海洋局和地方政府批准建立的海洋自然保护区。

海洋特别保护区（海洋公园），是指具有特殊地理条件、生态系统、生物与非生物资源及海洋开发利用特殊要求，需要采取有效的保护措施和科学的开发方式进行特殊管理的区域。此类区域为严格保护珍稀濒危海洋生物物种和重要的海洋生物洄游通道、产卵场、

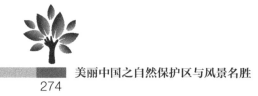

索饵场、越冬场和栖息地等重要生境，开展生态养殖、生态旅游、休闲渔业、人工繁育等，并依据海洋特别保护区管理办法（国家海洋局，2010年发布）进行管理。

（1）中国海洋与海洋自然资源

中国海洋：中国四海，渤黄东南，跨温带热带亚热带海域，依偎大陆，连通大洋，岸线曲折绵长，港湾众多，物产丰富；海洋生态，天地水生，链经济社会河海成一体，养育生物，消纳废物，出产资源，舟船承载，交通繁忙。近岸海域，开发利用强度大，海洋资源遭受重大破坏，亟待休渔禁捕，修复生态：恢复四大海产，协调河海关系，港湾合理建设保护，陆海一体控污，保护珍稀生物是重中之重，当务之急。中国南海，丝绸之路续接古今，海洋权益保护首当其冲，更需科学研究，认识自然：保护珊瑚岛礁，监测气候变化，研究海洋生物生态，开发保护战略，珍奇特产养育，均须从长计议，未雨绸缪。

海洋自然资源：中国海洋富饶美丽，生物资源丰富多彩：九大江河入海，携来营养污染，造就独特河口生态，为鱼虾繁殖育幼良好生境，形成舟山万山特大渔场，渤海鱼池，大小黄鱼和墨鱼带鱼四大中国海产。南海位居热带，海产资源更是奇美多样。海域景观绮丽绝伦：岛礁山水匹配，似明珠点缀，铸成天下山海美景，为建城立邑观光旅游良选，形成大连青岛烟威连云港沿海秀城，宁波福州泉厦古今名城，三亚北海与潮汕港珠澳一列风景城市，更有蓬莱普陀仙佛地，上海深圳闻名世界。一部中华文章，半部写在沿海。中国四海，连接印度洋太平洋，记录蓝色国土新篇章；沿海风光，展示自然文化风采，成为中华形象代言人。

（2）中国海洋自然保护

海洋自然保护，海阔天空，任重道远。物种保护为目标：文昌鱼、斑海豹、儒艮、沙蚕、矛尾鱼、海豆芽、海龟、鹦鹉螺、红珊瑚、砗磲、松江鲈鱼、中华白海豚，均是珍稀濒危物种，生物保护做旗舰。生境维持是根本：红树林、珊瑚礁、岸带、滩涂、海港湾、海草床、岛屿、潮间带、渔场区、河口、近岸海域、海底古森林，都是重要自然生境，生态系统唱主角。中国已建国家级海洋自然保护区三十处，地方级自然保护区倍增，唱响自然保护主旋律；国家设立针对性海洋特别保护区数十处，国家级海洋公园诸形式，构成海洋保护网络图。

河口与渔场：河口外配岛屿，地理组合特别，水文特有，生态系统特殊，形成河口与渔场功能绝配，仿佛珠联璧合。长江珠江河口，咸淡水域交汇，营养物质丰富，成鱼虾苗床，物种多样，生产力最高，因之外有舟山和万山罕有渔场，真正自然馈赠。渤海称鱼池，皆赖黄滦海辽诸河养育。黄海东海，沿岸和港湾，或为渔场，或为特产，都与入海河流关系密切。韩江闽江河口，都是海洋生物苗床之地。

中华白海豚：选做香港回归吉祥物，爱称"中国水上大熊猫"。鲸类哺乳动物，胎生，红色光亮，乳汁哺幼，用肺呼吸，回声定位，母子亲情不逊人类，神奇灵秀绝无仅有；生性活泼精灵，珍稀，近岸栖息，海湾游戏，与渔民为伍，海鸥结伴，海洋人兽融洽为最，珍稀罕见昵爱有加。我国建有珠江口、厦门湾、雷州湾、江门4个专有中华白海豚自然保护区。其中以珠江口水域内伶仃洋保护区的种群数量相对较大。中华白海豚保护，举国关注，蔚为奇观。

儒艮：古称美人鱼，神秘几千年。大型食草海兽，生存艰难家族。哺乳动物，母亲前鳍抱仔喂乳，头露海面上，宛若妇人，性情温和，群体活动。海草床遭破坏，食物维艰，栖息受困，极度濒危，亟待抢救。山海经已有记载的珍兽，现仅有极小种群残存于合浦海域；适宜生境狭小，种群恢复艰难。

文昌鱼：俗称蛞蝓、海矛、双头鱼等。五亿年生活史，誉称"活化石"。连接无脊椎动物向脊椎动物进化的桥梁，生物学意义极为重要。中国海域分布较广，跨越亚热带闽粤到温带渤海，昌黎青岛海域比较多有，南海硇洲岛海域已有发现。文昌鱼对生境要求：疏松沙底，清洁水质。

珊瑚礁：天然海岸防浪堤坝，物种高度聚集绿洲。一个五彩斑斓水下世界，高度富集生物会所，特别重要生态系统；一片富饶海底热带森林，海洋特别基因宝库，无与伦比鱼虾乐园。广东徐闻、海南三亚，已建珊瑚礁自然保护区。海南岛周边、南海岛礁，皆是珊瑚礁骨架形成，小小珊瑚虫，造礁千万年。如今面临世界性环境问题，珊瑚面临死亡困境：海水温升，海洋污染，礁盘干扰，造礁珊瑚虫死亡。更有愚昧的人为破坏，采挖礁石，烧制石灰，礁盘破坏，海岸因之遭侵蚀，家园自毁，害人害己。珊瑚礁保护，海南出法规。珊瑚礁生态，保护须发展。

中国南海岛礁：中国南海，热带海洋，珊瑚造礁，色彩斑斓，形态万千，成瀚海绿洲，生物多样性高度聚集。四大沙礁，西南东中，明珠串缀，瑰丽无比，为蓝色国土，海洋生态系异彩纷呈。岛礁生物，藻类植物，赤红海绵，紫色海扇，蟹潜沟坑，虾隐洞穴，五彩缤纷的游鱼，横冲直撞的掠食者，形形色色的精灵，构成奇特的水下世界；大小黄鱼，石斑金枪，砗磲贝类，海龟玳瑁，龙虾舞枪，螺伏沙底，晶莹碧透的海水，自在遨游的白鹈鸟，上上下下的歌手演奏热烈的生命乐章。海洋生态系统精妙而脆弱，海底自然资源奇特而富饶。

0406 水产种质资源保护区

水产种质资源保护区，是指为有效保护水产种质资源及其生存环境，在保护对象的产卵场、索饵场、越冬场、洄游通道等主要生长繁育区域依法划出一定面积的水域滩涂和必要的土地，予以特殊保护和管理的区域。水产种质资源保护区分为国家级和省级，依据农业部颁布的《水产种质资源保护区管理暂行办法》进行管理。保护对象指国内国际有重要影响、具有重要经济价值、遗传育种价值或特殊生态保护和科学价值者，具有重要的洄游性水产种质资源或保护对象。水产种质资源保护区，陆地的水域生态系统，淡水的重要物种保护。

（1）水产种质资源保护区意义

水产种质资源保护区，是一个不断增长的名单，反映一种不断提高的意识，也是一个至关重要的生态保护领域，一项造福千秋万代的伟大事业。种质资源，无论陆域的还是水域的，都是大自然的慷慨馈赠，全人类的宝贵财富，农林牧渔业发展的物质基础，人和动植物可持续生存的依托。大自然造就的物种很多，但能供人类食用的品种却很少。而且，任何作物品种，任何养殖的畜禽或鱼类，都会在种植养殖过程中迅速退化，产量下降或品质变差，因而必须不断地改造老品种，改良其品质，或者不断培育新品种，维持种植和养殖业的发展。而培育新品种的基因或基质物种却必须来自自然生态系统，因为自诩万能的人类，唯独此一项不能：人类不能创造基因！种质资源多样性须依靠自然创造。换句话说，农业的粮棉油菜果糖茶，以及牧草饲料绿肥等，都需依赖野生物种的选育或引进来维持；作物之稻麦黍稷粟豆薯，或者牛羊鸡鸭鱼虾，全都需依靠优质和高产抗病抗逆自然品种来造就新品种。没有自然的野生的种质资源供应，农林牧渔业就将成无米之炊。但是，随着工业发展、环境污染、生态破坏，农业现代化的迅速推进，许多种质资源正在加快流失。

其中，自然生态受工程建设大量占用与破坏，受农业灌溉扩展和污染的影响，水生生物的栖息地受到更多打击，水生生态严重恶化，渔业资源濒临毁灭，情势险恶，问题严重，故国家优先建立水产种质资源保护区。这就是：留得青山在，子孙灾祸少。谨防堤溃蚁穴，气泄针芒；及早远谋深虑，防患未然。

我国建设水产种质资源保护区是保障国家粮食安全、保障重要农产品供应的战略性行动，也是农业科技创新发展和现代化种植业发展的物质基础之一，具有基础性、公益性和长远意义。我国的建设目标是到 2035 年，建成系统完整、科学高效的农业种质资源保护与利用体系，使资源保存总量居于世界前列，使珍稀濒危特有资源得到有效收集与保护，资源深度开发利用达到国际先进水平。目前，虽然已取得积极成效，但种质资源丧失的风险依然很大，科学研究和开发利用水平也严重不足。我们正在努力，争取"潮平两岸阔，风正一帆悬"的前景。

（2）中国的重要水产种质资源保护区

到 2019 年，我国已分 11 批公布了 535 处国家级水产种质资源保护区。水产种质资源保护区是我国江河湖海水生生态的主要保护神，有着无比重要的保护价值。地方政府也在积极筹划保护工作，编制规划，建立保护区，建立健全保护法规和管理，将种质资源保护区划入生态红线，强化保护力度，使我国水产种质资源保护呈分布广泛、多型多样、渐成网络的态势。

黄河鲤鱼：家鱼之祖，范蠡养鱼经专论，背高体阔，火翅金鳞，俊秀非常，中国人吉祥象征，最为名贵；伊洛之河，种质资源保护区早建，荥郑晋鲁，生境条件优越，天然"三场"——产卵场、索饵场、越冬场，此生境无可替代，保护必须。

四大家鱼：青鱼、草鱼、鲢鱼、鳙鱼，号称"四大家鱼"，鲤科，中国特有，品质优良，味美易养，引到亚欧美非世界各地养殖；草鱼为首，体大味美，好长易养，流水产卵，静滩生长，河湖洄游，食草拓荒，一身是宝，养殖百倍其利。重庆、湖北、安徽、江苏之长江河段，湘赣流域，古往今来，产卵繁殖，洄游生长，因而建青草鲢鳙种质保护基地；保持河道天然，水文自然节律，洪峰应时而至，水温勿低，水质防污，生境维持，科学管护，着眼饵料条件保证，提高自然保护效能。

大马哈鱼：鲑鱼一类，世界重要鱼种，黑龙江名贵特产，肉质鲜美，营养丰富，历来为宴席嘉膳，曾经多到瓢舀棒打，如今珍稀欲绝，皆因库坝阻隔，酷鱼滥捕，破坏河源产卵生境，生态影响教训深刻；其生态习性，溯河性洄游，出生地生殖，幼鱼降海远游，成鱼再次回归，顾不得艰难险阻，执意回到故乡产卵繁殖。现在立法保护，尊为种质资源，珲春河与密江河、绥芬河东宁段，残留河道划区管护，企冀物种保护，种群恢复。

珍稀特有物种保护：中国地大物博，地理气候多样，物种十分丰富，鱼类有鲤鲶鲑鳜鳕鳇鲴鳅鲷鲃鲚铜狗及黄颡哲罗雅罗等类，各有专门种质资源保护区，其种类繁多，习性各异，生存战略各有其妙；生态结构复杂，生存独特奇异，生物珍稀特有，水族之虾蟹蛏龟鳖豚蛤蚌螺贝参蛰虫及河蚬泥蚶牡蛎等类，均建相应生境保护地，其生境不同，关系精妙，影响作用万绪千端。珍稀特有物种，生态系复杂，地域性极强。其保护应有针对性、独特性、长期性；其管理应重法制、重自然，重科学。

松江鲈鱼：中国淡水鲈鱼，降海洄游，长江黄河鸭绿江不同入海区形成不同种群，各自固守特定产卵场，目前种群衰退严重，亟待保护；别称四鳃鲈鱼，海生河长，山东威海靖海湾种质保护区保障产卵繁殖，东海名鲈产地为钱塘江，可惜种群濒临灭绝，可否挽回？范仲淹诗云：江上往来人，但爱鲈鱼美。君看一叶舟，出没风波里。种质资源保护，为使此情此景绵延无绝。

中华绒螯蟹：别名河蟹、毛蟹、清水蟹、大闸蟹等，中国美食久负盛名，经济价值日益攀升，低投高效，杂食易养，水产支柱，地方名片，造就各地品牌企业。已建固城、阳澄湖、曹妃甸、双台河口、长江靖江等保护区，生态习性穴居伴水，昼匿夜出，河口产卵，江海洄游，二龄生殖，成为中国特产资源。

海洋种质保护区：海州湾对虾，莱州湾牡蛎，官井洋大黄鱼，静海湾松江鲈鱼，海湾都是种质保护区建立的关键海域；崆峒岛刺参，长岛区海胆，西沙岛礁海产，象山列岛蓝点马鲛，岛礁也是生物多样性保护重要地区。东海带鱼、吕泗小黄鱼、北部湾对虾，海域很大，产卵场有限，保护生境多样性至关重要。海洋通透性高，生物易流动，其生境适应能力较强，人工造礁有助生境创造，生物可利用，有利于生态修复。沿海各省，靠海吃海，靠海也养海，资源权益与保护义务同样重大；山东为最，海产资源多种多样，海洋种质资源保护区 23 处，全国占半。海洋种质资源保护，海洋生境创造，海洋渔业放养，前景广阔，大有可为。

虾类种质保护区：洪泽湖青虾，又名河虾，柔嫩味美，营养丰富；安徽泊湖秀丽白虾，壳薄体白；还有呼伦湖特产，均建成国家级水产种质资源保护区。北部湾对虾，渤黄海对虾，海州日照，同施保护；上下川岛中国龙虾，名贵海味，也是中国海特有，辟为国家级水产种质资源保护区。重要经济虾类是维系水产业的支柱，特有虾类资源为享誉国内外之珍馐。

海参贝类种质资源保护：参贝类是大宗养殖品种，具有重要经济意义。我国已建多个海参和贝类种质资源保护区，山东尤集中，如海州大竹蛏、长岛皱纹鲍、蓬莱黄盖鲽、黄河口文蛤、广饶竹蛏等。广东海陵湾牡蛎、鉴江口尖紫蛤等，皆是珍品。

慎终如始，则无败事。自然保护，久久为功。

0407　成长中的自然公园新成员

党的十九大报告指出：加快生态文明体制改革，建设美丽中国。我们要建设的现代化是人与自然和谐共生的现代化，既要创造更多物质财富和精神财富以满足人民日益增长的美好生活需要，也要提供更多优质生态产品以满足人民日益增长的优美生活环境需要。一是要推进绿色发展。二是要着力解决突出环境问题。三是要加大生态系统保护力度。实施重要生态系统保护与修复重大工程，优化生态安全屏障体系，构建生态廊道和生物多样性保护网络，提升生态系统质量和稳定性。四是要改革生态环境监管体制。并提出：生态环境建设功在当代，利在千秋。我们要牢固树立社会主义生态文明观，推动形成人与自然和谐发展现代化建设新格局，为保护生态环境作出我们这代人的努力。

（1）沙漠公园

以保护荒漠生态系统为目的，在促进防沙治沙和保护生态功能的基础上，合理利用沙漠资源，开展以沙漠景观为主的旅游、休闲、生活体验和进行科学、文化、宣传教育活动，并以沙漠公园形式进行建设和管理。国家林业局于2013年10月启动国家沙漠公园建设试点工作。在全国努力进行防沙治沙，促进荒漠化土地面积连续减少的同时，沙漠公园建设成为生态修复的重要抓手，也是工业化时代开展沙漠利用的新形式。

我国部分省区国家沙漠公园建设名录如下：

①宁夏回族自治区：沙坡头国家沙漠公园、灵武白芨滩国家沙漠公园等；

②新疆维吾尔自治区：吉木萨尔、阜康梧桐沟、奇台硅化木、木垒鸣沙山、尉犁、且

末、沙雅、鄯善、伊吾胡杨林、洛浦玉龙湾、博湖阿克别勒库姆、精河木特塔尔、和布克赛尔江格尔、吐鲁番市艾丁湖、库车龟兹、麦盖提、莎车塔尔苏、岳普湖达瓦昆国家沙漠公园、兵团驼铃梦坡国家沙漠公园等；

③内蒙古自治区：库布奇七星湖、磴口沙金套海、翁牛特勃克隆、奈曼宝古图、乌海金沙湾、乌审旗乌苏里格国家沙漠公园等；

④甘肃省：阿克塞、敦煌阳关、临泽小泉子、凉州头墩营、高台骆驼驿、金昌、金塔拦河湾、民勤沙井子、玉门青山国家沙漠公园等；

⑤青海省：贵南黄沙头、乌兰金子海、芒崖千佛崖、海晏克土、曲麻莱通天河、乌兰泉水湾、泽库和日国家沙漠公园等；

⑥山西省：大同西坪、天镇边城、左云管家堡、怀仁金沙滩、朔城区麻家梁、右玉黄沙洼国家沙漠公园等；

⑦陕西省：大荔、定边马莲滩国家沙漠公园等；

⑧辽宁省：彰武大青沟、康平金沙滩国家沙漠公园等；

⑨云南省：陆良彩色沙林国家沙漠公园等。

沙漠公园是千姿百态的存在，其保护和合理利用有不同的方法和途径，其景观美感亦各不相同。例如，龟兹总给人一种神秘感，让人很容易想到驼铃阵阵，羌笛悠扬。新疆麦盖提，会让人想到在沙漠上跳着刀郎舞，飞扬的沙子，有力的手鼓，令人陶醉。木垒鸣沙山，最奇特之处，是流动的细沙不是向下流，而是由下向上流淌。而尉犁国家沙漠公园，胡杨和红柳镶嵌在沙漠中，更显生机勃勃。阜康梧桐沟国家沙漠公园，则是一座天然的荒漠植物园，有24科89属149种沙漠植物生长，如梭梭、胡杨、沙枣、三芒草、大黄、大芸黄芪、铃铛刺、梧桐、红柳等植物；这里还是一座天然动物园，有国家一级保护动物野驴及野猪、黄羊、狼、狐狸、跳鼠、娃娃头蛇、沙枣鸟等百余种动物。这就是沙漠世界！沙漠公园，是一种文明，变黄色为绿色；是一项事业，让翡翠嵌镶到黄金中。

（2）石漠公园

石漠化是山区严重水土流失形成的极度的土地退化景观。石漠化是土地的"癌症"，在我国有较大面积的石漠化山区，喀斯特地区尤为广泛和严重，也成为我国生态修复的难点和重点。

为保障岩溶生态系统安全，探索岩溶地区的生态文明建设与区域可持续发展途径，国家林业局提出在我国岩溶地区开展国家石漠公园建设试点。建设国家石漠公园是贯彻落实党的十九大关于推进石漠化综合治理的重要举措；是严格保护和适度利用自然资源，促进经济社会可持续发展的重要手段；是提高公众生态保护意识，推进生态文明建设的重要途径。

湖北崇阳雨山国家石漠公园，位于长江经济开发带和106国道交会区。公园位于幕阜山系低山丘陵区，属长江上中游岩溶地区石漠化综合治理区，是罗霄山脉水源涵养与生物多样性保护重要区，规划总面积为774.72公顷，其中生态保育区面积为570.46公顷，占公园总面积的73.63%。

湖南省在石漠公园建设工作中走在前面，开展了石漠公园建设的规划、申报，并已有15个国家石漠公园项目为林业主管部门认可批建，居全国第一位。湖南申报建设的国家石漠公园有耒阳五公仙、新宁、石门长梯隘、临澧刻木山、张家界红石林、宜章赤石、溆浦雷峰山、涟源伏口、宾阳八仙岩、邵阳鸡公岩、桃源老祖岩、桂阳四洲山、东安独秀峰、新田大观堡、鹤城黄岩等。安化云台山国家石漠公园（试点），总面积为3 731公顷，为云台山风景区一景。

云南省的彝良、西畴、砚山维摩、建水天柱塔等，都是先行的石漠公园建设者。

广西环江国家石漠公园、四川兴文峰岩国家石漠公园、广东乳源西京古道国家石漠公园都是较早规划建设的石漠公园。

石漠化是土地退化、劣化演变的极端形式。石漠化地区生态特点是"土瘦、水枯、山穷、林衰"，治理难度极大。治理石漠化，植被恢复是关键。同时，这也是一个综合利用公园多种多样自然资源的过程，是一项改天换地的伟大事业。天道轮回，物极必反，运用辩证思维，开辟全新思路，石漠化治理与有效利用，正等待有志者为之。

（3）矿山公园

矿业开发是伴随工业化发展的必然过程。建立矿山公园是真正化腐朽为神奇的伟大事业。世界上已有不少成功的经验。科学的规划，巧妙的设计，精心的建设，持之以恒的努力，是这项事业成功的保证。

一般来讲，矿山一旦废弃，就会失去往日生机，留下一片荒凉。如果不对废弃矿山加以治理，不仅容易引发扬尘、山体滑坡、泥石流等地质灾害，还可能面临安全、污染、恶劣周边环境等问题。因此，利用废弃矿山既是一大难题，也是一个可以大有作为的新天地、新领域。

废弃矿山一般面积广大，景观独特，其治理和利用，真正是困难与机遇同在，恶劣与美好并存，非常取决于巧思妙用、补短扬长的功夫。其治理与修复规划，不妨发布文告，广开智道，纳百家之言，成一体规划。生态重建是关键。其改造成景观公园须做好总体布局规划，一次规划分期建设，成就一块就利用一块。应遵循生态恢复与景观效果并重的原则，重点做好景观总体设计，做好土地利用规划与设计，优先建设植被，既保证恢复矿区的自然生态，又必须消除矿区污染源，还要将具有观赏性的植被与矿山人文景观相结合，建立具有自然、人文双重价值的景区，必要时须进行一定的景观改造或新景观设计、建设，使之形成完整的景观区域，并与矿区城市形成匹配，成为城市的重要角色。我国已建设首批 28 家国家矿山公园，部分已开放，可以作为借鉴参考。

黄石国家矿山公园：黄石铁山区境内，中国首座国家矿山公园。为"亚洲第一天坑"之地，东西长 2 200 米、南北宽 550 米、最大落差 444 米，坑口面积 108 万平方米，号"矿冶大峡谷"，已建成为国家 4A 级景区。

平谷黄松峪国家矿山公园：展示矿业遗迹景观，体现矿业发展历史内涵。

首云国家矿山公园：北京密云，为国内少有的矿业旅游主题公园。

唐山开滦煤矿国家矿山公园：堪称"中国北方近代工业博览园"，并建成"老唐山风情小镇"，两大景区由自备铁路连接，形成一个完整的旅游园区。

大同晋华宫矿国家矿山公园：建成重点支持云冈域旅游景点的配套项目，有罕见的侏罗纪煤层地质奇观。

阜新海州露天矿国家矿山公园：远眺医巫闾山，借景升值。

白山板石国家矿山公园：吉林省，由选矿景区、尾矿库景区、上青景区、棒槌园子景区、西珍珠门景区、库仓沟景区六大景区组成。面积 104 平方千米。

赤峰巴林石国家矿山公园：集矿产遗迹、自然生态保护区、民族风情体验区、草原观赏区于一体，有红山文化巴林石加工遗址、固伦淑慧公主陵、古榆树林等。

扎赉诺尔国家矿山公园：煤矿山生态修复。

嘉荫乌拉嘎国家矿山公园：总面积为 155.78 平方千米。园内有稀有的大型斑岩型金矿和晚白垩纪恐龙埋葬群，并有森林、草原、沼泽湿地、人文景观等，具有十分重要的保护、科研、科普及旅游观赏价值。

鸡西恒山国家矿山公园：主要景区有红旗湖、小恒山地宫探奇景区、大恒山煤矿遗址、山南万亩林景区、火烧山等，是一处体验矿山文化生活的好去处。

鹤岗市国家矿山公园：坑边坡完整，地质结构、岩层煤层分布清晰。景观独具矿山特色，保持采矿原貌，大型浮雕墙、主题雕塑、矿工生产生活艺术小品、历史文物、图片以及多媒体等，全面展示矿山百年的沧桑历史及文化。

盱眙象山国家矿山公园：依托淮河风光，矿山复绿，展示采矿和地质遗迹。

南京冶山国家矿山公园：西周起即为采铜炼铁之地，誉为"开创中国冶炼史的一个里程碑"，有"华夏冶铸第一山"之称。成新金陵四十八景之一。

遂昌金矿国家矿山公园：建成与黄金冠名的青年公寓、博物馆、商业街、淘金体验区、冶炼观光区，并有金都桃花源、银坑山水库、瑶池仙境、叠翠农家、金艺科普游、金龙穿山游、金窟探险游等旅游项目及景点。

福州寿山国家矿山公园：五个园区组成，以展示原产地特征的寿山石矿业遗迹景观为主体，游客可在园内泡温泉、逛公园、赏寿山石、漂流等。

景德镇高岭国家矿山公园：古遗迹为主体——高岭土矿残体、古尾矿堆、古采坑、古采硐、古洗选池、运矿古道、古码头、古亭、古桥和古文献、古瓷器等遗迹，并有体系完整的古矿址、古商埠、古村落"三位一体"的综合景观。

南阳独山玉国家矿山公园：由矿业遗址连同森林公园、白河城市湿地公园和农业生态园等组成。

宝山国家矿山公园：湖南省，汉代以来的历代官家炼银、冶铸的地方。

深圳市平湖凤凰山国家矿山公园：整治矿山，为城市增容。

韶关芙蓉山国家矿山公园：集地质灾害治理、生态环境保护、矿业文化传承和休闲观光功能于一体。

丹巴白云母国家矿山公园：四川甘孜州丹巴县境内，面积约为546.37平方千米。有云母矿采坑、矿洞遗址26处以上，矿洞风景与藏族山寨相得益彰。

嘉阳国家矿山公园：中国煤炭工业发展的"活体里程碑"和"实体博物馆"，是万山旅游的标志性品牌。

矿山公园建设方兴未艾。水库公园建设大有可为。

生态修复重大工程，自然公园建设是重要方向。

参考文献

[1] 唐芳林，中国国家公园发展进入新纪元，国家林业和草原局政府网，2018 年 04 月 02 日，来源：国家林业和草原局政府网。

[2] 习近平，人民对美好生活的向往，就是我们的奋斗目标，中国共产党新闻网，2018 年 01 月 22 日，来源：人民网-理论频道，《习近平关于社会主义社会建设论述摘编》。

[3] 决胜全面建成小康社会，夺取新时代中国特色社会主义伟大胜利，习近平 2017 年 10 月 18 日在中国共产党第十九次全国代表大会上的报告，单行本，人民出版社，2017 年第 50～52 页。

[4] 易安卫士，自然保护地 2019 最新数据出炉，中国林业网自然保护地发展网，2020 年 3 月 14 日。

[5] 中共中央办公厅和国务院办公厅，关于建立国家公园为主体的自然保护地体系的指导意见，新华网，2019 年 06 月 26 日，来源：新华网。

[6] 国务院，将建立国家公园体系，首批定 48 个国家公园，博客中国，2019 年 07 月 04 日，来源：新华社。

[7] 生态环境部部长：全国自然保护区已达 2 750 处，其中国家级 474 个，百度，经济观察报，2019 年 03 月 13 日。

[8] 中国各类自然保护区已达 1.18 万处，中国新闻网，2019 年 01 月 10 日，来源：中国新闻网官方账号。

[9] 中国确定具有全球意义的陆地生物多样性关键地区，中央政府门户网站，2007 年 04 月 19 日，来源：新华社。

[10] 生态环境保护多重要，听习近平怎么说，百度，人民日报，2018 年 05 月 18 日，来源：人民日报社。

[11] 唐芳林，国家公园体制下的自然公园保护管理，2018 年 09 月 07 日，微信公众号"国家林业局昆明勘察设计院"转载自《林业建设》2018 年第 8 期。